Konstruktionsbücher
Herausgegeben von Professor Dr.-Ing. G. Pahl

Band 27

Wolf G. Rodenacker

Methodisches Konstruieren

Grundlagen, Methodik, praktische Beispiele

Vierte, überarbeitete Auflage

Mit 224 Abbildungen

Springer-Verlag
Berlin Heidelberg NewYork London Paris
Tokyo Hong Kong Barcelona Budapest 1991

Dr.-Ing. Wolf Georg Rodenacker

em. Universitätsprofessor, früher Lehrstuhl für Konstruktionstechnik
der Technischen Universität München

Dr.-Ing. Gerhard Pahl

Universitätsprofessor, Fachgebiet Maschinenelemente und Konstruktionslehre
der Technischen Hochschuie Darmstadt

ISBN-13: 978-3-540-53977-3   e-ISBN-13: 978-3-642-87484-0
DOI: 10.1007/978-3-642-87484-0

CIP-Kurztitelaufnahme der Deutschen Bibliothek
Rodenacker, Wolf G.: Methodisches Konstruieren : Grundlagen, Methodik, praktische Beispiele /
Wolf. G. Rodenacker. – 4., überarb. Aufl.
Berlin ; Heidelberg ; New York ; London ; Paris ; Tokyo ; Hong Kong ; Barcelona ; Budapest : Springer, 1991
(Konstruktionsbücher ; Bd. 27)
ISBN-13: 978-3-540-53977-3

NE: GT

Dieses Werk ist urheberrechtlich geschützt. Die dadurch begründeten Rechte, insbesondere die der Übersetzung, des Nachdrucks, des Vortrags, der Entnahme von Abbildungen und Tabellen, der Funksendung, der Mikroverfilmung oder der Vervielfältigung auf anderen Wegen und der Speicherung in Datenverarbeitungsanlagen, bleiben, auch bei nur auszugsweiser Verwertung, vorbehalten. Eine Vervielfältigung dieses Werkes oder von Teilen dieses Werkes ist auch im Einzelfall nur in den Grenzen der gesetzlichen Bestimmungen des Urheberrechtsgesetzes der Bundesrepublik Deutschland vom 9. September 1965 in der jeweils geltenden Fassung zulässig. Sie ist grundsätzlich vergütungspflichtig. Zuwiderhandlungen unterliegen den Strafbestimmungen des Urheberrechtsgesetzes.

© Springer-Verlag Berlin, Heidelberg 1970, 1976, 1984, and 1991

Die Wiedergabe von Gebrauchsnamen, Handelsnamen, Warenbezeichnungen usw. in diesem Werk berechtigt auch ohne besondere Kennzeichnung nicht zu der Annahme, daß solche Namen im Sinne der Warenzeichen- und Markenschutz-Gesetzgebung als frei zu betrachten wären und daher von jedermann benutzt werden dürften.

Sollte in diesem Werk direkt oder indirekt auf Gesetze, Vorschriften oder Richtlinien (z.B. DIN, VDI, VDE) Bezug genommen oder aus ihnen zitiert worden sein, so kann der Verlag keine Gewähr für Richtigkeit, Vollständigkeit oder Aktualität übernehmen. Es empfiehlt sich, gegebenenfalls für die eigenen Arbeiten die vollständigen Vorschriften oder Richtlinien in der jeweils gültigen Fassung hinzuzuziehen.

62/3020-543210 – Gedruckt auf säurefreiem Papier

Vorwort zur vierten Auflage

Seit dem Erscheinen der dritten Auflage hat sich auf unserem Fachgebiet insofern eine neue Situation ergeben, als es dem Autor gelang, die Gemeinsamkeiten der in fünf Büchern bekannt gewordenen Konstruktionsmethodiken [107] nachzuweisen, die von unabhängigen Autoren entwickelt worden waren. Dies ließ sich durch einen Bezug auf die Schriften des Aristoteles [1./2.] durchführen, die zwar bereits in den früheren Auflagen mit der Abstraktion der Logikelemente und den Kriterien der Lösungsauswahl Berücksichtigung fanden, sich aber weitergehend auf Kausalzusammenhänge in unserem Falle in Systemen anwenden lassen. Das geschieht in dieser Auflage.

Inzwischen sind wohl Bedenken gegen eine stark abstrakte Lehre jenseits der konkreten Maschinenelemente aufgegeben worden, zumal das Abstrahieren in der Physik oder in der Computeranwendung viel weiter geht. Die Klärung der wissenschaftlichen Grundlagen hat auch den Vorteil, die Mannigfaltigkeit der angebotenen Konstruktionsmethodiken und ihre Abweichungen untereinander einzuschränken und auf einen Konsens zu zielen.

Ferner wurden Hinweise auf Änderungen aufgenommen, die die 80 Jahre alte Lehre der Maschinenelemente in näherer Zukunft erfahren kann. Die in allen Methodiken angeführten Fähigkeiten des Konstrukteurs, stammend aus seiner intuitiven Arbeitsweise, lassen sich ganz nüchtern auf biologisch gegebene Anlagen zurückführen, die mit Forschungsergebnissen der Biologen belegbar sind [104].

Bewährt hat es sich, organisatorische Schritte beim Ablauf der Konstruktionsarbeit so weit als möglich fortzulassen. Sie werden auf Tagungen in immer neuen Variationen diskutiert, können aber wissenschaftlich nicht immer begründet werden. Eine Verbindung von sachbezogenem Vorgehen mit organisatorisch bedingten Abläufen der Konstruktionsarbeit ist oftmals verwirrend.

Ergänzungen des Textes der dritten Auflage wurden aus den neuen Erkenntnissen bei der Eingrenzung der Ziele des Buches und der Vertiefung der wissenschaftstheoretischen Grundlagen heraus vorgenommen. Vorschläge für die Darstellung der Vernetzung der Abstraktionsschichten bei den Maschinenelementen wie den Baustufen von Maschinen wurden eingefügt, die Kriterien vervollständigt. Die Schritte der methodischen Arbeitsweise ließen sich neu formulieren.

Dem Springer-Verlag habe ich erneut für die angenehme Zusammenarbeit zu danken.

München, im Frühjahr 1991 W. Rodenacker

Aus dem Vorwort zur dritten Auflage

Die Erhaltung oder Neuschaffung von Arbeitsplätzen über technisch-wirtschaftliche Entwicklungen oder Innovationen ist geradezu zu einem Politikum geworden. Die daraus resultierenden Forderungen führen zu einem Strukturwandel im Maschinenbau z.B. durch Einführung von Mikroprozessoren, in der Fertigung z.B. durch Verwendung der Roboter und in der Konstruktion z.B. durch Ausdehnung der Rechneranwendung. Dieses alles sind Maßnahmen, die einer immer rationelleren Herstellung technischer Produkte im Rahmen eines weltweiten Konkurrenzkampfes den Weg bereiten.

Es besteht heute kein Zweifel mehr, daß besonders in der Technik eine methodische Ordnung aller durchzuführenden Arbeiten erfolgen muß. Das gilt auch für das Konstruieren, denn die Zahl der Gesichtspunkte, die in eine Konstruktion einfließen, ist so groß geworden, daß dieser Arbeitskomplex nicht mehr intuitiv bewältigt werden kann. Es gibt inzwischen eine geradezu verwirrende Fülle von Angeboten, diese Ordnung auf dem Gebiet der Konstruktionstechnik herzustellen. Hierüber wurde u.a. auf den internationalen Konferenzen in Rom und Kopenhagen vorgetragen.

In den vergangenen acht Jahren seit Erscheinen der zweiten Auflage dieses Buches haben sich also in der Technik im allgemeinen und beim Konstruieren im besonderen Entwicklungen vollzogen, die für die jetzt anstehende dritte Auflage berücksichtigt werden müssen.

München, im Frühjahr 1984 W. Rodenacker

Aus dem Vorwort zur zweiten Auflage

Eine alte Erfahrung hat sich hier bestätigt: Das Problem der Vermittlung des methodischen Konstruierens ist es nicht so sehr, für den Gedankengang Verständnis zu wecken, sondern den Studierenden wie den erfahrenen Konstrukteur zu befähigen, die neuen Vorstellungen anzuwenden. Das führte zu einer vollständigen Neufassung des Textes, beginnend mit einer starken Vereinfachung der Disposition, der Verwendung von Leitbeispielen und von Aufgaben mit Lösungen zur Erfolgskontrolle eines Selbststudiums. Aus den einzelnen Abschnitten werden Vorgehensweisen und Checklisten abgeleitet, die bei der praktischen Arbeit benutzt werden sollen.

Allein mit der konsequenten Anwendung der Checklisten kann eine erhebliche Präzisierung des Informationsflusses erzielt werden. Das kann zu einer für unwahrscheinlich gehaltenen Senkung der Konstruktionskosten führen, die an einer Stelle 40 % betrug.

Die Forschungsarbeit des Instituts bestand darin, die entwickelte Methodik auf den verschiedensten Gebieten der Technik an Industrieaufgaben zu erproben. Auch dadurch wurde eine erhebliche Erfahrung über die Anwendung und Bewährung der Arbeitsweise in den letzten Jahren gewonnen.

Neue Anregungen brachten auch die Diskussionen mit den Kollegen des Fachgebietes sowie mit Spezialisten einzelner Gebiete der Technik. Dabei konnte eine gute Übereinstimmung mit den Vorstellungen der Herren Professoren Beitz und Pahl und eine nur geringe Divergenz zu den Methoden der Herren Professoren Koller und Roth festgestellt werden, die mehr in den Benennungen als in der Sache zu finden ist.

München, im Winter 1975/76 W. Rodenacker

Aus dem Vorwort zur ersten Auflage

Mit dem vorliegenden Buch sollen Konstrukteure, die ihre Arbeitsweise rationalisieren, und Studenten, die sich das Konstruieren auf wissenschaftlicher Basis aneignen wollen, angesprochen werden.

Bisher war die Konstruktionslehre eine objektbezogene Lehre. Die Gesichtspunkte, die bei der Konstruktion bestimmter Maschinen - wie Turbinen oder Verbrennungskraftmaschinen - oder bei der Konstruktion von Maschinen und Geräten eines bestimmten Bereiches - wie der Fertigungs-, Feinwerk- oder Verfahrenstechnik - zu beachten waren, wurden am Beispiel hochentwickelter Vorbilder erläutert. Der Konstrukteur erlernte seine Arbeitsweise wie ein Handwerker oder ein Künstler durch Kopieren ausgezeichneter Beispiele. Diese Art zu lernen hat aber verschiedene Nachteile: Der junge Konstrukteur kann das Erlernte nicht sofort verwenden, da er in den ersten Jahren seiner Tätigkeit nicht gleich ganze Maschinen neu zu entwerfen hat. Das mag auf dem Höhepunkt seiner Laufbahn seine Aufgabe sein, aber bis dahin sind die Maschinen, die er einst kopierte, längst veraltet.

Heute wird eine methodebezogene Lehre angestrebt. Sie bedient sich der allen Bereichen des Maschinenbaus gemeinsamen Methoden der Mathematik, der Physik und der Konstruktion.

Die hier abgeleitete Konstruktionsmethodik hat einen logischen und einen physikalischen Ausgangspunkt, von dem aus rationale Variations- und Kombinationsgesichtspunkte unabhängig von der speziellen Maschinenart entwickelt werden. Eine Methode kann man lehren und lernen und ihre Anwendung üben, zunächst an einfacheren, dann an komplizierteren Beispielen. Eine solche Methode ist dem Konstrukteur vom Anfang bis zum Höhepunkt seiner Berufslaufbahn von Nutzen, denn sie veraltet nicht, im Gegensatz zu den Beispielen, an denen er sie einübte.

Das Ziel des Buches ist es, dem Konstrukteur die Entscheidungen, die er mit seiner Zeichnung am Reißbrett fällen muß, zu erleichtern. Es soll ihn befähigen, auf Grund besserer Übersicht über die vielfältigen Lösungsmöglichkeiten einer Aufgabe eine gute Lösung mit größerer Sicherheit als bisher zu finden. Die Verwissenschaftlichung der heute noch meist sehr vagen Vorstellungen vom Konstruieren soll sich also nicht in einer abstrakten Theorie mit einer Fülle von neuen Begriffen erschöpfen. Vielmehr wird Wert darauf gelegt, das wissenschaftliche Gefüge möglichst praxisgerecht darzustellen und den Lernaufwand so gering wie möglich zu halten.

Nicht behandelt werden Organisation und Organisationsmittel der Konstruktionsarbeit, wie das auch bei der Lehre der Grundlagen der Physik oder Chemie nicht üblich ist. Auch war nicht beabsichtigt, die einschlägigen Kapitel der Handbücher des Maschinenbaus hier zu wiederholen.

München, im Frühjahr 1970   W. Rodenacker

Inhaltsverzeichnis

1. Einführung 1
   1.1 Aufgaben und Ziele des methodischen Konstruierens 1
       1.1.1 Entwicklungslinien der Technik 2
       1.1.2 Folgeentwicklung der Konstruktion 3
       1.1.3 Eingrenzung der Ziele des Buches 4
       1.1.4 Ausgangspunkt 11
       1.1.5 Vorgehensweise 12
   1.2 Wissenschaftliche Grundlagen 13
       1.2.1 Die physikalischen Grundlagen 16
       1.2.2 Die logischen Grundlagen 23
       1.2.3 Die konstruktiven Grundlagen 26
       1.2.4 Die systemtechnischen Grundlagen 29
       1.2.5 Die wissenschaftstheoretischen Grundlagen 31
       1.2.6 Ausgangspunkte für die methodische Arbeitsweise 35
   1.3 Übungsaufgaben 36

2. Methodisches Konstruieren 38
   2.1 Festlegen der wesentlichen Merkmale einer Maschine 40
       2.1.1 Festlegen des logischen Wirkzusammenhangs 40
             2.1.1.1 Erläuterung dieses Zieles 40
             2.1.1.2 Leitbeispiele 43
             2.1.1.3 Forderungen und festzulegende Merkmale 45
             2.1.1.4 Erfüllung der Forderungen durch einen logischen
                     Wirkzusammenhang 56
             2.1.1.5 Vorgehensweise bei der Festlegung des logischen
                     Wirkzusammenhangs 74
             2.1.1.6 Übungsaufgaben 76
       2.1.2 Festlegen des physikalischen Wirkzusammenhangs 78
             2.1.2.1 Erläuterung dieses Zieles 78

       2.1.2.2 Leitbeispiele 79
       2.1.2.3 Forderungen und festzulegende Merkmale 85
       2.1.2.4 Erfüllung der Forderungen durch einen physikalischen Wirkzusammenhang 88
       2.1.2.5 Vorgehensweise bei der Festlegung des physikalischen Wirkzusammenhangs 135
       2.1.2.6 Übungsaufgaben 139
  2.1.3 Festlegen des konstruktiven Wirkzusammenhangs 140
       2.1.3.1 Erläuterung dieses Zieles 140
       2.1.3.2 Leitbeispiele 140
       2.1.3.3 Forderungen und festzulegende Merkmale 147
       2.1.3.4 Erfüllung der Forderungen durch einen konstruktiven Wirkzusammenhang 150
       2.1.3.5 Vorgehensweise bei der Festlegung des konstruktiven Wirkzusammenhangs 183
       2.1.3.6 Übungsaufgaben 186

2.2 Festlegen der Gesamtkonstruktion einer Maschine 189
  2.2.1 Erläuterung dieses Zieles 189
  2.2.2 Leitbeispiele 190
  2.2.3 Forderungen an die Gesamtkonstruktion 191
       2.2.3.1 Anpassung an vorausgehende bzw. folgende Systeme 191
       2.2.3.2 Anpassung an ein Gesamtsystem 193
  2.2.4 Erfüllung der Forderungen durch entsprechende Komponenten 209
       2.2.4.1 Komponenten aus den Anpassungsforderungen ... 209
       2.2.4.2 Maßnahmen zur Durchführung der Fertigung 213
  2.2.5 Vereinigung von Kern und Komponenten zu einer Gesamtkonstruktion 217
  2.2.6 Vorgehensweise bei der Festlegung der Gesamtkonstruktion 220

2.3 Auslegen der Konstruktionen 227

3. Auswahl der Lösung einer Konstruktionsaufgabe unter Berücksichtigung der Kriterien 231

3.1 Erläuterung dieses Zieles 231
3.2 Leitbeispiele 231
3.3 Kriterien 233
  3.3.1 Die Kategorien 233
  3.3.2 Der Bezug der Kriterien 235

3.3.3 Die Kennzeichnung der Kriterien 235
3.3.4 Die Quantisierung der Kriterien 241
3.4 Bestimmung der Kriterien 244
   3.4.1 Informationswege für die Bestimmung der Kriterien 244
   3.4.2 Wertanalyse 248
3.5 Einflußgrößen auf die Kriterien: Störgrößen 249
   3.5.1 Allgemeines 249
   3.5.2 Analyse der Störgrößen 251
3.6 Stufensprünge der Kriterien: Typenstufung 252
   3.6.1 Stufensprünge der Mittelwerte 252
   3.6.2 Stufensprünge der Streuungen 260
      3.6.2.1 Absolut- und Relativstreuung 260
      3.6.2.2 Streuungsunterschiede und Verfahrensänderung .. 262
3.7 Lösungswahl 269
   3.7.1 Auswahl der Lösung durch Festlegen der Kriterien 269
   3.7.2 Auswahl der Lösung durch Vorwegnahme der Kriterien ... 271
   3.7.3 Sondergebiete, Detaillierung der Kriterien 279
   3.7.4 Auswahl der Lösung durch Vereinfachung der Konstruktion. 280
   3.7.5 Konstruieren "Vom Einfachen zum Komplizierten" 285
3.8 Übungsaufgaben 290

4. Nachweis der Anwendung der dargestellten Konstruktionsmethode ... 291

5. Zusammenfassung 295

6. Anhang 304
   6.1 Begriffsdefinitionen 304
   6.2 Lösungen der Übungsaufgaben 308

Literaturverzeichnis 326

Sachverzeichnis 334

Motto

Eine solche Urmaschine muß es doch geben.
Woran würde ich sonst erkennen,
daß dieses oder jenes Gebilde eine Maschine sei,
wenn sie nicht alle nach einem Muster gebildet wären.
Mit diesem Modell und dem Schlüssel dazu
kann man alsdann noch Maschinen ins Unendliche erfinden.

Aus Goethes "Italienische Reise"
(das Wort "Pflanze" des Urtextes wurde gegen das Wort
"Maschine" ausgetauscht)

Ich höre und vergesse,
Ich sehe und behalte,
Ich tue und begreife!

Orientalische Weisheit

1. Einführung

1.1 Aufgaben und Ziele des methodischen Konstruierens

Die traditionelle Lehre des Maschinenbaus beschäftigt sich mit der physikalischen Analyse bekannter Maschinenelemente [87] und der Analyse einiger hochentwickelter, ebenfalls bekannter Maschinen. Das Lernziel ist das Nacharbeiten der Konstruktionen bis zu ihrer zeichnerischen Festlegung. Damit soll die Fähigkeit vermittelt werden, Maschinenelemente und Maschinen verwenden, abändern und verbessern zu können.

In der Praxis fällt aber auch eine Fülle von Aufgaben an, bei denen nur die Forderungen bekannt sind, die die zunächst noch unbekannten Konstruktionen erfüllen sollen. Früher hatte man die Lösungssuche für solche Aufgaben der Intuition des Konstrukteurs überlassen. Seit einiger Zeit sucht man nach einer systematischen, methodischen Vorgehensweise, um irgendwie formulierte Forderungen und Wünsche in konkrete Konstruktionen umzusetzen. Es ist also das Ziel des methodischen Konstruierens, eine solche Vorgehensweise zu erläutern und wissenschaftlich zu begründen. Denn nur ein Bezug auf allgemein anerkannte Grundlagen kann bei einer solch schwierigen Frage, intuitive durch rationale Überlegungen zu ersetzen, einen Konsens der Konstrukteure erwarten lassen.

Diese Art der Betrachtung meidet die Fixierung auf bekannte Objekte und leitet über auf allgemein gültige Grundlagen wie eine umfassende Ingenieurphysik, die alle Aggregatzustände der Materie und damit auch die nicht üblichen Lerninhalte wie Rheologie, Schüttgütermechanik, Festkörper- und Oberflächenphysik usw. mit umfaßt.

1.1.1 Entwicklungslinien der Technik

Inzwischen hat sich die allgemeine Erkenntnis durchgesetzt, daß die Vermittlung einer weiterführenden Arbeitsweise im Bereich der Konstruktion notwendig geworden ist. Es lohnt sich nicht, dies mit sich schnell ändernden statistischen Unterlagen zu begründen. Es genügt darauf hinzuweisen, daß sich die Lebensdauer sehr vieler technischer Produkte auf dem Markt von früher 25 Jahren auf ca. 5 Jahre verkürzt hat. Ähnliche Verhältnisse liegen bei der Einführungszeit neuer Erfindungen wie z.B. des Verfahrens des Hochgeschwindigkeitsschleifens oder beim Thyristor vor.

Produktionstechnik, Antriebstechnik, Meß-, Regel- und Automatisierungstechnik sind heute eng miteinander verklammert. Man denke nur an die Weiterentwicklung der Fertigungstechnik durch den Einsatz von Robotern. Neben den alten sind neue Zielvorstellungen in der Technik getreten, die in der beifolgenden Tabelle 1/1. aufgelistet sind.

Tabelle 1/1. Beispiele für neue Zielvorstellungen der Technik

Rohstoffe	Verkehr
Öl- und Erzgewinnung	Container
Meerestechnik	Schnellverkehr
Umwelt	Information
Umweltschutz	Verteilung
Belastung der Ballungsräume	Lernen
Abfallminderung	Freizeit
Ernährung	Medizintechnik
Urbarmachen, Bewässern	Künstliche Organe
Düngen, Ernten	Diagnose- und Therapiegeräte
	Versorgung Behinderter
Energieversorgung	Informatik
Kernenergie	Rechneranwendung
Energieverteilung (Heizwärme)	
Entwicklungsländer	Fertigung
1000 DM - Technologie	Fertigungsstraßen
(pro Arbeitsplatz)	Chipfertigung
Raumfahrt	
Nachrichtensatelliten	
Missionen	

1.1 Aufgaben und Ziele des methodischen Konstruierens

1.1.2 Folgeentwicklung der Konstruktion

Es bestehen weltweite Aktivitäten, die Konstruktion an die neuen Gegebenheiten anzupassen. Sie finden in einer umfangreichen Literatur ihre Darstellung.

Angeboten wird den Konstrukteuren eine Vielzahl und Vielfalt von Methoden. Man kann organisatorische, psychologische und sachbezogene Methoden unterscheiden. So führen Hubka 28 Methoden [97], die VDI-Richtlinie 2222 15 Methoden [156], Gebhardt 10 Methoden an [39], die nach 11 Kriterien ausgewählt werden können. Ein von der innovationsgeplagten Firma Siemens [143] eingesetztes Gremium hat dieses Angebot an Methoden auf 4 autorenbezogene Konstruktionsmethoden, 22 Gestaltungsregeln wie "fertigungsgerecht" oder "sicherheitsgerecht", auf weitere ca. 8 Techniken wie "Entscheidungstechniken", auf die Arbeitsschritte der VDI-Richtlinie und psychologische Methoden wie "Brainstorm-(Einfall-)-Sitzungen" reduziert. Selbst diese Auswahl ist noch für Lehre und Anwendung zu umfangreich.

Die organisatorische Einordnung der Konstruktion in einen Betrieb beschäftigt viele Autoren, die auf den Tagungen vorgetragen haben. Denn die Konstruktion stellt nur eine unter mehreren Abteilungen eines Unternehmens dar, wie das die Tabelle 1/2. zeigt.

Tabelle 1/2. Standort der Konstruktion als eine unter mehreren Abteilungen eines Unternehmens [15]

Management
Produktplanung
Konstruktion
Einkauf
Lager Rohmaterial
Fertigung
    Arbeitsvorbereitung
    Werkstätten
    Montage
    Kontrolle (Qualität)
Lager Fertigprodukte
Verkauf

In den Unternehmen wird üblicherweise eine Reihe von Methoden der Planung, Entscheidung und Optimierung (Tab.1/3.) angewendet. Die erarbeiteten Detailinformationen werden zu Unterlagen im Betriebsgeschehen. (Tab.1/4.). Ihre Optimierung ist so wichtig, weil die Konstruktion für ca. 75 % der Produktkosten verantwortlich gemacht werden kann. Deshalb muß auch die Verwendung präziser Begriffe, eine strenge Ordnung der Nummernsysteme zur Kennzeichnung der Produkte und ihrer Teile gefordert werden. Da sich der Informationsumsatz heute schon zum großen Teil auf dem Rechner abspielt und der Informationsumsatz der Konstruktion in den allgemeinen Informationsumsatz eingebunden werden kann, wird von diesem Rationalisierungsmöglichkeiten auch immer mehr Gebrauch gemacht werden.

Tabelle 1/3. Methoden der Planung, Entscheidung und Optimierung

Planung	Optimierung
Marktanalyse	Sollkostenrechnung
Prognosemethoden	Nutzwertanalyse
Planungsmethoden	Nummernsysteme
Netzplantechnik	
Entscheidung	Rechnergestütztes Konstruieren
Systemtheorie	Dimensionieren
Spieltheorie	Zeichnen
Warteschlangentheorie	
Operations research - Methoden	

Tabelle 1/4. Informationsflüsse in einem Unternehmen

Finanzmittel und Kostenrechnung	Fertigungsmittel
Rohprodukte	Maschinen und Maschinenbelegung
	Fremdleistungen
Konstruktionsunterlagen	Hilfsbetriebe
	Materialfluß und Termine
Fertigungsunterlagen	Fertigprodukte
Abnahmeunterlagen	Verkauf (Angebote)
Belegschaft und Belegschaftseinsatz	Dokumentationen

1.1.3 Eingrenzung der Ziele des Buches
Sachziele

Für die Behandlung der Konstruktionsmethodik in diesem Buch ist eine weitere Eingrenzung notwendig: Verzichtet werden soll auf organisatorische Gesichtspunkte, ohne ihren Nutzen unter besonderen Bedingungen für die Arbeitsabläufe in Großbetrieben oder für die Unterteilung von Konstruktionsaufgaben in großen Konstruktionsbüros leugnen zu wollen. Verzichtet werden soll auch auf die Einteilung der Konstruktionsarbeit in Konstruktionsphasen, deren Beginn und Ende schwer definierbar sind. Man denke z.B. nur an Maschinenelemente.

1.1 Aufgaben und Ziele des methodischen Konstruierens

Die immer wieder geäußerten Gedanken über das Zustandekommen der Intuition und Kreativität lassen sich neu formulieren, nachdem die Biologen von den Verhaltensweisen der Tiere und ihrer Überlebensbedingungen auf die Fähigkeiten und Anlagen des Menschen nach dem Gewinn eines Bewußtseins schließen konnten [104]. Diese sind vorerst mit einfachen Beispielen belegt die folgenden:

Erkennen wesentlicher Merkmale oder die Fähigkeit zu
   Abstraktionen wie das Erfassen eines Raumes im Ganzen;

Erkennen ähnlicher Merkmale oder die Fähigkeit zu
   Vergleichen wie das Wiedererkennen von Personen;

Erkennen ursächlicher Zusammenhänge wie zwischen
   einfachen physikalischen Einflußgrößen;

Erkennen ursächlicher Zusammenhänge zwischen Merkmalen
   von Ober- und Unterschichten wie etwa zwischen Lenker und Fahrzeug.

Es handelt sich um gute und weniger gute geistige Anlagen, mit denen Lösungen für unsere täglichen Probleme gefunden werden können. Im Gegensatz zu den Tieren sind unsere Entscheidungen jedoch nicht durch die Selektion gesichert, Sie unterliegen erheblichen Fehlermöglichkeiten, wie Astrologie und Aberglaube zeigen.

Es vereinfacht sich die darzustellende Konstruktionsmethode und ihre Lehre erheblich, weil auch die vergleichbaren Gebiete wie Elektrotechnik, Physik und Chemie ohne diese organisatorischen und psychologischen Hinweise auskommen. Bei ihnen handelt es sich schließlich auch um Gebiete, in denen "konstruktiv" gedacht wird. Das ist in der Elektrotechnik in besonders umfassendem Maße der Fall. Wesentliche Gedanken aus der Elektrotechnik sind ja in die Konstruktionsmethodik übernommen worden. Das ist zeitweilig vergessen worden [30,35]. Die Technische Physik benutzt selbstverständlich ebenfalls konstruktive Überlegungen. Selbst in der Chemie muß konstruktiv gedacht werden, wenn für ein Produkt, z.B. ein Schlafmittel, an die Herstellanlage von den Rohstoffbehältern bis zu den Tablettier- und Verpackungsmaschinen gedacht werden muß.

Der Kern der darzustellenden Konstruktionsmethodik läßt sich damit wie folgt abgrenzen: Die Darstellung wird beschränkt auf Sachmerkmale, d.h. auf das Zustandekommen der Konstruktionsmerkmale der Maschinen, d.h. Merkmale, die in die endgültige technische Zeichnung eingehen. Der Ausgangspunkt für solche Betrachtungen ist die Gesamttechnik. Das wahre Verständnis für sie, so kann man sagen, hat sich erst in Verbindung mit der

Klärung der Grundlagen der Konstruktionsmethodik eingestellt. Denn die Technik hat lange bekannte Teilgebiete zur Grundlage, die, wie an anderer Stelle erläutert ([134]), 7000 Jahre zurückverfolgt werden können.

Diese Teilgebiete lassen sich zu einem Gesamtbild der Technik zusammenfassen. Ausgehend von Werkzeugen als den ersten technischen Mitteln kann man sagen:

sie dienen der Bearbeitung von Werkstoffen,

dazu müssen sie als Wirkmittel unter Ausübung von Kräften und Bewegungen auf die Werkstoffe einwirken können,

dabei sind die Bearbeitungsvorgänge und die Bewegungen durch Beobachtungen zu kontrollieren.

Allgemein gesehen sind diese Arbeitsbereiche als bekannte Teilgebiete der Technik zu erkennen:

die Fertigungs- und Verfahrenstechnik oder
    die Technik des Stoffumsatzes,

die Bewegungs- und Kraftmaschinentechnik oder
    die Technik des Energieumsatzes und

die Steuer- und Regeltechnik oder
    die Technik des Signalumsatzes.

Hier ist der Begriff "Signal" als Abkürzung für "Eigenschaften eines energie- oder stoffumsetzenden Systems" zu verstehen, die über signalbildende Geräte abgefragt werden können. Der Begriff "Nachricht" wird nicht verwendet, weil die Übertragung einer Nachricht auf der Übertragung von "Signalen mit vereinbarter Bedeutung" basiert. So gehört der Begriff Nachricht einer anderen Abstraktionsebene als die Begriffe Energie, Stoff und Signal an.

Die genannten Teilgebiete der Technik lassen sich zu einem Gesamtbild zusammenfassen, wie im weiteren noch deutlicher werden wird, weil

die gleichen konstruktiven Mittel,

die gleichen physikalischen Mittel und

die gleichen Zweckstrukturen

    überall die gleiche Anwendung finden.

Dieses Gesamtbild der Technik fußt zwar auf lange Bekanntem, hat sich bis heute noch nicht überall durchgesetzt. Einmal anerkannt wird es aber die größte Bedeutung für Lehre und Praxis haben.

1.1 Aufgaben und Ziele des methodischen Konstruierens

In der Technik werden naturwissenschaftliche Erkenntnisse umgesetzt, die mit meist schon sehr früh entwickelten Methoden, d.h. einen planmäßigen Vorgehen, gewonnen wurden. Die Methoden in der Technik können trotz manchmal anderer Formulierung nur dieselben sein wie in den Naturwissenschaften, speziell der Physik als der "Kernwissenschaft der Technik". Diese Methoden sind

das Vorgehen bei der Abstraktion der Merkmale,

die Methoden der Analyse und Synthese,

die Anwendung der Kriterien, d.h. der Prüfmittel oder Maßstäbe.

Sie finden später nähere Erläuterung. Mit diesem Bezug auf allgemein verwendete und seit langem bekannte wissenschaftliche Methoden wird die Vielzahl der in der Literatur angeführten Arbeitsweisen weiter eingeschränkt. Dadurch ergibt sich auch eine Unabhängigkeit der nachfolgend zu erläuternden Konstruktionsmethode, was bisher nicht überall akzeptiert worden ist.

In diesem Buch soll das Konstruieren methodebezogen angegangen werden [117]. Es soll die allgemeinste Konstruktionsaufgabe lösbar werden, nämlich noch unbekannte Maschinenelemente und Maschinen festzulegen, die abstrakten Forderungen verbunden mit dem Umsatz von Energie, Stoff oder Signalen genügen. In einer solchen Methode sind alle einfacheren und konkreteren Fälle mit enthalten.

In der Praxis konvergieren die Konstruktionen und Konstruktionsmethoden, wenn nur die Zahl der Forderungen groß genug ist, die den Lösungsspielraum einschränken. Dann ergeben sich nahezu gleiche Lösungen, wie Kupplungen, Getriebe, Ventilatoren, Pumpen, Verbrennungskraftmaschinen oder Haushaltmaschinen beweisen. Verschiedene Firmen, verschiedene Konstrukteure, verschiedene Vorgehensweisen erreichen das gleiche Ziel.

Es soll der Nachweis der praktischen Brauchbarkeit der Konstruktionsmethode nach diesen Gesichtspunkten an Beispielen erbracht werden und zwar an 31 im Institut des Autors durchgeführten Industriearbeiten, die in den folgenden Listen zusammengestellt sind (Tab. 1/5. und 1/6.). Es ist direkt der Sinn dieser Arbeiten, die Unabhängigkeit der Methode vom Anwendungsgebiet, d.h. dem Energie-, Stoff- und Signalumsatz, wie von der Konstruktionsphase nachzuweisen. Denn es wurden Arbeiten zur Verbilligung von Produkten durchgeführt, die in Stückzahlen bis zu 20 000 Stück pro Tag hergestellt werden, sowie Arbeiten, die sich mit der Weiterentwicklung von Maschinen oder gänzlichen Neukonstruktionen befassen. Ausführliche Darstellungen sind in [19, 82, 123] enthalten.

Tabelle 1/5. Methodisch ausgeführte Industriearbeiten (WZH = Wirkzusammenhang)

Auf die Merkmale der Maschinen bezogene Aufgaben		Auf den Energie-, Stoff- und Signalumsatz bezogene Aufgaben	
Logischer WZH	Rehabilitationsgerät	Energieumsatz	Changiergetriebe
			Biegefedern
physikalischer WZH	Offen-End-Spinnen		
konstruktiver WZH		Stoffumsatz	Rollenwechsler
Wirkfläche	Einwalzenstuhl für Folienherstellung		Bogenableger
			Glättstation für Geld
			Blattwender (Telefonbücher)
Wirkbewegung	Beatmungsgerät	Signalumsatz	Folienstanzanlage
			Keilspaltrheometer
			Blutviskosimeter
			Fahrradergometer
			Titermessgerät (Automat)
			Pendelschlagautomat

1.1 Aufgaben und Ziele des methodischen Konstruierens

Tabelle 1/6. Methodisch ausgeführte Industriearbeiten

Aufgabentyp	Beispiel
Kostenreduzierung Massenteile	Wischergetriebe, 2-Ton-Klingel
Weiterentwicklung	elektrischer Hochleistungsschalter
Automatisierung	Abfüllautomat
Gerätesystem	Dehnungsmessgerätesystem
Neuentwicklung	Konverter für Chemiefaser
Optimierungen	Massenausgleich Querschneiderantrieb
	verfahrenstechnische Anlage für 50 Monatstonnen

Es soll die praktische Anwendung des Buches dadurch erleichtert werden, daß die grundlegenden Gedanken jeden Abschnittes als "Vorgehensweise" zusammengefaßt und die jeweils festzulegenden Merkmale und die Mittel für diese Festlegungen in Form von sog. Checklisten zusammengestellt werden.

Didaktische Ziele
Bisher wurde der Maschinenbau als beschreibende Wissenschaft gelehrt. Der Lernvorgang besteht in diesem Falle im Speichern von Daten und Fakten, deren Zahl allmählich ins Uferlose wächst. Der Lernvorgang besteht weiter im Speichern von Bildern durch die Anschauung von Maschinen bzw. durch das Kopieren hochentwickelter Maschinenkonstruktionen [70].

Angestrebt wird das Erlernen von Methoden. Als methodebezogene Lehre ist die Lehre der Chemie (Liebig, 1825) bekannt, die wegen der Vielzahl der Substanzen schon seit dieser Zeit nicht substanzbezogen gelehrt werden konnte. Mit der Vielzahl der Maschinen ist heute die gleiche Situation im Maschinenbau eingetreten. Ähnlich wie in der Chemie müßte als wichtigstes didaktisches Mittel für den Lernvorgang ein Praktikum am Labortisch durchgeführt werden. Es geht nicht mehr um das Speichern von Daten und Bildern, sondern um das Speichern von Arbeitsprogrammen. Über diesen Lernvorgang gibt die Lernpsychologie Auskunft [93].

Bei dem Erlernen einer Methode geht es um das Gewinnen von "Aha-Erlebnissen" oder das Lernen durch Einsicht, wie man es schon mit Hilfe von Streichholz-Legespielen üben kann. Durch Umlegen einer begrenzten Zahl von Streichhölzern einer Figur sollen neue Figuren gebildet werden. Es geht um die Entdeckung des Prinzips, nachdem die Umstrukturierung der Figuren erfolgen kann. Ist erst einmal diese Einsicht gewonnen, kann man umso leichter Lösungen weiterer ähnlicher Aufgaben finden. Das ist die Einstellung zur Synthese, die sich weitgehend von der bisher bevorzugten Analyse unterscheidet. Die Maschinenbauer an den Universitäten sollten nicht das Schicksal der Germanisten teilen, die meistens Kritiker, aber selten Dichter werden.

Die Zielgruppe oder Adressaten sollten folgende Voraussetzungen mitbringen: normale praktische Tätigkeit in einer Werkstatt, eine mathematisch-physikalische Grundlagenausbildung, die Lehre der Maschinenelemente, also 4 Semester Studium, oder eine entsprechende Praxis im Konstruktionsbüro.

Als Lernziel läßt sich herausstellen das Erwerben des Verständnisses, welches die wesentlichen Merkmale der Maschinen, Apparate und Geräte sind und warum, und die Fähigkeit, diese Merkmale unabhängig von Vorbildern festzulegen. Erreichbar ist das Lernziel durch eigenes Tun, d.h. durch Lösen von Aufgaben im Skizzenblock oder in einem Praktikum, ähnlich wie es in der Chemie während der ganzen Ausbildung durchgeführt wird. Schwierigkeiten bereitet dem Studierenden die strenge Befolgung der Arbeitsweise bzw. das strenge Durchdenken der einzelnen Konstruktionsschritte. Dem Praktiker fällt es schwer, sich von der üblichen intuitiven Arbeitsweise zu lösen. Er sollte es deshalb begrüßen, wenn die Erläuterungen der Methode an ihm möglichst unbekannten Beispielen erfolgen.

Die Darstellung der Methodik ist dem Lernziel angepaßt. Nach der Erläuterung des jeweiligen Teilzieles der einzelnen Abschnitte wird mit zwei konkreten Leitbeispielen jeweils zur ersten Übersicht in den Gedankengang eingeführt, der nach Kenntnis der Grundlagen verständlich sein müßte. Fehlende Informationen für die Durchführung der Teilaufgabe sind sonst in den weiteren Ausführungen enthalten.

Dann werden die Forderungen abgeklärt, die jeweils durch die l o g i s c h e n , p h y s i k a l i s c h e n und k o n s t r u k t i v e n Merkmale der zu konstruierenden Maschine erfüllt werden sollen. Darauf werden die Mittel zur Erfüllung der Forderungen bereitgestellt und anhand von Aufgaben die genannten Merkmale festgelegt. Die jeweilige Betrachtung wird zu einem Hinweis bezüglich der Vor-

1.1 Aufgaben und Ziele des methodischen Konstruierens

gehensweise zusammengefaßt und durch je eine Liste der festzulegenden Merkmale und eine Liste der Mittel zur Festlegung dieser Merkmale für den praktischen Gebrauch ergänzt, die man auch als stichwortartige Fragenliste auffassen kann. Damit soll sozusagen eine Programmierung der Handlungsweise vorgenommen werden. Die zahlreichen Tabellen sollen Assoziationen zum Bekannten herstellen, die die Informationsaufnahme sehr erleichtern können.

Zur Erfolgskontrolle werden drei Arten von Übungsaufgaben gestellt: Die einen sollen dem Leser behilflich sein, sich die Vorgehensweise als solche einzuprägen. Die zweite Gruppe von Aufgaben dient dazu, das Textverständnis zu überprüfen. Die dritte Gruppe der schweren Aufgaben kann einen Zeitaufwand bis zu einer Woche erforderlich machen. Wenn man sich dieser Mühe unterzieht, gewinnt man auch wirklich die Fähigkeit zur Synthese von Maschinenelementen und Maschinen. Hier kann sich auch der Spezialist für die physikalische Analyse von Maschinen überzeugen, worin der Unterschied zur Synthese besteht.

Die Bemühungen, sich eine neue Arbeitsweise anzueignen, werden dadurch motiviert, daß man das Konstruieren schneller erlernen kann als bisher, daß man sich nicht nur zu einem Spezialisten für eine bestimmte Maschinenart entwickelt, daß man sich die Voraussetzungen für die Rechneranwendung verschafft und ein wissenschaftlich begründetes Gesamtbild des Maschinenbaus erhält, das mit dem der Physik oder Chemie vergleichbar ist, während bisher vielen der Maschinenbau als eine Sammlung einer Unzahl von Fakten und speziellen Rechenmethoden erscheint.

1.1.4 Ausgangspunkt

Die aus der italienischen Reise von Goethe entnommenen und abgewandelten Sätze des Mottos geben das wieder, was hier gesucht wird: das "Muster", nach dem die Maschinen gebildet sind [40]. Der Ausgangspunkt kann die Anschauung der Maschinen sein. Ihre wesentlichen Merkmale kann man bei ganz alten Maschinen, wie etwa einem Jacquard-Webstuhl von 1806, und neuen Maschinen, wie einem Drehautomaten von heute, unterscheiden, ohne ins Detail gehen zu müssen, das bei beiden Beispielen schon ganz kompliziert ist. Die Merkmale sind die Steuerung oder Logik, das physikalische Wirkprinzip und die konstruktiven Mittel zur Realisierung des physikalischen Wirkprinzips.

So ist bei dem Jacquard-Webstuhl die Steuerung oder Logik in der Mustersteuerung mit den Jacquard-Karten und deren Abtastmechanismus enthalten.

Das physikalische Prinzip ist in der Überkreuzung der Kett- und Schußfäden zur Gewebebildung durch Umschlingungsreibung und die konstruktiven Mittel sind in der Bewegung der Kettfäden und der Bewegung des Schiffchens mit der Schußspule durch das Fach enthalten, das durch auseinandergezogene Kettfäden gebildet wird. Bei dem Drehautomaten befindet sich die Steuerung in einem Gehäuse neben der eigentlichen Maschine, abgesehen von Bauteilen an der Maschine selbst. Das Wirkprinzip ist die Materialabtrennung mit einer Schneide vom bewegten Werkstück, die konstruktiven Mittel sind die Halterung bzw. die Antriebe für die Werkstück-Werkzeug-Bewegung sowie das verbindende Gestell.

Diese Merkmale sind bei allen Maschinen erkennbar, treten aber unterschiedlich hervor wie etwa die logischen Steuerungen bei Gleisstellanlagen, das physikalische Wirkprinzip bei Turbinen und die konstruktiven Mittel bei Getrieben. Von einer gewissen Komplexität an geht die Festlegung dieser Merkmale jeweils an die entsprechenden Spezialisten über. Das sind z.B. für Steuerungen die Steuerungsspezialisten, für physikalische Vorgänge z.B. die Plasmaphysiker für Weltraumtriebwerke, für Wirkflächen z.B. die Zahnradspezialisten und für Wirkbewegungen die Getriebespezialisten für Verpackungsmaschinen.

Nachfolgend soll eine Vereinbarung getroffen werden, die für das ganze Buch gelten soll. Um nicht immer wieder "Maschinen, Apparate und Geräte" schreiben zu müssen, sollen in der Bezeichnung "Maschine" die anderen beiden Gruppen "Apparate" und "Geräte" mitenthalten sein.

1.1.5 Vorgehensweise

Die Ausführungen dieses Abschnitts lassen sich zu folgender Vorgehensweise des Konstruierens zusammenfassen: Es geht darum, die logischen Merkmale, die physikalischen Merkmale und die konstruktiven Merkmale einer Maschine festzulegen. Dabei ist eine Vorgehensweise einzuhalten, die von abstrakten Forderungen zur konkreten Maschine, vom Kern (festgelegt durch die genannten Merkmale) zur Gesamtmaschine und vom Einfachen zum Komplizierten führt (Tab. 1/7.).

Tabelle 1/7. Vorgehensweise für das methodische Konstruieren

Von abstrakten Forderungen zur konkreten Maschine

Vom Kern der Maschine zur Gesamtkonstruktion

Vom Einfachen zum Komplizierten

1.2 Wissenschaftliche Grundlagen

Der Maschinenbau ist keine isolierte Wissenschaft. Es sind Bezüge zu den anderen Wissenschaften herzustellen, die für die Konstruktion von Bedeutung sind. Eine wissenschaftliche Methode anwenden, heißt begründen, warum die Festlegung der Merkmale der Maschinen so und nicht anders erfolgt. Die Aussagen sind damit überprüfbar und unabhängig vom Autor, wie das auch in der Physik der Fall ist. Für experimentell bestimmte physikalische Gesetze besteht bekanntlich sogar der Zustimmungszwang.

Die Bestimmung der Merkmale der Maschinen, die in die Konstruktion eingehen, kann man auch das Abstrahieren der wesentlichen Merkmale nennen. Hier wird der Praktiker die Frage stellen, ob es wirklich notwendig ist, über Begriffe und Abstraktionen nachzudenken. Die Antwort "Ja" läßt sich leicht beweisen, wenn man einmal prüft, wie unscharf viele Begriffe sind, die in der Technik verwendet werden. So spricht man, nur um ein Beispiel zu nennen, von Kaffee-, Fernschreib-, Strömungs- und Kolbenmaschinen, obwohl der Begriff "Maschine" kein eindeutig definierbares gemeinsames Merkmal der genannten "Maschinen" darstellt. In der Technik wird eine Art Werkstattsprache verwendet, mit der man bisher zurechtgekommen ist. Heute geht es aber darum, präzise Begriffe zu verwenden. Ein Vorbild ist hier die Physik, die Merkmale des physikalischen Geschehens, d.h. die Einflußgrößen, exakt benennt und zu Gesetzen zusammenfaßt.

In der Methodikliteratur wird oft von Abstrahieren der Aufgaben gesprochen, ohne eine Angabe, was darunter zu verstehen ist. Das Abstrahieren ist ein Denkvorgang, der von etwas Wahrgenommenen das Unwesentliche fortläßt. Als Urabstraktion kann man die Entwicklung des Wahrnehmungsvermögens in der Tierwelt ansehen. Das Prinzip des Wahrnehmungsvermögens ist es, aus den Sinneswahrnehmungen unter Selektion das "herauszuschneiden", was für die Belange der Art von Wichtigkeit ist. Das ist z.B. die Raumorientierung. Das Nervensystem verfügt über verschiedene Integrationsebenen der aufgenommenen Daten. Diese werden bei uns Begriffen und Oberbegriffen bzw. Gattungen zugeordnet, die in der Sprache enthalten sind.

Die Abstraktionsstufen im technischen Bereich lassen sich am Beispiel eines Werkzeuges - etwa eines Meißels - verdeutlichen. Mit dem Werkzeug kann man über Arbeits- oder Wirkflächen unter Ausführung von Bewegungen auf ein Werkstück einwirken. Wirkflächen und Wirkbewegungen sind hervorgehobene Merkmale des konkreten Werkzeuges, eine Abstraktion aus einer

Vielzahl weiterer Merkmale, die den Meißel selbst, seine Verwendung in der Werkstatt, seine Herstellung und Handhabung betreffen [134].

Der Arbeit mit der Meißelschneide liegt ein physikalischer Vorgang, das Zerspanen zugrunde, eines aus einer Vielzahl von physikalischen Verfahren, mit denen sich die Formänderung eines Werkstückes erzielen läßt. Auf die konkrete folgt ursächlich die physikalische Betrachtungsebene. Dabei faßt der Begriff Zerspanen eine Vielzahl von Merkmalen des physikalischen Vorgangs zusammen. Außerdem gibt es viele Verfahren zur Formänderung von Werkstücken.

Welche der vom Physikalischen unabhängigen Begriffe, - man kann auch sagen der abstrakten Begriffe - geben die Möglichkeiten zur Formänderung eines Werkstückes wieder? In den Bezeichnungen Abtrennen, Umformen (Überführen von Form zu Form) und Anfügen von Material ist keine Vorschrift über die Ausführung des Verfahrens enthalten. Das ist die abstrakte, d.h. die funktionale logische Betrachtungsebene, die alle Lösungsmöglichkeiten einer Aufgabe enthält. Darin liegt aber der Sinn der Abstraktion einer Aufgabe, die Übersicht über alle Lösungsmöglichkeiten zu bekommen.

Im folgenden sollen nun die Bezüge zu den physikalischen, logischen, konstruktiven, systemtheoretischen und wissenschaftstheoretischen Grundlagen hergestellt werden. Neben der allgemeinen Physik wird an den technischen Lehranstalten auch eine Physik bezogen auf den Aggregatzustand der Materie vermittelt, in der aber meist die Rheologie, die Schüttgütermechanik, die Festkörper- und Grenzflächenphysik trotz ihrer technischen Bedeutung fehlen. Daß für alle Aggregatzustände der Materie Maschinen zu konstruieren sind, soll Tab. 1/8. zeigen.

Die Bedeutung der logischen Grundlagen läßt sich sofort erkennen, wenn man sich vor Augen führt, daß die Logik nicht nur die Grundlage aller Steuerungen, sondern auch die aller Maschinen bis hin zum Computer ist. Interessanterweise hat die Logik als Wissenschaft die gleichen Schwierigkeiten wie die wissenschaftliche Konstruktion, nämlich sich von psychologischen und physikalischen Überlegungen zu trennen wie die wissenschaftliche Konstruktion von psychologischen und organisatorischen Betrachtungen [38].

Aus den physikalischen und logischen Grundlagen läßt sich der wissenschaftliche Ausgangspunkt der Konstruktionslehre ableiten. Einige Hinweise sind auch bezüglich der Systemtheorie zu geben, die sich aus der Vierpoltheorie [30, 135] der Elektrotechnik entwickelt hat. Sie dient dazu, die Betrachtung kom-

1.2 Wissenschaftliche Grundlagen

Tabelle 1/8. Aggregatzustand der Materie und entsprechende Maschinen (Geräte)

Aggregat-zustand	Energieumsatz	Signalumsatz		Stoffumsatz	
		Energiemeßgrößen	Stoffmeßgrößen	Fertigungstechnik	Verfahrenstechnik
gasförmig	Gasturbine	Thermometer	O_2-Gehalts-messer	Schweißanlage	Spaltanlage
dampfförmig	Dampfmaschine	Dampfmengen-messer	Thermometer (Siedepunkt)	Reinigungs-anlage	Destillations-anlage
flüssig	Wasserturbine	Drehmoment-messer	Mengenmesser	Gießmaschine	Gradierwerk
zäh/plastisch	Spannvorrichtung (plast. Flüssigkeit)	Manometer	Viskosimeter	Schmiedepresse	Extruder
körnig	Traktorrad	Leistungsmesser	Bodenwiderstands-meßgerät	Sinterpresse	Pflug Röstanlage
fest/plastisch	Fallhammer	Stauchkörper-meßgerät	Formänderungs-meßgerät	Ziehmaschine	Streckmaschine
fest/elastisch	Feder	Kraftmesser	Durchbiegungs-meßgerät	Drehmaschine	Schaumstoff-anlage
fest/starr	Getriebe	Drehzahlmesser	Kornverteilungs-analysegerät	Fräsmaschine für Guß	Mühle

plizierter technischer Gebilde zu erleichtern. Dann soll noch auf einige wissenschaftstheoretische Aspekte hingewiesen werden, die für die Konstruktion Bedeutung haben.

1.2.1 Die physikalischen Grundlagen
Das physikalische Geschehen (zweckfrei)
Alle Vorgänge in Maschinen, so wie sie für die Konstruktion bedeutsam sind, sind physikalische Vorgänge. Auch für die Konstruktion von chemischen oder biologischen Apparaturen ist letzten Endes das Physikalische maßgebend. Deshalb soll hier zuerst ganz kurz auf die Grundlagen der Physik eingegangen werden.

Ganz allgemein unterscheidet man nach Carnap, auf den hier Bezug genommen wird [17], klassifizierende, vergleichende und quantitative Begriffe. Klassifizierend sind Bezeichnungen der Arten, Familien und Gattungen, wie sie z.B. in der Zoologie verwendet werden. Vergleichende Bezeichnungen wie "wärmer" "kälter" stellen eine qualitative Sprache zur Beschreibung, Vorhersage oder Erklärung von Tatsachen dar. Vergleichende Begriffe werden in der Medizin und Psychologie, aber auch in der Physik verwendet. Die quantitative Sprache entwickelt sich aus der qualitativen. Man vereinbart bestimmte Konventionen über Meßverfahren und legt bestimmte Regeln für die Festlegung von Werteskalen und Einheiten in der Physik fest.

In der Physik wird das empirische auf Sinneserfahrung beruhende Wissen auf zwei verschiedenen Wegen gewonnen: durch die passive Beobachtung einzelner Tatsachen, wie das z.B. in der Astronomie der Fall ist, und durch die aktive Beobachtung.

Die Ergebnisse der passiven Beobachtung werden miteinander verglichen. Durch Anwendung komparativer Begriffe, wie "wärmer" "kälter", kommt man zu einer qualitativen Formulierung. Wesentlich ist das Entdecken einer Regelmäßigkeit unter den beobachteten Tatsachen, z.B. "wenn ein Körper erhitzt wird, dann dehnt er sich aus". Das ist die logische Grundform von physikalischen Gesetzen, die zur Beschreibung, Erklärung oder Vorhersage von Tatsachen dienen. Bei der aktiven Beobachtung handelt es sich um das Erzeugen einer Situation, die Naturbeobachtungen ermöglicht. Das ist das physikalische Experiment.

1.2 Wissenschaftliche Grundlagen

Methodik des Experimentes

Beim Experiment [23] geht es um das Aufsuchen der relevanten Einflußgrößen eines physikalischen Geschehens und die Auswahl einer unabhängigen und einer abhängig veränderlichen Einflußgröße, zwischen denen ein gesetzmäßiger Zusammenhang festgestellt werden soll. Dabei sind alle anderen Einflußgrößen konstantzuhalten. Die beteiligten Einflußgrößen müssen natürlich meßbar sein. Symbole mit numerischen Werten machen die quantitative Sprache der Physik aus.

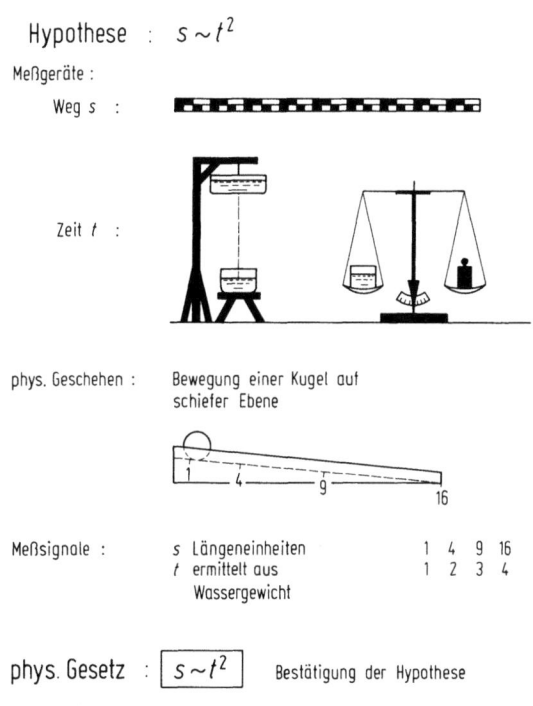

Abb. 1/1. Experiment: Fallversuch von Galilei

Experimente werden bei der Erprobung von Maschinen durchgeführt. Für die Erläuterung der Arbeitsschritte des Experimentes ist es jedoch nicht nötig, ein so kompliziertes Beispiel wie eine Maschine zu wählen, sondern es genügt der Fallversuch von Galilei (Abb. 1/1.). Über den Vorgang des freien Falls bestand die Hypothese, daß der Fallweg eines Gegenstandes dem Quadrat der Fallzeit proportional sein soll. Für die Durchführung des Experimentes stehen als Meßgeräte der konstruktiv festliegende Längenmaßstab sowie ein Zeitmeßgerät zur Verfügung, bei dem der Auslauf von Wasser aus einem Vorrats- in ein Wiegegefäß benutzt wird. Mit diesem Zeitmeßverfahren lassen sich keine kurzen Zeiten messen, so daß das physikalische Geschehen für das Experiment dahingehend abgewandelt wird, daß der Fallkörper in Form einer Kugel nicht senkrecht, sondern auf einer schiefen Ebene fällt. Durch mehrfache Wiederholung des Experimentes werden Meßsignale gewonnen, die die physikalische Hypothese bestätigen. Auch die Einflüsse von Störgrößen wurden schon von Galilei berücksichtigt, indem er eine polierte Messingkugel und eine mit Pergament ausgeschlagene Rinne benutzte.

Bei einem Experiment handelt es sich darum, das physikalische Geschehen in der Objektwelt auf Begriffe und deren Verknüpfung durch Gesetze abzubilden. Dafür werden Meßsignale verwendet, die mit konstruktiv festliegenden Meßgeräten gewonnen werden.

Das Experiment hat für die Ingenieurarbeit die größte Bedeutung, weil jede neue Information, die für die Konstruktionsarbeit benötigt wird, aus dem Experiment gewonnen werden muß, sofern sie nicht in der Literatur greifbar ist. Bei dem hohen Anteil der Maschinen des Stoffumsatzes und der Variationsbreite der Stoffeigenschaften ist das oft nicht der Fall. Dabei unterscheidet sich noch die vom Ingenieur benötigte Information von der des Physikers durch die andersartige Verwendung der Untersuchungsergebnisse. Das ist für die Anlage des Experimentes bestimmend. Weiterhin ist zu bedenken, daß jede fertige und ausgeführte Konstruktion zumindest bei der Inbetriebnahme experimentell überprüft wird. Die bei der Durchführung eines Experimentes notwendigen Schritte sind also [23]:

Dem Experiment liegt eine Hypothese oder Vorstellung von der Abhängigkeit der Einflußgrößen des physikalischen Geschehens untereinander zugrunde. Daß man sich eine Vorstellung von dem Vorgang machen muß, bevor man mit dem Experiment beginnt, wird oft vergessen.

Zur Anwendung gelangen konstruktiv festliegende Beobachtungsmittel bzw. Meßgeräte. Für die Grundeinheiten des technischen Maßsystems (SI-Einheiten: Länge (m), Masse (kg), Zeit (s), elektrische Stromstärke (A), Temperatur (K), Stoffmenge (mol), Lichtstärke (cd) und als abgeleitete Größe die Kraft ($N = kg\,m/s^2$)) gibt es meist bekannte Meßgeräte [25].

Das experimentell zu untersuchende physikalische Geschehen muß wiederholbar sein, die Meßergebnisse müssen sich als reproduzierbar erweisen.

Bei der Durchführung des Experimentes erhält man Signale z.B. durch Ablesungen an Instrumenten oder durch das Eintreten von Ereignissen an Beobachtungsmarken.

Die aus dem Versuch gewonnene Meßwertreihe stellt die mittels des Experimentes gewonnene Information dar. Durch Auswertung der Messungen ergibt

1.2 Wissenschaftliche Grundlagen

sich eine Bestätigung oder Ablehnung der Hypothese. Für den Ingenieur am anschaulichsten ist die graphische Darstellung des experimentellen Befundes.

Methodik des Messens

Zur Durchführung von Experimenten gehört das Messen (Tab. 1/9.). Unter Messen versteht man die Bestimmung des Wertes einer physikalischen Größe als Vielfaches einer Einheit, festgelegt durch Normale für die Grundgrößen [52] (Definitionen nach DIN 1319, Blatt 1 bis 3).

Ein Meßgerät muß eine bestimmte Empfindlichkeit für die Beobachtung eines Vorganges aufweisen. Der Änderung einer physikalischen Größe muß eine Mindeständerung der Anzeige des Meßgerätes entsprechen. Wiederholte Messungen fallen nie ganz gleich aus. Die Messungen weisen systematische oder zufällige Fehler auf. Als Ursache von Schwankungen der Eigenschaften des Meßgerätes selbst kommen Einflüsse wie die Reibung, Einflüsse von der Umwelt, durch den Beobachter oder durch zeitliche Veränderungen in Frage. Auch das Meßverfahren kann Anlaß zur Streuung der Meßwerte sein wie beispielsweise durch Schwankungen in der Versorgungsspannung. Weitere Schwankungen der Messungen ergeben sich aus laufenden Veränderungen des Meßobjektes wie beispielsweise bei einem Textilfaden. In Meßketten pflanzen sich die Fehler fort (Fehlerfortpflanzungsgesetz).

Bei allen Messungen ist an diese störenden Einflüsse zu denken. Es ist sozusagen ein bestimmter Ritus einzuhalten, den der Konstrukteur kennen muß, um sich an Maschinen selbst Informationen zu verschaffen oder von anderer Seite überlassene Informationen beurteilen zu können. Das ist besonders für Informationen über Störgrößen des physikalischen Geschehens von Wichtigkeit. Die wichtigsten Gesichtspunkte sind in Tab. 1/9. zusammengefaßt.

Erkenntnistheorie

Durch die Anwendung der Methoden der Physik, der Methoden des Experimentes und des Messens werden physikalische Erkenntnisse gewonnen. Die Vorgehensweise läßt sich zur "Erkenntnistheorie" zusammenfassen [122]. Das Ziel der Erkenntnistheorie (Tab. 1/10.) ist die Abbildung einer Vielzahl von Vorgängen in der Objektwelt in einer möglichst geringen Zahl von physikalischen Gesetzen. Die Bezüge sind das schon erwähnte Meßsystem der Physik. Die Arbeitsschritte sind die qualitative Formulierung als logische Grundform eines physikalischen Gesetzes, dem dann meist die quantitative Formulierung folgt. Der Weg führt vom Konkreten zum Abstrakten oder anders ausgedrückt von der Objektwelt zum Subjekt. Vom Physiker wird die Übereinstimmung zwischen dem

Tabelle 1/9. Messen als Signalerzeugung, Deutung und Auswertung von Messungen (mit Beispielen)

Messen als Signalerzeugung	Beispiele
Signalbezug	
physikalische Größen (DIN 13/9)	Kilopond
Werte ohne Dimensionen (Prozent-Gehalt)	% SO_2
Ereignisse	Fadenbrüche
Signalerzeugung	
Vergleiche mit Normal- (Eich-) Größe	Normalmeter
Abbildung eines Zustandes auf ein physikalisches System	Strömungsgeschwindigkeit auf ein ruhendes System
Anpassung des Meßsystems an die Meßwertänderung	Eigenfrequenz zur Meßfrequenz
Signalgerät	
Eingang (Antrieb)	Waagschalen
physikalisches System	System in der Schwinglage
Ausgang	
anzeigend	Nullage des Zeigers
zählend	
registrierend	
Signalart	
physikalische Größen aller Bereiche	Durchbiegung eines Biegestabes
Signalform	
analog	Skalenanzeige
digital	Umdrehungszahl
logisch (zweiwertig)	Ein- Aussignal
gepulst	Drehzahlimpuls
stochastisch (regellos)	Strahlenquelle
Signalumwandlung	
Fühler	Widerstandsthermometer
Umformer	Weg in pneumatische Druckänderung (Solexverfahren)
Übersetzung	Hebel
Verstärker	Düse - Prallplatte
Analog - Digital-Wandler	Kontaktscheibenkombination
Zeitverlaufänderung	
Kurzzeit in Langzeit	ballistisches Galvanometer
zeitlich neben- in hintereinander	Trennsäulen von Gasanalysengeräten
Zeitmaßstabänderung	über Tonband langsam - schnell

Fortsetzung S. 21

1.2 Wissenschaftliche Grundlagen

Tabelle 1/9. Fortsetzung

Messen als Signalerzeugung (Fortsetzung)

Signalaufarbeitung	
Normieren	Normal- Kubikmeter
Rechenoperationen	Radizieren, Multiplizieren
Normalisieren	Temperaturberichtigung
Extremieren	Grenzwertfeststellung
Klassieren	Aufteilung in Klassen für Statistik
Integrieren	Mengendiagramme
Bilanzieren	Meßwertgruppe
Wirkungsgrad (Ausbeute)	Verhältnis von Meßwerten
Optimieren	Computer-Anwendung

Auswertung der Messung

Qualitative Auswertung	Betrachten von Diagrammen
Quantitative Auswertung	
Auswertung von Diagrammen	Planimetrieren
Konstantenberechnung bekannter Funktionen	einer gemessenen e-Funktion
Amplituden-Statistik	Festigkeitsverteilung
Frequenzspektrum	harmonische Analyse
Aussagebereich	
Kristalline Struktur	Übertragbarkeit auf makroskopischen Bereich
Fehlerkorrektur	
Fühler	Druckmeßbohrung
Meßort	örtliche Strömungsgeschwindigkeit
Meßgerät	Eichkurve
Veränderungen	Nullpunkt-Drift, Verschmutzung
Fehlerfortpflanzung	Meßketten

Deuten von Messungen im Bezug zur Konstruktion

Wahl der optimalen Auslegung } einer Maschine
Wahl der optimalen Betriebsbedingung

Aussagen derselben Meßstelle über

  das Vorprodukt: Messung bei konstant gehaltenem Maschinenbetrieb
    Aussage über den Einfluß der Qualität des Vorproduktes

  das Fertigprodukt: Messung durch statistisch verteilte Probenentnahme über die ganze produzierte Menge

    Aussage über die Qualität des Fertigproduktes und die Qualität der Maschine, der Anlage

  die Maschine: fortlaufende Messung zur Steuerung oder Regelung von Einflußgrößen

  die Störgrößen einer Maschine: Aus der Streuung der Qualitätsmerkmale des Fertigproduktes

    Klärung der Einflußgrößen der Streuung durch experimentelle Beeinflussung

Tabelle 1/10. Erkenntnistheorie (Analyse)

Ziel	Abbildung einer Vielzahl von Vorgängen der Objektwelt in einem Gesetz
Ausgang	Entdecken einer Regelmäßigkeit
Bezüge	Raum (Länge), Zeit, Masse
Schritte	qualitative Formulierung als logische Grundform eines physikalischen Wirkzusammenhanges
	quantitative Formulierung als mathematische Grundform eines physikalischen Gesetzes
	bestimmt über Messungen mit konstruktiv festliegenden Meßgeräten
Weg	vom Konkreten zum Abstrakten
Kriterien	optimale Übereinstimmung Modell und Wirklichkeit, genau

Gesetz, das ein Modell der physikalischen Wirklichkeit darstellen soll, und der Wirklichkeit selbst angestrebt. Die Übereinstimmung soll möglichst genau sein.

Energie-, Stoff- und Signalumsatz

Alles physikalische Geschehen in Maschinen ist an den Umsatz von Energie, Stoffen oder Signalen gebunden. Energie, Stoffe und Signale sind als "Produkte" zu verstehen, die in Maschinen umgesetzt werden und physikalisch gesehen mannigfaltige Formen annehmen können. Nach einer Deutung von v. Weizsäcker [159] hängen diese "Produkte" wie folgt zusammen: Die Physik läßt sich als Lehre von der Bewegung der Materie auffassen, Energie als das Vermögen, Materie zu bewegen oder auch als Maß der Menge der Bewegung. Materie und Form sind immer miteinander verknüpft. Form bedeutet Information oder Menge der Alternativen. Im technischen Bereich wird statt Materie der Begriff Stoff und statt Information für die Konstruktion der Begriff Signale verwendet. Denn Geräte werden unabhängig von den übertragbaren Informationen für eine bestimmte Form von Signalen ausgebildet (Begriffsdefinitionen, siehe Abschnitt 5.1).

In Maschinen werden oft alle drei "Produkte" gleichzeitig umgesetzt, wobei ein Umsatz als Hauptumsatz, die anderen als Nebenumsatz zu betrachten sind. Die Umsatzarten sind meist miteinander verknüpft, wie das beim Energieum-

1.2 Wissenschaftliche Grundlagen 23

satz einer Wasserturbine mit dem Stoffumsatz, beim Stoffumsatz einer Pumpe mit dem Energieumsatz und beim Signalumsatz einer Hydrauliksteuerung mit dem Energie- und Stoffumsatz der Fall ist. Es wird immer das für die Konstruktion Relevante in Betracht gezogen. Mit der Anwendung dieser Begriffe muß man sich vertraut machen, weil sie ein Grundmerkmal der Maschinen sind. In Abb.1/2. ist ein allgemeines Schema dargestellt, in dem auch die in der Praxis üblichen nicht so allgemein gültigen Bezeichnungen eingetragen sind.

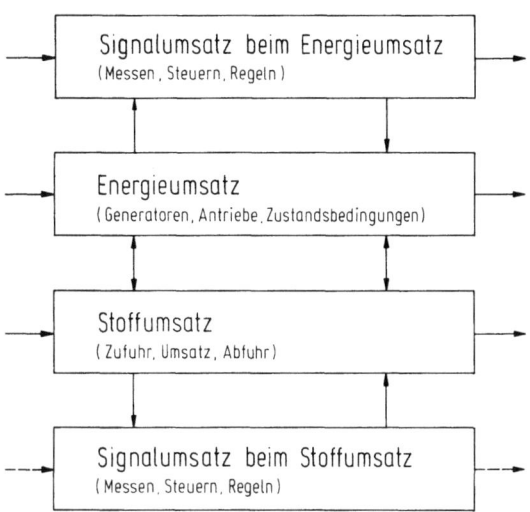

Abb.1/2. Schema des Energie-, Stoff- und Signalumsatzes

1.2.2 Die logischen Grundlagen

An den Konstrukteur werden Forderungen oder Wünsche des Kunden, des Unternehmers, der Gesellschaft oder des Staates herangetragen. Die Aufgaben werden mit konkreten Begriffen wie "Temperaturmessung" oder abstrakten Begriffen wie "Sicherheit" formuliert. Diese Begriffe sind in Maschinenelementen und Maschinen zu realisieren, die den verlangten Zweck erfüllen. Das Ausdenken dieser Maschinenelemente und Maschinen erfolgt nach den Regeln des folgerichtigen Denkens oder der Logik (Software der Maschinen) [38].

Eine physikalische Betrachtung allein genügt allerdings nicht zur allgemeinen Formulierung des Zweckes oder der Funktion von Maschinen, Apparaten und Geräten. Das wird auch nicht für Steuerungen bestritten, die in der Literatur oft als Sonderkapitel abgehandelt werden. Vielleicht ist gerade die Einfachheit des Zweckes z.B. der Maschinenelemente, der oft schon aus ihrem Namen hervorgeht, der Anlaß dafür, daß die Funktion der Maschinenelemente nicht besonders betont wird. Daher rühren wohl die Schwierigkeiten, die logischen Funktionen der Maschinenelemente und Maschinen als notwendig zu akzeptieren, zu verstehen und anzuwenden. Unbestritten ist die Tatsache, daß physikalische Effekte und Systeme als solche zweckfrei sind. Die zu realisierende Funktion oder der Zweck wird durch die Wahl der Eingangs- und Ausgangsgrößen eines physikalischen Systems bestimmt.

Als ein Beispiel dafür sei das zweckfreie physikalische Gesetz der Biegefeder $f = cF$, in Worten ausgedrückt "die Durchbiegung der Feder ist proportional der einwirkenden Kraft", angeführt. In der Konstanten c sind weitere Einflußgrößen des physikalischen Geschehens an einer solchen Feder zusammengefaßt. Es gibt nun die Möglichkeiten:

1. Die Kraft ist die Eingangsgröße, der Weg die Ausgangsgröße. Dann hat die Feder die Funktion eines "Verknüpfungsgliedes" zwischen Kraft und Weg, was z.B. für Meßzwecke ausgenutzt wird.

2. Die eine Kraft als Eingangsgröße und eine andere Kraft als Ausgangsgröße (Gegenkraft) läßt die Feder als "Hemmglied" wirken.

3. Ein Weg als Eingangsgröße und ein anderer Weg als Ausgangsgröße, ergibt die Funktion des Systems als die einer "Führung" oder "Leitung".

Das physikalische System "Feder" kann also als Verknüpfungs-, Führungs- oder Trennglied ausgebildet werden, also Funktionen erfüllen, für die auch andere physikalische Systeme bekannt sind.

Es fällt schwer, die Funktionsbetrachtung oder die der Wirkungszusammenhänge von physikalischen Vorstellungen freizuhalten. Denn es wird z.B. bei einem Ventil oder elektrischen Schalter gesagt, geöffnet sind sie ein Leitungsglied, geschlossen ein Trennglied. Das gilt für physikalische Betrachtungen bezogen auf einen hydraulischen oder elektrischen Fluß. Das gilt nicht für einen Türriegel, der der Lage nach offen oder geschlossen sein kann. Er hat wie das Ventil oder der Schalter die "logische Funktion" eines Trenngliedes.

Es genügt nicht, die funktionale Festlegung von Konstruktionen allein bei Steuerungen von ihren physikalischen Lösungsmöglichkeiten zu trennen. "Funktionen" repräsentieren Denkoperationen, denen Handlungen folgen. Denken und Handeln entsprechen einander.

1.2 Wissenschaftliche Grundlagen

Das Denken wurde vor 2300 Jahren von Aristoteles analysiert, der die Denkelemente und deren Verknüpfungsmöglichkeiten und ihre allgemeinen Eigenschaften angegeben hat. Dem Denken in Begriffen als Abstraktionen der realen Dinge und Tätigkeiten ist seit der Steinzeit ein 500 000 jähriger Umgang mit Werkzeugen vorausgegangen, mit denen die gleichen Funktionen verwirklicht wurden, die heute Werkzeugmaschinen übernommen haben [56, 134].

Die Denkelemente sind die Begriffe, die durch eine Definition gekennzeichnet werden. Die Begriffe lassen sich in verschiedene Gruppen oder Kategorien mit bestimmten Eigenschaften aufteilen, d.h. Gruppen, über die sich allgemeine Aussagen machen lassen. Hier interessieren die Kategorien Quantität (Menge), Qualität und Relation (Bezug auf etwas anderes). Im technischen Bereich sind das die Kosten. Die Begriffe lassen sich aufeinander beziehen. Mit einem Urteil stellt man fest, ob sie miteinander verknüpft werden können oder verschieden sind, d.h. getrennt werden müssen.

Nicht jeder Gedanke läßt sich in Form einer Aussage mit zwei Begriffen fassen, die ähnlich oder verschieden sind. Deshalb kennt die Logik zwei bestimmte Bezüge von Begriffen, die darüber hinausführen. Wenn der Nachsatz, der einen Begriff enthält, durch einen Vordersatz bedingt wird, dann spricht man von einem hypothetischen oder Wenn/Dann- oder Verknüpfungsurteil, wenn es begründet ist. Der zweite Bezug zwischen Begriffen ist das disjunktive Urteil, das sich wechselseitig ausschließende oder Trennungsurteil, das in Tab. 1/11. angegeben ist. Für diese logischen Grundformen von Urteilen muß es Entsprechungen in der technischen Wirklichkeit geben.

Tabelle 1/11. Bezüge von Begriffen durch Urteile

Hypothetisches Urteil, Wenn/Dann-Urteil, verknüpfendes Urteil:
"Wenn A ist, dann gilt (oder gilt nicht) B"

Disjunktives Urteil, Entweder/Oder-Urteil, trennendes Urteil:
"A ist entweder B oder C"

Es kann, bezogen auf die einfachen Urteile "gleich" und "verschieden", auch nur Verknüpfungs- und Trennglieder geben, zwischen denen Relationen oder Schaltungen möglich sind und aus denen sich auch Entsprechungen zu den komplizierteren "Urteilen" finden lassen. So entsprechen, wie noch zu sehen ist, dem hypothetischen oder dem disjunktiven Urteil bestimmte Schaltungen von Verknüpfungs- und Trenngliedern. In Tab. 1/12. sind nun eine Reihe weiterer

Tabelle 1/12. Bezeichnungen für die logischen Grundfunktionen

---

Verknüpfungs-, Koppel- oder Wirkglieder

Trenn-, Hemm- oder Sperrglieder

Relationen, Schaltungen oder Führungsglieder (Leitungen)

Bezeichnungen für die Grundelemente, die Verknüpfungs- und Trennglieder, und deren Relationen angegeben, wie sie z.B. in der Getriebelehre angewendet werden [36]. Diese Bezeichnungen sollen trotz gleicher Bedeutung im weiteren so gebraucht werden, wie es die Anschauung erfordert und die Anwendung erleichtert.

In den zu konstruierenden Maschinen sind also die Denkelemente zu realisieren, in die sich die Begriffe auflösen oder zerlegen lassen bzw. zerlegt werden müssen, mit denen die Forderungen an die Konstruktion zum Ausdruck gebracht werden [85]. Man hat also die Begriffe, die die Forderung repräsentieren, so zu formulieren, daß sie Grundfunktionen oder deren Kombinationen entsprechen. Es muß also eine Neuformulierung des Zweckes der zu konstruierenden Maschine, die Festlegung ihrer logischen Funktion oder die Formulierung des logischen Wirkzusammenhanges (im folgenden kurz WZH genannt) zwischen dem Eingang und Ausgang einer Maschine vorgenommen werden. Die Forderungen an die Konstruktion sind in eine "Maschinensprache" zu übersetzen, wie man im Anklang an die Rechnerprogrammierung sagen kann.

1.2.3 Die konstruktiven Grundlagen

Wenn man wieder von dem Experiment von Galilei, der "Schiefen Ebene", ausgeht, dann fragt der Konstrukteur, für welche logische Funktion man sie verwenden kann. Offensichtlich ist das im einfachsten Fall ein Führungsglied, und zwar - wie die Bilder zeigen - im Energieumsatz die Führung eines selbstschließenden Tores, für den Stoffumsatz die Führung von Säcken auf einer Sackrutsche (Abb. 1/3.) und für den Signalumsatz die Führung von Kugeln in einer Meßanlage z.B. für die Bestimmung der Rollreibung von Kugeln.

Aus diesem Übergang vom Experiment zur Konstruktion kann man nun eine allgemeingültige Vorgehensweise für den Konstrukteur ableiten. Er hat zur Erfüllung des beabsichtigten Zweckes der Maschine einen logischen WZH zwischen Ein- und Ausgang der Maschine herzustellen. Dieser logische WZH läßt sich physikalisch realisieren. Es muß also ein physikalischer WZH zwischen Ein- und Ausgang der Maschine hergestellt werden, der mit konstruktiven Mitteln

1.2 Wissenschaftliche Grundlagen

oder durch einen konstruktiven WZH erzwungen wird. Bei dem obigen sehr einfachen Beispiel der schiefen Ebene stellt also der Begriff der Führung des Tores den logischen WZH (logische Funktionselemente) dar, der physikalische Effekt "Schiefe Ebene" verwendet für die Funktion "Führung" den physikalischen WZH oder das Lösungsprinzip (physikalische Funktionselemente), und die geneigte Schiene für die Rollen des Tores stellt den konstruktiven WZH dar (konstruktive Funktionselemente).

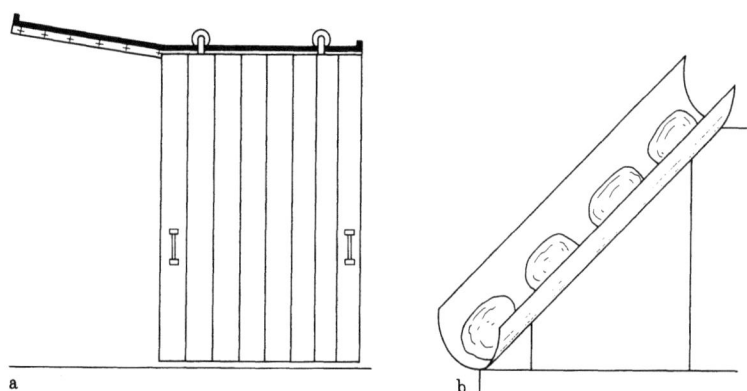

Abb. 1/3. Konstruktionen mit physikalischem Effekt "Schiefe Ebene". a) Selbstschließendes Tor (Energieumsatz); b) Sackrutsche (Stoffumsatz)

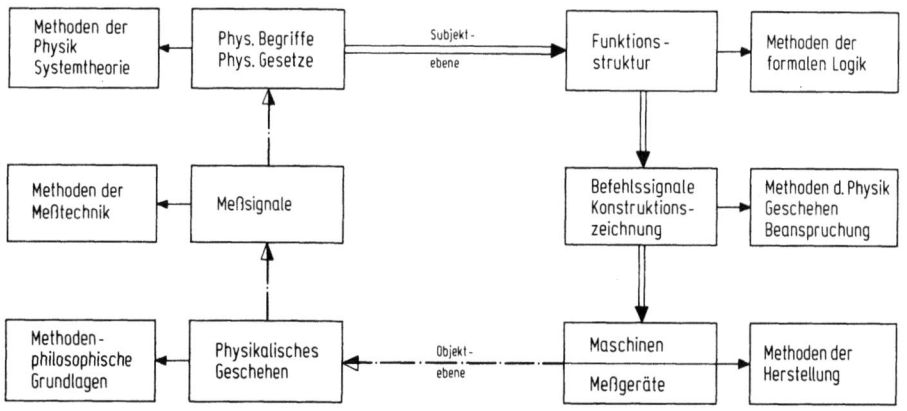

Abb. 1/4. Methodengefüge: Experiment und Konstruktion

Die Vorgehensweise des Physikers läßt sich nun mit der des Konstrukteurs vergleichen (Abb. 1/4.). Der Physiker benutzt fertig konstruierte Geräte (Meßgeräte) und bezieht das zu untersuchende physikalische Geschehen mittels dieser Geräte auf die Grundeinheiten des physikalischen Maßsystems. Es werden Meßsignale durch Meßgeräte gewonnen. Dadurch gelangt man vom realen physikalischen Geschehen über die Meßsignale zu physikalischen Begriffen und deren Verknüpfungen, den physikalischen Gesetzen.

Der Ingenieur benutzt die Kenntnis der physikalischen Gesetze und verwendet sie für einen bestimmten Zweck oder eine logische Funktion. Er verknüpft die physikalischen Gesetze und den Zweck zu Konstruktionsmerkmalen, den Angaben in einer Zeichnung, nach der Geräte hergestellt werden können. Hiernach stellt sich also das Konstruieren als die Umkehrung der Tätigkeit des Physikers dar. Es kommt die Wahl des Zweckes des zu konstruierenden Gerätes hinzu. Diese Gegenüberstellung der Vorgehensweise beim Experiment und bei der Konstruktion läßt sich durch Angaben der bei den einzelnen Schritten anwendbaren Methoden ergänzen, auf die entweder bereits eingegangen wurde oder noch eingegangen wird (Abb. 1/4.).

Entsprechend der Vorgehensweise der Physik, dargestellt als Schritte der Erkenntnistheorie, läßt sich die Vorgehensweise der Konstruktion in Form von Schritten einer "Schaffensmethodik" charakterisieren (Tab. 1/13). Dieser Vergleich macht den Unterschied zwischen Analyse und Synthese im physikalisch-

Tabelle 1/13. Schaffensmethodik (Synthese)

Ziel	Aufsuchen einer Vielzahl von Objekten
	zur Erfüllung von bestimmten Forderungen
	zur Auswahl einer optimalen Lösung
Ausgang	Aufstellen der Forderungen
	betr. Tätigkeiten
	Bedingungen
	(allgemeine Forderungen)
Bezüge	Logische Funktionselemente und Strukturen
	Physikalische Funktionselemente und Strukturen
	Konstruktive Funktionselemente und Strukturen
Schritte	Festlegen eines logischen Wirkzusammenhanges
	Festlegen eines physikalischen Wirkzusammenhanges
	Erzwingen des physikalischen Geschehens durch einen konstruktiven Wirkzusammenhang
Weg	vom Abstrakten zum Konkreten
Kriterien	optimale Erfüllung der Kriterien Menge, Qualität und Kosten
	"gut genug"

1.2 Wissenschaftliche Grundlagen

technischen Bereich deutlich, der z.B. in der Chemie kein Problem ist. Der Unterschied zwischen Analyse und Synthese kann nicht deutlich genug hervorgehoben werden, weil die Lehre der Synthese für den Maschinenbau noch ganz ungewohnt ist. Der Ausgangspunkt der "Synthese" sind abstrakte Forderungen, das Ziel eine Mehrzahl von erst unbekannten geeigneten Lösungen, von denen eine den Kriterien Menge, Qualität und Kosten am besten genügt und ausgewählt wird. Der übliche Ausgangspunkt des analytischen Maschinenbaus ist eine bekannte Konstruktion, die nach allen Regeln durchgemessen wird, um die Dimensionierung und Optimierung dieser Konstruktion bei guter Übereinstimmung zwischen Theorie und Praxis vornehmen zu können.

Dieser Unterschied wird durch Ziel, Weg und Kriterien der "Schaffensmethodik" gegenüber der Erkenntnistheorie besonders deutlich.

1.2.4 Die systemtechnischen Grundlagen

In der Technik handelt es sich nicht nur um die Konstruktion einfacher Elemente, sondern auch um das Zusammenfügen dieser Elemente zu Strukturen. Solche Strukturen werden wie in anderen wissenschaftlichen Bereichen Systeme

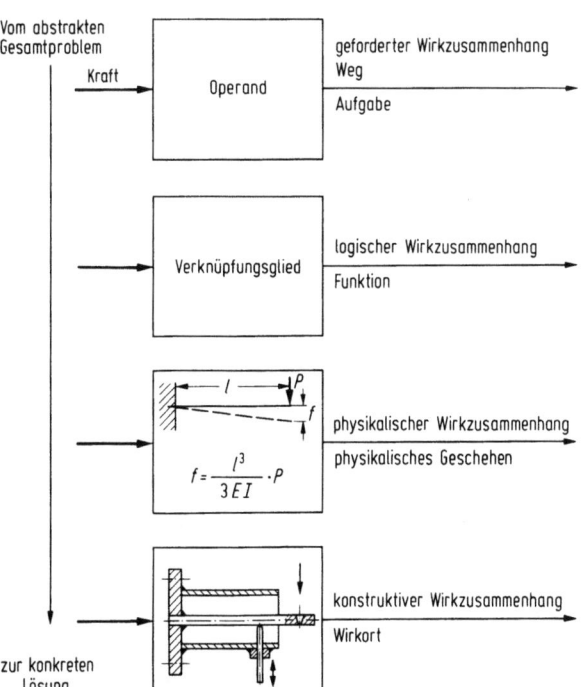

Abb. 1/5. Konkretisierungsstufen eines Systems am Beispiel eines Kraft-Weg-Umformers

genannt [133]. Mit einer Abgrenzung gegen die Umgebung wird das System als "Black Box" oder "Schwarzer Kasten" dargestellt (Abb.1/5.).

Das System kann mit einer Reihe von Angaben näher gekennzeichnet werden. Die Angaben betreffen die Ein- und Ausgänge der Black Box entsprechend der Aufgabe. Das Innere wird durch Modelle verschiedenen Abstraktionsgrades bis hin zur konstruktiven Zeichnung wiedergegeben [121]. Die Verknüpfung der Ein- und Ausgänge wird durch mathematische, physikalische oder empirische Gesetze oder Übergangsfunktionen (hier Funktion in mathematischem Sinne) dargestellt.

Der Anwendungsbereich des Systembegriffs (Tab.1/14.) erstreckt sich von den logischen, physikalischen und konstruktiven Systemen bis zu Systemketten und übergreifenden Systemen. Der Systembegriff dient einmal nur der Darstellung komplizierter Systeme und der Klarstellung der entsprechenden Schaltungen, zum andern dem Ansatz von Rechnungen über das Verhalten der Systeme, wie das für die Regler, die Vierpoltheorie der Elektrotechnik [30] und die Mechanik [29, 104] bekannt ist.

Tabelle 1/14. Anwendungsbereich des Systembegriffs in der Konstruktionsmethodik

Systeme		Beispiele
logische Systeme		Steuerungen
physikalische Systeme	Kern-System	Kreisel
		Regler
konstruktive Systeme		Bearbeitungszentren der Fertigung
Systemketten		Kraftanlagen (Energie-Umsatz)
vorangehende Systeme		Transferstraßen der mechanischen Fertigung (Stoff-Umsatz)
folgende Systeme		Verfahrenstechnische Anlagen
		Telefonieanlagen (Signal-Umsatz)
		Meßanlagen
		verkettete Regler an Kesselanlagen
übergreifende Systeme		
Betrieb - Maschine		Fabrik
Mensch - Maschine		Schaltwarte
Umwelt - Maschine		Abfallwiederverwendung
Wirtschaft - Maschine		Branche

1.2 Wissenschaftliche Grundlagen

Für die Kompliziertheit von Systemen entscheidend sind die Zahl der unterschiedlichen Elemente und die Eigenschaften der Einzelelemente. Unter Komplexität werden die Art und Zahl der Relationen unter den Elementen, sowie die Schaltung eines Systems verstanden [59]. Die Begriffe Kompliziertheit und Komplexität können auf Konstruktionen bezogen werden bezüglich der Zahl der Maschinenelemente, der Zahl der Teile und Teilfugen und deren Zuordnung zu Baugruppen. Das gleiche gilt für das physikalische Geschehen bezüglich der Effekte, Effektketten und deren Schaltung bis zu dynamischen Modellen und für den logischen WZH bezüglich der Zahl der Ein- und Ausgänge und deren Verknüpfungen. Von der Kompliziertheit und Komplexität der technischen Gebilde hängt der Aufwand für quantitative Festlegungen ab, der von einem gewissen Grade an von Spezialisten aufgebracht werden muß.

Tabelle 1/15. Ergebnisse der Systembetrachtung

Struktur der Maschine (innen)

Wirkzusammenhänge Eingang/Ausgang

Systemverhalten
    Übergangsverhalten (Kennlinie)
    Zeitverhalten (Stabilität)

Kompatibilität mit anderen Systemen

Die Ergebnisse der Systembetrachtung sind Aussagen über das Verhalten des Systems in Abhängigkeit von der Struktur im Innern der Black Box. Wie aus der Elektrotechnik bekannt, können Informationen durch Messungen am Ausgang der Black Box gewonnen werden, wenn am Eingang veränderliche, z.B. periodisch veränderliche physikalische Einflußgrößen aufgegeben werden. Dieses Verfahren ist auch in ganz anderen Bereichen anwendbar. So kann man sich leicht Textilfäden mit periodischer Schwankung der Festigkeits- und Dehnungswerte herstellen und damit Textilmaschinen untersuchen. Werden Systemketten in der Meßtechnik benötigt, so muß jeweils die Übereinstimmung zwischen dem Ausgang des vorhergehenden und dem Eingang des nachfolgenden Kettengliedes oder die Kompatibilität zwischen aufeinanderfolgenden Systemen gewährleistet werden (Tab. 1/15.).

1.2.5 Die wissenschaftstheoretischen Grundlagen

In einer Untersuchung über die Gemeinsamkeiten von fünf veröffentlichten Konstruktionsmethoden voneinander unabhängigen Autoren konnte gezeigt werden, daß die von den Biologen und Verhaltensforschern postulierten Fähigkeiten [104] sich in vier Denkweisen des Menschen wiederfinden lassen (Abschn.1.1.3.). Die schon erwähnten vier Erkenntniswege ließen sich sogar in den Schriften des Aristoteles nachweisen, die trotz ihres Alters von 2300 Jahren noch heute bedeutsam sind [107].

Aristoteles beschäftigt sich einmal mit Abstraktionen [1], im technischen Bereich ist das die Abstraktion des Zweckes, der erfüllt werden soll, losgelöst von allen anderen Merkmalen eines Gegenstandes. Der Zweck wird durch die logischen Elemente, die Software der Maschinen zum Ausdruck gebracht. Dem Zweck oder der Funktion genügt meist eine Vielzahl von konkreten Elementen, von denen das günstigste Element ausgewählt wird. Über die Eigenschaften dieser Elemente lassen sich Aussagen machen, die nach allgemeinen Gesichtspunkten in Klassen geteilt werden können, die von Aristoteles Kategorien genannt werden und Auswahlkriterien darstellen. Auf sie wird später noch eingegangen werden.

Weiter werden in den Schriften des Aristoteles ursächliche Zusammenhänge oder Wechselwirkungen behandelt. In einfachster Form werden Forderungen, die ein Produkt erfüllen soll, durch Sätze bestehend aus Subjekt und Prädikat zum Ausdruck gebracht. Ein solcher Satz bezieht sich etwa auf ein Objekt und das, was mit ihm geschehen soll, beschreibt also eine Wechselwirkung.

Nicht alle Wechselwirkungen bestehen aus derartig einfachen Beziehungen. Komplizierter sind hierarchisch gestufte Systeme, die ursächliche Vernetzungen zwischen den Schichten aufweisen [2]. Das sind etwa die Fertigungsstufen eines Produktes, die sich untereinander beeinflussen. Für solche Vernetzungen zeigt Aristoteles "vier hervorragende Ursachen" [105]. Das sind

Zweck, wozu, letzte Ursachen, wozu etwas geschieht (case finalis);

Form, das Wesen, Gestalt, Anblick, Vorbild (causa formalis);

Materie, aus dem Verhältnis zur Form (causa materialis);

Wirkursache, jede Bewegung hat einen Beweger (causa efficiens).

Am Beispiel eines Hausbaus erläutert:

Zweckursache	Absicht, Ziel des Baues
Formursache	Pläne, Grundriß
Materialursache	Baumaterialwahl
Wirkursache	Arbeits- und Geldaufwand

1.2 Wissenschaftliche Grundlagen

Die unterschiedlichen Wechselbeziehungen werden deutlich, wenn man einen solchen Hausbau auf Stufen oder Schichten zurückführt, die beim Bau durchlaufen werden (Tab.1/16.). Die Zweck- und Wirkursache beeinflussen gegenläufig alle Schichten, während die Form- und Materialursachen von Schicht zu Schicht zu Festlegungen führen. Es wird noch gezeigt werden, wie diese vertiefenden Einsichten in die Kausalzusammenhänge bei der Betrachtung der Maschinenelemente und komplizierter Systeme von Vorteil sind.

Tabelle 1/16. Schichtenverknüpfungen beim Hausbau

Beispiele für Materialfestlegungen		Beispiele für Formfestlegungen	
Sand	Baugrund	wasserfreie Tiefe	
Verwendung für Beton	Aushub	Aushubmasse	
Schalungen	Fundament	Grundmauern	
Ziegelmauerwerk	Rohbau	Grundriß	
verputzte Wände	Ausbau	Architektur Haus	
Kies Gartenwege	Anlage	Hausanschluß Straße	
Teerstraßen	Siedlung	Gesamtanlage	
Materialursachen	Schichten	Formursachen	

(Wirkursache ↓ links, Zweckursache ↑ rechts)

Beim methodischen Konstruieren kommt man auch noch mit einer Reihe allgemeiner wissenschaftlicher Methoden in Berührung, die den Praktiker nicht so interessieren, die aber für die Begründung und damit Sicherheit der gewählten Begriffe und Vorgehensweise sehr wichtig sind. Bei konstruktiven Überlegungen haben schon immer vergleichende Betrachtungen eine Rolle gespielt. So ist Föttinger [33] bei der Entwicklung einer elektrischen Kupplung für Schiffswellen auf die Idee gekommen, die viel einfachere äquivalente hydraulische Lösung zu konstruieren. Die vergleichende Schalt- und Getriebelehre von Franke [35] zeigt ähnliche mechanische, hydraulische und elektrische Getriebe. Die Methode der vergleichenden Betrachtung wird von Hartmann [52] als generalisierende Induktion erläutert.

Bei dem häufig erwähnten "morphologischen Kasten" (Abb.1/6.) [167] handelt es sich um eine übersichtliche Anordnung von Lösungselementen und deren Ausführungsvarianten, die sich zu Kombinationen oder Lösungen einer Aufgabe zusammenfassen lassen. Auf diese Weise läßt sich eine optimale Lösung aus den Varianten zusammenstellen.

	Variationen der Ausführung der Elemente				
Elemente	1	2	3	...	n
1					
2					
3					
⋮					
n					
Kombinationen					

Abb.1/6. "Morphologischer Kasten" als Kombinationsmatrix von Variationen

Der Begriff Morphologie hat hier nichts mit den Vorstellungen von Goethe zu tun, der diesen Ausdruck für seine Pflanzenlehre entsprechend dem griechischen Wort für Gestalt verwendet [40].

Da man bei der Konstruktion schließlich konkrete Maschinen bauen soll, muß man sich die Fähigkeit aneignen, Überlegungen und Ergebnisse einer Abstraktionsebene in eine andere zu übertragen. Bei dem Übergang von einer Abstraktionsstufe zu einer anderen kann man jeweils fragen: Was wurde als unwesentlich für die abstrakte Betrachtung weggelassen? Welche Betrachtungsart wird dann möglich (qualitative Urteile oder quantitative Rechnungen, mathematische Gleichungen)? Welche Übereinstimmung mit der komplexen Realität konnte erzielt werden? Welche Ergänzungen des Ergebnisses der abstrakten Betrachtung sind notwendig für den realen Bereich?

Beispiele für die Vielzahl der Abstraktionsebenen, mit denen der Konstrukteur in Berührung kommt, zeigt Tab.1.17. In der Konstruktion wird dabei besonders viel von der zeichnerischen Abstraktion - eventuell unter Verwendung von Symbolen - Gebrauch gemacht. Der Konstrukteur sollte sich darüber klar sein, daß die Allgemeingültigkeit einer Konstruktionsmethodik, wie sie hier angestrebt wird, immer durch Abstraktheit der Darstellung erkauft werden muß.

Es ist nicht immer leicht, den konkreten Fall mit dem allgemeinen durch Abstraktion in Verbindung zu bringen, wenn man nur an die Anwendung physikalischer Gesetze bei der Berechnung von Maschinen denkt. Noch schwieriger ist es, abstrakte Denkergebnisse wieder zu konkretisieren. Das ist die eigentliche Aufgabe des wissenschaftlichen Konstruierens. Dieses Übertragen der abstrakten Begriffe in das Konkrete muß man sich aneignen wie man es lernt, einen Text von einer Sprache in eine andere zu übersetzen.

1.3 Übungsaufgaben

Tabelle 1.17. Abstraktionsebenen

Reale Ebene	Prototyp einer Maschine
Fertigungsebene	Lochstreifen-, Magnetbanddaten
Konstruktionsebene	vollständige technische Zeichnung
	Entwurf
	schematische Strichbilder
Kinematische Ebene	Getriebeschema
	Mechanismus
	kinematische Kette
	Graph
Physikalische Ebene	Experimentiermodell
	Effekt
	Modelle zur Simulation (z.B. Potentialfelder)
Logische Ebene	Experimentiermodell
	Schaltschemata
Mathematische Ebene	physikalische Gesetze als math. Modelle
	Verhaltensmodelle (Systeme)
	4-Pol-Theorie
	Boolsche Algebra (logische Strukturen)
	Beanspruchungsmodelle
Systeme	Black Box

1.2.6 Ausgangspunkte für die methodische Arbeitsweise

Logische Grundlagen

Aufgaben werden durch Begriffe formuliert.

Bezüge zwischen Begriffen können letzten Endes nur durch die logischen Grundfunktionen Verknüpfen, Trennen und Führen wiedergegeben werden.

Kompliziertere Beziehungen zwischen Begriffen lassen sich durch Wenn/Dann-Bedingungen bzw. Entweder/Oder-Entscheide (Schaltungen von Verknüpfungs- und Trenngliedern) wiedergeben.

Allgemeine Aussagen über Begriffe sind die Kriterien Menge, Qualität und Kosten.

Physikalische Grundlagen

Das Experiment ist die Basis für die Informationsgewinnung in der Physik.

Das physikalische Geschehen ist gebunden an einen Energie-, Stoff- und Signalumsatz.

Die Erkenntnistheorie gibt die Vorgehensweise der Physiker wieder.

Informationen über das physikalische Geschehen werden durch Messungen und deren Deutung gewonnen.

Konstruktive Grundlagen

Die Vorgehensweise des Konstrukteurs entspricht einer Umkehrung der Vorgehensweise des Physikers beim Experiment unter dem Gesichtspunkt: Erfüllung eines Zweckes durch physikalische Mittel.

Die Konstruktion läßt sich als eine Lehre vom Gebrauch der ausgebildeten Mittel der Physik für eine logische Funktion verstehen.

Die Schaffensmethodik gibt die Vorgehensweise der Konstruktion wieder.

Systemtechnische Grundlagen

Die Systembetrachtung dient der Abgrenzung und Abklärung der Aufgabenstellung und der Festlegung der Ein- und Ausgänge einer Maschine.

Die Systembetrachtung dient der Gewinnung von Modellen für die Klärung der Eigenschaften eines Systems.

Die Systembetrachtung dient der Überprüfung und Festlegung der Kompatibilität mit anderen Systemen.

Wissenschaftstheoretische Grundlagen

Von den allgemeinen wissenschaftlichen Methoden wird im konstruktiven Bereich die vergleichende Betrachtung oder generalisierende Induktion bevorzugt angewendet.

Die Überlegungen im konstruktiven Bereich finden in einer Vielzahl von Abstraktionsebenen statt. Die Ergebnisse sind jeweils von einer Abstraktionsebene in eine andere zu übertragen

1.3 Übungsaufgaben (Lösungen auf S. 302)

Aufgabe 1/1
Nenne die Sachziele des Methodischen Konstruierens.
Einstieg: Text S. 11, Abschn. 1.1.4.
Zweck: Einprägen der Zielvorstellung.

Aufgabe 1/2

Kennzeichne die methodische Vorgehensweise.
Einstieg: Text S. 20, Tab. 1/9.
Zweck: Einprägen der allgemeinen Vorgehensweise.

Aufgabe 1/3

Stelle das Experiment "Ausfluß einer zähen Flüssigkeit aus einem Gefäß mit konstantem Niveau durch eine Kapillare nach dem Gesetz

$$\text{Menge} = \frac{\text{treibender Druck} \cdot (\text{Radius})^4}{\text{Viskosität} \cdot \text{Länge der Kapillare}} \cdot \text{Konstante}"$$

in gleicher Weise dar wie das Experiment von Galilei.
Einstieg: Text S. 32, Abb. 1/6.
Zweck: Einprägen der Vorgehensweise beim Experiment.

Aufgabe 1/4

Abb. 1/7. zeigt eine Torsionswaage für die Gewichtsbestimmung einer Vielzahl von Fadenabschnitten. Benenne die Merkmale des Meßvorganges.

Einstieg: Tab. 1/11.
Zweck: Einprägen der Vorgehensweise beim Messen.

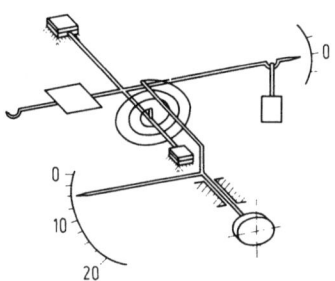

Abb. 1/7. Torsionswaage

Aufgabe 1/5

Benenne die wesentlichen Baugruppen einer modernen Drehmaschine bezogen auf den Energie-, Stoff- und Signalumsatz.
Einstieg: Text S. 23, Abb. 1/2.
Zweck: Anwendung der Begriffe Energie-, Stoff- und Signalumsatz bei einer bekannten Maschine.

Aufgabe 1/6

Stelle die Ein- und Ausgänge einer Drehmaschine als Black Box in einer Skizze dar.
Einstieg: Text S. 36, Abb. 1/7.
Zweck: Abstraktion der Drehmaschine zur Black Box.

Aufgabe 1/7

Welche logischen Funktionen erfüllen die Baugruppen einer Drehmaschine?
Einstieg: Text S. 30, Tab. 1/14.
Zweck: Erkennen der logischen Grundfunktionen an einer Maschine.

2. Methodisches Konstruieren

Methodisches Ziel

Es geht um eine Einschränkung der üblichen intuitiven Denkweise, so sehr sich das Gefühl der Konstrukteure dagegen sträubt. Das ist ja auch der Sinn aller Planungsmethoden der Tab. 1/3. sowie aller quantitativen Festlegungen und Nachrechnungen. Kein Konstrukteur kann sich auf die gefühlsmäßige Festlegung von Wandstärken oder den gefühlsmäßigen Einsatz von Werkstoffen verlassen. Die intuitive Arbeitsweise findet in mehr oder minder großen und zufälligen Gedankensprüngen statt. Sie soll gegen ein feinmaschigeres und präziseres Denkraster ausgetauscht werden, das - wie die durchgeführten Industriearbeiten gezeigt haben - Erfolg bringt, auch wenn ein Nichtfachmann auf einem ihm fremden technischen Gebiet tätig wird (s. Abschn. 4).

Ganz nüchtern handelt es sich darum zu bestimmen, welche Merkmale bei gegebener Aufgabenstellung festzulegen sind und welche Mittel dafür zur Verfügung stehen. Es kann dann meist eine größere Zahl von Lösungen der Aufgabe angegeben werden, von denen eine den Kriterien entsprechend als optimale Lösung ausgewählt wird. Dabei kann man bei Bedarf beliebig ins Detail gehen. Eine große Arbeitsersparnis wird durch eine frühzeitige Anwendung der Kriterien möglich, die zu einer Einschränkung der Zahl der zu betrachtenden Lösungen der Aufgabe führt. Der Konstrukteur ist nicht mehr gezwungen, eine vollständige Systematik aller Lösungsmöglichkeiten aufzustellen.

Der gesamte Stoff des methodischen Konstruierens wird im folgenden in zwei Abschnitte aufgeteilt, nämlich in die Festlegung der wesentlichen Merkmale des Kerns einer Maschine bzw. des logischen, physikalischen und konstruktiven WZH zwischen Ein- und Ausgang der als "Schwarzer Kasten" abstrahierten Maschine und die Festlegung der Nebenmerkmale, die sich aus der Anpassung der Maschine an vorausgehende, folgende oder übergreifende Systeme ergeben. Diese einzelnen Merkmale werden auf dieselbe Weise festgelegt wie der Kern der Maschine. Die so bestimmten Komponenten werden mit dem Kern der Maschine zu einer Gesamtkonstruktion vereinigt.

2.1 Festlegen der wesentlichen Merkmale einer Maschine

Didaktische Mittel

Das dem Buch vorangestellte didaktische Ziel soll durch die folgende einheitliche Disposition der Unterabschnitte erreicht werden:

Erläuterung der jeweiligen Zielvorstellung des Unterabschnittes;

Darstellung zweier konkreter Leitbeispiele zur anschaulichen Erläuterung der verfolgten Absicht;

Darstellung der zu erfüllenden Forderungen und damit der festzulegenden Merkmale;

Darstellung der Mittel zur Erfüllung der Forderungen;

Festlegung der Merkmale der zu konstruierenden Maschine (Ausführungsbeispiele);

Zusammenfassung (Vorgehensweise, Liste der festzulegenden Merkmale, Liste der Mittel zu ihrer Festlegung);

Übungsaufgaben.

In der Lehre bemüht man sich, alle "Aufnahmekanäle" des Lernenden anzusprechen. Das geschieht am Institut vor allem durch ein Praktikum am Labortisch. Bei der Durcharbeitung der Übungsaufgaben wird der Leser sofort merken, welche Schwierigkeiten zu überwinden sind. Man muß sich mit der konsequenten Anwendung der Begriffe, wie etwa dem Energie-, Stoff- und Signalumsatz, vertraut machen wie mit allen anderen Abstraktionen, die von einer konkreteren Ebene in eine abstraktere oder auch umgekehrt übertragen werden müssen.

Auswahl der Leitbeispiele

Der Leser kann die Leitbeispiele verstehen, wenn er sich die wissenschaftlichen Grundlagen (Abschnitt 1.2) angeeignet hat. Um sich mit den angewendeten Begriffen vertraut zu machen und begrifflichen Schwierigkeiten aus dem Wege zu gehen, wurden immer mehrere Begriffe für denselben Sachverhalt angeboten, und es wurde auch Wert auf die grafische Darstellung gelegt, mit der man sich sowieso am leichtesten verständigen kann.

Als Leitaufgaben wurden Aufgaben ausgewählt, auf die sich die Gesichtspunkte aller Abschnitte des Buches anwenden lassen. Anhand der konkreten Beispiele wird erst einmal der für die Lösung der Aufgaben notwendige Gedankengang angegeben, der in dem folgenden Abschnitt näher erläutert und durch weitere Gesichtspunkte ergänzt wird. Als Beispiele wurden möglichst unbekannte Aufgaben gewählt, die Assoziationen zu bekannten Maschinen einschränken und zeigen, wie man im Neuland vorgehen kann. Das Beispiel der Drahtziehmaschine zeigt, wie von der Konstruktion eines Maschinenelementes des Energieumsatzes (Drahtklemme) auf die Konstruktion einer "Maschine" des Stoffumsatzes übergegangen werden kann. Es kann als stellvertretend für eine große Zahl von Maschinen der mechanischen Fertigungstechnik angesehen werden, bei der die Handarbeit mit Werkzeug und Material von einer Maschine übernommen wird.

Ein komplizierteres Beispiel, die Durchführung eines Verfahrens, stellt die zweite Leitaufgabe dar. Es ist ein Konverter zu konstruieren, der dazu dient, endlose Chemiefasern - wie sie aus Viellochdüsen gesponnen werden - in eine mit Wolle oder Baumwolle mischbare Faserlunte zu verwandeln [82]. Da Baumwolle und Wolle aus Einzelfasern endlicher Länge bestehen, muß die Faser auf Länge geschnitten werden. Nur die Konstruktion dieser Schneidemaschine wurde als Leitaufgabe gewählt.

Mit diesem Beispiel können wichtige Gesichtspunkte, wie die experimentelle Klärung physikalischer Vorgänge, kompliziertere Überlegungen bezüglich der Festlegung der Wirkbewegungen und eine Störgrößenuntersuchung angeführt werden. Dadurch soll deutlich werden, daß ein großer Teil von Neuentwicklungen nicht mit in Katalogen zur Verfügung stehenden physikalischen Effekten durchgeführt werden kann. Diese Vorgehensweise ist nicht nur für den Stoffumsatz mit der unendlichen Vielfalt von Stoffeigenschaften wichtig, sondern genauso für Geräte des Energie- und Signalumsatzes.

Diese Beispiele können nicht bis in alle Details hin ausgeführt werden. Sie sollen nur dazu dienen, den wesentlichen Gedankengang an einem konkreten Fall zu erläutern.

2.1 Festlegen der wesentlichen Merkmale einer Maschine

2.1.1 Festlegen des logischen WZH

2.1.1.1 Erläuterung des Zieles

Eine zu konstruierende Maschine soll bestimmten Anforderungen genügen. Diese Anforderungen können sich auf alle Merkmale einer Maschine einschließlich der einzuhaltenden Kriterien beziehen. Diese Anforderungen sind in der Umgangs- oder Fachsprache etwa vom Kunden oder dem Fabrikationsbetrieb formuliert. Diese Anforderungen stellen sozusagen die "Eingabe"

2.1 Festlegen der wesentlichen Merkmale einer Maschine

für den Konstruktionsprozeß dar und sind nun in eine Sprache zu übersetzen, die unmittelbarer zu den Merkmalen der gewünschten Maschine führt. Das ist auch beim Rechner der Fall, bei dem die "Eingabe" in eine Maschinensprache übersetzt wird.

Die Forderungen lassen sich in einfache Funktionssätze übertragen, wie sie aus der Wertanalyse bekannt sind [136]. Als Beispiele für solche Formulierungen von Aufgaben sollen erst einmal die im folgenden ausführlich behandelten Leitbeispiele dienen.

Die Aufgaben lauten: 1. Draht mit Ziehdüse verziehen,
2. Faserband schneiden,
3. Kronenkorken ordnen.

Wodurch unterscheiden sie sich?

Mit der ersten Aufgabe ist eine Ziehdüse, ein Werkzeug oder allgemein gesprochen ein konkretes Wirkmittel vorgegeben. Damit zusammenhängend ist das physikalische Prinzip und der Zweck oder die Funktion festgelegt. Mit der zweiten Aufgabe wird ein physikalisches Prinzip "Schneiden" oder der mechanische Schnitt vorgegeben. Man kann zwischen dem Messer- oder Scherenschnitt wählen. Die konstruktive Ausführung ist frei (Abb.2.1, 3/42). Die dritte Aufgabe beinhaltet nur den Zweck "Ordnen" der zu konstruierenden Vorrichtung. In diesem Fall ist die Wahl des physikalischen Prinzips und seine konstruktive Realisierung offen. Erst durch Abstraktion der beiden ersten Aufgaben bis zur Bestimmung der Funktion oder der logischen Struktur der gesuchten Maschinen ist die Wahl der Lösung dieser Aufgaben ebenso frei.

In den Katalogen nach Roth [136] sind ca. 220 technische Verben für die Formulierung von Aufgaben zusammengestellt, die sich den angeführten Gruppen zuordnen lassen. Zur ersten Gruppe gehören z.B. Fräsen, Bohren und Walzen. Sie beziehen sich auf Werkzeuge bzw. ihre Wirkflächen. Zu der zweiten Gruppe gehören Brechen, Gießen, Trocknen, also physikalische Verfahren. Trennen, Koppeln/Verknüpfen, Leiten/Führen als dritte Gruppe stellen abstrakte Begriffe ohne physikalischen Inhalt dar. Dazu gehören auch Regeln, Dosieren, Rückkoppeln, welche Gerätestrukturen bedingen, die sich in allen physikalischen Bereichen verwirklichen lassen. Die technischen Verben sind also drei Abstraktionsebenen - der konkreten, der physikalischen und der Zweck- oder Funktionsebene - zuzuordnen.

Die technischen Verben kennzeichnen Funktionen. Für die angeführten physikalischen Verfahren werden in der Literatur allgemeinere "physikalische Funktionen" angeführt, die sich nach Art und Zahl der Eingangs- und Ausgangsgrößen eines physikalischen Systems unterscheiden. Die Übergänge zwischen Eingang und Ausgang werden als Operationen verstanden, die mit Wandeln, Verstärken/Vermindern, Leiten, Speichern und Vereinigen/Verknüpfen bezeichnet werden [51, 92, 136]. In Verbindung mit diesen Funktionen sind auch die 24 Funktionen von Koller [69] zu nennen. Baumann [3] führt für die Verwendung in der Stahlbranche 12 Funktionen mit Bildzeichen ein, die merkwürdigerweise "logische Funktionen" genannt werden. Die Verwendung der oben genannten 5 Grundfunktionen bereitet begriffliche Schwierigkeiten, weil sich Energie- und Stoffumsatz physikalisch so stark unterscheiden, daß die genannten Begriffe unterschiedlich gedeutet werden müssen.

Unglücklicherweise werden dieselben Operationen wie die oben genannten zur Kennzeichnung der Glieder von Differentialgleichungen verwendet, mit denen die Dynamik energieumsetzender Systeme beschrieben werden kann [29].

Im folgenden wird von logischen Funktionen ausgegangen. Die Scheidung von Zweck und physikalischen Geschehen, das als solches ja zweckfrei ist, ist leicht einzusehen. Forderungen, die zu Steuerungen führen, werden erst ohne physikalische Überlegungen als logische Strukturen festgelegt. Das Gleiche gilt für Maschinenkomponenten, die abstrakte Begriffe wie "Sicherheit" usw. verwirklichen. Nur wenn man logische Funktion und physikalisches Geschehen trennt, kann man die folgenden Fragen beantworten, die später behandelt werden:

Für welche verschiedenen Funktionen ist derselbe physikalische Effekt anwendbar (Abb. 2.1.2./32, 36)?

Wie lassen sich physikalische Hemm-, Wirk- und Leitungseffekte für die 3 logischen Grundfunktionen verwenden (Abb. 2.1.2/26, 27, 28)?

Wie läßt sich dieselbe logische Funktionsstruktur z.B. des selbststeuernden Unterbrechers mechanisch, hydraulisch und elektrisch ausführen (Abb. 2.1.2/51)?

Diese verlangte Denkweise sollte eigentlich keine Schwierigkeiten bereiten, weil sie der Denkweise in der Elektrotechnik entspricht.

2.1 Festlegen der wesentlichen Merkmale

2.1.1.2 Leitbeispiele

Drahtziehmaschine

Aufgabe

Konstruktion einer Maschine zum Verziehen von Kunststoffdrähten (Perlon) für Schlepptrossen mit dem maximalen Durchmesser von 8 mm, der in einem Zug auf 4 mm Durchmesser verringert werden soll.

Forderungen

In der Aufgabe sind folgende Forderungen enthalten:

bezogen auf den konstruktiven WZH:

    Konstruktion einer Maschine mit Antrieb;

bezogen auf den physikalischen WZH:

    Längen eines Kunststoffdrahtes durch Zug, damit Verringern des Durchmessers; Erhöhen der Festigkeit

bezogen auf den logischen WZH:

    betreffend den Stoffumsatz: Überführen des Drahtes von einem großen auf einen kleinen Durchmesser; Verknüpfen des Drahtes mit einer Zugkraft und Gegenkraft;

    betreffend den Energieumsatz: Verknüpfen (Antreiben) des Verknüpfungsgliedes zum Verziehen des Drahtes;

    betreffend den Signalumsatz:

        bezogen auf den Stoffumsatz: Messung des Durchmessers, der Festigkeit und Dehnung, eventuell der Oberflächenrauhigkeit über Verknüpfungsglieder zu einem Meßsystem;

        bezogen auf den Energieumsatz: Messung der Zugkraft, eventuell der Temperatur über Verknüpfungsglieder zu einem Meßsystem.

Lösung

Wiedergabe des logischen WZH in Black-Box-Darstellung (Abb.2.1.1/1.). Für das Verknüpfungsglied Zugkraft-Draht lassen sich zwei oder mehrere Strukturen angeben, die hier sehr einfach sind. Gewählt werden können ein Verknüpfungsglied für die Übernahme der ganzen Zugkraft oder mehrere Verknüpfungsglieder zur Übernahme von Anteilen der Zugkraft (Mehrfachkopplung) (Abb.2.1.1/2.). Im folgenden werden das Verknüpfungsglied Zugkraft-Draht und die Ziehmaschine getrennt weiterbehandelt.

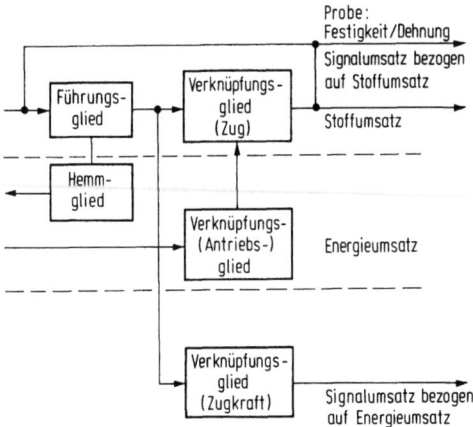

Abb.2.1.1/1. Drahtziehmaschine, logischer WZH

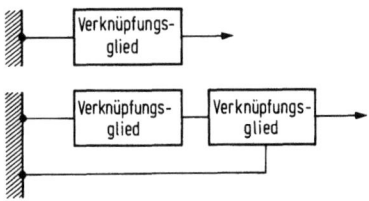

Abb.2.1.1/2. Drahtklemme, logischer WZH

Schneidmaschine für Faser

Aufgabe

Konstruktion eines Maschinensystems, das ein Teilsystem eines Gesamtsystems zur Umwandlung von endloser Chemiefaser in eine mit Wolle oder Baumwolle mischbare und verziehbare Faserlunte darstellt. Es handelt sich um eine Schneidmaschine, mit der die Endlosfaser auf die Stapellänge bzw. die mittlere Einzelfaserlänge der Wolle oder Baumwolle geschnitten wird [97].

Forderungen

Merkmale des Eingangsproduktes:

    Qualität: Chemiefasern unterschiedlicher Art; trockene, harte, titanhaltige Einzelfasern; gekräuseltes Endloskabel; Querhaftung durch Kräuselung;

    Quantität: Längengewicht gekräuselt 1,2 Mio dtex $\triangleq$ 120 g/m; minimaler Einzeltiter < 3 dtex; minimale Vorlage 600 000 dtex; Durchsatz 100 kp/h.

2.1 Festlegen der wesentlichen Merkmale   45

Merkmale des Ausgangsproduktes:
  Breite 140 mm; Schnittwinkel 45°; Schnittlänge 40-60-80 mm; Zahl der
  Schnitte 500 Schnitte/min; Beibehaltung der geordneten Lage; vorgegebenes Stapeldiagramm (Verteilung der Einzelschnitte).

In der Aufgabe sind folgende den Stoffumsatz betreffende Forderungen enthalten:
bezogen auf den konstruktiven WZH: Festlegung einer Schneidmaschine für Faser mit Antrieb;

bezogen auf den physikalischen WZH: Zufuhr der Faser; Halten der Faser; Schneiden der Faser; Halten der Faserpakete; Ablegen der Faserpakete; Abführen der Faserpakete;

bezogen auf den logischen WZH: Zuführen; Verknüpfen (Kräfte ausüben); Trennen; Verknüpfen; Abführen;

bezogen auf den Energieumsatz: Antrieb (Verknüpfungsglieder) für die Elemente des logischen WZH.

Lösung
Wiedergabe des logischen WZH in Black-Box-Darstellung (Abb.2.1.1/3.).

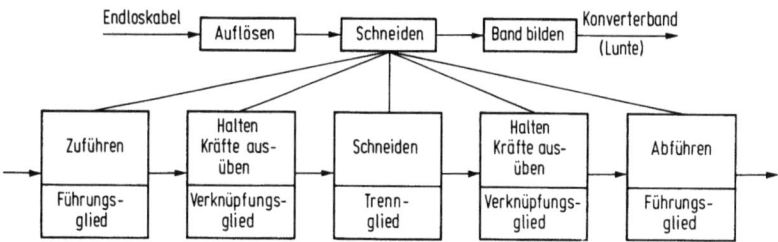

Abb.2.1.1/3. Konverter/Schneiden, logischer WZH

2.1.1.3 Forderungen und festzulegende Merkmale
Aufgaben
Allgemein: Für jede Aufgabe gibt es - wie noch gezeigt werden wird - eine Vielzahl von Lösungen, aus der die für die Erfüllung des Zweckes optimale Lösung ausgesucht werden soll. Durch die logische Formulierung der Aufgabe, des Grundgedankens, sollte auf keinen Fall die Lösung vorweggenommen werden. Es darf z.B. nicht heißen, gesucht ist ein Zweischalenwecker für ein Telefon, wenn im Grunde in Zweitonwecker verlangt wird. Forderungen, die die Konkretisierung betreffen, sind abzutrennen. Also sind die mit Begrif-

fen der Umgangs- und Fachsprache gestellten Aufgaben lösungsfrei zu formulieren. Diese Begriffe sind auf die Denkelemente zurückzuführen, mit denen - wie wir gesehen haben - der Maschinenzweck oder die Maschinenfunktion wiedergegeben werden kann, nämlich durch Verknüpfungs- bzw. Trennglieder und deren Relationen. Diese Sprache oder Aufgabenformulierung läßt sich unmittelbar in Maschinenelemente oder Maschinen übersetzen. Das ist vergleichbar mit der Umwandlung einer problemorientierten Sprache in die Maschinensprache eines Computers, die nur Ein/Aus-Positionen pro Rechenstelle kennt.

Für die Formulierung der in einer Aufgabe niedergelegten Forderung als logischer WZH gibt es eine Reihe wichtiger Gründe: Die verwendeten Begriffe können komplexe Strukturen beinhalten, wie z.B. Ordnen, Prüfen oder bestimmte Folgen von Verfahrensstufen bezeichnen wie z.B. Stranggießen. Mit der Zurückführung einer Aufgabe auf eine logische Grundstruktur ausschließlich mit den Grundelementen ist die Grenze der Unterteilung erreicht. Dann sind alle Elemente erfaßt, die eine Konstruktion ausmachen.

Aufgabenplanung: Die an eine Unternehmensleitung herangetragenen Forderungen nach bestimmten Produkten werden als Entwicklungsaufgaben formuliert. Mit einer Aufgabenplanung sind die Entwicklungsarbeiten an die vorhandenen Kapazitäten bezüglich der Forschung, des Personals und der Fertigung anzupassen [60]. Es ist dafür zu sorgen, daß die Planungs- und Entwicklungskosten auch wieder verdient werden. Um so erstaunlicher ist es, daß ein so kleiner Teil der in Firmen durchgeführten Entwicklungsarbeiten auch wirklich zu einem Erfolg führt. Deshalb wird auch die Aufgabenplanung durch eine Marktforschung kontrolliert, die man ihrerseits in ihrer Aussage auch durch Prognosemethoden sicherer zu machen versucht.

Aufgabenumfang: Der Aufgabenumfang kann ganz unterschiedlich sein. Es kann sich um Elemente oder Baugruppen mit großen Stückzahlen, Maschinen als Sondermaschinen in Einzelfertigung oder in kleinen oder großen Serien oder um ganze Anlagen wie Kraftanlagen oder Zementwerke handeln. Die Arbeit an solchen Projekten kann Jahre in Anspruch nehmen, wie das etwa bei der Projektierung von Hüttenwerken der Fall ist. Für die Abwicklung solcher Aufgaben ist natürlich auch eine umfangreiche Organisation erforderlich.

Aufgabenstellung: Nach Untersuchung des Werkzeugmaschinenlabors Aachen haben die selbstgestellten Aufgaben in einem Unternehmen einen geringen Anteil. Kundenwünsche und Konkurrenzprodukte sind der häufigste Anlaß für neue Aufgabenstellungen. Zu den selbstgestellten Aufgaben gehören immer die Ver-

2.1 Festlegen der wesentlichen Merkmale

ringerung der Kosten des Produktes, die Erhöhung der Leistung einer Maschine oder die Erhöhung der Qualität der auf einer Maschine erzeugten Produkte. Kundenwünsche betreffen vielfach die Gebrauchseigenschaften von Maschinen. Ein Beispiel für die Änderung der Konzeption von Maschinen ist der Übergang von mechanischen zu elektronischen Steuerungen, ein Wandlungsprozeß, dem mustererzeugende Textilmaschinen im Moment unterliegen.

Aufgabenklärung: Die Aufgabenstellung bezieht sich einmal auf den unmittelbaren Zweck der zu konstruierenden Maschine, zum anderen auf eine Vielzahl von Nebenforderungen. Alle Forderungen sind wenn möglich erst einmal als logischer WZH festzulegen. Angaben, die physikalische und konstruktive Forderungen betreffen, werden davon getrennt angeführt. Diese Unterteilung trägt sehr zur Klarheit einer Anforderungsliste oder Spezifikation bei.

Aufgabenart: Der Art nach kann man, vom Konkreten zum Abstrakten übergehend, drei Typen von Aufgaben unterscheiden, die auch nacheinander besprochen werden, nämlich Aufgaben, die die Realisierung von **Verfahren**, von **Bedingungen** und von **allgemeinen Begriffen** gleichfalls als Bedingungen betreffen, die als logischer WZH zu formulieren sind.

Formulierung von Verfahren als logischer WZH
Als Verfahren bezeichnet man die Ausführung von Tätigkeiten, Arbeitsabläufe, Stufen von Vorgängen oder Operationsfolgen [54]. Sie sind auf das Erzeugen, Verteilen oder den Verbrauch von Energie, Stoffen oder Signalen gerichtet, wie sie in Tab. 2.1.1/1. mit Beispielen erläutert werden.

Tabelle 2.1.1/1. Die drei Grundtypen von Verfahren

Verfahren	Beispiele
"Erzeugen" von Energie	Verbrennung von Öl
"Erzeugen" von Stoff	Entsalzen von Meerwasser
"Erzeugen" von Signalen	Offsetdruck
"Verteilen" von Energie	vermaschte Netze
"Verteilen" von Stoff	Ringleitungen
"Verteilen" von Signalen	drahtlose Telegraphie
"Verbrauch" von Energie	Absorptionskälteanlagen
"Verbrauch" von Stoff	Garn in Geweben
"Verbrauch" von Signalen	Zeitungen, Telefongespräche

Tätigkeiten werden seit Urzeiten durch Werkzeuge unterstützt, die intuitiv erfunden wurden [56]. Ihre logische Funktion oder Aufgabe, das zugrundeliegende physikalische Prinzip und die konstruktive Ausführung dieser Werkzeuge lassen sich leicht auseinanderhalten.

Als Beispiel für ein Werkzeug wurde ein Meißel gewählt. Tab.2.1.1/2. zeigt die Aufteilung der Merkmale eines Meißels in die einzelnen WZH. Die Funktionsseite kann man so abändern, daß sich die drei Grundfunktionen mit dem sonst gleichen Werkzeug erfüllen lassen (Abb.2.1.1/4.). Genau die gleichen Merkmale weist eine Fräsmaschine für das Werkzeug wie für das Werkstück auf.

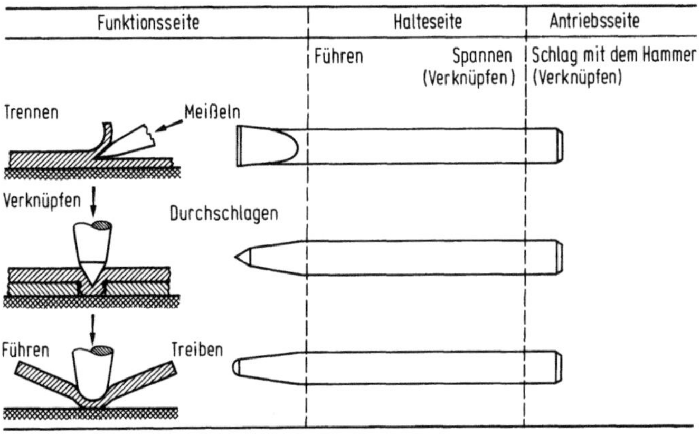

Abb.2.1.1/4. Werkzeug, logischer WZH

Bei dem Beispiel "Meißel" kann man von der Schneide ausgehen, kann von deren Gestalt, Schneidenwinkel und -Breite, das zugrunde liegende physikalische Prinzip abstrahieren, das einem bestimmten Zweck oder einer Funktion dient. So lautet die weitergehende Abstraktion. Das sind die drei Abstraktionsschichten eines Verfahrens des Stoffumsatzes, die auseinander hervorgehen, d.h. miteinander vernetzt sind. Dasselbe gilt auch für Elemente des Energieumsatzes, wie es am Beispiel des Elements "Gelenk" gezeigt werden kann (Tab.2.1.1/3a.). Zu den "vier hervorragenden Ursachen" gehören in diesem Falle die Funktion der Zweckursache und der Energieumsatz als Wirkursache, die durch alle drei Schichten hindurchreichen und sie beeinflussen. Von Schicht zu Schicht ist anderseits die Form- oder Gestaltursache und die jeweilige Materialursache maßgeblich.

In dieser gegenüber der konventionellen Lehre der Maschinenelemente weitergehenden Detaillierung steckt die Möglichkeit eines neuen Verständ-

2.1 Festlegen der wesentlichen Merkmale

Tabelle 2.1.1/3a. Ursächliche Vernetzung von Abstraktionsschichten am Beispiel des Maschinenelementes "Gelenk"

Materialwahl Wirkflächen
  Zapfen
  Auge
Materialursache
  Physik der Materialbe-
  anspruchung innerhalb
  der Baustoffe
  Festigkeitsbedingungen
Materialursache
  Materialverfügbarkeit
  Materialaufwand
	Bauteile für die Funktionserfüllung
	  Zapfen
	  Auge/Gabelkopf
	Formursache/Formwahl
	  Physik der Funktionserfüllung
	  außerhalb der Baustoffe
	  Drehbewegung
	  Kräfte
	Formursache/Formwahl
	  Funktion: Verknüpfungsglied
	  Bewegungsübertragung

Wirkursache: Energieumsatz	Zweckursache

nisses, wenn man die Form- oder Gestaltwahl von den Stufen der Material- oder Baustoffwahl entsprechend der Beanspruchung unterscheidet. Schon die Trennung der Lehre der Maschinenelemente in eine Darstellung der Physik der Funktionserfüllung und eine Physik der Beanspruchungen ist ein Vorteil, da die üblichen Maschinenelemente als ca. 16 Einzelobjekte behandelt werden und physikalische Ähnlichkeiten kaum erkennen lassen.

Bei dem Beispiel des Meißels ergibt sich die Form aus der im allgemeinen komplizierten Zerspannphysik als Physik außerhalb der Baustoffe, während das Material mit Rücksicht auf die Beanspruchungen innerhalb der Baustoffe gewählt wird.

In den Verfahrensbezeichnungen können schon Angaben über die Vorrichtung, mit der das Verfahren durchgeführt wird, d.h. den konstruktiven und den physikalischen WZH mitenthalten sein. Diese Aufteilung zeigt Tab.2.1.1/3b., in der als Beispiel nur Verfahren angeführt sind, die eine einfache Gesamt- oder Globalfunktion haben, die einer logischen Grundfunktion entsprechen. Im Detail sind die Verfahren besonders des Stoffumsatzes komplizierter. Nur ein Beispiel: Die Globalfunktion des Verfahrens Stanzen ist das Trennen. Will man zur Durchführung dieses Verfahrens eine Maschine konstruieren, dann müssen Bauelemente vorgesehen werden, mit denen die Funktionen Stoffzuführen (Führen), Stoffhalten (Koppeln), Stoffstanzen (Trennen), Stofffreigeben (Entkoppeln) und Stoffabführen (Führen) erfüllt werden, wobei Zufuhr und Abfuhr des Materials und des Abfalls ihrerseits wieder eine Funktionsstruktur besitzen. Diese vollständige logische Struktur der Vorrichtung kann man oft erst festlegen, wenn man sich die physikalische Realisierung überlegt.

Tabelle 2.1.1/2. Merkmale eines Werkzeugs (Beispiel: Meissel)

	Funktionsseite	Halteteil		Antriebsseite
		Führungsteil	Spannteil	
Logischer WZH	Trennen	Führen	Verknüpfen	Verknüpfen
Physikalischer WZH	Stoffumsatz (Zerspanen)	Führen durch Hand	Spannen durch Handmuskeln	Energieumsatz (Schlag: zusammenstoßende Systeme)
Konstruktiver WZH Wirkfläche Wirkbewegung	Schneide Schub (absatzweise)	Handfläche Armbewegung	Handfläche —	Schlagfläche Schubbewegung

Tabelle 2.1.1/3b. Formulierung von Verfahren als logischer WZH

Verfahrensbezeichnung	Angaben zur Vorrichtung konstr. WZH	physik. Angaben physik. WZH	auf den Umsatz bezogene Angaben logischer WZH
Energieumsatz			
übersetzen	Getriebe	Änderung von Md bzw. n (mech., hydr., elektr.)	Verknüpfen
Unterbrechen mech. Energieübertragung	mech. Kupplung	mech. Reibung	Trennen
Drallströmung erzeugen	Leitapparat Schaufelkanal	Drallströmung	Führen
Stoffumsatz			
Fertigungstechnik			
Halten	Spannhebel/Werkstück	Klemmreibung (Kraftschluß)	Verknüpfen
Zerspanen	Drehstahl/Werkstück	Schervorgang	Trennen
Formen	Gesenk/Werkstück	Fließen unter Druck und Temperatur	Führen
Verfahrenstechnik			
Mischen	Mischertrommel	Mischbewegung	Verknüpfen
Trocknen	Trockenschrank	Warmluftströmung durch Produkt	Trennen
Spinnen	Schmelzspinnkopf für Fasern	Spritzströmung aus Düsen	Führen

Fortsetzung S. 50

Tabelle 2.1.1/3b. (Fortsetzung)

Verfahrensbezeichnung	Angaben zur Vorrichtung konstr. WZH	physik. Angaben physik. WZH	auf den Umsatz bezogene Angaben logischer WZH
Verpackungstechnik			
Siegeln	Siegelvorrichtung	Zusammendrücken der Folie unter Temperatur	Verknüpfen
Schneiden	Schneidvorrichtung	Scherschnitt	Trennen
Falten	Faltvorrichtung	Verdrängen der Verpackungsfolie	Führen
Textiltechnik			
Weben	Webstuhl	Haftumschlingungsreibung	Verknüpfen
Vereinzeln	Nadelwalze	Umschlingungsreibung	Trennen
Fachen	Nadelstabstrecke	Verziehen mehrerer Lunten	Führen
Druckereitechnik			
Drucken	Farbantrag Druckwalze	Farbhaftung durch Adhäsion	Verknüpfen
Rakeln	Rakel an Tiefdruckwalze	Abstreifen der überschüssigen Druckfarbe	Trennen
Bogen zuführen	Bogenführung	Umschlingungsreibung	Führen
Temperatur messen	Thermometer	Ausdehnung einer Flüssigkeit	Verknüpfen
Dichte messen	Meßbrücke	Widerstand in Kapillaren und Drosseln	Trennen (Brückenschaltung)
Druck fernmessen	Meßleitungen	Druckfortpflanzung in einer Flüssigkeit	Führen

(Seitlich: Stoffumsatz / Signalumsatz)

2.1 Festlegen der wesentlichen Merkmale

Für die Durchführung eines Verfahrens kann man meist mehrere Vorrichtungen angeben. Deshalb ist auch der Patentschutz einer Verfahrensanmeldung umfassender als der einer Vorrichtungsanmeldung.

Manche Verfahrensbezeichnungen beziehen sich auf einen komplexen logischen WZH, wie das später am Beispiel des Ordnens von Flaschendeckeln gezeigt wird. Die Ordnungsfunktion wird in derselben Schaltung in der Textilmaschinenindustrie verwendet, wenn es darum geht, Wirrfaser aus Wolle oder Baumwolle in geordnete parallelgerichtete Fasern in Faserkabeln umzuwandeln.

Im allgemeinen weist ein Verfahren mehrere Stufen auf, wie es das Leitbeispiel "Schneidmaschine für Faser" zeigt. Ein solches komplexes Verfahren ist dann bis zu den Grundfunktionen aufzulösen. Die Zulässigkeit der Reihenfolge der einzelnen Stufen und die Variation dieser Reihenfolge sind durch Feststellung der Verträglichkeit möglich, die durch Wenn/Dann-Bedingungen überprüft wird. Kompliziertere Verfahrensstrukturen ergeben sich, wenn man bestimmte Qualitätskriterien eines Produktes einhalten muß. Darauf wird später hingewiesen.

Formulierung von Bedingungen als logischen WZH
Abstraktere Aufgaben im Verhältnis zu Verfahren stellen Forderungen dar, die Bedingungen beinhalten, die sich durch Wenn/Dann-Sätze wiedergeben lassen [147]. Diese Bedingungen beziehen sich auf Vorschriften oder Angaben bezüglich des Ortes, des Weges, der Geschwindigkeit, der Zeit oder der Zahl (Tab. 2.1.1/4.).

Alle Angaben von Einstelldaten für Werkzeuge und Maschinen sind solche Bedingungen wie auch alle Einschalt- und Ausschaltvorgänge. Es werden also schon immer logische WZH in mannigfaltiger Weise verwirklicht, die aber erst bewußt werden, wenn man vor der Aufgabe steht, eine Maschine zu automatisieren. So sind z.B. bei einer Presse zum Umformen von Blechen nicht nur Förder-, Halte-, und Freigabebewegungen neben dem Einlegen, Entnehmen und Abfallabführen zu berücksichtigen, sondern es ist auch noch eine Reihe von Überwachungsvorgängen zu signalisieren, mit denen festgestellt wird, ob ein Vorgang auch wie gewünscht abgelaufen ist [150].

Für diese Art Aufgaben ist dann ein Programm zu formulieren. Solche Programme gibt es bei allen automatisierten diskontinuierlichen Prozessen auf Kunststoff-, Textil- oder anderen Verarbeitungsmaschinen und natürlich auch bei komplizierten kontinuierlich arbeitenden Anlagen wie etwa Walzwerken für Bleche. Ein weiteres Beispiel stellt das Positionieren des Arbeitskopfes eines Industrieroboters dar.

Noch allgemeiner kann man eine Aufgabe bezüglich der logischen Forderungen oder des Gehaltes an logischen Forderungen darauf prüfen, wenn man fragt, wieviele Eingangsgrößen der zu konstruierenden Maschine der Abtastung der Umwelt dienen sollen und wieviele Ausgangsgrößen die Veränderung dieser Umwelt berücksichtigen. Eine Liste der Ein- und Ausgangsgrößen und deren Kombinationen ergibt dann die notwendigen Verknüpfungen. Solche Listen von Wenn/Dann-Bedingungen können sehr umfangreich werden. Man wählt dann die mathematische Formulierung der Booleschen Algebra, die die Optimierung bzw. die Minimierung des Aufwandes an Bauelementen erleichtert [32, 160]. Damit beschäftigt sich dann der Spezialist für Steuerungen.

Tabelle 2.1.1/4. Formulierung von Aufgaben in Wenn/Dann-Sätzen

Ort	Gleisstellanlage: Wenn bestimmte Weichen im Gleissystem eines Bahnhofs eine voreingestellte Lage einnehmen, dann kann der Zug auf einem bestimmten Bahnsteig einlaufen.
Weg	Fahrstuhl: Wenn ein Hausbewohner einen Fahrstuhl besteigt und einen Druckknopf betätigt, der dem zu erreichenden Stockwerk entspricht, dann bringt ihn der Fahrstuhl dorthin.
	Werkzeugmaschine: Wenn der Zerspanvorgang über die Werkstücklänge durchgeführt ist, dann soll das Werkzeug in die Ausgangslage zurückkehren.
Zeit	Verkehrsampel: Wenn eine Verkehrsampel 2 Minuten "grün" zeigt, dann soll sie 5 Sekunden "gelb", 2 Minuten "rot", 5 Sekunden "gelb-rot" und dann wieder "grün" zeigen.
	Verfahren: Wenn das Produkt in das Reaktionsgefäß gefüllt ist, dann soll 3 Stunden eine bestimmte Temperatur eingehalten werden, die Heizung abgeschaltet, ein Ventil geöffnet und das Produkt abgelassen werden.
Geschwindigkeit	Werkzeugmaschine: Wenn das Ende des Zerspannvorganges erreicht ist, dann soll der Werkzeugträger im Eilgang in die Ausgangslage zurückkehren.
Zahl	Abfüllmaschine: Wenn 250 Flaschen abgefüllt worden sind, dann soll die Maschine abgestellt werden.
	NC-Maschine: Wenn die Zahl 753 eingestellt ist, dann soll die Positioniereinheit ebensoviele Schritte machen.

Formulierung von allgemeinen Begriffen als logischen WZH
Noch abstrakter als die "Bedingungen" sind Forderungen, die durch Begriffe wie "Sicherheit" oder "Zuverlässigkeit" [46] gekennzeichnet werden. Solche

2.1 Festlegen der wesentlichen Merkmale

Begriffe sind in Wenn/Dann-Bedingungen aufzulösen. Tab.2.1.1/5. zeigt eine Reihe von Beispielen.

Tabelle 2.1.1/5. Formulierung von Teilaspekten allgemeiner Begriffe in Wenn/Dann-Sätzen

Sicherheit	Maschine: Wenn Eisenteile in einen Extruder gelangen, dann ist eine Sperre vorzusehen. Bedienung: Wenn im Griffbereich der Bedienung einziehende Walzen erreicht werden können, dann ist er mit einer Schranke zu sperren.
Betriebsweise	Betriebsbedingungen: Wenn am Extruder die Temperaturen der einzelnen Heizzonen eine bestimmte Temperatur erreicht haben, dann läßt sich die Maschine erst einschalten.
Gebrauchswert	Vermeidung von Ausfällen: Wenn Produktausfall auf der Eingangsseite einer Maschine droht, dann ist rechtzeitig eine Meldung vorzusehen.
Wirtschaftlichkeit	Fahrstühle: Wenn in einem Hochhaus zwei Fahrstühle betrieben werden, dann soll ein optimal wirtschaftlicher Betrieb ermöglicht werden.
Zuverlässigkeit	Energieversorung: Wenn die Energieversorgung ausfallen kann, dann ist ein selbstanlaufendes Hilfsaggregat vorzusehen.
Lernaufwand	Werkzeugmaschinen: Wenn der Lernaufwand für den Geschwindigkeitswechsel für verschiedene Bearbeitungsaufgaben klein gehalten werden soll, dann ist das Wechselgetriebe mit einer Schaltautomatik zu versehen, die die Geschwindigkeitsverstellung auf einem Stellglied mit Skala vereinigt.
Störanfälligkeit	Fernschreibmaschine: Wenn die Störanfälligkeit bei der Zeichenübertragung verringert werden soll, dann wird die Zeichencodierung erweitert, um Kontrollmöglichkeiten vorzusehen. (8-Kanal, statt 5-Kanal-Code).

Meist ist es nicht mit einer einzigen Bedingung getan. Wenn man z.B. die Zuverlässigkeit der Energieversorgung einer Maschine erhöhen will, bei der etwa der Anfahrvorgang wie bei Filmgießmaschinen schwierig ist, dann erfordert die selbsttätige Einschaltung eines Notstromaggregates beim Ausfall der Versorgung eine ganze Reihe von Maßnahmen, die über ein Programm gesteuert ablaufen müssen. Um einen allgemeinen Begriff in Wenn/Dann-Bedingungen zu übertragen, muß man z.B. fragen, was gesichert werden soll, welche Betriebsweise durch eine Folge von einzelnen Kontrollen gewährleistet werden soll, welche Ausfälle vermieden werden sollen, welche Maßnahmen die Wirtschaftlichkeit erhöhen sollen, wovon die Zuverlässigkeit einer Maschine abhängt, was den Lernaufwand für die Bedienung ausmacht und welche Störungen reduziert werden sollen. Es ist meist eine eingehende Betriebserfahrung mit Maschinen notwendig, um solche Überlegungen anstellen zu können (Tab. 2.1.1/5.).

Allgemeine Begriffe werden auch auf die Kennzeichnung von Produkteigenschaften angewendet, wie das für das Beispiel "Gewebe" in Tab.2.1.1/6. dargestellt ist. Der logische WZH erscheint dann in Form von Einstellbedingungen der entsprechenden Maschinen oder als Forderungen nach der Anwendung bestimmter Verfahren. Denn man sollte im allgemeinen nur e i n e Eigenschaft eines Produktes auf einer Maschine oder mit einem Verfahren einstellen oder verändern können. Hier ist also eine Vorstellung von dem physikalischen Prozeß und eine Kenntnis des Zusammenhanges der Produkteigenschaften mit der Einstellung der Maschinen erforderlich, die, wenn Meßwerte fehlen, nach dem visuellen Ergebnis vorgenommen wird.

Tabelle 2.1.1/6. Forderungen bezogen auf die allgemeinen Eigenschaften eines Produktes Beispiel "Gewebe"

Forderung	Beispiele für physikalische Angaben	Beispiele für logische Angaben
Haltbarkeit	phys. Daten Rohmaterial	Einstellung Spinnmaschine
Luftdurchlässigkeit	Gewebestruktur	Einstellung Webstuhl
Feuchteaufnahme	phys. Daten Rohmaterial/Feuchte	Struktur Klimaanlage
Griff	Garn-Drehung/Webart	Einstellung Maschinen
Anschmutzung	antistatische Ausrüstung	Verknüpfen (mit Antistatikmitteln)
Restaurierbarkeit	knitterfreie Ausrüstung	Verknüpfen (mit Präparationsmitteln)
Aussehen	-	Musterprogramm (Datenspeicher)

2.1.1.4 Erfüllung der Forderungen durch einen logischen Wirkzusammenhang
Mittel zur Erfüllung der Forderungen
Die logischen Elemente, mit denen die in der Aufgabenstellung angegebenen Forderungen erfüllt werden können, sollen durch eine Black Box mit Doppel-

2.1 Festlegen der wesentlichen Merkmale   57

strichen (Abb.2.1.1/5.) symbolisch dargestellt werden. Konkrete Ausführungen der Elemente werden später angeführt. Als Bezeichnungen für die Grundelemente werden im folgenden immer die anschaulichsten Begriffe gewählt. In den verschiedenen technischen Bereichen wurden die Elemente mit verschiedenen Namen belegt, solange man sich nicht darüber klar war, daß sie eine von der Ausführung unabhängige Funktion erfüllen. Eine vergleichende Darstellung der Bezeichnungen im Bereich des Energie-, Stoff- und Signalumsatzes gibt Tab.2.1.1/7.

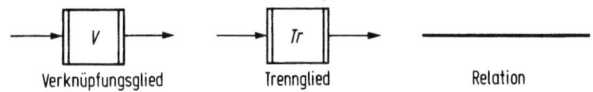

Abb.2.1.1/5. Darstellung logischer WZH

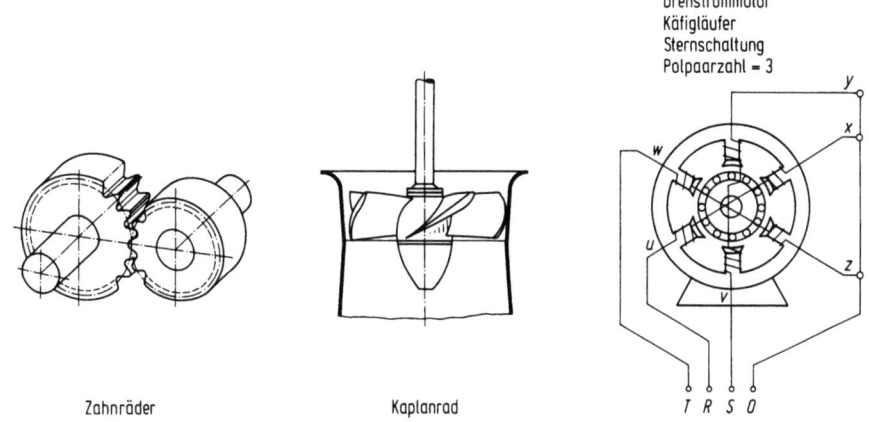

Abb.2.1.1/6. Mehrfache Kopplungen

Mehrfachanordnungen der Grundelemente sollen im folgenden nicht als abstraktes Schema, sondern durch konkrete Beispiele für mehrfache Kopplungen und Sperrungen erläutert werden. Diese Kopplungsanordnungen (Abb.2.1.1/6.) dienen dazu, mittels mehrerer Zähne von Zahnrädern, mehreren Turbinenschaufeln oder mehreren Magneten Bewegung zu erzeugen. Mehrfache Sperrungen entsprechen den noch zu erläuternden logischen Strukturen, die mehr leisten als das einfache Element. So dienen die mehrfachen Anordnungen von Sperrungen (Abb.2.1.1/7.) als Schloß, als Sortiereinrichtung für Buchstaben einer Linotype-Maschine, die abgegossene Buchstaben über die dargestellte Führungsschiene in ein den einzelnen Buchstaben entsprechendes Magazin zurückführt. Die Funktion der Hollerith-Karte ist bestens bekannt.

Tabelle 2.1.1/7. Einige Bezeichnungen für Grundfunktionselemente bezogen auf das durchgesetzte Produkt

			Verknüpfen Koppeln	Trennen Hemmen	Führen Leiten
Energieumsatz	mechanisch	Getriebelehre Maschinenelemente	Kopplung Zahnradpaar Antriebe	Sperrung schaltbare Kupplung Bremsen	Leitung Welle Führungsbett
	hydraulisch		Hydraulik-Antriebe	Ventile	Leitungen
	elektrisch		magnetische Antriebe	Schalter	Leitungen
Stoffumsatz	bewegte Wand – Stoff		Rühren	Verdrängen	Führen
	Stoff/Stoff		Mischen	Trennen	Fördern
	2 Stoffe chem.		Koppeln	Spalten	Tragstoff-Förderung
Signalumsatz	analoge Signale	Meßtechnik Fernmeldetechnik	Fühler Koppelglieder	Schalter Filter	Leitungen Kabel

2.1 Festlegen der wesentlichen Merkmale   59

Folgende Varianten der Grundelemente [36] lassen sich angeben: Eine Wirkung (Kopplung) kann in einer Richtung (Abb.2.1.1/8.) oder als Wechselwirkung in einer Richtung und der Gegenrichtung erfolgen, oder es können zwei Verknüpfungsglieder aufeinander einwirken. Diese häufig vorkommenden Anordnungen lassen ihre Verwendbarkeit aus den physikalischen Möglichkeiten der Ausführung erkennen.

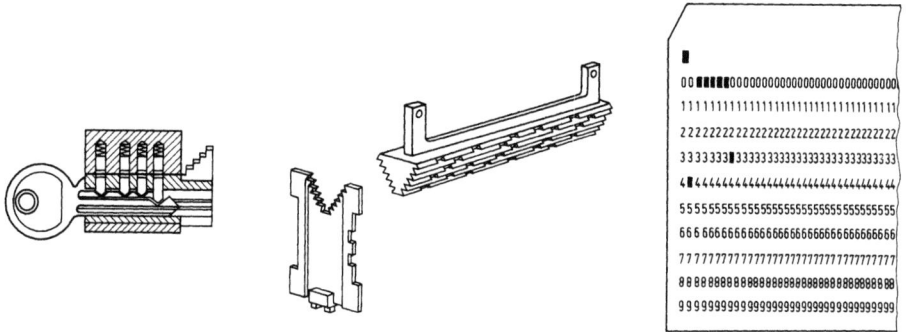

Abb.2.1.1/7. Mehrfache Sperrungen

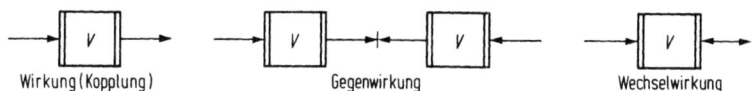

Abb.2.1.1/8. Variationen der Verknüpfungsglieder

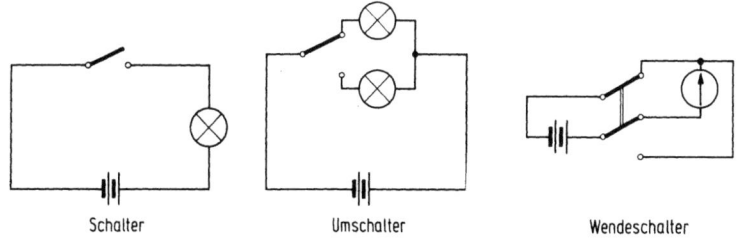

Abb.2.1.1/9. Variation der Trennelemente (Sperrungen)

Durch Anbringen eines zweiten Kontaktes an einem einfachen Schalter und durch Verwendung eines solchen zweiten Schalters lassen sich insgesamt drei Variationen der Trennglieder angeben, wie es das konkrete elektrische Beispiel zeigt (Abb.2.1.1/9.).

Aus dem einfachen Kreis (Reihen- oder Hintereinanderschaltung) (Abb. 2.1.1/10.) läßt sich der verzweigte Kreis (Parallelschaltung) und der Brückenkreis ableiten. Die Hintereinanderschaltung wird auch zur Rückkopplung von

Wirkungen benutzt. Ferner kann man die Bedeutung der Hintereinander- und Parallelschaltung an der Schaltung von Logikelementen erkennen. Sie hat aber auch bezogen auf physikalische Anordnungen, wie die Parallel- und Hintereinanderschaltung von galvanischen Elementen, um nur ein Beispiel zu nennen, eine wichtige Bedeutung. Diese Schaltungen gibt es auch in mechanischer und hydraulischer Ausführung, wie es die folgenden Beispiele zeigen (Abb.2.1.1/11.).

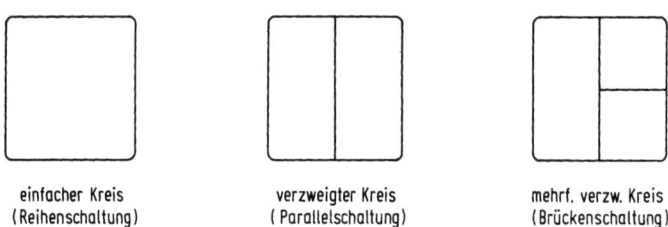

einfacher Kreis (Reihenschaltung)   verzweigter Kreis (Parallelschaltung)   mehrf. verzw. Kreis (Brückenschaltung)

Abb.2.1.1/10. Variation der Schaltungen (Leitungskreise)

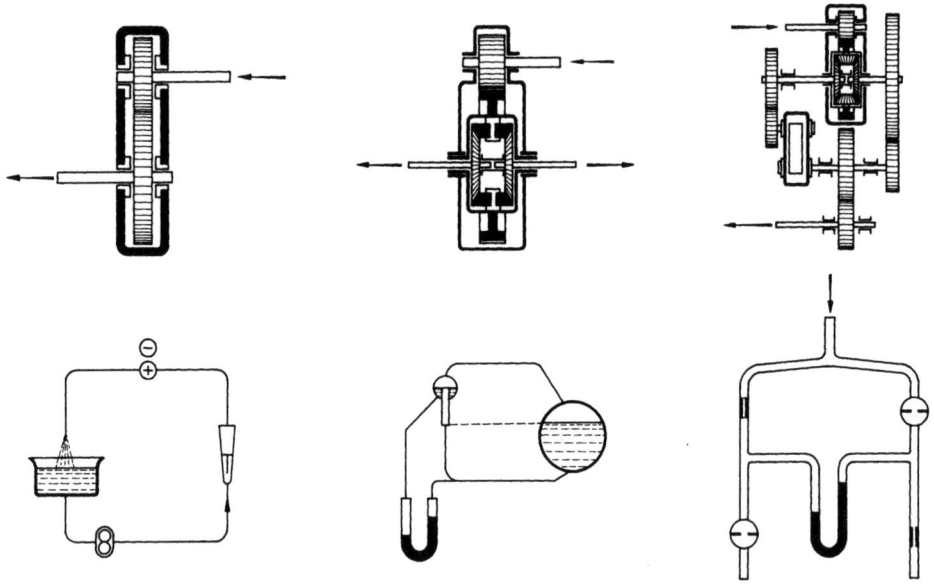

Abb.2.1.1/11. Mechanische und hydraulische Schaltungen

Das gleiche gilt für die hydraulischen Beispiele. Der einfache Kreis enthält eine Umwälzpumpe und einen Mengenmesser. Der verzweigte Kreis dient der Bestimmung des Flüssigkeitsstandes einer hochliegenden Kesseltrommel an einem Bedienungsstand. Durch Kondensation von wenig Dampf in einem Nebengefäß wird ein festes Niveau gebildet, gegen das der Flüssigkeitsstand in der Kesseltrommel mit einem U-Rohr gemessen wird. Der Brückenkreis wird in einem Gasdichtemesser verwendet.

2.1 Festlegen der wesentlichen Merkmale 61

Den zahlreichen Anwendungen dieser Schaltungstypen werden wir bei den weiteren Ausführungen begegnen. Darüber hinaus sind sog. Ringleitungen, einfache und vermaschte Netze für die Technik bedeutsam.

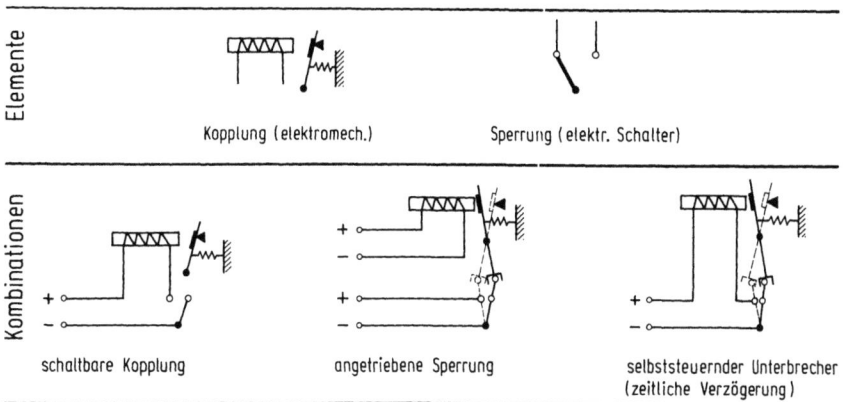

Abb.2.1.1/12. Kombinationen Kopplung - Sperrung

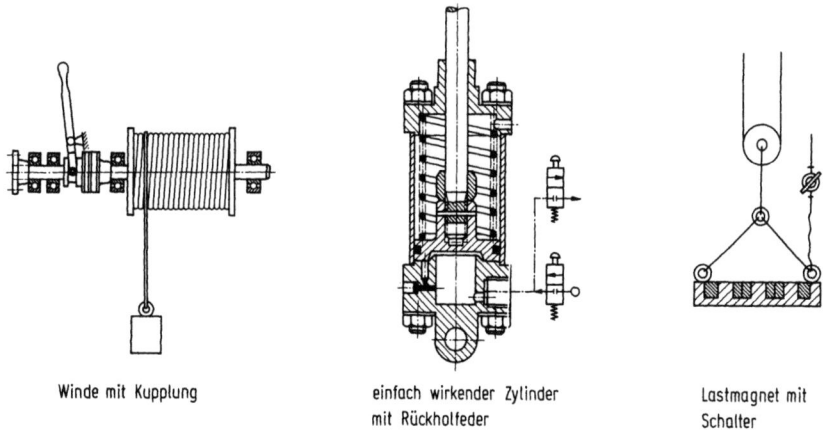

Abb.2.1.1/13. Schaltbare Kopplung

Kombinationen der Grundelemente seien wieder erst an einem konkreten elektrischen Beispiel erläutert. Es geht um die Festlegung der möglichen Kombinationen zwischen einer Kopplung und einer Sperrung. Bei der Kopplung sind das Antriebsglied, der Anker (Abb.2.1.1/12.), und das eigentliche Wirkungsglied, der Magnet, zu unterscheiden. Bei der schaltbaren Kopplung sind Schalter und Wirkungsglied und damit das Antriebsglied hintereinandergeschaltet, bei der angetriebenen Sperrung Antriebsglied und Sperrung miteinander verbunden, das Wirkungsglied fremdbetätigt. Bei dem selbststeuernden Unterbrecher handelt es sich um eine schaltbare Kopplung, bei der das Wirkungsglied zeitlich verzögert auf den Schalter einwirkt. Die zeitliche Verzögerung wird hier durch ein Totzeitglied (Spiel) erreicht. Durch diese "Rückkopplung" wird aus der schaltbaren Kopplung eine Maschine, ein Prinzip, nach dem z.B. Kolbenmaschinen arbeiten. Von den drei Kombinationen werden die folgenden konkreten Beispiele gebracht (Abb.2.1.1/13. bis 2.1.1/15.).

Aus diesen einfachen Kombinationen lassen sich nun weitere ableiten, die für die Festlegung des logischen WZH bedeutsam sind. Für diese Beispiele

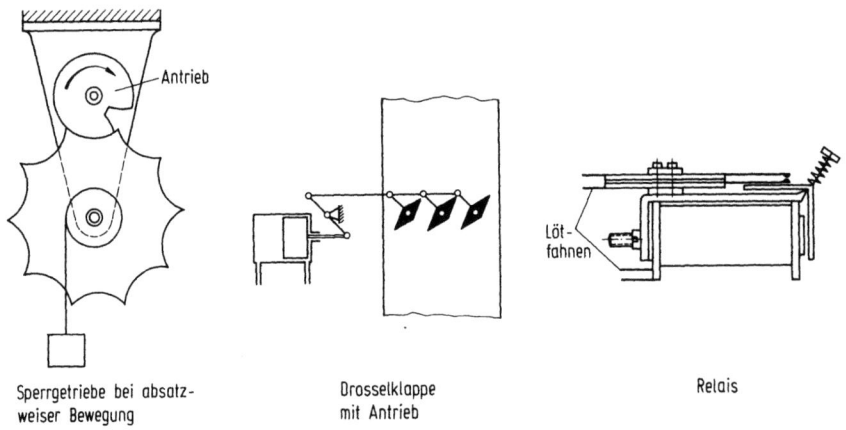

Abb.2.1.1/14. Angetriebene Sperrungen

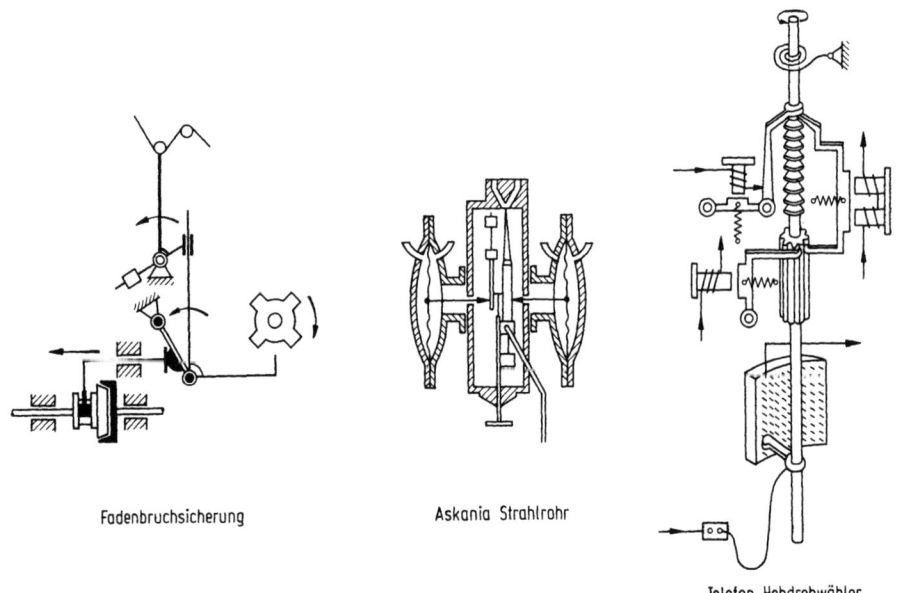

Abb.2.1.1/15. Angetriebene Sperrungen

2.1 Festlegen der wesentlichen Merkmale

soll die abstrakte Darstellungsart, und zwar die Black-Box-Darstellung, gewählt werden. Das "schaltbare Verknüpfungsglied" und das "angetriebene Schaltglied" zeigt Abb.2.1.1/16. als logische Elementarfunktion. Die in den Wenn/Dann-Sätzen enthaltenen Aussagen sind jeweils zu einer Wahrheitsmatrix zusammengefaßt.

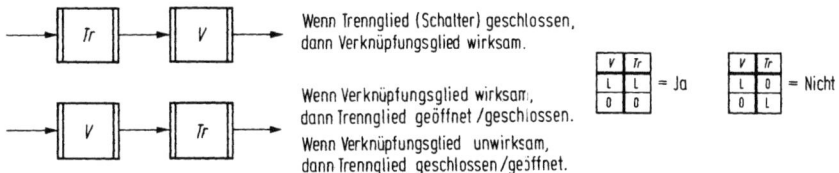

Abb.2.1.1/16. Wenn/Dann-Relation der Grundelemente

Durch Hintereinander- und Parallelschaltung der Elementarfunktionen erhält man 16 logische Grundfunktionen, von denen die Abb.2.1.1/17. nur einen Teil zeigt. Hervorgehoben sei das von der klassischen Logik geforderte Entweder/Oder-Element, das schon eine komplexe Struktur aufweist. Wichtig ist auch der Speicher (Flip-Flop), der durch Rückführung (Rückleitung) des Ausganges eines Weder/Noch-Gliedes in ein zweites gleiches entsteht. Um die Vorstellung mit konkreten Ausführungsbeispielen zu stützen, sind für die Und-Funktion in Abb.2.1.1/18. die verschiedenen Darstellungsarten bis zu konkreten Ausführungsbeispielen dargestellt.

Es gibt mehrere Verfahren, komplizierte logische Schaltungen zu vereinfachen. Stehen die Eingangssignale auch in invertierter Form zur Verfügung, dann kann man durch die Wahl geeigneter logischer Elemente die Zahl der Ein- und Ausgänge und damit den Aufwand für eine bestimmte logische Schaltung erheblich verringern [160].

Eine Übersicht über die Möglichkeiten zur Festlegung des logischen WZH gibt Abb.2.1.1/19., in der noch einmal die besprochenen Elemente, Variationen und Kombinationen zusammengestellt sind. Dieser Formalismus gestattet, daß in der abstrakten Denkebene Zusammenhänge und Ähnlichkeiten leichter zu erkennen sind als bei der konkreten Ausführung, deren Gestalt und Form die Funktion viel schwieriger durchschauen läßt.

Festlegen des logischen WZH
Verfahren
Für das Festlegen von Verfahren im Sinne der Methodik wurde als Beispiel das Ordnen von Flaschendeckeln gewählt. Als Bezeichnungen werden Begriffe ver-

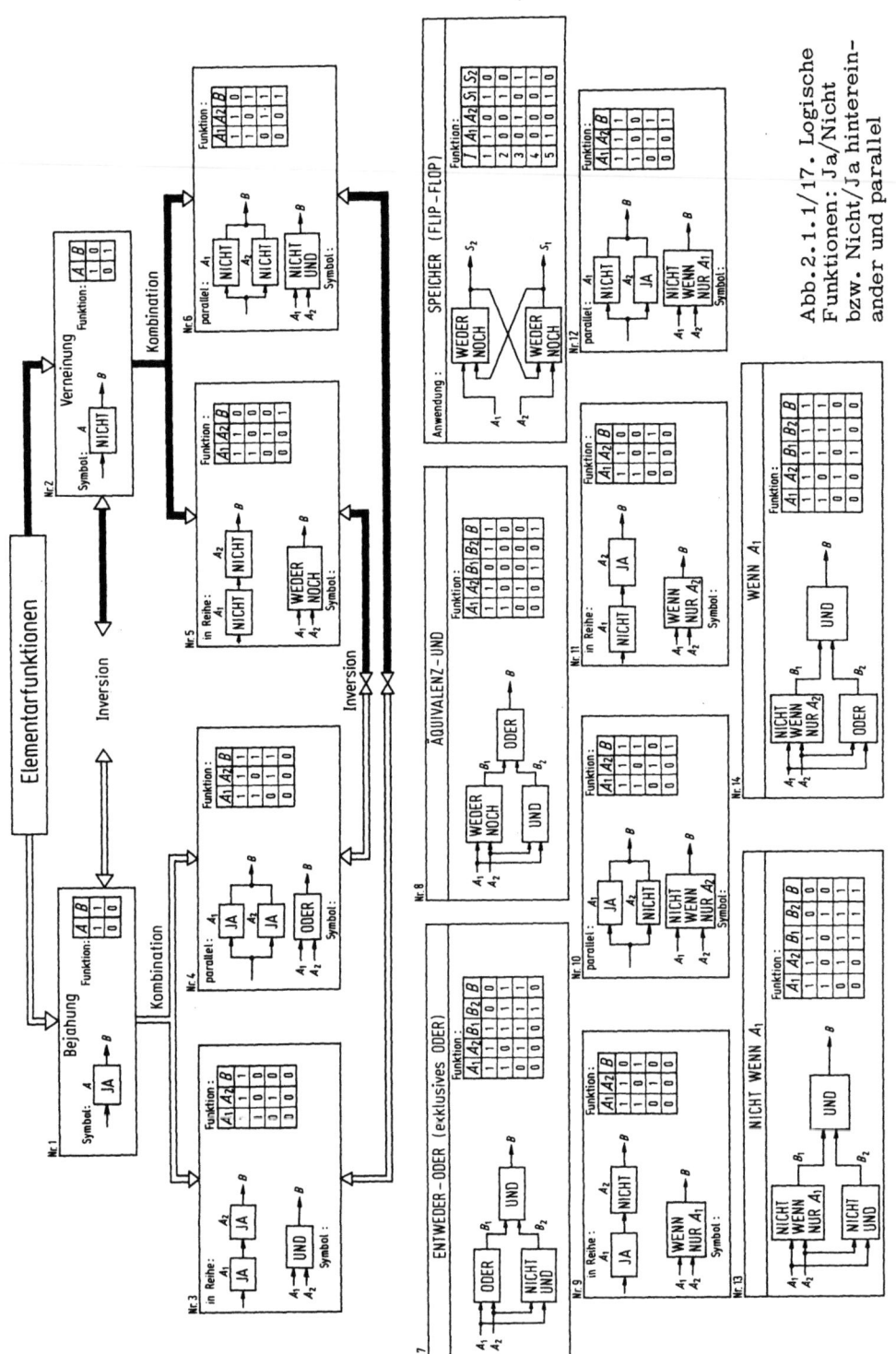

Abb.2.1.1/17. Logische Funktionen: Ja/Nicht bzw. Nicht/Ja hintereinander und parallel

2.1 Festlegen der wesentlichen Merkmale

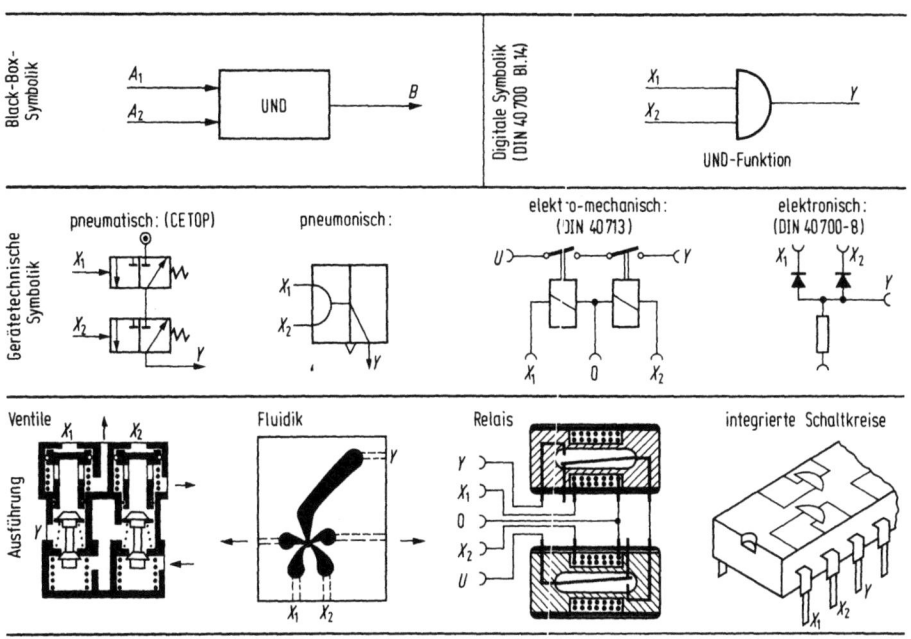

Abb.2.1.1/18. Symboliken, logischer WZH

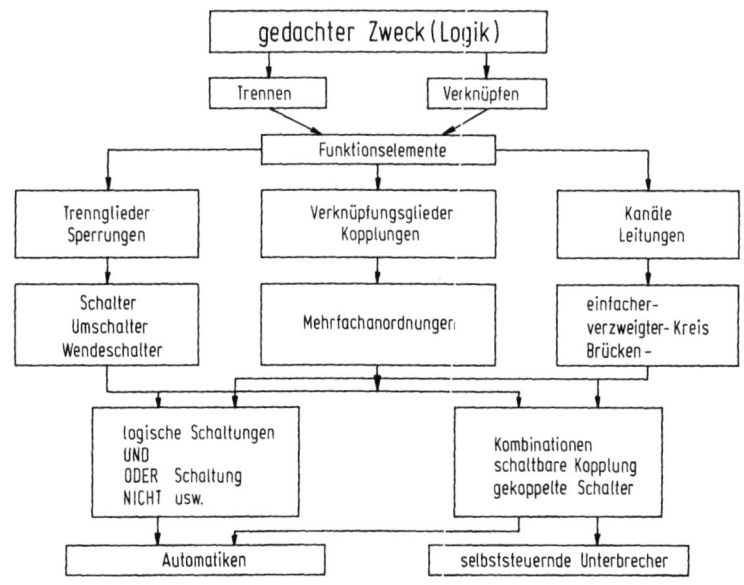

Abb.2.1.1/19. Zweck (Funktionen), Übersicht

wendet, wie sie in der Umgangssprache gebraucht werden. Der jeweilige logische WZH wird durch die Buchstaben F für Führen, K für Koppeln und T für Trennen angegeben. Der für das als Black Box dargestellte Gerät geforderte WZH zwischen Eingang und Ausgang (Abb.2.1.1/20.) ist mit einigen physikalischen Angaben bezüglich der Eingangs- und Ausgangsgrößen aufgelistet. Die nähere Überlegung zeigt, daß das verlangte Ergebnis, nämlich die Ordnung des Deckelhaufens in eine Reihe von Deckeln mit definierter Deckellage nicht in einem Schritt erreicht werden kann. Der Ordnungsvorgang (Abb.2.1.1/21.) muß in drei Stufen unterteilt werden. Die Deckel müssen in einer Reihe, übereinanderliegende in eine Ebene und dann erst die umgekehrt liegenden in die richtige Lage gebracht werden. Für diesen letzten Schritt lassen sich nach Abb.2.1.1/22.

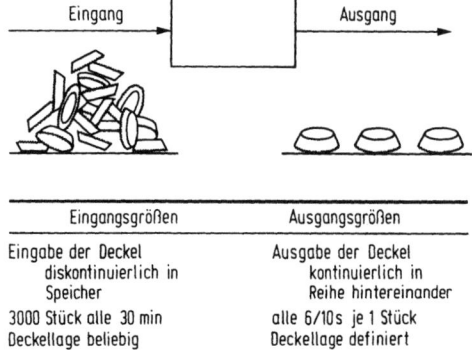

Abb.2.1.1/20. Ordnen von Flaschendeckeln

	Eingangsgrößen	Ausgangsgrößen
	Eingabe der Deckel diskontinuierlich in Speicher	Ausgabe der Deckel kontinuierlich in Reihe hintereinander
	3000 Stück alle 30 min	alle 6/10s je 1 Stück
	Deckellage beliebig	Deckellage definiert

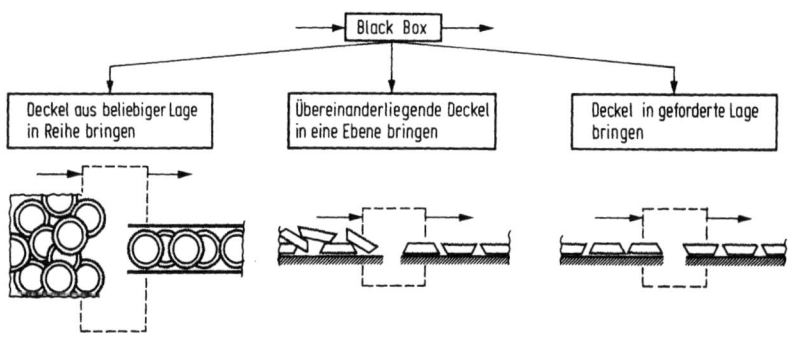

Abb.2.1.1/21. Unterteilung des Ordnungsvorganges

drei Strukturen angeben, von denen nach der Zahl der Funktionsglieder die erste die einfachste ist. Es ist zu erkennen, daß man mit der Festlegung des logischen WZH einen ganz anderen Zugang zur Lösung der Aufgabe findet als es bei der intuitiven Arbeitsweise der Fall ist. Zur Veranschaulichung sollen noch zwei

2.1 Festlegen der wesentlichen Merkmale   67

konkrete Lösungen gezeigt werden, von denen die Lösung mit der Struktur 1 in keiner der ca. 25 durchgeführten Übungen in Kursen mit erfahrenen Konstrukteuren gefunden wurde (Abb.2.1.1/23. und 2.1.1/24.).

Bedingungen und Logik

Als Beispiel für die Anwendung der Und-Logik seien Schlösser gewählt, wie sie nach [16] in Tab.2.1.1/8. mit den wesentlichen Merkmalen zusammengestellt sind. Der Übergang von einem Typ zu einem anderen wurde jeweils als

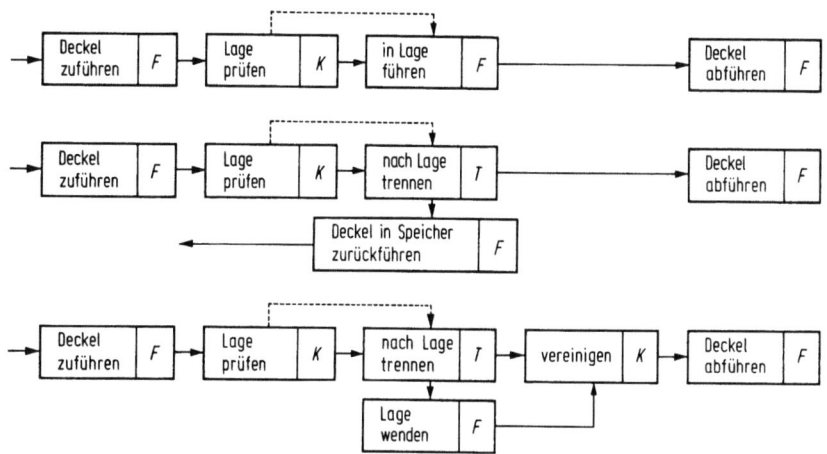

Abb.2.1.1/22. Logischer WZH (Funktionspläne): Ordnen von Flaschendeckeln

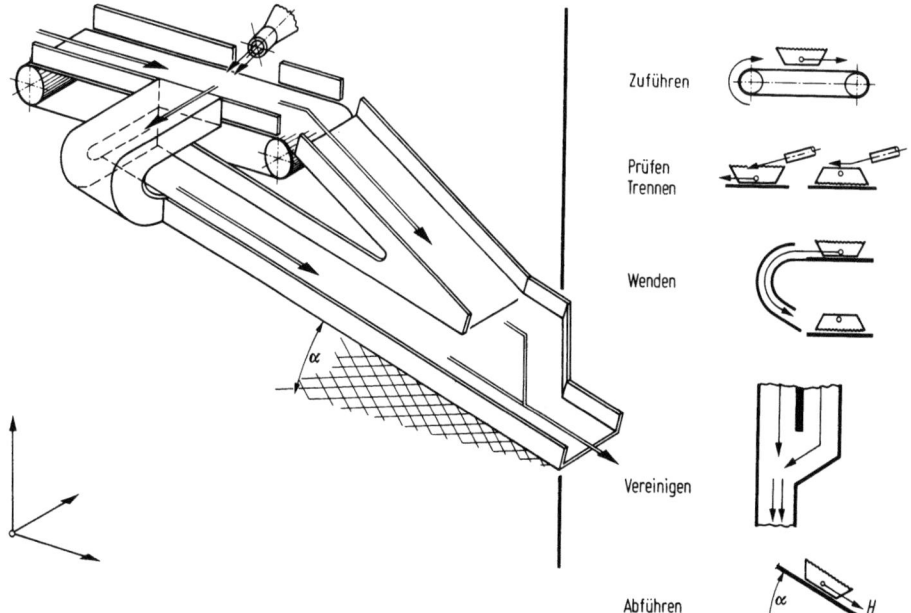

Abb.2.1.1/23. Festlegung der Gesamtkonstruktion für Funktionsplan 3

bedeutsame Änderung angesehen. Die Trennung des Schlosses vom Riegel (Tagesfalle), die Behinderung der Schlüsselnachbildung und die Zunahme der Wahl der Variationsträger kennzeichnen diese Entwicklung über einen Zeitraum von ca. 7000 Jahren. Der Schlüssel dient also als Informationsträger, das Schloß zur Abfrage der Information. Das Ganze dient der Sicherheit des Besitzes an einer Sache, um einmal eine abstrakte Beschreibung zu wählen.

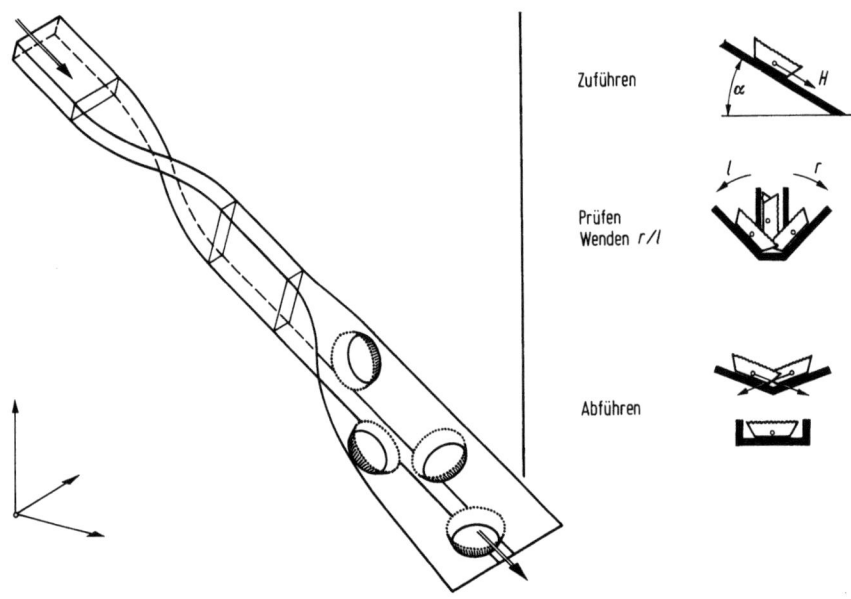

Abb.2.1.1/24. Festlegung der Gesamtkonstruktion für Funktionsplan 1

Tabelle 2.1.1/8. Schlösser

Typenbeispiel	Forderung Zusatzforderung	Variationsträger "Und"-Glieder	Riegelantrieb
Fallriegelschloß 5000 v. Chr.	einseitiges Öffnen/Schließen	3 Fallsperrungen	formschlüssig
Schnappschloß 17. Jhd.	zusätzl. Sicherheit gegen Schlüsselnachbildung	formschlüssige Sperrung des Schlüssels	kraftschlüssig (Tagesfalle)
Zylinderschloß Yale 1847	zusätzl. Sicherheit gegen Öffnen des Riegels	gefederte Sperrstiftpaare für Zylinderkern formschlüssiger Schlüsselhaken	formschlüssig getrennte Tagesfalle und Riegel

2.1 Festlegen der wesentlichen Merkmale

An dem an sich ganz einfachen konkreten Beispiel einer Biegevorrichtung soll nun gezeigt werden, welche Rolle der logische WZH bei der Festlegung der Vorrichtung für das in Abb.2.1.1/25. links oben dargestellte einfache Biegeteil spielt. Der Vergleich zwischen der pneumatischen und mechanischen Ausführung soll die in der mechanischen Ausführung (Abb.2.1.1/26.) versteckte

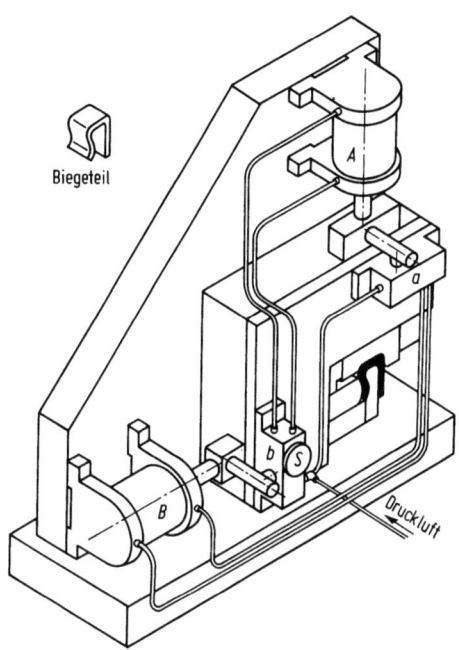

Abb.2.1.1/25. Biegevorrichtung, pneumatischer Antrieb

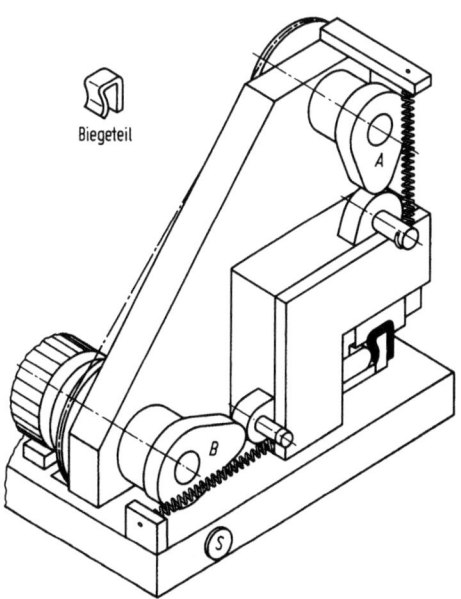

Abb.2.1.1/26. Biegevorrichtung, mechanischer Antrieb

Logik deutlich hervortreten lassen. Der Ablaufplan (Abb.2.1.1/27.) zeigt die Arbeitsgänge beim Biegen des Musters und die entsprechenden logischen WZH bezogen auf die Werkzeuge, mit denen der Stoffumsatz vorgenommen wird und die Antriebe. Nur dieser WZH ist zuerst für die Konstruktion interessant. Wichtig ist also, zu unterscheiden, auf was der logische WZH zu beziehen ist. In diesem Falle wird der Werkstoff gebogen, es findet eine Formänderung des Werkstückes statt. Die Wirkung wird durch Schließen des Werkzeuges hervorgerufen, das Werkstück wird durch Öffnen des Werkzeuges freigegeben. Das Einlegen und Abführen des Werkstückes wird hier von Hand vorgenommen. Will man diesen Vorgang automatisieren, so sind kompliziertere logische Strukturen erforderlich.

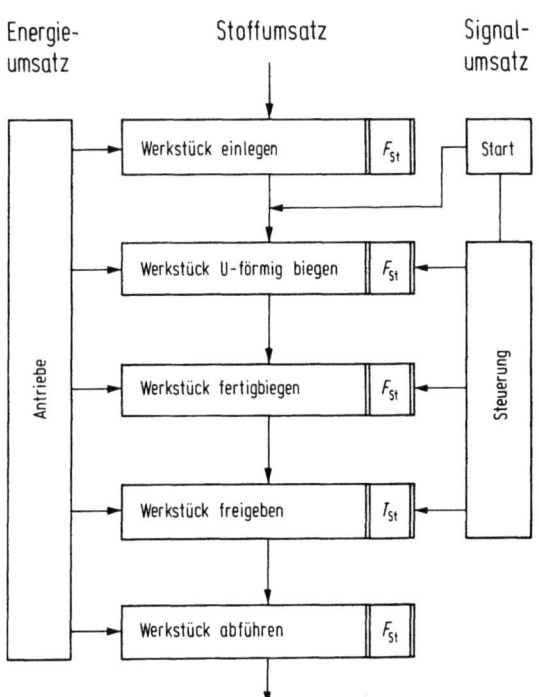

Abb.2.1.1/27. Biegevorrichtung, Ablaufplan

In Abb.2.1.1/28. ist als erstes das Weg-Zeit-Diagramm der beiden Arbeitseinheiten dargestellt. Beginn und Ende der Bewegungen werden in einem Signaldiagramm erfaßt (Wenn-Diagramm). Daraus läßt sich dann das Befehlsdiagramm (Dann-Diagramm) ableiten. Das entsprechende Logikdiagramm zeigt Abb.2.1.1/29. Der Vergleich zwischen der pneumatischen und mechanischen Lösung (Tab.2.1.1/9.) läßt erkennen, wie die logischen Bedingungen mechanisch ohne Stellungsfühler nur durch Schaltungen der Bewegungen realisiert werden.

2.1 Festlegen der wesentlichen Merkmale

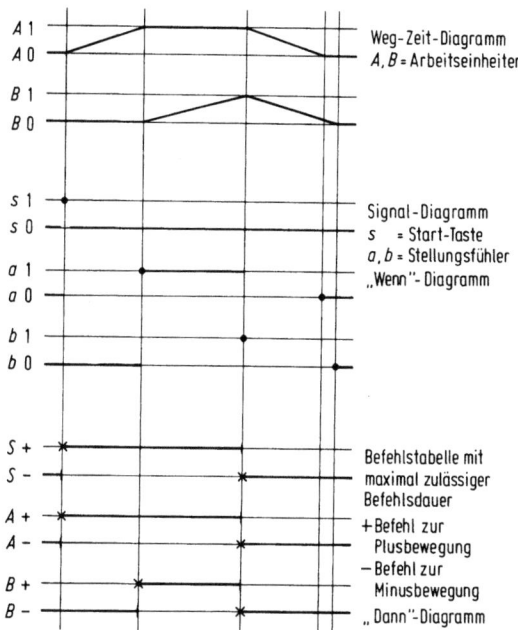

Abb. 2.1.1/28. Biegevorrichtung, Wenn/Dann-Diagramm

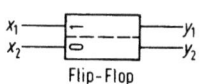

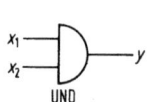

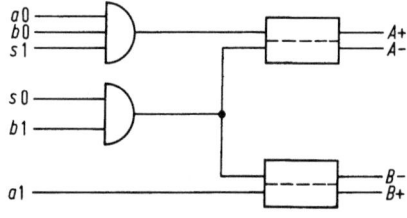

• UND-Funktion

$A+ = s1 \cdot b0 \cdot a0$
$A- = s0 \cdot b1$

$B+ = a1$
$B- = s0 \cdot b1$

Abb. 2.1.1/29. Biegevorrichtung, Signalkombination und Logikplan

Tabelle 2.1.1/9. Biegevorrichtung. Vergleich der pneumatischen mit der mechanischen Lösung

		pneumatisch	mechanisch
Logik	Bewegungsbeginn	Schaltung der Vor-/Rückbewegung	Anstiegs-/Abfallsbeginn
	Folge der Bewegungen	durch Stellungsfühler gesteuert	Lage der Kurvenscheiben zueinander
Wirkbewegung	Weg-Zeit-Verlauf	Drosselung Zylinderlänge	Form des Übergangs Nockenhöhe
	Kraft-Verlauf	Druck Zylinderabmessungen	Antrieb Größe (Durchmesser und Breite von Kurvenscheibe und Gegenstück)

Das extrem einfache Beispiel erläutert die Verhältnisse bei komplexeren Steuerungen, wie sie bei allen Automaten (Tab. 2.1.1/10.) vorkommen. Automaten als musizierende, schreibende oder zeichnende Puppen hat es schon 1750 gegeben. Die heute verwendeten verschiedenen Typen von Steuerungen, z.B. an Werkzeugmaschinen, werden durch die Tab. 2.1.1/11. mit besonderem Namen gekennzeichnet. Neben der direkten Steuerung von Werkzeugmaschinen durch Lochstreifen oder die Steuerung eines Bearbeitungszentrums mit Werkzeugwechsel von einem Rechner aus gibt es Steuerungen, bei denen die Bearbeitungsgeschwindigkeit dem Vorgang angepaßt wird.

Für die Optimierung solcher Vorgänge soll das Beispiel der elektroerosiven Bearbeitung gewählt werden [67], bei der der Arbeitsvorgang messend

Tabelle 2.1.1/10. Automaten

Antriebstechnik	Automatikgetriebe
Fördertechnik	Automatische Lager
Kunststofftechnik	Spritzgußmaschinen
Verfahrenstechnik	Produktstraßen
Fertigungstechnik	Bearbeitungszentrum
Textiltechnik	Web- und Wirkautomaten
Verpackungstechnik	Abfüllmaschinen
Dienstleistungstechnik	Telefonautomaten

2.1 Festlegen der wesentlichen Merkmale

verfolgt, die Messung ausgewertet und in optimale Bearbeitungsimpulse verwandelt wird. Eine entsprechende Entwicklung hat vergleichsweise die Mustererzeugung und Musterverarbeitung bei Textilmaschinen genommen. Muster können vergrößert, verkleinert, gespiegelt, wiederholt, oder gedreht werden. Alle Eingaben können farbigen ungerasterten Entwürfen entnommen werden.

Tabelle 2.1.1/11. Werkzeugmaschinen-Steuerungen

DNC	Direct Numerical Control
CNC	Computer Numerical Control
AC	Adaptive Control
ACO	Adaptive Control Optimisation

Begriffe

Als Beispiele für die Festlegung des logischen WZH für allgemeine Forderungen soll die "Sicherheit" eines Kunststoffextruders gewählt werden. Ein Extruder ist eine Schneckenmaschine, die zum Plastifizieren und Fördern von Kunststoffen bei bestimmter Temperatur dient, die zu Folien, Drähten und Rolladenprofilen usw. weiterverarbeitet werden. Der Begriff Sicherheit soll sich hier nur auf Gefahren für den Betrieb der Maschine selbst beziehen. Getrennt davon könnte man sich überlegen, welche Maßnahmen man für die Sicherheit des Bedienungspersonals zu ergreifen hat.

Wenn man sich auf die Grundfunktionen bezieht, dann können die Gefahren abgeleitet, abgetrennt oder verknüpft, d.h. der Bedienung bemerkbar gemacht werden. Als mögliche Gefahren sollen in Betracht gezogen und in Form von Wenn/Dann-Sätzen formuliert werden:

Stoffumsatz: Wenn Metallteile im Eingangsmaterial enthalten sind, dann soll die entsprechende Stoffmenge, die das Metall enthält, abgeleitet werden. Oder: Wenn Eisenteile im Eingangsmaterial enthalten sind, dann sollen sie abgetrennt werden.

Energieumsatz: Wenn der Antrieb über eine bestimmte Grenze belastet wird, dann soll die Maschine selbsttätig abgeschaltet werden. Oder: Wenn das Drehmoment an der Schnecke zu groß wird, dann soll die Mitnahme unterbrochen werden.

Signalumsatz: Wenn die Heizung eines Maschinenteils ausfällt, dann soll das der Bedienung bemerkbar gemacht werden. Oder: Wenn die Heizung eines Maschinenteils ausfällt, dann soll die Maschine abgestellt werden.

Die allgemeinste Formulierung der Aufgabe ist also die der Grundfunktionen, während die folgenden Beispiele schon die Zahl der möglichen Lösungen einschränken. Sie gehen schon von einer physikalischen Vorstellung aus, an die der logische WZH gebunden und von der er abzugrenzen ist. Ein vollständiges Schema der Realisierung der Sicherheit eines Extruders durch einen logischen WZH zeigt Abb. 2.1.1/30.

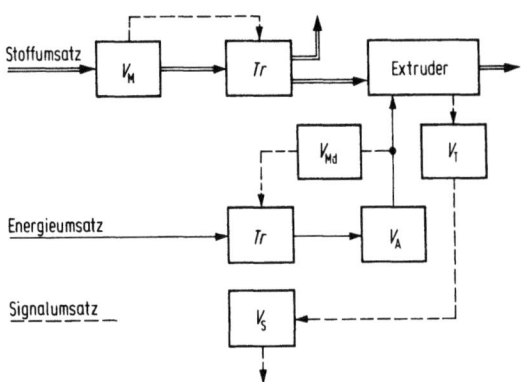

Abb. 2.1.1/30. Logischer WZH "Sicherheit Extruder" (Verknüpfungsglieder: V_M Fühler Metall, V_{Md} Fühler Drehmoment, V_T Fühler Temperatur, V_A Antrieb, V_S Signal; Trennglied: Tr)

2.1.1.5 Vorgehensweise bei der Festlegung des logischen Wirkzusammenhangs

Gegeben:
Aufgabe, formuliert in der Fach- oder Umgangssprache.

Gesucht:
Logischer WZH. Die (logischen) Grundgedanken, die den Zweck von Maschinenelementen und Maschinen festlegen, sind das Verknüpfen, Trennen und Führen. Nur diese können unmittelbar verwirklicht werden. Deshalb müssen die in irgendeiner Formulierung vorliegenden Aufgaben durch diese Grundfunktionen zum Ausdruck gebracht werden.

Lösungsweg:
Zusammenstellung der festzulegenden Merkmale (Tab. 2.1.1/12.):
Umformulierung der Aufgaben: Verfahren in Grundfunktionen; Bedingungen und allgemeine Begriffe in Wenn/Dann-Sätze und -satzfolgen;
Liste der festzulegenden Merkmale.

Festlegung der Merkmale (Tab. 2.1.1/13.): Dafür sind folgende Mittel der Reihe nach abzufragen:
Ordnung der Grundfunktionen nach Reihenfolge und Verträglichkeit (logische Schaltung); Aufstellung eines Zeit- oder Folgeplanes für Vorgänge; Aufstel-

2.1 Festlegen der wesentlichen Merkmale

Tabelle 2.1.1/12. Festzulegende Merkmale der logischen Struktur einer Aufgabe

---

Verfahren

    Stufen (Operationen)
    Verträglichkeit
    Stufenfolge

Bedingungen

    Zahl der Eingänge
    Zahl der Ausgänge
    Verknüpfungen Ein-Ausgänge (Schaltung)
        Weg - Zeit Diagramm
        Signal- oder "Wenn" - Diagramm
        Befehls- oder "Dann" - Diagramm
    Liste der Wenn-Dann Bedingungen

Allgemeine Begriffe

    Grundfunktionen
    Wenn-Dann-Bedingungen

Tabelle 2.1.1/13. Mittel zur Festlegung eines logischen Wirkzusammenhanges

---

Grundfunktionselemente und Relationen

    Verknüpfungs-, Trennelemente, Leitungen

Variationen der Grundelemente

    Wirkung, Gegenwirkung, Wechselwirkung
    Schalter, Umschalter, Wechselschalter
    einfacher, verzweigter, Brückenkreis

Kombinationen der Grundelemente

    angetriebener Schalter ("Ja"/"Nicht") = logische Elemente z.B. für Signale
    geschaltete Kopplung z.B. für Befehle
    selbststeuernder Unterbrecher (Rückkopplung)

Kombinationen der logischen Elemente

    Parallelschaltung   zwei "Ja" → "Oder"/ zwei "Nicht"→ "Nicht-Und"
    Hintereinanderschaltung zwei "Ja" → "Und" / zwei "Nicht"→ "Weder Noch"
    Rückkopplung   zwei "Weder Noch"→ Speicher (Flip-Flop)

Mehrfachanordnungen

    Grundelemente
    Kombinationen der Grundelemente
    logische Steuerungen

---

lung eines Signal-(Wenn-)Planes; Aufstellung eines Befehls-(Dann-)Planes; Festlegung der Elemente und deren Schaltung; Strukturpläne für die logische Funktionsstruktur.

Auswahl der einfachsten Lösung:
Die einfachste Struktur besteht aus der geringsten Zahl der Elemente und Verbindungen (Ein- und Ausgänge). Die Lösung ist der Schaltplan der logischen Struktur in Black-Box-Darstellung.

2.1.1.6 Übungsaufgaben (Lösungen auf S. 304)

Aufgabe 2.1.1/1
Löse den Begriffsinhalt bekannter Verfahrensbezeichnungen in seine logischen, physikalischen und konstruktiven Bestandteile (WZH) auf: Mitnehmen (in einer Drehrichtung), Kalandrieren, Druck messen.
Einstieg: Text S. 49, Tab. 2.1.1/3.
Zweck: Erfassen der drei WZH bezogen auf die Hauptumsätze.

Aufgabe 2.1.1/2
Abstrahiere die Elemente einer Spulmaschine als logische Funktionselemente. Welche Forderungen erfüllen diese Elemente? Abstrahiere die Fadenbruchabschaltung in Black-Box-Darstellung.
Einstieg: Text S. 74, Abb. 2.1.1/31.
Zweck: Erkennen der logischen Grundfunktionselemente an einer etwas komplizierteren Maschine unter Anwendung der dafür anschaulichsten Begriffe nach Tab. 1/14. S. 25.

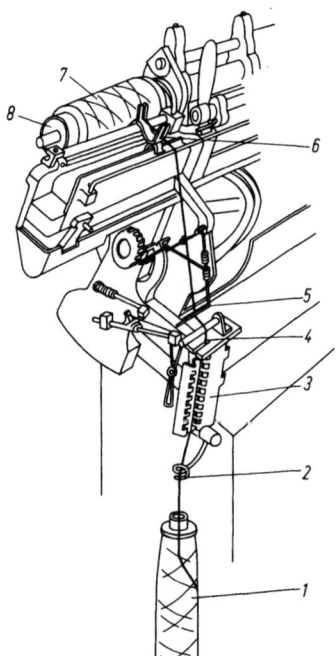

Abb. 2.1.1/31. Spulmaschine, Fadenlauf.
1 Ablaufspule; 2 Fadenführer; 3 Fadenbremse; 4 Knotenfänger; 5 Fühler Fadenbruchabschaltung; 6 Verlegefadenführer (Changierung); 7 Aufwickelspule; 8 Spanndorn für Spule

2.1 Festlegen der wesentlichen Merkmale   77

Aufgabe 2.1.1/3
Erfülle die Forderung nach Sicherheit des Bedienungspersonals.
Einstieg: Das Bedienungspersonal soll gegen Explosionsgefahr eines kleinen
Druckgefäßes (5-l-Autoklav) geschützt werden. Gib den jeweils möglichen lo-
gischen WZH und wegen der Einfachheit der Lösung den konstruktiven WZH an.
Text S. 52.
Zweck: Übersetzen einer allgemeinen Forderung in einen logischen WZH.

Aufgabe 2.1.1/4
Für das selbsttätige Stapeln von Pappebögen sollen logische Strukturen für eine
zu konstruierende Maschine angegeben werden.
Einstieg: An einer Produktionsstraße zur Herstellung von Pappe fallen bei ei-
ner Geschwindigkeit von 90-160 m/min Pappebögen mit der maximalen Abmes-
sung von 3×5 m an. Text S. 75, Abb.2.1.1/32.
Zweck: Auflösen einer Gesamtaufgabe in lösungsfreie Teilaufgaben (logische
WZH).

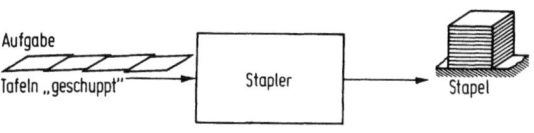

Abb.2.1.1/32. Stapler

Aufgabe 2.1.1/5
Herstellung eines Bilderhakens.
Einstieg: Ein Bilderhaken nach Abb.2.1.1/33. soll aus Endlosband auf einer
Maschine für Massenbiege- und Stanzteile hergestellt werden. Für eine solche
Maschine ist der Funktionsplan aufzustellen. Zu beachten ist die Angabe des
Bezuges der Funktion (V_E: Verknüpfungsglied bezogen auf den Energieumsatz,
V_{st}: Verknüpfungsglied bezogen auf den Stoffumsatz). Text S. 75, Abb.2.1.1/33.
Zweck: Überwinden der Schwierigkeit einen Funktionsplan aufzustellen. Beach-
ten der Bezüge der Funktionselemente.

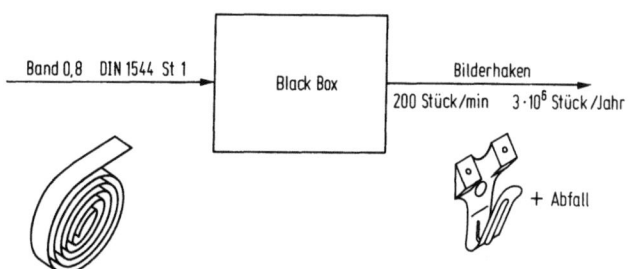

Abb.2.1.1/33. Bilderhaken, geforderter WZH: Aufgabenstellung

Aufgabe 2.1.1/6
Stelle den logischen Schaltplan für eine Bohrvorrichtung nach Abb.2.1.1/34
auf.
Einstieg: In die Bohrvorrichtung werden Metallstücke eingelegt und zum Bohren unter die Bohrvorrichtung eingeschwenkt. Das fertig bearbeitete Teil wird

bei der Bearbeitung des nächsten Teils ausgewechselt. Von einem Zeitplan ausgehend ist eine Tabelle der Signale und der Befehle zusammenzustellen. Text S. 68, Abb.2.1.1/27. und S. 69, Abb.2.1.1/28.
Zweck: Aufstellen eines logischen Programms. Darstellung der logischen Schaltung.

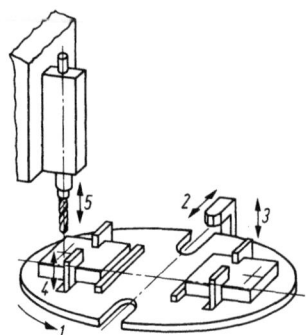

Abb.2.1.1/34. Bohrvorrichtung.
1 schwenkbarer Bohrtisch; 2 Tischarretierung; 3 Spanneinrichtung 1;
4 Spanneinrichtung 2; 5 Spindelvorschub

2.1.2 Festlegen des physikalischen Wirkzusammenhangs

2.1.2.1 Erläuterung dieses Zieles

Die als Aufgabe niedergelegte Forderung an den Konstrukteur wurde lösungsfrei, d.h. ohne Angabe der Ausführungsmöglichkeiten als logischer WZH zwischen Eingang und Ausgang einer Black-Box abgeklärt.

Der Ausgangspunkt für die folgenden Überlegungen ist nun die Feststellung, daß das Erfüllen einer Funktion oder eines Zwecks mittels einer Maschine immer an einen Energie- oder Stoffumsatz, also an ein bestimmtes physikalisches Geschehen gebunden ist. Das gleiche gilt auch für den Signalumsatz.

In der Aufgabe können, wie in Tab.2.1.1/3 erläutert, Forderungen bezüglich des physikalischen Geschehens enthalten sein, die abgeklärt werden müssen. Der logische WZH gibt nur an, wie Eingang und Ausgang über die anzuwendenden physikalischen Mittel miteinander verbunden werden sollen. Nun sind die Eingangs- und Ausgangsgrößen nicht mehr logische Bedingungen, sondern durch physikalische Größen zu ersetzen, die die Funktion erfüllen.

Anhand von Beispielen ist zu zeigen, wie aus einem komplexen physikalischen Geschehen physikalische Effekte abgeleitet werden können, die für die Erfüllung der verschiedenen logischen Funktionen geeignet sind. Dabei wird gezeigt, daß derselbe physikalische Effekt für mehrere logische Funktionen brauchbar ist. Unter physikalischem WZH wird dann ein Effekt verstanden, der eine bestimmte Funktion erfüllt.

2.1 Festlegen der wesentlichen Merkmale 79

Für die Auswahl geeigneter Effekte wird eine Übersicht über die Mannigfaltigkeit der bekannten Effekte gegeben und durch eine Übersicht über die physikalischen Systeme ergänzt, die sich in ähnlicher Weise als WZH verwenden lassen. Alle Überlegungen lassen sich wieder zu einer Vorgehensweise zusammenfassen, die durch die Checklisten für die festzulegenden Merkmale und die Mittel zu ihrer Festlegung ergänzt wird.

2.1.2.2 Leitbeispiele
Drahtziehmaschine
Ziel ist das Festlegen des physikalischen WZH: Verknüpfungsglied Zugkraft-Draht.

Physikalischer Effekt: Die Kraftübertragung kann nur durch Reibung erfolgen (lösbare Verbindung). Dafür stehen zwei Effekte zur Verfügung: die Erzeugung der Reibung zwischen einer Wirkfläche und dem Draht über eine Flächenpressung oder die Erzeugung der Reibung durch Umschlingung. Diese Variante wird dem Leser als Aufgabe gestellt. Abb.2.1.2/1. enthält die quantitativen Angaben für den physikalischen Effekt "Kraftübertragung durch Flächenpressung". Δd entspricht der Durchmesseränderung durch Längung des Drahtes Δl.

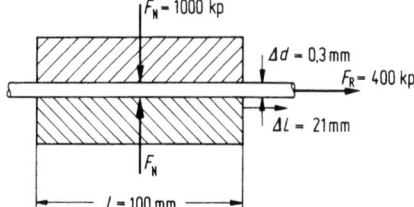

Abb.2.1.2/1. Kraftübertragung durch Flächenpressung

Physikalischer WZH: Der physikalische Effekt "Flächenpressung" soll als Verknüpfungsglied (logischer WZH) verwendet werden. Dabei kann die Anpreßkraft einem Speicher (Federn) entnommen oder aus der Zugkraft durch Umleitung aufgebracht werden. Das Schema des physikalischen WZH bzw. das physikalische Prinzip einer Drahtklemme zeigt Abb.2.1.2/2.

Das Verfahren ist das Verziehen eines Drahtes (St-Umsatz).

Physikalischer Effekt: Der physikalische Effekt ist als Kraft-Dehnungs-Diagramm darstellbar (Abb.2.1.2/3.), das die folgenden Angaben enthält: Ziehkraft, Zerreißkraft, Verstreckung (Durchmesseränderung), Bruchdehnung und Fließzone. Beim Ziehen findet eine Strukturänderung des Materials und damit eine Erhöhung der Festigkeit und eine Verringerung der Dehnung statt. Der physikalische Effekt läßt sich wie nachfolgend beschrieben verwenden.

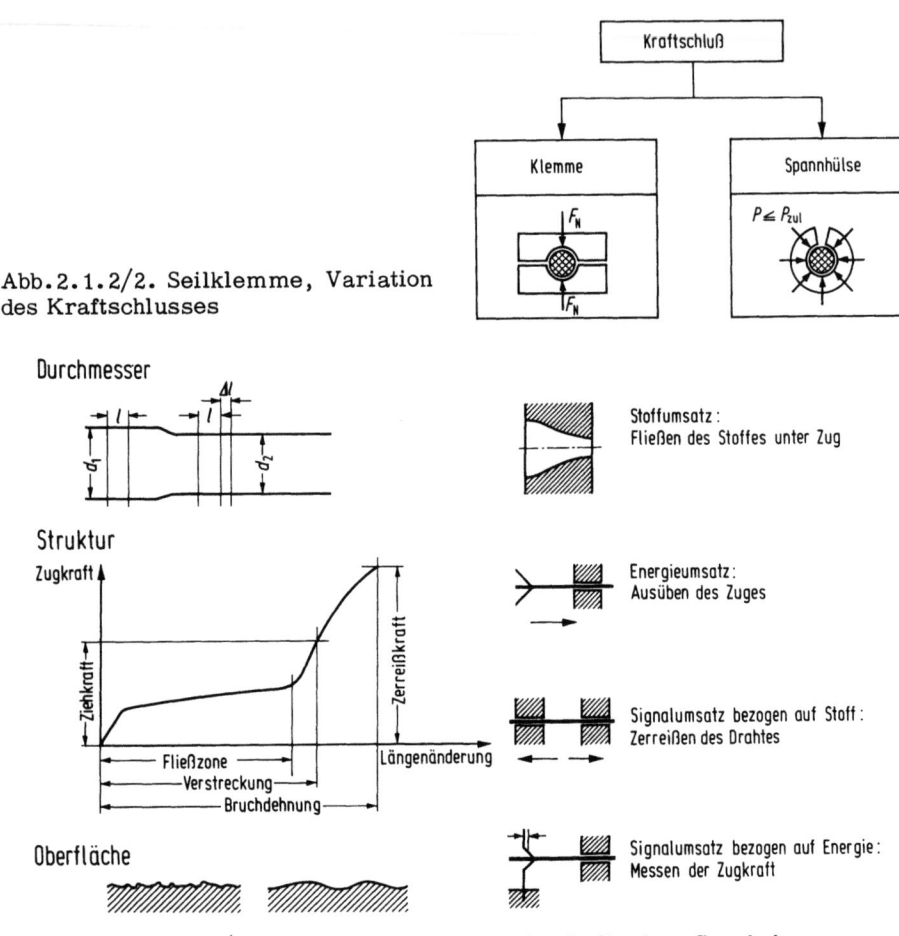

Abb. 2.1.2/2. Seilklemme, Variation des Kraftschlusses

Abb. 2.1.2/3. Drahtziehmaschine, physikalisches Geschehen

Physikalischer WZH: Der physikalische WZH stellt die Anwendung eines Effektes zur Erfüllung einer (logischen) Forderung dar. Damit lassen sich für die Durchführung des Ziehverfahrens die einzelnen Elemente wie folgt angeben:

Stoffumsatz (Abb. 2.1.2/3.):
  logischer WZH: Führung des Materials von einem großen Durchmesser auf einen kleineren;
  physikalischer Effekt: Fließen des Materials;
  physikalischer WZH: Prinzipskizze der Ziehdüse;

2.1 Festlegen der wesentlichen Merkmale

Energieumsatz:
  physikalischer WZH: Drahtklemme;

Signalumsatz bezogen auf den Stoffumsatz:
  logischer WZH: Verknüpfen (mit Meßsystem): Bruchfestigkeit, Bruchdehnung;
  physikalischer Effekt: Längen bis zum Bruch;
  physikalischer WZH: Zerreißen zwischen Klemmen;

Signalumsatz bezogen auf den Energieumsatz:
  logischer WZH: Verknüpfen (mit Meßsystem) Zugkraft;
  physikalischer Effekt: "Biegestab";
  physikalischer WZH: Umwandlung Kraft- in Wegmessung.

	Beanspruchungsart	Physikalische Anordnung		
Normalspannung	Zugbeanspruchung		„Reißen"	A
	Druckbeanspruchung		1. Quetschen 2. drückender Messerschnitt	B
	Druck- und Zugbeanspruchung		mit Gegenwerkzeug	C
			ohne Gegenwerkzeug	D
Schubspannung	Schubbeanspruchung		Scherschnitt	E
Kombination von Normal- und Schubspannung	Zug- und Scherbeanspruchung			F
	Druck- und Scherbeanspruchung		ziehender Messerschnitt mit Gegenwerkzeug	G
	Druck-, Zug-, Scherbeanspruchung		ziehender Messerschnitt ohne Gegenwerkzeug	H

Abb. 2.1.2/4. Mechanische Fasertrennung

Schneidmaschine für Faser
Gegeben: Siehe Seite 40
Der logische WZH und die physikalischen Angaben betreffend die Faser.

Gesucht:
Der physikalische WZH für "Fasertrennen". Aufsuchen der fehlenden Angaben:

Physikalische Effekte:
  mechanische Effekte: Normalspannungen (Zug, Druck, Biegebeanspruchung und Kombinationen); Schubspannungen (Schub, Torsionsbeanspruchungen und Kombinationen);
  thermische Effekte: Erweichen und Verbrennen mit Vorrichtung;
  optische Effekte: Erweichen und Verbrennen mit Laserstrahlen.
  (Andere Effekte geben keine definierte Beanspruchung).

Physikalischer WZH:
  mechanische Effekte verwendet für die Fasertrennung (Abb.2.1.2/4.);
  qualitative Bewertung: gut, mittel, schlecht (Abb.2.1.2/5.);
  Auswahl: ziehender Messerschnitt ohne Gegenwerkzeug.

Alternative	Kriterium	unbedingte Forderungen			bedingte Forderungen						Wert
		Qualität sichere Trennung aller Faserstärken	Quantität	Qualität glatte Trennstelle	kein Verkleben der Trennstelle	kein Faserstaub	Quantität hohe Trenngeschwindigkeit	geringer Kraft- bzw. Energieaufwand			
mechanische Trennverfahren	A	ja		0	+	+	0	−			+1
	B	nein									
	C	ja		−	0	−	0	−			−3
	D	ja		0	0	+	+	−			+1
	E	ja		0	0	+	0	−			0
	F	ja		0	0	+	0	−			0
	G	nein									
	H	ja		+	+	+	+	+			+5

Abb.2.1.2/5. Bewertung der Trennverfahren

Experimentelle Untersuchung des ausgewählten WZH:
  Vorrichtung entsprechend dem physikalischen WZH (Baukastenteile);
  Durchführung von Einzelschnitten;

2.1 Festlegen der wesentlichen Merkmale

Ergebnisse: Bereich der sicheren Fasertrennung (Abb.2.1.2/6.); Einflußgrößen auf die Schnittqualität (Abb.2.1.2/7.);

Deutung der Ergebnisse: Aus der Zahl der benötigten Schnitte pro Minute ergibt sich die Vorschubgeschwindigkeit und daraus die zu wählende Schneidgeschwindigkeit. Zu der Deutung gehört auch noch: Gute Faserenden werden durch Erhöhung der Auflösung des Kabels und durch Erhöhung der Faserspannung erzielt.

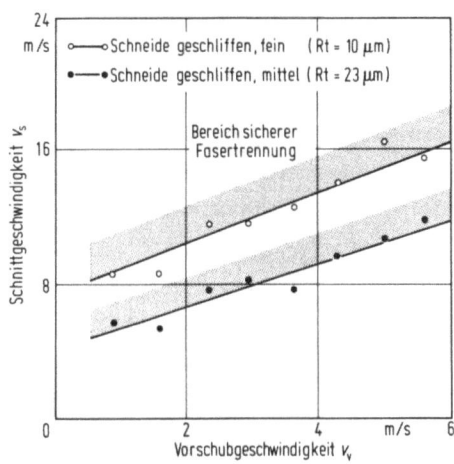

Abb.2.1.2/6. Trennen mit ziehendem Messerschnitt $v_s = f(v_v, Rt)$

Formen der Faserenden- ausbildung / Einflußgrößen	glatt	leicht angefranst	angeschmolzen und nicht verklebt	angeschmolzen und verklebt
Erhöhung der Schneidenschartigkeit (10µm → 40µm)	—	0	0	+
Erhöhung der Auflösung des Faserverbundes (0% → 100%)	+++	— —	0	—
Erhöhung der Faservorspannung (0p → 500p)	+ +	0	— —	+
Erhöhung des Verhältnisses v_s/v_v (2 → 15)	0	+	—	0
Erhöhung des Keilwinkels (15° → 45°)	—	—	+	+

Abb.2.1.2/7. Wesentliche Einflußgrößen auf die Schnittstellenqualität

Der physikalische WZH für "Faserhalten".

Physikalischer Effekt und physikalischer WZH:
  Anordnungen gemäß Abb.2.1.2/8.;
  Auswahl: Umschlingungsreibung in Nadelkamm;
  Gesichtspunkt: Einlage und Entnahme der Faser in einem Kamm kann von derselben Seite erfolgen. Bei der Klemmreibung ist eine zweiseitige Halterung notwendig.

Variations- merkmale			Physikalischer Effekt		Physikalischer WZH	
			Kraft F_H	Gegenkraft $-F_H$		
mechanisch/mechanisch	statisch/statisch		Klemm- reibung	Klemm- reibung		A
			Umschl.- reibung	Umschl.- reibung		B
			Klemm- reibung	Schwerkraft		C
	statisch/dynamisch		Klemm- reibung	Fliehkraft		D
mechanisch/pneumatisch	statisch/dynamisch		Klemm- reibung	dynamische Reibungs- kraft		E

Abb.2.1.2/8. Physikalischer WZH zum Halten der Fasern

Experimentelle Untersuchung des ausgewählten WZH:
  Vorrichtung entsprechend dem physikalischen WZH (Kamm mit eingelegtem Faserzopf, der eine Belastung durch angeklemmte Gewichte erfährt);
  Durchführung der Versuche: statische Messungen;

2.1 Festlegen der wesentlichen Merkmale

Ergebnis: Faserschlupf in Abhängigkeit von der Haltekraft (Abb.2.1.2/9.);
Deutung der Ergebnisse: Es findet eine schnelle Steigerung der Haltekraft bei zunehmendem Schlupf statt. Das bedeutet, daß beim Eindringen des Messers die Faser immer besser gehalten wird.

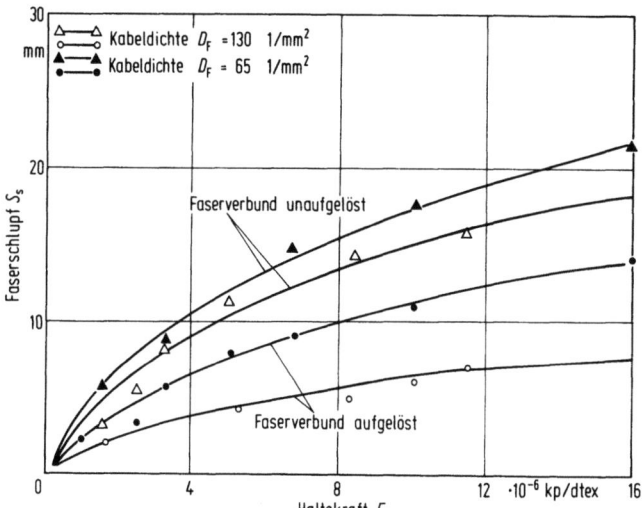

Abb.2.1.2/9. Halten mit Umschlingungsreibung $S_s = f(F_H, D_F, Auflösung)$

Lösung
Skizze des physikalischen WZH Trennen mit Angabe der Vorschub- und Schnittgeschwindigkeit (Abb.2.1.2/4H); Skizze des physikalischen WZH Halten (Abb.2.1.2/8B).

2.1.2.3 Forderungen und festzulegende Merkmale

Für die Darstellung der Forderungen, die von einem physikalischen WZH erfüllt werden sollen, sind Vereinbarungen zu treffen. Die Eingangs- und Ausgangspfeile einer Black Box werden mit E (Energie, St (Stoff) und Si (Signale) gekennzeichnet und für die Pfeile die gewählte Darstellung nach Abb.2.1.2/10.

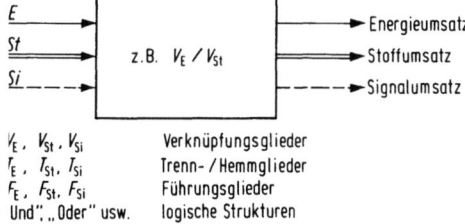

Abb.2.1.2/10. Kennzeichnung der Forderungen für die Festlegung eines physikalischen WZH

benutzt. In die Black Box wird die logische Funktion eingetragen, die durch die gleichen Buchstaben wie oben auf die Produktarten bezogen werden. Das

Beispiel soll also angeben, daß es sich um einen Trennprozeß bezogen auf den Stoffumsatz handelt. Für die entsprechende Maschine ist ein Antrieb (Energieumsatz) vorgesehen.

Welcher Art sind nun die Forderungen, die bei der Festlegung des physikalischen WZH eine Rolle spielen? Es kann sich einmal um die Realisierung logischer Elemente handeln. In diesem Fall ist die Wahl der physikalischen Prinzips frei. Hier wurden bereits bestimmte Techniken entwickelt. Es wird sich zeigen, daß bestimmte Eigenschaften physikalischer Effekte sie für die Ausführung logischer Elemente geeignet machen (z.B. Fluidik, Elektronik).

Zusätzliche physikalische Forderungen lassen sich einfach durch Angabe der physikalischen Größen an den Ein- und Ausgängen einer Black Box näher kennzeichnen. Häufig vorkommende Typen haben im technischen Sprachgebrauch bestimmte Namen, die man noch zusätzlich anführen kann [69, 136]. Sie bringen die physikalische Forderung - wenn auch nicht einheitlich für die Technik - zum Ausdruck. Hier fehlen Normen, zumal die bereits häufig verwendeten Bezeichnungen im Bereich des Signalumsatzes und Energieumsatzes durch solche des Stoffumsatzes ergänzt werden müßten. Abb.2.1.2/11. zeigt eine

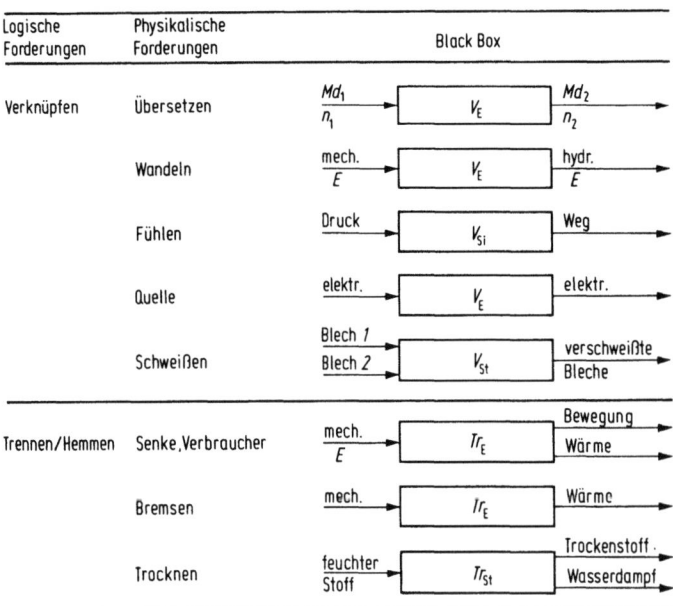

Abb.2.1.2/11. Logische und physikalische Forderungen bezüglich der Festlegung eines physikalischen WZH, Eingangs-/Ausgangsgrößen

Reihe von Beispielen. Hierher gehören auch Angaben über die Einhaltung von Zustandsbedingungen, z.B. Temperaturen, Drücken und deren Veränderung

2.1 Festlegen der wesentlichen Merkmale

mit der Zeit. Die gestellten Forderungen ergeben unterschiedliche Aufgabenstrukturen, je nachdem was vorgegeben und was gesucht wird. Das zeigt Tab. 2.1.2/1. mit Beispielen aus dem Stoffumsatz.

Weitere physikalische Forderungen können die funktionale Abhängigkeit hier im mathematischen Sinne zwischen Eingang und Ausgang der Black Box betref-

Tabelle 2.1.2/1. Aufgabenarten

Eingangsgrößen	Übergang	Ausgangsgrößen	Beispiel
gegeben	gesucht	gegeben	Stranggußanlage
gesucht	gesucht	gegeben	Rohmaterial für wirtschaftlichste Fertigung Fertigungsanlage
gegeben	gesucht	gesucht	Ausgangsprodukte für breite Anwendung Entsprechende Produktionsanlage

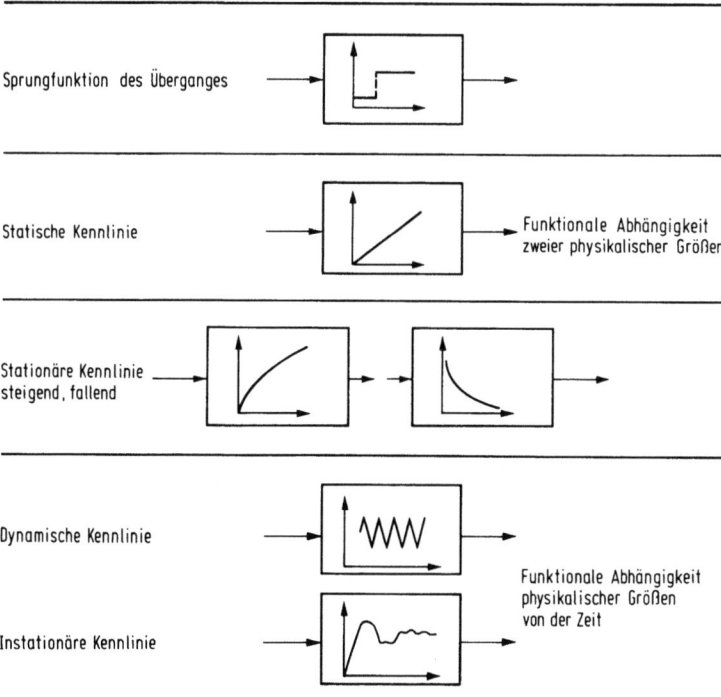

Abb. 2.1.2/12. Logische und physikalische Forderungen bezüglich der Festlegung des physikalischen WZH, Kennlinien

fen. Diese Forderungen können durch Eintragen der gewünschten Kennlinien in die Black Box festgelegt werden, wie das in Abb.2.1.2/12. geschehen ist. Die Kennlinien können sich einmal auf den Übergang von der Eingangs- zur Ausgangsgröße oder auf das Zeitverhalten beziehen. Demnach sind die festzulegenden Merkmale eines physikalischen WZH bei gegebener Aufgabe, die Umsatzart, die Aufgabenart, die Eingangs- und Ausgangsgrößen, die Übergangskennlinien und das Zeitverhalten.

2.1.2.4 Erfüllung der Forderungen durch einen physikalischen Wirkzusammenhang

Mittel zur Erfüllung der Forderungen

Physikalische Effekte

Zusammenhang der Einflußgrößen: An dem Beispiel einer mechanischen Trennfläche soll dargestellt werden, daß das physikalische Geschehen an einem Flächenpaar von einem komplexen System von Einflußgrößen bestimmt wird [27, 2]. Die Einflußgrößen sind in der Tab.2.1.2/2. aufgelistet. Es handelt sich einmal um die geometrischen Einflußgrößen und die Einflußgrößen der Oberfläche der beiden Trennflächen, die sich berühren, die physikalischen, sowie die unvermeidlichen chemischen Einflußgrößen. Auch von der Umgebung her werden Einflüsse ausgeübt, wenn z.B. die Trennfläche sich unter Wasser befindet oder bestimmten Temperaturen ausgesetzt ist.

An einer solchen Trennfläche findet eine ganze Reihe von Vorgängen statt, die für den Energieumsatz eine Rolle spielen, d.h. bei der Kraftübertragung statischer oder dynamischer Kräfte. Unter Last können sie auch Relativbewegungen zueinander ausführen. Bei solchen Vorgängen findet ein Stoffumsatz statt, wie etwa das Verschleißen oder andere Vorgänge, die zu einer Abnutzung der beiden Trennflächen führen. Nur beim Reibschweißen kann der Stoffumsatz an Trennflächen für den physikalischen WZH einer Maschine verwendet werden. Die Untersuchungen des physikalischen Systems "Trennfläche" sind ein Teilgebiet der Ingenieurphysik, und zwar der Tribologie. Will man die Einflußgrößen an einer Trennfläche für technische Zwecke verwendbar machen, so muß man die wichtigen Einflußgrößen für einen interessierenden Vorgang herausgreifen und den Zusammenhang dieser Haupteinflußgrößen feststellen [136]. Das ist im Falle der Trennfläche z.B. das Coulombsche Reibungsgesetz $F_R = \mu F_N$ und/oder für zwei Zylinder mit dem Radius r und der Länge l die Hertzsche Pressung $p = C\sqrt{FE/rl}$. Die übrigen Nebeneinflußgrößen an den Trennflächen sind zu unterdrücken. Beispiele dafür zeigt Tab.2.1.2/3. Das kann bei relativ bewegten Trennflächen durch Wahl der Werkstoffpaarung, Wahl

2.1 Festlegen der wesentlichen Merkmale

Tabelle 2.1.2/2. Einflußgrößen und Vorgänge an einer Trennfläche

---

Geometrische Einflußgrößen

   Fläche: Lage, Größe, Form
   Körper: frei, umschlossen, Kontakt ohne/mit Zwischenschicht
   Oberfläche: Rauhigkeit, Welligkeit

Oberflächen-Einflußgrößen

   Grundwerkstoff
   kaltverformte Schicht
   Oxydschicht
   Diffusionsschicht (Inchromierung)
   Überzüge
   Verunreinigungen

Physikalische Einflußgrößen

   Beanspruchungen:

     Körper, Kanten, Kerben: Normalspannungen (Höhe, Verteilung), Tangentialspannungen
     Oberfläche: elastische und plastische Mikrodeformation
     Fuge gesamt: Elastizität, Steife
   mechanische Einflußgrößen: Reibung
   thermische Einflußgrößen: Temperaturverteilung, Wärmeleitung, Wärmekapazität, Wärmedehnung
   Einflußgrößen an Grenzflächen/Wechselwirkungen: Adsorption, Absorption, Diffusion
   chemische Einflußgrößen: Oxydation, Korrosion (galvanisch, chemisch), Katalyse
   Umgebung: Medium (Luft, Wasser,...), Zustand (Druck, Temperatur,...)

Energieumsatz an einer Trennfläche

   relative Ruhe,
   relative Bewegung (Gleiten, Wälzen, Bohren),
   Kraftübertragung (statische Kräfte, dynamische Kräfte)

Stoffumsatz an einer Trennfläche

   Einlaufen, Verschleißen, Fressen, Reibschweißen, Abtragen durch Fremdstoffe, Grübchenbildung durch Wechselbeanspruchung, Reiboxydation (Passungsrost), chemische Korrosion

---

eines Schmierstoffes, bei relativ ruhenden Flächen durch Wahl von Zwischenschichten bzw. Wahl einer Wärmeausdehnungsmöglichkeit geschehen.

Die Restgrößen sind in der Schwankungsbreite der Angaben der Koeffizienten, z.B. des Reibungsgesetzes, enthalten, die im Verhältnis 1:2 bis 1:5 schwanken [25]. Sie müssen als Störgrößen in Kauf genommen werden. Als ein physikalisches Gesetz und damit als ein physikalischer Effekt an einer Trennfläche gilt das Coulombsche Reibungsgesetz, das - wie wir später sehen werden - für die Realisierung eines physikalischen WZH häufig verwendet wird.

Tabelle 2.1.2/3. Unterdrücken einer Reihe von Einflüssen an einer Trennfläche durch:

Wahl der Werkstoffpaarung	Stahl auf Stahl: hart auf hart
	Zahnradstahl: Zementstahl verschleißfest
	Kugelstahl: Puddeleisen haltbarer als Elektrostahl
	Zinnbronze/Stahl: Vermeiden von Spuren von Phosphor > 0,02% (Verschleiß)
Wahl eines Schmierstoffes	Fett, Öl
	Additive
Wahl von Zwischenschichten	Bleifolien (Erhöhung der Steife vom Fugen)
Wahl einer Wärmeausdehnungsmöglichkeit	

Noch ein weiteres, ein hydraulisches Beispiel soll wie das mechanische Beispiel zeigen, daß eigentlich überall das physikalische Geschehen wesentlich komplexer ist, als es in den physikalischen Gesetzen seinen Niederschlag findet [113]. Auch bei der Laminarströmung handelt es sich um einen Vorgang mit einer großen Zahl von Einflußgrößen, die in Tab.2.1.2/4. zusammengestellt sind. Hier sind es die Flüssigkeiten und ihre Eigenschaften, die die Nebeneinflüsse bedingen. Dazu gehören beispielsweise pastöse Eigenschaften wie

Tabelle 2.1.2/4. Einflußgrößen der laminaren Strömung

Geometrie der Anordnung

Strömung Fluid

    Relativgeschwindigkeit Wand/Fluid
    Wandhaften
    Schubspannungen
    Temperatur und Temperaturverteilung
    Einlaufströmung
    Nebenströmungen
    Bildung von Totzonen
    Randbedingungen (z.B. Einziehen von Luft)

Stoffeigenschaften Fluid

    Zähigkeit
    Strukturviskosität
    Relaxationseigenschaften
    pastöse Eigenschaften
    Zusammensetzung (z.B. Blut)
    Zugaben (Weichmacher, Gleitmittel, Stabilisatoren)

2.1 Festlegen der wesentlichen Merkmale

die von keramischen Massen, eine uneinheitliche Zusammensetzung, wie die z.B. von Blut oder Zugaben zu einem Produkt, wie Weichmacher, Stabilisatoren und Gleitmittel bei Kunststoffen.

Mit Hilfe von Farbzugaben kann man feststellen, daß in hochzähen Flüssigkeiten Nebenströmungen auftreten und Totzonen gebildet werden. Auch Einflüsse wie die Randbedingungen stören das physikalische Geschehen an Kalanderwalzen, etwa durch Einziehen von Luft oder begrenztes Wandhaften. Die Abklärung dieser Zusammenhänge ist ein Teilgebiet der Physik, das mit Rheologie bezeichnet wird.

Die Haupteinflußgrößen der zähen Laminarströmung werden durch den Newtonschen Ansatz $\tau_{xy} = \eta\, dv_x/dy$ miteinander verknüpft. Dieser Ansatz ist nur für bestimmte Randbedingungen, entsprechend den Anordnungen nach Abb.2.1.2/13. mit verhältnismäßig einfachen geometrischen Randbedingungen, integrierbar. Für die Kapillare lautet dann das physikalische Gesetz $\eta = (\Delta p/Q)(r^4/l)C$. Für die Berücksichtigung der Nebeneinflußgrößen werden an der Gleichung Korrekturen angebracht. Die Messung wird zur Bestimmung der Schubspannungsabhängigkeit einer Flüssigkeit bei verschiedenen Geschwindigkeiten der Wirkflächen durchgeführt. Die Verwendung dieses physikalischen Effekts wird später ausführlich dargestellt.

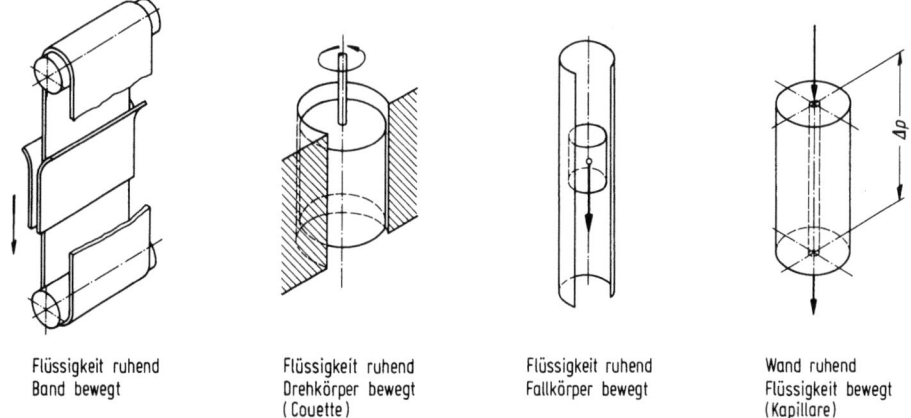

Flüssigkeit ruhend
Band bewegt

Flüssigkeit ruhend
Drehkörper bewegt
(Couette)

Flüssigkeit ruhend
Fallkörper bewegt

Wand ruhend
Flüssigkeit bewegt
(Kapillare)

Abb.2.1.2/13. Variation der Randbedingungen der Wirkflächen von Viskosimetern

In Tab.2.1.2/5. sind noch einige weitere Beispiele für ein ähnlich kompliziertes physikalisches Geschehen zusammengestellt.

Sog. "Erfahrungen" sind auf physikalische Vorgänge zurückzuführen. Für ein "Es geht" oder "Es geht nicht", "Es läuft gut" oder "Es läuft schlecht" las-

Tabelle 2.1.2/5. Beispiele für kompliziertes physikalisches Geschehen

Mechanische Vorgänge	Zerkleinerung	Thermische Vorgänge	Temperaturverteilung in Kolben
Hydraulische Vorgänge	Strömung von plastischen Massen	Optische Vorgänge	Lichteinfall an Linsenoberfläche
Elektrische Vorgänge	galvanische Korrosion	Chemische Vorgänge	Katalysatoren

sen sich immer physikalische Gründe angeben. Sicher ist es manchmal nicht einfach, wenn die Zahl der Einflußgrößen sehr groß ist. So konnten für die Fabrikation von Perlonseide 860 Einflußgrößen benannt werden. Dann wird man erst von Einflußgrößengruppen ausgehen, wenn man nach der Ursache für bestimmte Vorgänge suchen muß. Oft verschwindet auch die "Wirkung" in der Streuung der Meßwerte (im "weißen Rauschen"). Dann sind z.B. Korrelationsverfahren für die Auswertung der Messungen anzuwenden. In Tab.2.1.2/6. ist

Tabelle 2.1.2/6. Erfahrung als physikalisches Geschehen

Erfahrung	Physikalisches Geschehen (Beispiele)
Gleiten ohne Klemmen	Reibungswinkel berücksichtigt
Laufen hart auf hart geschliffen	Deformation und Fressen vermeiden
Scheren von Gußstahlnadeln	Scherung ohne Biegung (Scherstifte)
Gießen ohne Lunker	Berücksichtigung: Abkühlungsverlauf, Nachfließen von Schmelzen, Schrumpf
undichter Flansch	unebene Dichtfläche
undichte Spritzringdichtung	Benetzung
Schmutzpartikel an Seide	statische Aufladung im Raum
Staub und Keime in klimatisierten Räumen	Wäscherkammer nicht ausreichend (staubdichter Filterkarton)
Durchbrennen von elektrischen Heizrohren	zu hohe Flächenbelastung für Diphyl (Heizmittel)
Materialstau/-brüche	Auseinanderlaufen von Asynchronmotoren bei Netzspannungsschwankungen
Anlagen-/Maschinenvergleich	
"läuft besser"	Laufzeit, Zustand
"größere Menge"	Überlastung Getriebe, Ausfall elektrischer Schalter
"besseres Produkt"	geringere Störeinflüsse

2.1 Festlegen der wesentlichen Merkmale

eine Reihe einfacher Beispiele für Erfahrungen und ihre physikalischen Ursachen angegeben.

Für die Festlegung des physikalischen WZH muß der Konstrukteur die zur Verfügung stehenden physikalischen Effekte oder Gesetze übersehen, die nachfolgend sowohl in Tabellen wie in Bildern zusammengestellt sind [112, 69, 115]. Tab.2.1.2/7. enthält alle mechanischen Effekte, die für den Maschinenbau von Bedeutung sind. Es ist eine erstaunlich geringe Zahl von Effekten, die praktisch in allen Maschinen Verwendung finden.

Tabelle 2.1.2/7. Mechanische Effekte

Körper	Undurchdringlichkeit	Bewegungen	Translation
			Rotation
Statische Kräfte	Schwerkraft	Zusammensetzen von Kräften	Parallelogramm der Kräfte
	Reibungskraft		
	Deformationskräfte		
Dynamische Kräfte	Trägheitskraft	Übersetzen von Kräften	Hebelgesetz
	Zentrifugalkraft		
	Impulskraft		
	Corioliskraft		
		Zusammensetzen von Bewegungen	Superposition

Diese Effekte lassen sich noch weiterhin detaillieren, wie Tab.2.1.2/8. zeigt, in der die Effekte zusammengestellt sind, die auf einer mechanischen Deformation beruhen. Je nach der Beanspruchungsart wie Zug, Druck, Biegung usw. ergeben sich verschiedene Effekte bzw. Gesetze. Abb.2.1.2/14 zeigt Effekte des Energieumsatzes und der ähnlichen mechanischen, hydraulischen und elektrischen Effekte. Bei der konstruktiven Verwendung dieser

Tabelle 2.1.2/8. Mechanische Deformation entsprechend der Beanspruchung

Zug ⎫		Kontraktion ⎫	
Druck ⎪		plastische Deformation ⎪	bleibende
Biegung ⎬	elastische	Fliessen (Bruch) ⎬	Deformation
Knickung ⎪	Deformation	Kriechen ⎭	
Schub ⎪			
Torsion ⎭			

Effekte kann es vorteilhaft sein, sie auszutauschen. In Tab.2.1.2/9. sind Beispiele für Effekte des Energieumsatzes dargestellt, mit denen ein Übergang von einer Energieart in eine andere bewirkt werden kann. Von dieser Möglichkeit wird vor allen Dingen in der Meßtechnik Gebrauch gemacht. Auch eine Ordnung nach statischen und dynamischen physikalischen Effekten läßt einige

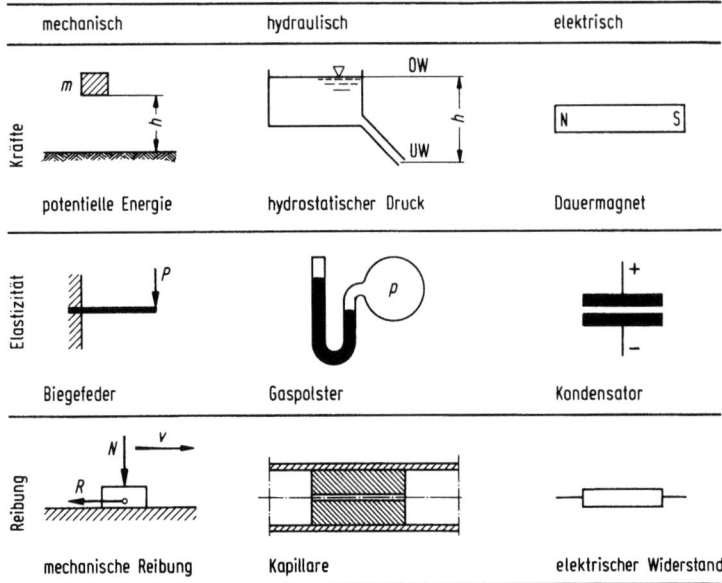

Abb.2.1.2/14. Ähnliche physikalische Effekte (Energieumsatz)

Tabelle 2.1.2/9. Physikalische Effekte des Energieumsatzes (Beispiele). Übergang von einer Energieart in eine andere

mech./hydr.	Kolbendruck
mech./elektr.	Piezoquarz
mech./therm.	Reibungswärme
hydr./mech.	Umlenkung (Flügel)
hydr./elektr.	leitfähige Flüssigkeit
hydr./therm.	wärmetransportierende Flüssigkeit
elektr./mech.	Magnetostriktion
elektr./hydr.	Entladung in Flüssigkeit
elektr./therm.	elektr. Heizung

2.1 Festlegen der wesentlichen Merkmale   95

wichtige Möglichkeiten für die Realisierung physikalischer WZH erkennen
(Abb.2.1.2/15.).

Um nur ein Beispiel herauszugreifen, wird der dynamische Effekt der selbsttätigen Einstellung einer rotierenden Masse in die freie Achse bei der Befestigung von Zwirnspulen auf Zwirnspindeln, die mit 2000 bis 10 000 U/min umlaufen, berücksichtigt. Die Spulen weisen durch die Bewicklung unvermeidbare Unwuchten auf. Man kann die Spindellager schonen, wenn man eine freie Einstellung der Spule in der Befestigung vorsieht.

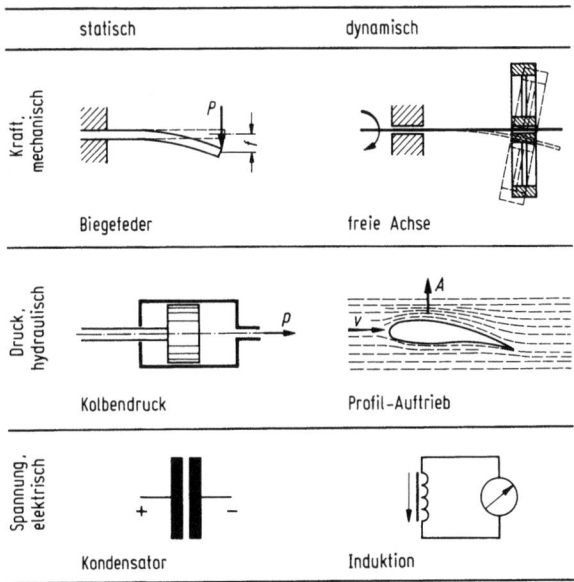

Abb.2.1.2/15. Statische und dynamische physikalische Effekte

Abb.2.1.2/16. enthält physikalische Effekte mit der gleichen Wirkgröße,
d.h. mit gleichen mechanischen, thermischen oder elektrischen Wirkungen,
die ihrerseits wieder mechanisch, hydraulisch oder elektrisch erzeugt werden.
Die meisten Beispiele sind bekannt. Eine interessante Anwendung des Piezoquarzes ist der Tonabnehmer an Plattenspielgeräten oder der mechanische Kräfte erzeugende Piezoquarz zur Verringerung des Slip-stick-Effektes bei Feineinstellungen von Feinwerken. Abb.2.1.2/17. zeigt eine Reihe richtungsabhängiger Effekte.

Von den Beispielen für physikalische Effekte des Stoffumsatzes
(Abb.2.1.2/18.) soll die Überturbulenz in einem S-förmig gebogenen Rohr erwähnt werden, mit dem sich ein außerordentlich hoher Durchmischungsgrad

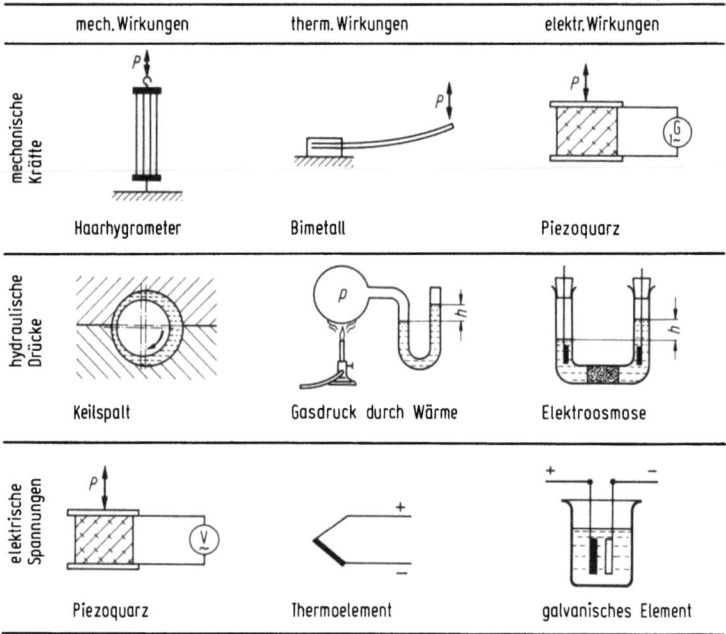

Abb.2.1.2/16. Physikalische Effekte mit gleicher Wirkgröße

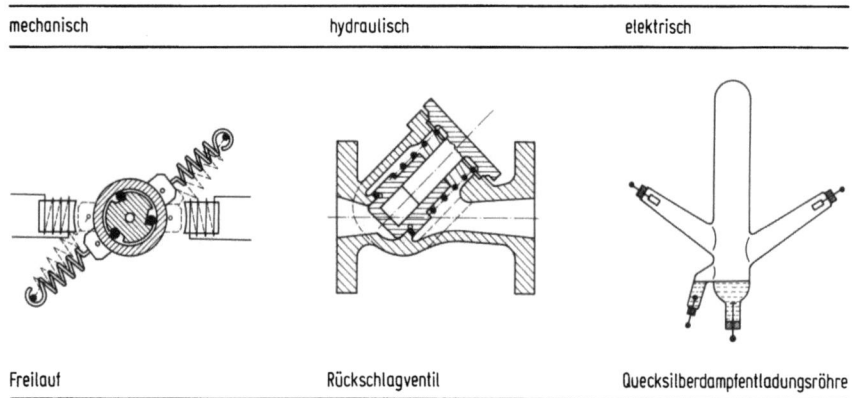

Abb.2.1.2/17. Selbststeuernde Sperrungen

erzielen läßt. Wichtig sind auch im technischen Bereich die elektrostatischen Effekte, wie die elektrische Aufladung von Filmen, Folien und Seide auf Walzen. Ein ausgefallenes Beispiel ist das Entkringeln von Cordseide mittels dielektrischer Heizung [108].

Man hat die physikalischen Effekte auch schon zu Tabellen in Form von Lösungskatalogen zusammengestellt [69, 136]. Für das Gewinnen einer Gesamtübersicht sind sie besonders wertvoll.

2.1 Festlegen der wesentlichen Merkmale

Kennlinien der Effekte: Entsprechend den verschiedenen physikalischen Gesetzen weisen die Effekte bestimmte Übergangskennlinien auf (Abb.2.1.2/19.), die für die Realisierung des logischen WZH eine wichtige Rolle spielen können.

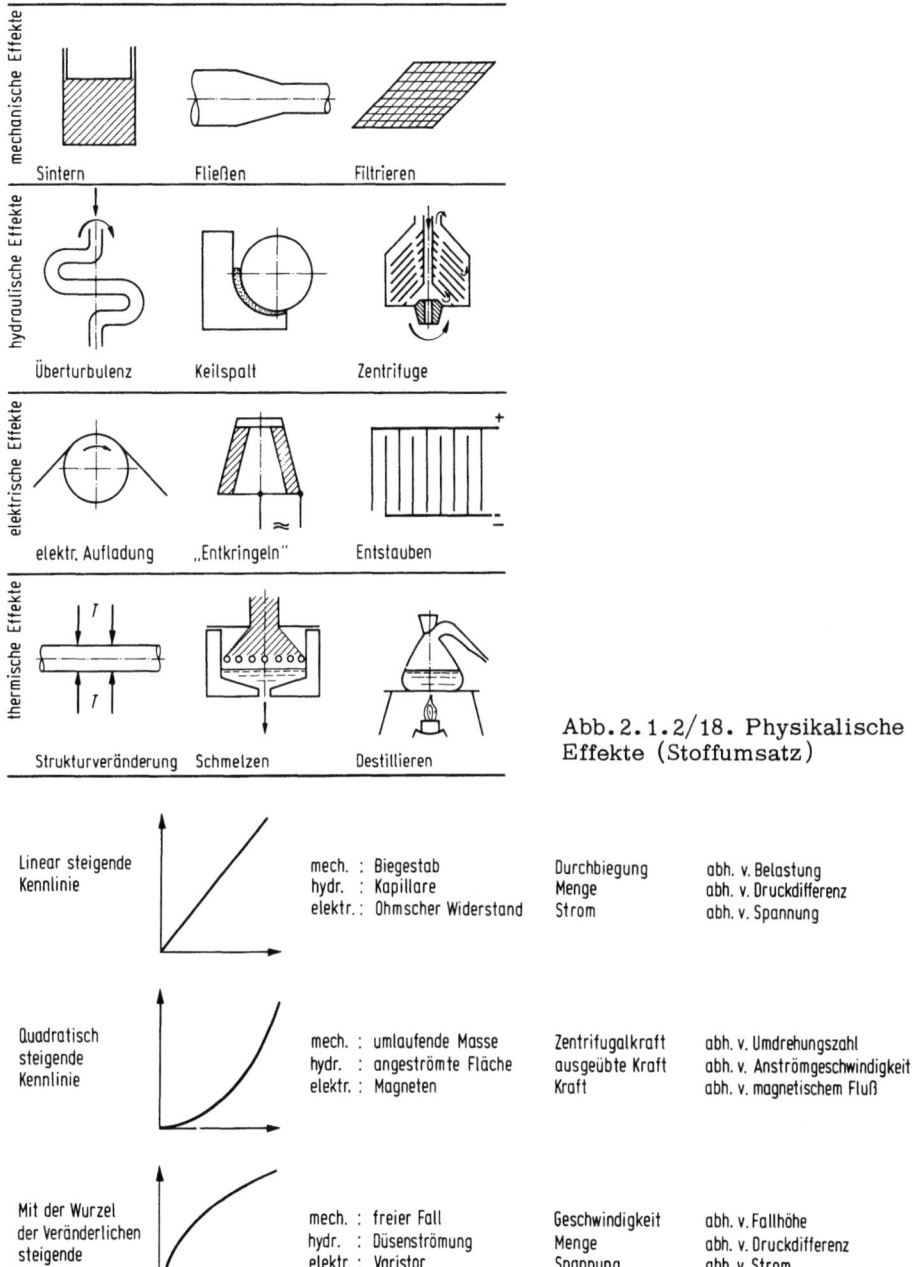

Abb.2.1.2/18. Physikalische Effekte (Stoffumsatz)

Abb.2.1.2/19. Kennlinien physikalischer Effekte

Tab.2.1.2/10. zeigt Beispiele für linear schwach und stark fallende Kennlinien, Kennlinien mit Wendepunkten und Sprüngen, Kennlinien mit Hystereseschleifen, Sättigungspunkten und Haltepunkten sowie bistabile Kennlinien. Die physikalischen Kennlinien lassen sich durch Wahl der Stoffeigenschaften, der geometrischen Daten, der physikalischen Anordnung und durch die Wahl der Randbedingungen weitgehend beeinflussen.

Tabelle 2.1.2/10. Kennlinien physikalischer Effekte

Kennlinie	Beispiele
Linear schwach fallend	Riementrieb
	Zahnradpumpe
	Gleichstromnebenschlußmotor
Stark fallend	Zentrifugalpumpe
	Gleichstromhauptschlußmotor
Mit "Konstantteil"	Kritische Blendenströmung
	magnetischer Fluß (Sättigung)
	Siedepunkt/Schmelzpunkt
	Überlauf
	Zenerdiode
Mit Wendepunkten	Tellerfeder
	Tunneldiode
Mit Hystereseschleifen	mechanische Beanspruchung
	magnetischer Fluß
Mit Sprüngen	Haft-/Gleitreibung
	laminare/turbulente Strömung
	Glimmlampenspannung

Weiterhin lassen sich Effekte durch Schaltungen verändern. Bekannte Beispiele sind die Parallelschaltung von galvanischen Elementen zur Erzielung eines stärkeren Stroms, wie die Hintereinanderschaltung zur Erzielung einer höheren Spannung. Ähnliche Wirkungen treten beim Wickeln von Drähten und Bahnen auf Dornen auf. Das gleiche ist der Fall bei der Hintereinanderschaltung von Druckstufen einer Kompressionsanlage, den Gefällestufen einer Dampfturbine oder den Böden einer Destillationskolonne.

2.1 Festlegen der wesentlichen Merkmale

Ein großer Teil der Kennlinien des Stoffumsatzes ist nicht durch theoretisch begründete physikalische Gesetze gekennzeichnet. Die Zusammenhänge dieser Einflußgrößen werden empirisch gewonnen, entweder durch Experimente an Apparaturen, an fertigen Maschinen oder sogar an ganzen Anlagen. Eigentlich sind alle Ist-Kennlinien, die Nebeneinflußgrößen enthalten, solche empirischen Kennlinien. Zu den empirischen Kennlinien gehören alle Vorgänge, bei denen einer Stellgröße an einer Maschine die Änderung einer Produkteigenschaft folgt. Tab. 2.1.2/11. zeigt eine Serie von Beispielen. Aufgrund solcher empirischer Zusammenhänge werden Fabrikationen mit großen Umsätzen durchgeführt.

Tabelle 2.1.2/11. Empirische physikalische Effekte

Stellgröße	Folgegröße
Düsendurchmesser	Durchmesser Kunststoffdraht (elastische Aufweitung)
Rührzeit	Farbverteilung
Brennzeit	Ziegelqualität
Temperatur Heizschrank	Qualität Lötverbindung
Netzspannungsschwankung	Drehzahlschwankung Asynchronmotor
Werkzeugwechsel } Spantiefe	Werkstücktoleranz
Zahl der Tauchlackierungen	Lackschichtdicke
Maschendichte Gewebe	Luftdurchlässigkeit
Kugelmühlen { Drehzahl, Mahlzeit	Korngrößenverteilung

Physikalische Systeme

In ähnlicher Weise wie die physikalischen Effekte finden physikalische Systeme bei der Festlegung eines physikalischen WZH Verwendung. Zu unterscheiden sind Energie- und Stoffsysteme, für die die Erhaltungssätze gelten.

Energiesysteme: Bei ihnen sind Speicher für potentielle Energie ($E = Gh$) oder Deformationsspeicher und Speicher für kinetische Energie ($E = (m/2)v^2$) zu unterscheiden. Die Systeme können sich in Ruhe oder in Bewegung befinden. Abb.2.1.2/20. zeigt die drei grundsätzlichen Ruhelagen [35]. Während die Schwinglage und die Kipplage dem stabilen bzw. dem labilen Gleichgewicht entsprechen, ist die Schlaglage näher zu erläutern. Sie kommt bei einer außerordentlich großen Zahl von technischen Anwendungen besonders bei billigen Meßgeräten vor, bei denen durch einen Anschlag der Nullpunkt festgelegt wird. Aber auch bei einer Vielzahl von Schaltern wird diese Ruhelage verwendet, die - wie das hydraulische Beispiel zeigt - als Standrohr ebenfalls meßtechnisch Verwendung findet. Die schwingende Säule und der Heber sind die entsprechenden hydraulischen Beispiele für die Schwing- und Kipplage, die auch elektrisch darstellbar sind.

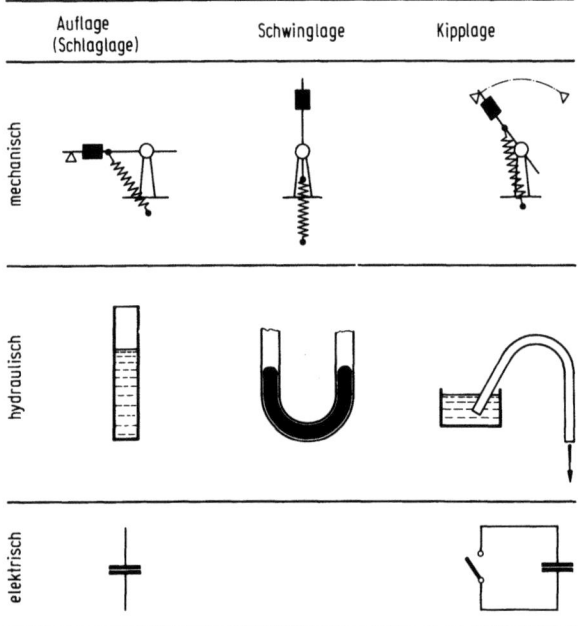

Abb.2.1.2/20. Physikalische Systeme: Ruhelagen in einem ruhenden Bezugssystem

Diese Ruhelagen gibt es auch in einem bewegten Bezugsystem (Abb. 2.1.2/21.) [95]. Die Schwinglage wird beispielsweise zur Messung der Umdrehungszahl verwendet. Die Kipplage ergibt sich, wenn die Massen auf der Führung mit einer Feder mit linearem Kraftgesetz gehalten werden. Der Kipplage entspricht dann eine ganz bestimmte Drehzahl. Auch hierfür lassen sich hydraulische Beispiele angeben.

Außer den Systemen, die sich in Ruhe befinden, gibt es entsprechende Systeme, die sich in Bewegung befinden (Abb.2.1.2/22.), wie das Schlagsystem, bei dem potentielle in kinetische Energie, das Schwingsystem, bei dem laufend potentielle in kinetische und zurück in potentielle Energie verwandelt wird. Beim Kippsystem wird potentielle Energie bis zu einem bestimmten Niveau gespeichert und dann in kinetische Energie verwandelt, wie das in Abb.2.1.2/22. dargestellt ist.

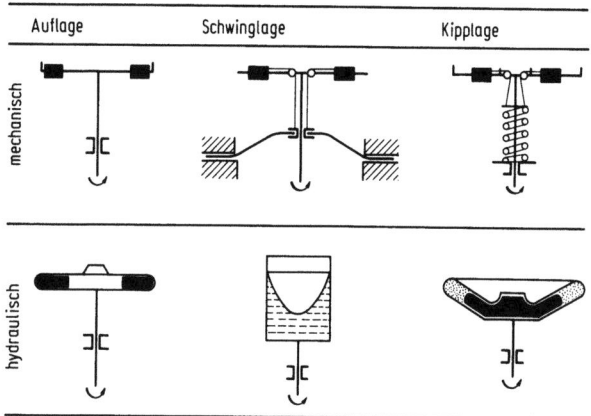

Abb. 2.1.2/21. Physikalische Systeme: Ruhelagen in einem bewegten Bezugssystem

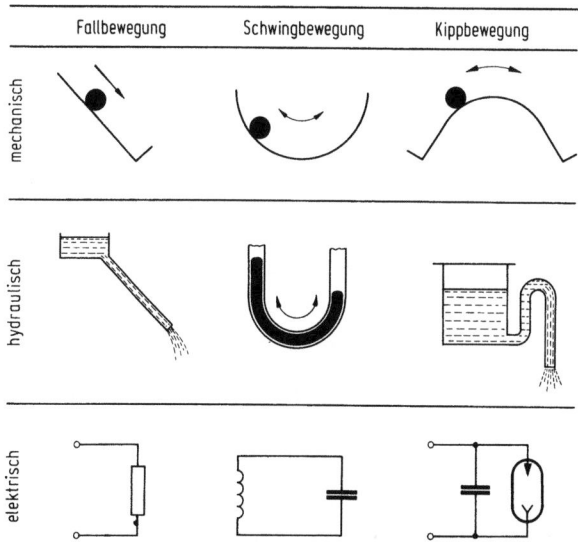

Abb. 2.1.2/22. Physikalische Systeme: Bewegtes System in einem ruhenden Bezugssystem

In gleicher Weise wirken die hydraulischen und elektrischen Beispiele. Dem Heber des hydraulischen Beispiels entspricht ein Gasentladungsrohr im elektrischen Kreis bei der gleichen Funktion. Bewegte Systeme gibt es auch in bewegten Bezugssystemen, wie Abb.2.1.2/23. beispielhaft zeigt. Natürlich können auch mehrere System miteinander in Verbindung gebracht werden, etwa gekoppelte Schwingsysteme oder zusammenstoßende Systeme, für die später Anwendungsbeispiele gezeigt werden.

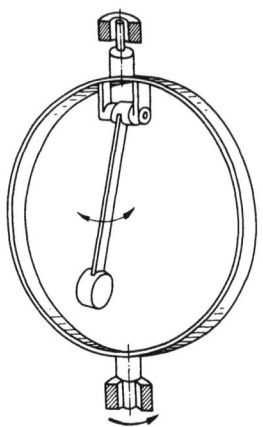

Abb.2.1.2/23. Physikalische Systeme:
Bewegtes System in einem bewegten Bezugssystem

Das besondere Charakteristikum der physikalischen Systeme ist ihr Zeitverhalten. Alle Vorgänge in physikalischen Systemen sind zeitabhängig. Das trifft sowohl für die Veränderung von einer Ruhelage in eine andere als auch für die Veränderung des Bewegungszustandes eines Systems, wie das Entladen oder Laden eines statischen oder dynamischen Speichers, zu. Außerdem wirken im gleichen Sinn von außen aufgeprägte Einflüsse.

Stoffsysteme: Stoffsysteme lassen sich durch die Zahl der Stoffe, die zusammengebracht werden, ihren Aggregatzustand und die Konzentration charakterisieren. Die physikalischen Vorgänge laufen meist bei einem physikalischen oder chemischen Gleichgewicht ab. Der molekulare Umsatz ist abhängig von den Konzentrationsverhältnissen. Die Prozesse können endotherm oder exotherm vor sich gehen. Dabei spielt die Stoffbewegung bezüglich des molekularen Austausches eine entscheidende Rolle. Bei Fluiden sind Diffusionsströmungen, besonders auch bei Phasengrenzen in laminaren oder turbulenten Transportströmungen, bestimmend für Verweilzeit und Durchsatz.

Zur Aufrechterhaltung eines Prozesses sind die Zustandsbedingungen wie Druck, Temperatur und Durchmischung meist konstantzuhalten. Die Wärmeübertragung ist für viele Prozesse eine bestimmende Einflußgröße. Über diese Stoffsysteme konnte hier nur eine grobe Übersicht gegeben werden [100, 109].

2.1 Festlegen der wesentlichen Merkmale

Festlegen des physikalischen Wirkzusammenhangs

Der physikalische WZH wird entweder für einen allein gegebenen logischen WZH oder für einen gegebenen logischen WZH unter gleichzeitiger Berücksichtigung physikalischer Forderungen gesucht. Der erstgenannte Fall beinhaltet, daß die logischen Grundelemente oder die aus ihnen abgeleiteten Logikelemente nach den gegebenen physikalischen Möglichkeiten realisiert werden sollen.

Ein physikalischer WZH zwischen Eingang und Ausgang einer Black Box wird dadurch hergestellt, daß ein physikalischer Effekt oder ein physikalisches System mit einem Eingang und einem Ausgang versehen wird unter gleichzeitiger Erfüllung einer der Grundfunktionen. Dies wird im folgenden auseinandergesetzt.

Logikelemente

Die in Tab.2.1.2/12. angegebenen bistabilen physikalischen Effekte werden für Grundfunktionen, d.h. Verknüpfungs-(Meß-) oder richtungsabhängige Trennglieder verwendet und erfüllen damit logische Grundfunktionen. Dazu gehört z.B. der Scherstift, der bei Überbeanspruchung bricht, genauso wie die Berst-

Tabelle 2.1.2/12. Bistabile Effekte

Einmalig verwendbare Trenn- (T) oder Verknüpfungsglieder (V)	
Bruch, Scherstift	T mech. (Drehmoment)
Berstplatte	T hydr. (Druck)
Schmelzsicherung	T elektr. (Strom)
Schmelzkegel	V therm.
Farbumschlag	V therm./chem.

Richtungsabhängige Trennglieder	
Freilauf	mech.
Sperrklinken	mech.
Rückschlagklappen	hydr., pneum.
mech. Schaltgleichrichter	mech., elektr.
Quecksilbergleichrichter	elektr.
Gasentladungsgleichrichter	elektr.
Halbleitergleichrichter	elektr.

platte oder die Schmelzsicherung, während der Schmelzkegel zur Temperaturmessung und der Farbumschlag zur Temperaturmessung oder als chemischer Indikator verwendet wird. Richtungsabhängige Trennglieder - und zwar mechanische und hydraulisch-pneumatische - finden breite Anwendung nicht nur als Überholkupplungen, sondern z.B. auch als stufenlose Antriebsgetriebe (schaltläufige Getriebe), während die elektrischen richtungsabhängigen Trennglieder vor allen Dingen als Gleichrichter von Wechsel- oder Drehströmen benutzt werden.

Ausgesprochene Logikelemente stellen die in Tab.2.1.2/13. beispielsweise angeführten bistabilen Trennglieder dar. Mechanische logische Steuerungen, wie sie bei der Steuerung von Werkzeugmaschinen oder Textilmaschinen in mannigfaltiger Weise vorkommen, beruhen auf der Undurchdringlichkeit fester Körper. Die pneumatischen Trennglieder, meist als Umschalter ausgebildet, haben

Tabelle 2.1.2/13. Bistabile Trennglieder

Mechanisch	Undurchdringlichkeit fester Körper
	Reibung der Ruhe/Bewegung
	Verbindung fest/los
Pneumatisch	Turbulenzumschlag
	Wirbelströmung
	Wandhaften
	Grenzschichtablösung
	Impulsströmung (Zweitströmung)
Elektrisch	Magnetisierung von Kernen, Platten, Bändern
	stat. Aufladung
	Gasentladung
Optisch	Kerr-Effekt

zu einer ganzen Technik, den Fluidiks, geführt, mit der ebenso wie mit elektrischen Bauelementen ganze logische Schaltsysteme aufgebaut werden können. Abb.2.1.1/18. zeigte bereits eine Und-Logik in verschiedener gerätetechnischer Symbolik sowie in verschiedenen Ausführungen der physikalischen Realisierung, obwohl es sich um dasselbe Logikelement handelt. Abb.2.1.2/24. zeigt ein Coanda-Element mit Strahl- und Fangdüse [101]. Der Vorzug dieses Elements ist es, daß es sich um ein Schaltelement ohne bewegte Teile handelt.

2.1 Festlegen der wesentlichen Merkmale   105

Tab.2.1.2/14. und Abb.2.1.2/25. zeigen, wie an einer Revolverdrehmaschine die genannten Elemente nun tatsächlich verwendet werden. In derselben Maschine werden gleichzeitig Schaltnocken (Undurchdringlichkeit fester Körper), elektrische Endschalter, hydraulisch-magnetische Ventile, die Hydraulikkolben steuern, und Lamellenkupplungen als Trennglieder verwendet.

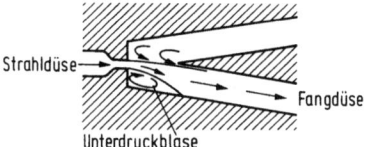

Abb.2.1.2/24. Coanda-Effekt

Tabelle 2.1.2/14. Revolverdrehmaschine. Physikalische Elemente für die Ausführung der logischen Schaltungen

Schaltnocken (mech.)	: Mechanische Programmierung durch Stellung der Schaltnocken auf Programmwalze nach Arbeitsplan.
Endschalter (elektr.)	: Schaltnocken bewirken Schaltung der Endschalter.
Magnetventile (hydr.)	: Endschalter schalten über Hilfsschütze die Magnete für die Ventile.
Hydraulische Kolben (hydr.)	: Das durch die Magnetventile gesteuerte Drucköl beaufschlagt ringförmig angeordnete Kolben.
Lamellenkupplungen (mech.)	: Die Hydrozylinder wirken über Ring und Rillenkugellager auf die Lamellenkupplung und schalten diese.
Getrieberäder (mech.)	: Durch Schalten der entsprechenden Lamellenkupplung wird der Energiefluß über das für die gewünschte Drehzahl erforderliche Zahnradpaar weitergeleitet.

Dieselben logischen WZH lassen sich auch mit physikalischen <u>Systemen</u> verwirklichen. Dafür kommen vor allen Dingen ruhende Kippsysteme mit ihren bistabilen Stellungen in Frage. Aber auch Schlagsysteme finden Verwendung z.B. als Bimetallschalter für Blinker wie als Gesperre für Schlösser.

Wirkungsart des Effektes und Funktion
Grundsätzlich ist die Frage zu prüfen, für welche logischen Funktionen - in diesem Falle Grundfunktionen - ein physikalischer Effekt beim Energie-, Stoff- und Signalumsatz verwendbar ist. Man kann physikalische Effekte unterscheiden, die vom Physikalischen her von vornherein einen Widerstand bezogen auf den Energieumsatz darstellen. Diese Wirkung kann man durch die Wahl der Stoff-

eigenschaften und der geometrischen Daten groß oder klein machen. Macht man sie groß, dann hat der Effekt die Wirkung einer Sperrung, wie das in Abb. 2.1.2/26. als ein mechanisches Beispiel die Bandbremse und als hydraulisches Beispiel die Kapillare sowie als elektrisches Beispiel die Schmelzsicherung zeigt. Derselbe Reibungseffekt kann aber auch als mechanische Kopplung, als Reibungskopplung von zwei Strömungen oder als Widerstandskopplung in einem elektrischen Kreis verwendet werden. Macht man den Widerstand sehr klein, d.h. verringert man die Reibung durch Werkstoffwahl, so läßt sich sowohl ein mechanisches Führungsglied wie Rohrleitungen oder elektrische Leitungen mit einem unvermeidbaren Widerstand angeben.

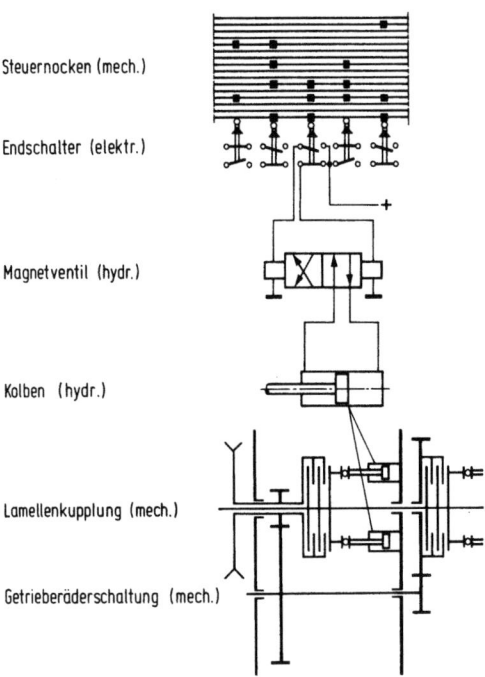

Abb.2.1.2/25. Revolverdrehmaschine, Physik der Schaltlogik

In gleicher Weise lassen sich nun auch Effekte, die physikalisch gesehen in erster Linie als Verknüpfungsglieder geeignet sind, für die drei Grundfunktionen verwenden. Das gilt sowohl für die mechanische Lenkeranordnung (Abb.2.1.2/27.), die Schaufeln in einem Flüssigkeitsstrom als auch für den Kondensator, der für hochfrequente Spannungen eine Leitung, für niederfrequente Spannungen eine Sperrung und für statische Spannungen eine Kopplung darstellt.

2.1 Festlegen der wesentlichen Merkmale   107

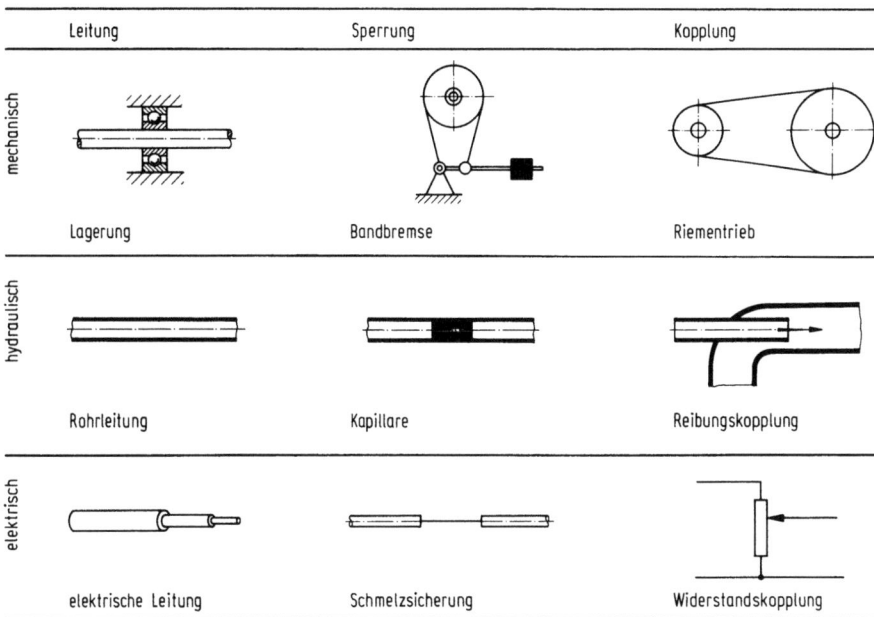

Abb. 2.1.2/26. Widerstandseffekte

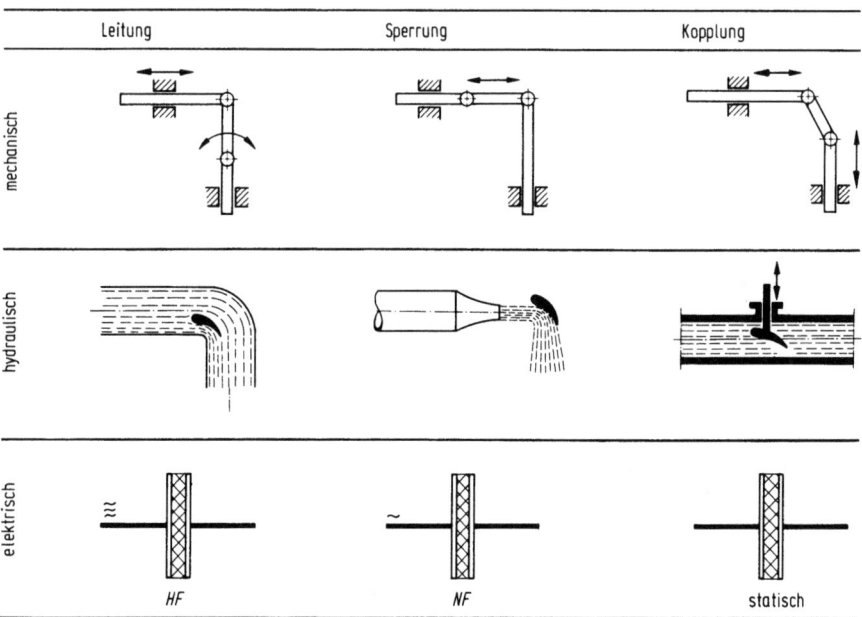

Abb. 2.1.2/27. Wirkeffekte

Ebenso kann man aus den in Abb.2.1.2/28. dargestellten Leitungselementen durch Unterbrechung der Leitung bzw. durch Verzweigung eine Sperrung oder eine Kopplung herstellen. Abb.2.1.2/29. zeigt noch einmal in technischer Ausführung, wie man durch Verringerung der Reibung durch Druckentlastung mittels Dauermagneten ein Zählerlager konstruieren kann, während durch Erhöhen der Normalkräfte eine große Reibung an der bekannten Scheibenbremse erzielt wird.

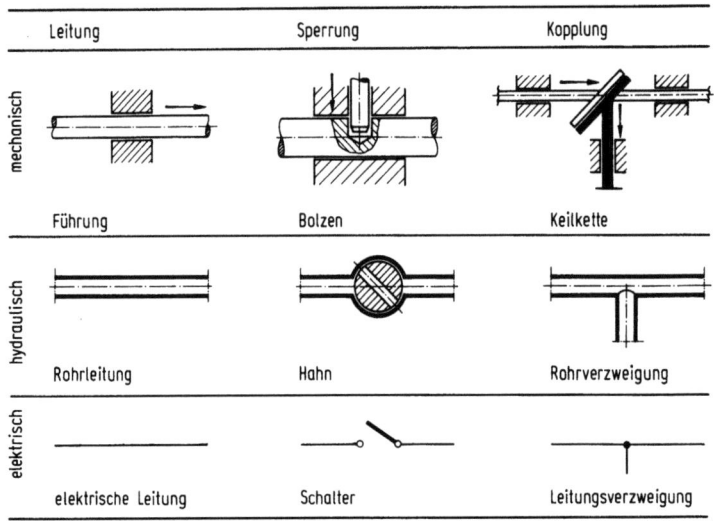

Abb.2.1.2/28. Leitungseffekte

Ein entsprechendes hydraulisches Beispiel ist die Wirbelstrombremse. Man kann durch Grenzschichtbeeinflussung den Strömungswiderstand eines Tragflügels verringern, wenn man die Grenzschicht wegbläst, Vorflügel anordnet oder die Grenzschicht absaugt.

Grundsätzlich kann man also physikalische Effekte für alle drei Grundfunktionen verwenden. Die einfachste Anordnung ergibt sich allerdings wohl immer aus den physikalisch vorgegebenen Eigenschaften, die einer logischen Funktion entsprechen.

Physikalischer WZH für mechanische und hydraulische Reibung
Die Festlegung des physikalischen WZH bzw. eines Wirkprinzips soll im einzelnen mit zwei verschiedenen physikalischen Effekten dargestellt werden. Dazu soll einmal der physikalische Effekt "mechanische Reibung", zum anderen der Effekt "Kapillarströmung" dienen.

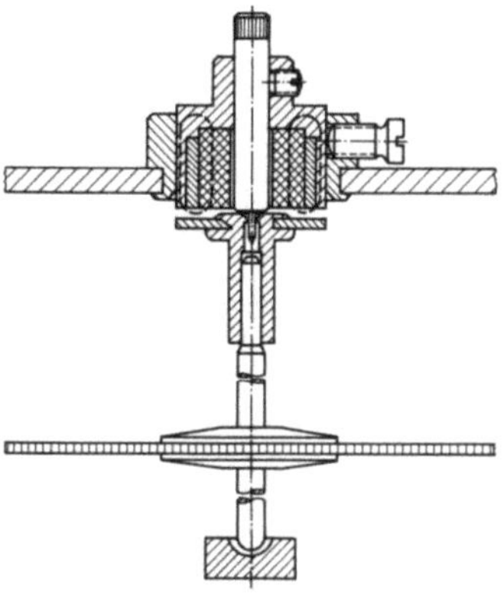

2.1 Festlegen der wesentlichen Merkmale

entlastetes Zählerlager 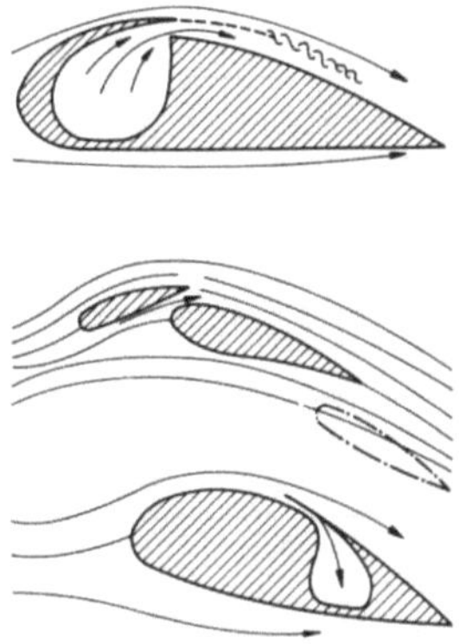 — Grenzschicht-Beeinflussung

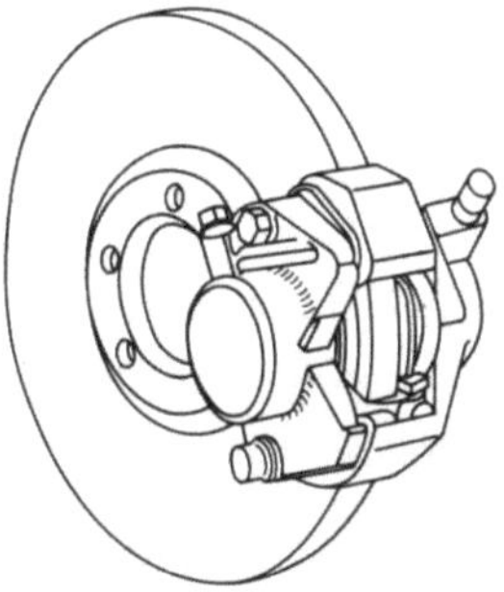

Scheibenbremse 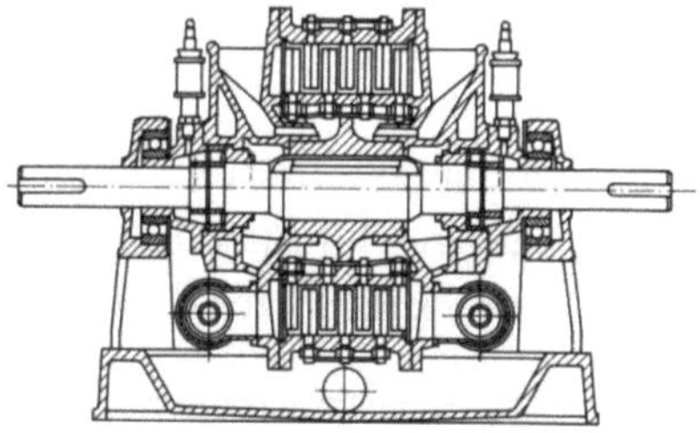 — hydraulische Wirbelstrombremse

Abb.2.1.2/29. Vergrößern und Verkleinern eines physikalischen Effektes

Mechanische Reibung: Abb.2.1.2/30. stellt diesen physikalischen Effekt mit Angabe der auftretenden Kräfte und ihres Zusammenhangs durch das Coulombsche Reibungsgesetz dar [136]. Dieser physikalische Effekt soll nun für die drei Grundfunktionen verwendet werden. Das geschieht einmal durch Anbringen der Ein- und Ausgänge, d.h. durch Einleitung bzw. Ableiten von Kräften. Dabei erfolgt die Anordnung der Kräfte so, daß ein Führungsglied, ein Verknüpfungsglied oder ein Trenn- bzw. Hemmglied entsteht. In Abb.2.1.2/31. sind die drei Typen einmal in Black-Box-Darstellung, zum anderen als physika-

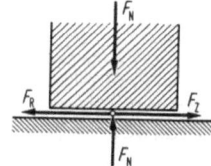

Abb.2.1.2/30. Physikalischer Effekt "Coulombsches Reibungsgesetz $F_R = \mu F_N$" (F_N Normalkraft; F_Z Zugkraft; F_R Reibungskraft; μ Reibungskoeffizient)

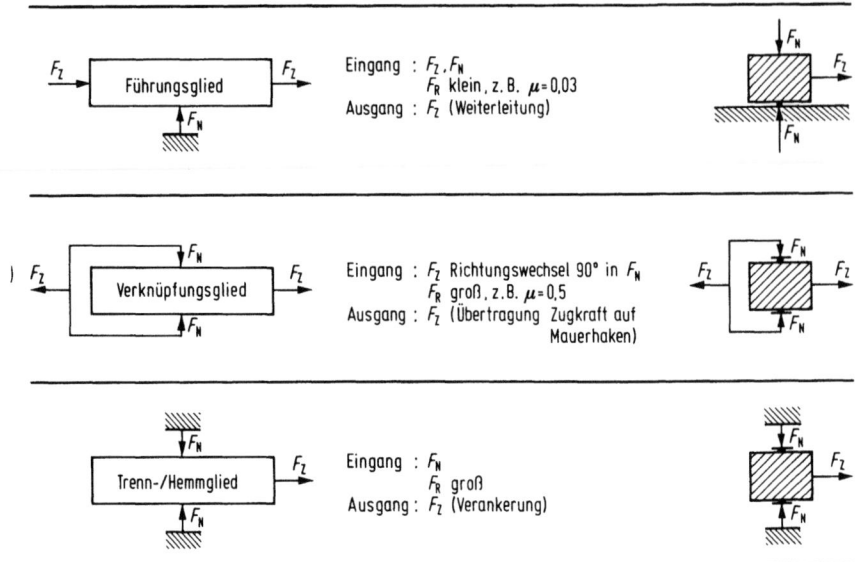

Abb. 2.1.2/31. Physikalische WZH

lisches Schema dargestellt. Das Beispiel des Verknüpfungsglieds ist als Drahtklemme zum Leitbeispiel für diese Ausführungen gewählt worden, an dem man die weiterführende konstruktive Entwicklung erkennen kann.

Reibungseffekt kann nun nicht nur für den Energieumsatz, sondern auch beim Stoffumsatz und Signalumsatz Verwendung finden. Das zeigt Abb. 2.1.2/32. Bei

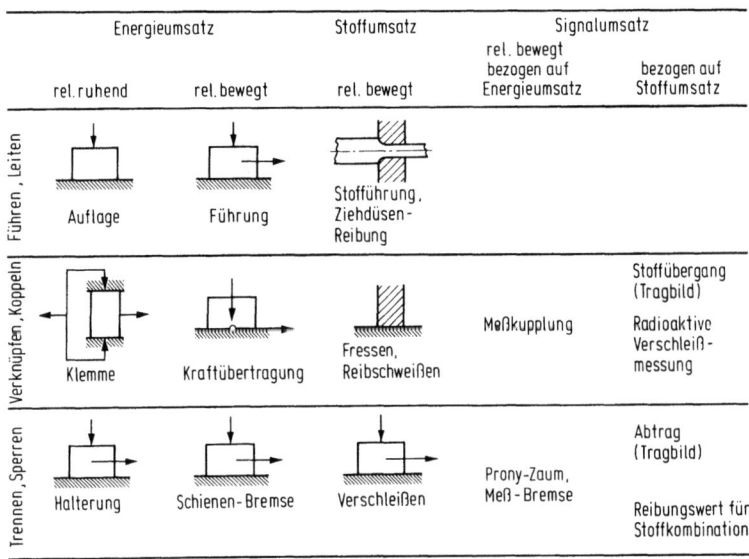

Abb. 2.1.2/32. Effekt "mechanische Reibung" beim Energie-, Stoff- und Signalumsatz

2.1 Festlegen der wesentlichen Merkmale

der Führung von Draht in einer Ziehdüse kann man durch geeignete Mittel die Reibung herabsetzen. Das Fressen - im Grunde genommen ein Verknüpfungsprozeß zwischen zwei Trennflächen - kann man zu einem Herstellverfahren, nämlich dem Reibschweißen entwickeln und das Verfahren auf entsprechenden Maschinen durchführen. Das Verschleißen ist ein unvermeidbarer Prozeß bei allen sich bewegenden Maschinen und Maschinenteilen, der z.B. durch Aktivierung der Oberflächen radioaktiv gemessen werden kann.

Für den Signalumsatz läßt sich der Reibungseffekt als Meßkupplung bzw. Meßbremse verwenden. Das Tragbild z.B. bei Zahnrädern dient der Bestimmung des Abtrags von Material an Zahnoberflächen.

Damit ist gezeigt, in welcher Weise man durch die Fragestellungen "Wie läßt sich der Effekt für den Energie-, Stoff- und Signalumsatz und wie für die Funktionen Führen, Verknüpfen und Trennen einsetzen", die Verwendbarkeit eines physikalischen Effekts überprüfen kann.

Kapillarströmung: Ein zweites Beispiel mit einem Effekt, der ein komplizierteres physikalisches Gesetz aufweist, soll erläutern, daß sich daraus auch breitere Anwendungsmöglichkeiten für den Effekt ergeben. Abb.2.1.2/33. stellt noch einmal den Effekt "Kapillarströmung" unter Angabe des Gesetzes für eine Newtonsche Flüssigkeit dar. Bezogen auf den Energieumsatz kann der Effekt als Führungsglied, als Verknüpfungsglied oder Trenn- und Hemmglied im dargestellten Sinn verwendet werden. Bezogen auf den Stoffumsatz kann man die Laminarströmung einer Flüssigkeit zur Führung einer zweiten Flüssigkeit verwenden, wie das etwa bei der Herstellung mehrfarbiger Drähte oder Folien geschieht. Diese Strömung zweier hochviskoser Flüssigkeiten kann man auch in einer Doppelbodendüse verknüpfen, wenn man z.B. eine Zweikomponentenseide herstellt, bei der die beiden Ausgangsmaterialien unterschiedliche Wasseraufnahmefähigkeit besitzen. Durch geeignete Nachbehandlung kann man eine stark gekräuselte Seide erhalten. Als Trennglied ist eine Mehrlochdüse anzusehen, bei der der Zustrom eines spinnfähigen Materials auf eine Vielzahl von Einzelfäden - in der Praxis bis 1500 - aufgeteilt wird.

Bezogen auf den Signalumsatz soll der Kapillarströmungseffekt zur Bestimmung der Zähigkeit dienen. In diesem Fall ist die Zähigkeit die Stell- oder zu messende Größe, so daß nur eine der anderen Haupteinflußgrößen als Folgegröße oder Meßgröße verwendet werden kann. Abb.2.1.2/33. unten zeigt die gesamte Anordnung. Dabei muß ein bestimmter Energieumsatz vorgesehen werden, um den Stoff bzw. die Flüssigkeit durch die Apparatur zu fördern.

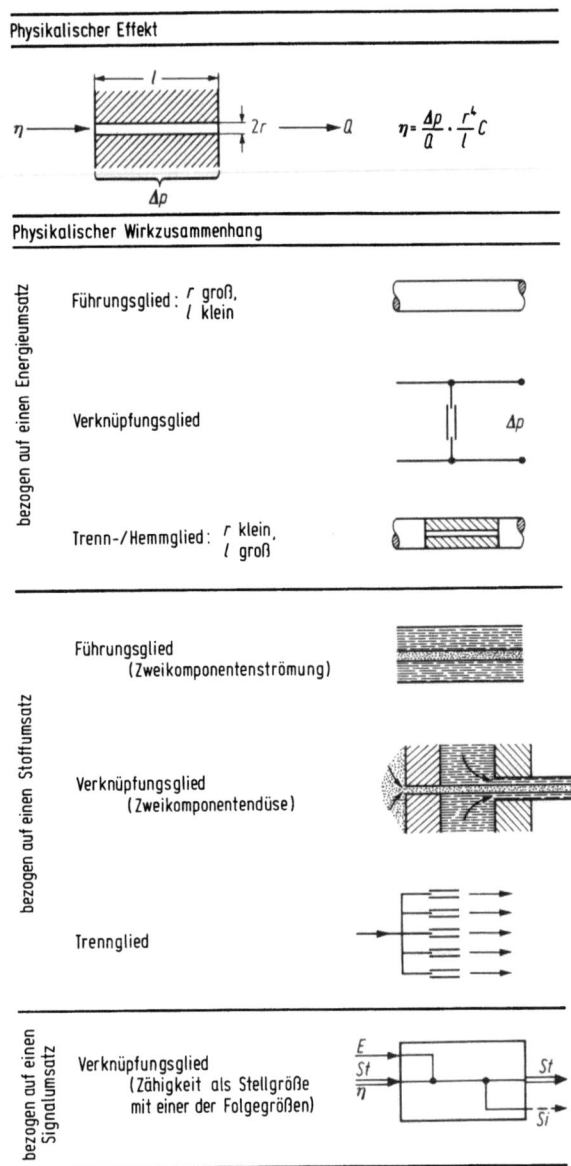

Abb. 2.1.2/33. Kapillarströmung

Abb.2.1.2/34. stellt nun die Möglichkeiten dar, die bestehen, um die Zähigkeit als Stellgröße und eine der Haupteinflußgrößen als Folgegröße zu verwenden. Die Druckdifferenz Δp und die Menge Q lassen sich direkt als Meßgrößen oder Folgegrößen verwenden, während die geometrischen Größen, der Radius der Kapillare und ihre Länge, sich nur als verstellbare Folgegrößen ausbilden lassen. In diesem Fall muß durch Verstellen des Radius der Kapillare (tordierbares Ovalrohr) oder der Länge ein konstanter Meßwert der Druckdifferenz oder der Menge bei verschiedener Zähigkeit eingestellt werden. Eine

2.1 Festlegen der wesentlichen Merkmale

solche Einstellung nach Eichung des Geräts mittels einer Eichflüssigkeit nennt man ein Kompensationsverfahren. Auf diese Weise ergeben sich durch Systemvariation 8 verschiedene Typen von Viskosimetern, von denen drei - Typ 1, 4 und 8 - in Abb.2.1.2/35. dargestellt sind. Der logische WZH dieser Anordnungen besteht in der Verknüpfung des Stellgröße η mit der jeweils angegebenen Folgegröße des zugrundeliegenden physikalischen Effekts. Die erste Anordnung ist nur möglich, wenn es ein Förderorgan gibt, das eine konstante Menge der zähen Flüssigkeit liefert.

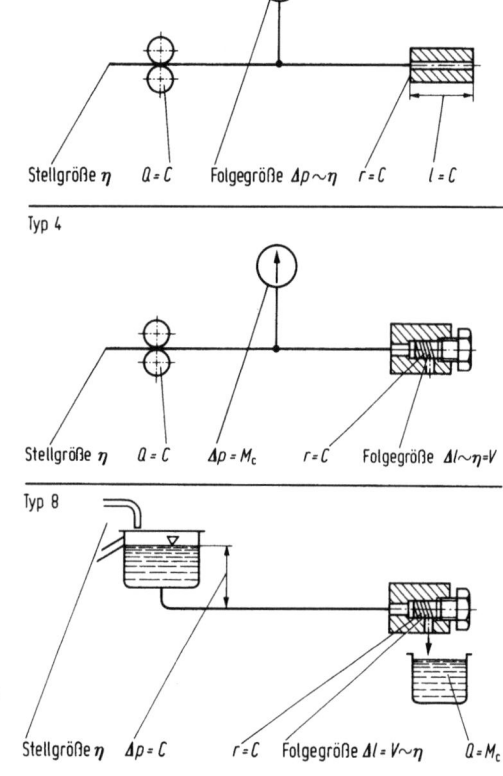

Abb.2.1.2/34. Auflösen eines physikalischen Gesetzes "Kapillarströmung" in Einzeleffekte

Abb.2.1.2/35. Physikalischer WZH: logischer WZH "Verknüpfen" + physikalischer Effekt, Stellgröße η, Folgegrößen Q, Δp, l, r

Es verlangt natürlich eine besondere konstruktive Entwicklungsarbeit, ein solches Förderorgan beispielsweise eine Zahnradpumpe auszuführen. Die Messung des Druckunterschieds ist einfacher als die Bestimmung einer Flüssigkeitsmenge, die immer zwei Messungen (Menge und Zeit: Menge pro Zeiteinheit) erforderlich macht.

114   2. Methodisches Konstruieren

Allgemeine Beispiele für physikalische WZH mittels Effekten

Die Beispiele der mechanischen Reibung und der Fluidreibung in einer Kapillarströmung zeigten, daß bei der Festlegung des physikalischen WZH Angaben über den Zweck (die Aufgabe oder den logischen WZH) notwendig sind, der mit einem Effekt erfüllt werden soll. Außerdem sind Angaben über den physikalischen Effekt erforderlich. Liegt dieser in Form eines physikalischen Gesetzes vor, so muß ein Einflußgrößenpaar als Stell- und als Folgegröße gewählt werden, das die kausale Verknüpfung von Wirkungen am Eingang und Ausgang der als Black Box dargestellten Maschine herbeiführt. Entsprechend der bisherigen Darstellung zeigt Abb.2.1.2/36. die Verwendung des physikalischen Effekts "Zugstab". Auf gleiche Weise kann man nun alle physikalischen Effekte auf ihre Verwendbarkeit für technische Zwecke untersuchen. Selbstverständlich spielt dabei der Charakter des physikalischen Gesetzes eine Rolle. So setzt sich z.B. die Bernoulli-Gleichung aus drei additiven Gliedern (geodätische Höhe, Druckhöhe und Geschwindigkeitshöhe) zusammen, die drei physikalischen Teilgesetzen entsprechen (Abb.2.1.2/37.).

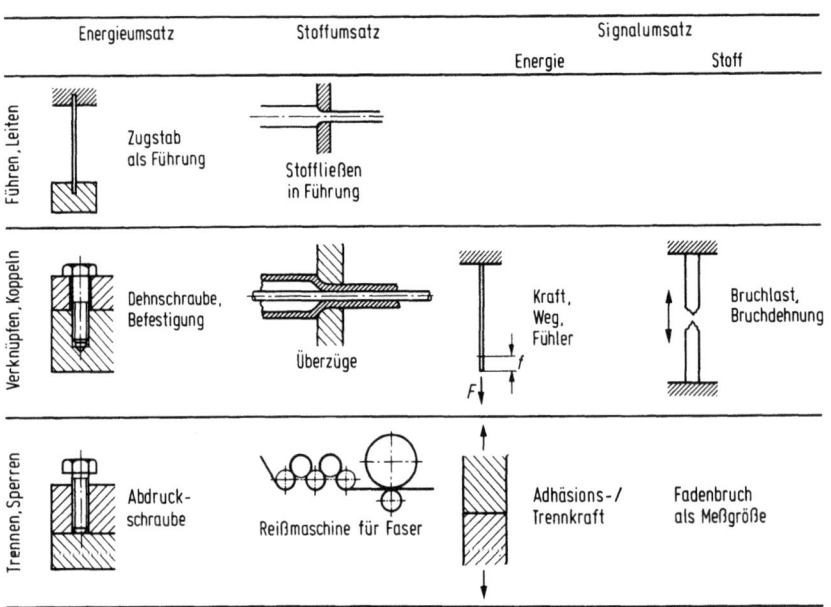

Abb.2.1.2/36. Physikalische Effekte: Deformation durch Zug/Druck, Anwendungsbeispiele

Bezogen auf den Energie-, Stoff- und Signalumsatz und die Grundfunktionen lassen sich, wie in Tab.2.1.2/15. angegeben, entsprechende physikalische WZH aufzeigen, die technisch Verwendung finden. Abb.2.1.2/38. soll die Verwen-

2.1 Festlegen der wesentlichen Merkmale   115

dung der physikalischen WZH "Zentrifuge" und (Abb.2.1.2/39.) "elektrostatisches Feld" verdeutlichen.

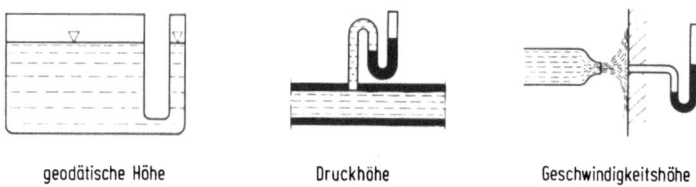

geodätische Höhe   Druckhöhe   Geschwindigkeitshöhe

Abb.2.1.2/37. Zerlegung physikalischer Gesetze: Bernoulli-Gleichung

Tabelle 2.1.2/15. Bernoulli-Gleichung und physikalische Effekte

	h	Funktion	p/γ	Funktion	$v^2/2g$	Funktion
Energieumsatz	Konstantdruckhaltung	Tr	Druckluftleitungsdruck	F	Pelton-Turbine	V
Stoffumsatz	Überlauf Glasschmelzwanne	Tr	Förderdruck Pumpen	F	Farbspritzen	F
Signalumsatz	Flüssigkeitsstandmessung	V	Inhalt Gasflaschen	V	Strahlrohrregler	V

Abb.2.1.2/38. Verwendung des physikalischen Effektes "Zentrifuge"

Eine interessante Anwendung des gleichen Effekts für verschiedene Funktionen zeigt der Acetylen-Sauerstoff-Brenner (Abb.2.1.2/40.) für die Auftragsschweißung von Pulver (z.B. für das Aufbringen von verschleißfesten Überzügen), zum Zusammenschweißen von Blechen und zum Brennschneiden durch

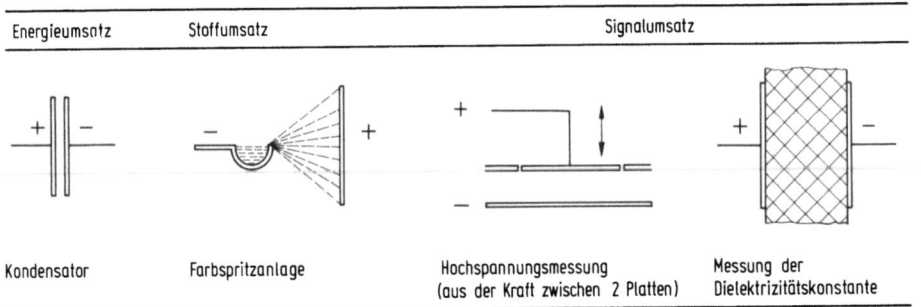

Abb.2.1.2/39. Verwendung des physikalischen Effektes "elektrostatisches Feld"

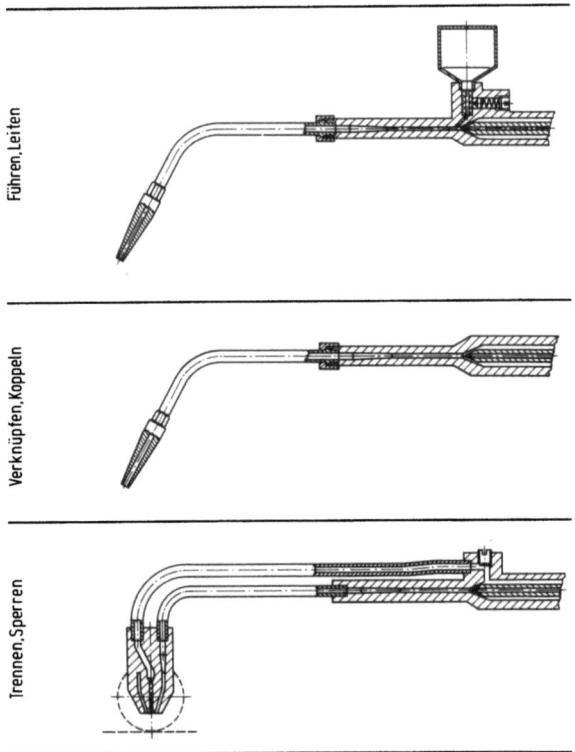

Abb.2.1.2/40. Verwendung des Acetylen-Sauerstoff-Brenners für die Grundfunktionen, Unterscheidungsmerkmale des Wirkortes

Sauerstoffzuleitung an der Trennstelle in Brennermitte. Abb.2.1.2/41. zeigt physikalisch ähnliche mechanische, hydraulische und elektrische Effekte, die alle für die gleiche Funktion verwendet werden [164].

Es wird damit deutlich, warum ein Unterschied zwischen physikalischem Effekt und physikalischem WZH gemacht werden muß, der sich durch die Verwendung des physikalischen Effekts für eine bestimmte Funktion ergibt. In ähn-

2.1 Festlegen der wesentlichen Merkmale

licher Weise ergeben sich physikalische WZH aufgrund von Forderungen, die erst die Durchführung von Verfahren ermöglichen. Beispiele hierfür sind das Festhalten von Fasern in einer Schneidmaschine (siehe Leitbeispiel), das Aufrechterhalten einer Phasengrenze in Schmelzern und das Kräuseln glatter Chemiefasern, um sie wolleähnlich zu machen.

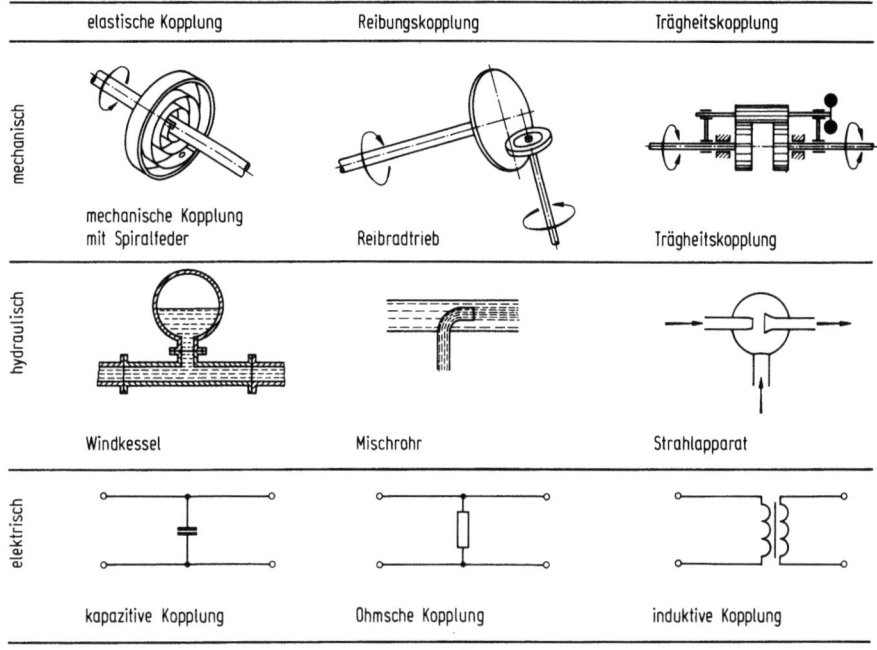

Abb.2.1.2/41. Kopplungen

Außer den mechanischen, hydraulischen und elektrischen Verknüpfungsgliedern gibt es auch thermische (Abb.2.1.2/42.). Das Wärmerohr verdampft mit einer erstaunlichen Wirkung auf der Wärmezufuhrseite eine Flüssigkeit, die auf der Wärmeabfuhrseite kondensiert und durch Kapillarwirkung wieder auf die Verdampfungsseite zurücktransportiert wird.

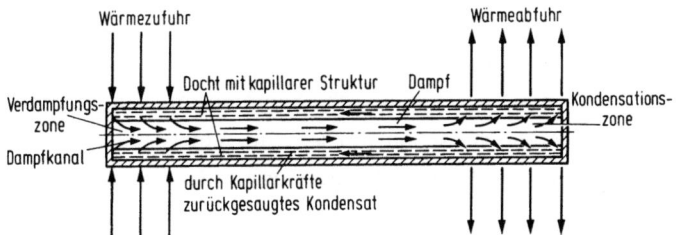

Abb.2.1.2/42. Schematischer Aufbau des Wärmerohres (Heat-Pipe)

Ähnliche Beispiele sind hier die verschiedenen Kesselarten nach Abb. 2.1.2/43., die im Schema wiedergegeben sind. Interessant ist in diesem Zusammenhang auch die Wärmeabfuhr bei exothermen Reaktionen mittels einer verdampfenden Flüssigkeit, die gegenüber den chemisch reagierenden Stoffen neutral ist. Noch komplizierter ist eine Klimaanlage mit einer Wascherkammer, in der der Taupunkt der feuchten Luft eingehalten wird, dem der Raumzustand entsprechen soll. Die hindurchtretende Luft wird durch Versprühen von Wasser in der Kammer auf höchsten Feuchtigkeitsgehalt gebracht. Durch einen Nacherhitzer und die Wärmeaufnahme in den zu klimatisierenden Räumen wird die dort gewünschte Feuchte und Temperatur erzielt (Abb.2.1.2/44.).

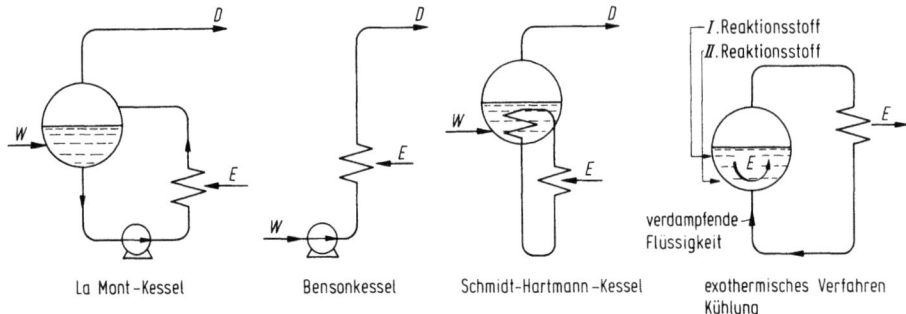

Abb.2.1.2/43. Thermische Schaltkreise, Kessel

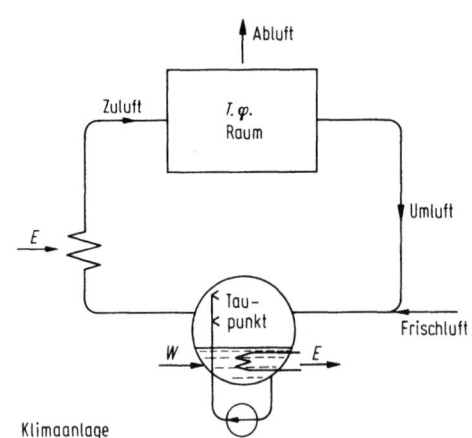

Abb.2.1.2/44. Thermische Schaltkreise, Klimaanlage

Festliegen des physikalischen WZH mittels physikalischer Systeme
Wie die Effekte müssen auch physikalische Systeme mit Ein- und Ausgang oder mit einem An- und Abtrieb versehen werden, um Verwendung als physikalischer WZH oder als physikalische Prinziplösung einer Aufgabe zu finden.

Die früher dargestellten ruhenden und bewegten Systeme müssen zur Verwendung als physikalischer WZH mit einem Antrieb versehen werden. Abb. 2.1.2/45. zeigt den gleichen elektromagnetischen Antrieb (Eingang). Es lassen sich verschiedene Typen von Geräten ableiten. Der Ausgang ist bei ruhen-

2.1 Festlegen der wesentlichen Merkmale   119

den und bewegten Systemen verschieden. Die Beispiele für ruhende Systeme
sind ein Meßgerät zum Messen des Stromes bzw. ein Stromregler, der durch
Rückkopplung der Bewegung des Ankers die Verstellung eines Widerstandes bewirkt. Ein Schwinger entsteht durch Antrieb eines abgestimmten, schwingungsfähigen Systems über einen Wechselstrommagneten, während ein selbststeuernder Unterbrecher durch Stromunterbrechung eines Gleichstrommagneten im
Takte der Schwingungen des schwingungsfähigen Systems gebildet wird.

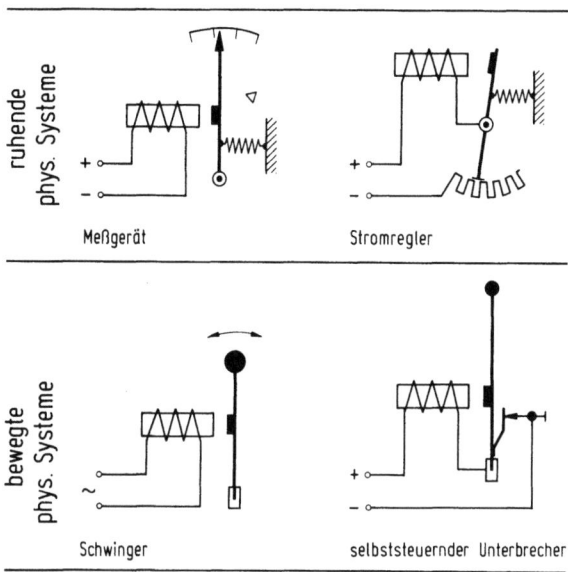

Abb.2.1.2/45. Gekoppelte (angetriebene) physikalische Systeme

Abb.2.1.2/46. zeigt Beispiele für die Verwendung ruhender physikalischer
Systeme. Dabei finden die besonderen Eigenschaften der drei verschiedenen
Ruhelagen Verwendung als Ausschlagmeßgerät, als Nullinstrument und als
Grenzwertmesser, wie sie für einfache Geräte wie Druckmeßgeräte, Präzi-
sionsmeßgeräte beispielsweise für elektrische Spannungen und als Tarifwaa-
gen Anwendung finden.

Abb.2.1.2/47. zeigt physikalische Systeme, bei denen der Antrieb und der
Gegenkraftantrieb gleichartig ausgebildet sind. Das ist der Fall bei der von
Hand verstellbaren Torsionswaage, wie sie zur Bestimmung des Gewichts von
abgelängten Fäden verwendet wird, bei der Ringwaage, die für Mengenmes-
sungen an Meßblenden Anwendung findet und beim Kreuzspulinstrument. Das
Kreuzspulinstrument wird auf diese Weise unabhängig von Meßspannungsschwan-
kungen.

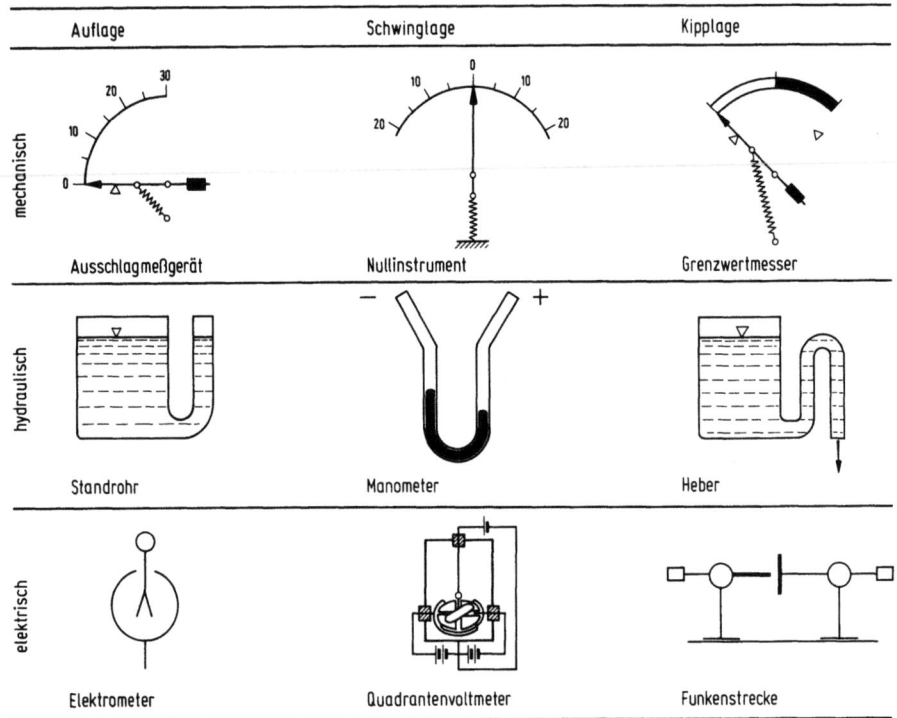

Abb. 2.1.2/46. Verwendung ruhender physikalischer Systeme

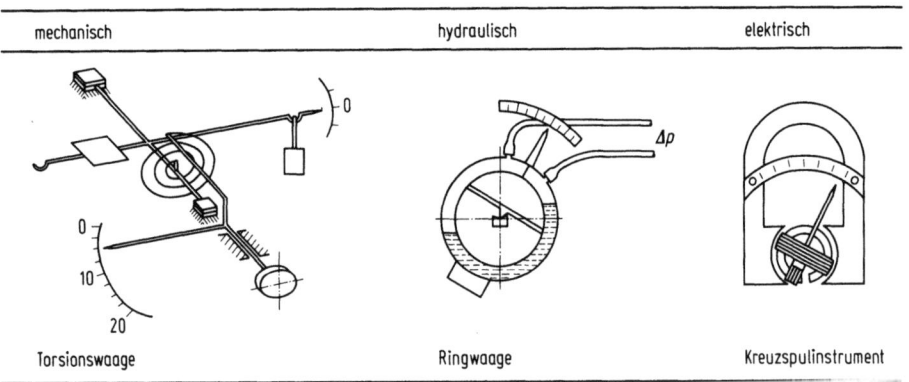

Abb. 2.1.2/47. Ruhende physikalische Systeme mit Kopplung (Antrieb), Kraft und Gegenkraft gleichartig

Beispiele für den zweiten Typ der mit Antrieben versehenen physikalischen Systeme sind die Regler, von denen Abb. 2.1.2/48. als mechanisches Beispiel den Bandspannungsregler, als hydraulisches Beispiel den Dampfdruckregler und den elektrischen Spannungsregler zeigt. Infolge der überragenden Bedeutung der Regler in der Technik hat sich für sie ein eigenes Fachgebiet entwikkelt, das von Spezialisten wahrgenommen wird. Denn außer den gezeigten einfacheren Reglern gibt es die verschiedensten Typen bis zu ganz komplizierten Regelanlagen wie die verketteten Regelsysteme, die beispielsweise bei Dampfkesseln zur Regelung der Brennstoff- und Luftzufuhr, der Speisewasserzufuhr, der Dampftemperatur und des Dampfdruckes in Abhängigkeit von der Leistungsabgabe Anwendung finden.

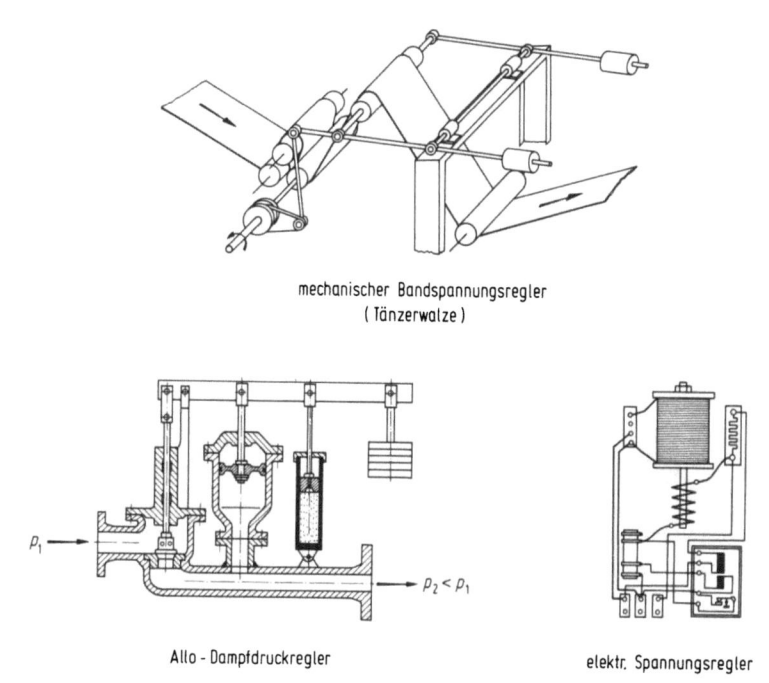

Abb.2.1.2/48. Ruhende physikalische Systeme (Regler)

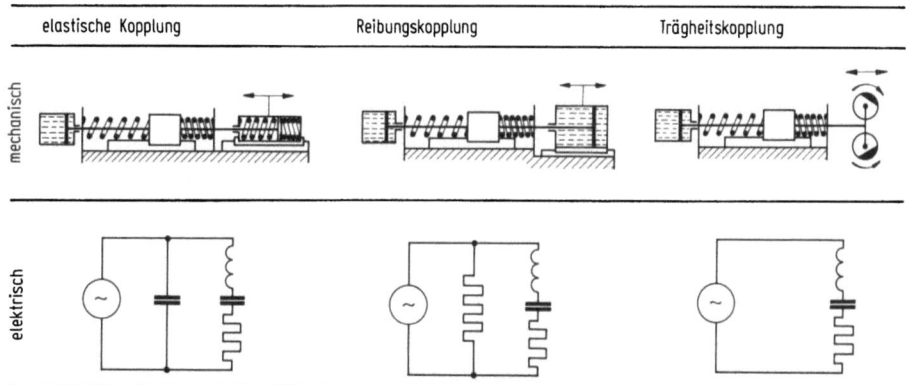

Abb.2.1.2/49. Bewegte physikalische Systeme mit Kopplung (Antrieb), Schwingsysteme

Beispiele für den dritten Typ der in Abb. 2.1.2/45. entwickelten Systeme sind die Schwinger, deren Antrieb variiert werden kann. Abb. 2.1.2/49. zeigt Prinzipbilder mechanischer und elektrischer Systeme, die mit Abb. 2.1.2/50. durch konkrete Ausführungen wie den Uhrenantrieb von Schieferstein, die Glockenantriebe und die Schwingrinne ergänzt werden.

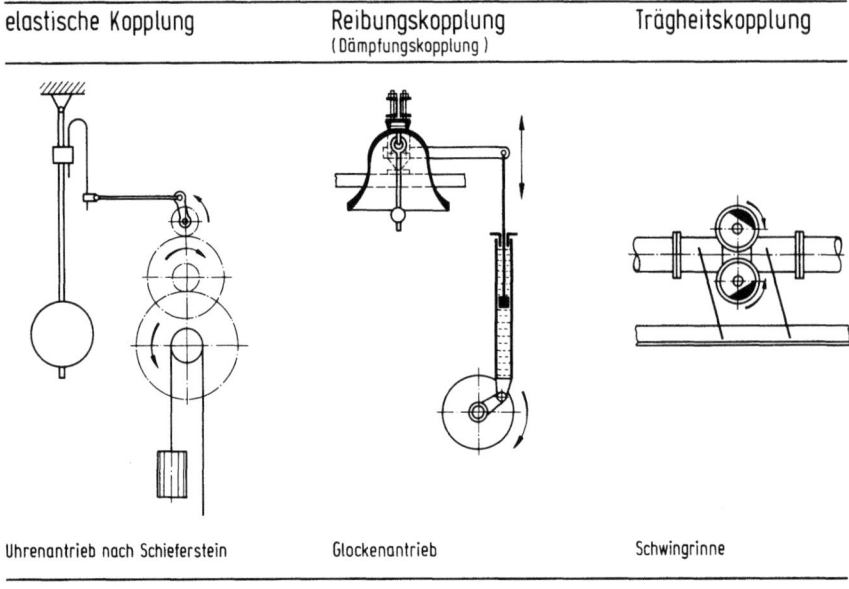

Abb. 2.1.2/50. Praktische Beispiele für mechanische Schwingsysteme

Als viertes Antriebssystem wurde in Abb. 2.1.2/45. eine Anordnung gezeigt, die als Wagnerscher oder Neefscher Hammer bekannt ist. Es ist eine interessante methodische Aufgabe, für dieses elektrische Gerät ähnliche mechanische und hydraulische Geräte zu suchen. Da ist in Abb. 2.1.2/51. der Galilei-Gang und ein entsprechender hydraulischer Unterbrecher. In dieser Abbildung sind die wesentlichen Merkmale angegeben, die sich variieren lassen. Auf diese Weise kann man eine Vielzahl von Geräten mit gleicher Struktur in unterschiedlicher physikalischer Ausführung finden [106].

Dieselbe Struktur eines selbststeuernden Unterbrechers weisen auch Anordnungen gemäß Abb. 2.1.2/52. auf, die Verschiebe- oder Drehbewegungen ausführen. Dabei erfüllt das mechanische Beispiel einer Changierung die Aufgabe, einen Faden zu verlegen, das fluidische Beispiel die Aufgabe einer Gasmengenmessung und das elektrische Beispiel die Aufgabe des Energieumsatzes.

2.1 Festlegen der wesentlichen Merkmale

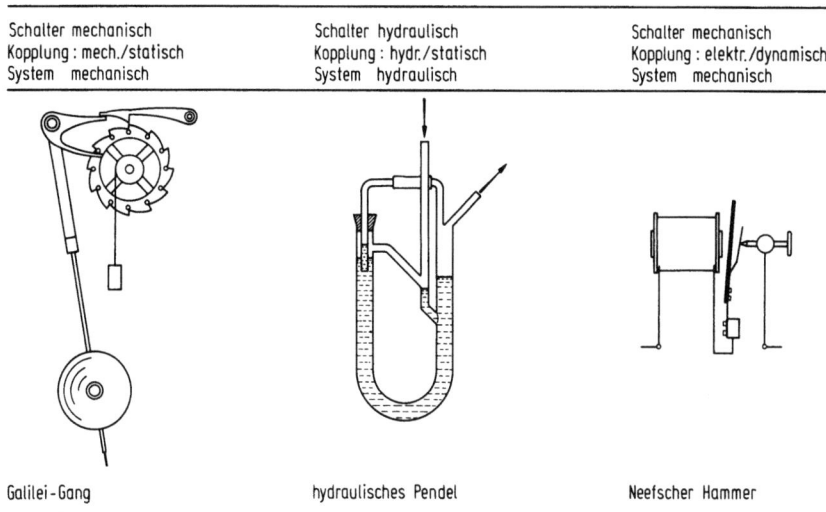

Abb. 2.1.2/51. Bewegte physikalische Systeme, selbststeuernde Unterbrecher

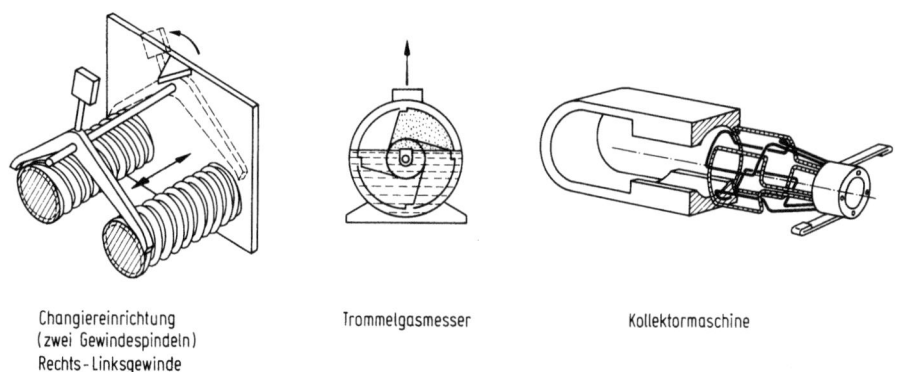

Abb. 2.1.2/52. Selbststeuernde Unterbrecher

Daß alle physikalischen Systeme auch wirklich technische Anwendung finden, zeigt für die Meßtechnik Abb. 2.1.2/53. Ruhende Systeme im ruhenden Bezugssystem bzw. im bewegten Bezugssystem sind die Neigungswaage bzw. die Fliehkraftregler. Bewegte Systeme im ruhenden System stellt der Zungenfrequenzmesser dar und bewegte Systeme im bewegten Bezugssystem der hier dargestellte, etwas ältere Typ eines Kreiselkompasses [83, 165]. Zusammenstoßende Systeme werden für die Härteprüfung verwendet. Bei dem Echolot gibt ein Signal über einen Magneten ein durch eine vorgespannte Feder zu beschleunigendes System frei. Die Bewegung des Systems wird beim Eintreffen des Echos durch eine Bremse gestoppt, die ein zweiter Magnet einfallen läßt.

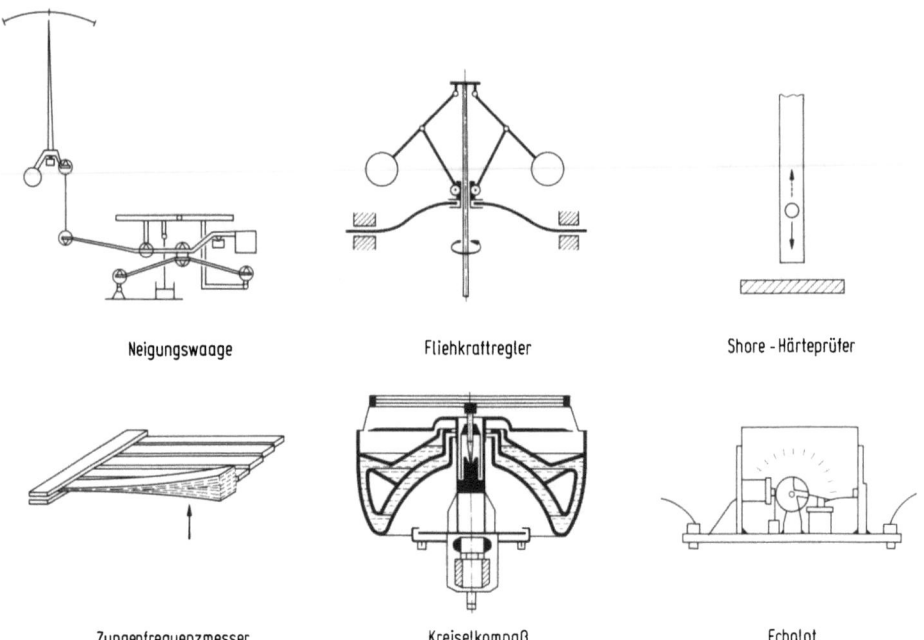

Abb. 2.1.2/53. Praktische Beispiele für die Anwendung physikalischer Systeme

Die gleichen Anordnungen im Maschinenbau (Abb.2.1.2/54.) sind Maschinengestelle, die Zentrifuge, bei der das eingebrachte Material im bewegten System ruht. Die Schwingrinne und der Kollergang für die Zerkleinerung von Material stellen bewegte Systeme im ruhenden und bewegten Bezugssystem dar. Der Fallhammer stellt ein System für die Aufbringung von Schlagenergie beim Zusammenstoß mit einem Werkstück dar. Eine Textilmaschine wurde als Beispiel für ein anlaufendes System gewählt. Der Anlauf dieser Maschine macht beispielsweise besondere Maßnahmen bezüglich des Antriebs erforderlich.

Die Wirkung der Ankopplung eines zweiten Schwingers an ein schwingungsfähiges System zeigt das Beispiel des Schwingungstilgers (Abb.2.1.2/55.), der der Grundfunktion Hemmglied entspricht. Über die ganz unterschiedlichen Eingänge z.B. in Form von Antrieben (Kopplungen) und Ausgänge bei der Anwendung von Systemen gibt Tab.2.1.2/16. Auskunft.

Allgemeine Beispiele für physikalischen WZH mittels Systemen
Wie es schon bei den Beispielen für den physikalischen WZH, dem physikalischen Systeme zugrundeliegen, angeklungen ist, gibt es eine ganze Reihe von solchen Anordnungen, die infolge der häufigen Verwendung im technischen Be-

2.1 Festlegen der wesentlichen Merkmale 125

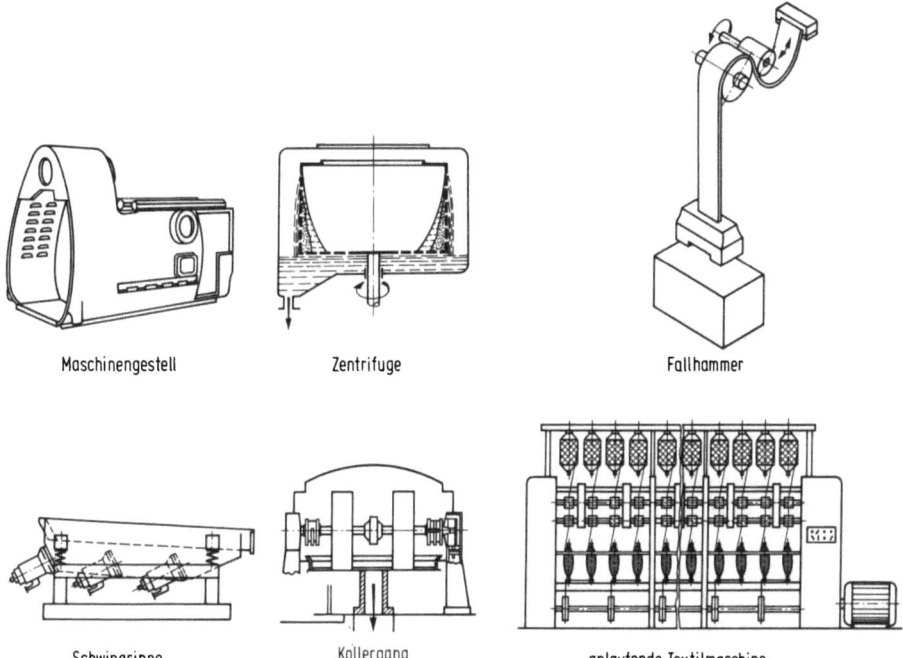

Abb.2.1.2/54. Physikalische Systeme, Beispiele aus dem Maschinenbau

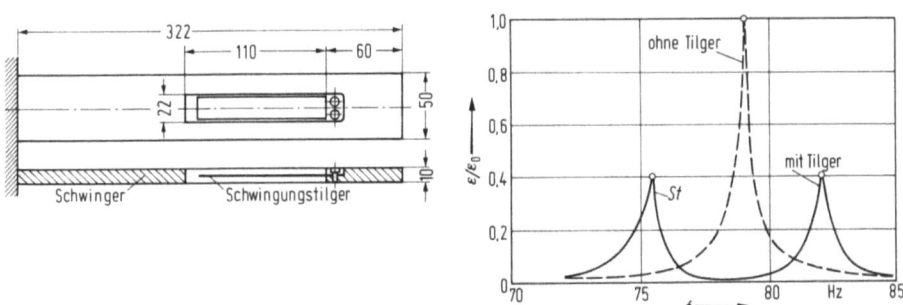

Abb.2.1.2/55. Amplitudenverhältnis mit und ohne Tilger [5]

reich bestimmte Namen tragen. Die Systeme gemäß Abb.2.1.2/56. und Abb. 2.1.2/57. wurden schon zum großen Teil als Ausführungen gezeigt und sind hier abstrakt in Black-Box-Darstellung mit Angaben für die Ein- und Ausgänge und als Funktionsschema "physikalisches System mit An- und Abtrieb" dargestellt [73]. Diese Darstellungsweise kann von Vorteil sein, wenn man eine bestimmte Ausführung noch nicht festlegen bzw. Varianten in verschiedenen Energiearten aufsuchen will.

Anhand von Beispielen soll nun gezeigt werden, wie dieselbe Aufgabe durch Anwendung verschiedener Systeme gelöst werden kann. Ein solches Beispiel

Tabelle 2.1.2/16. Anwendung physikalischer Systeme

	Systeme	Eingang	Ausgang
Ruhend	Meßgeräte	Antrieb mech. hydr. elektr.	Zeiger vor Skala
Bewegt	Glocke mit Klöppel Schwingsystem	Antrieb Reibungs- kopplung	Schallabgabe
	Schüttelrinne Schwingsystem	Wechselstrom- magnet	Produktförderung (Dämpfung des Systems)
	Pendelschlagwerk geführter Fall	Aufzug	Energieverbrauch gemessen als Steighöhe Pendel
	Rückprallhärteprüfer Zusammenstoß	Aufzug	Rückprallhöhe
	Zentrifuge	Flüssigkeitszulauf	Schälrohr

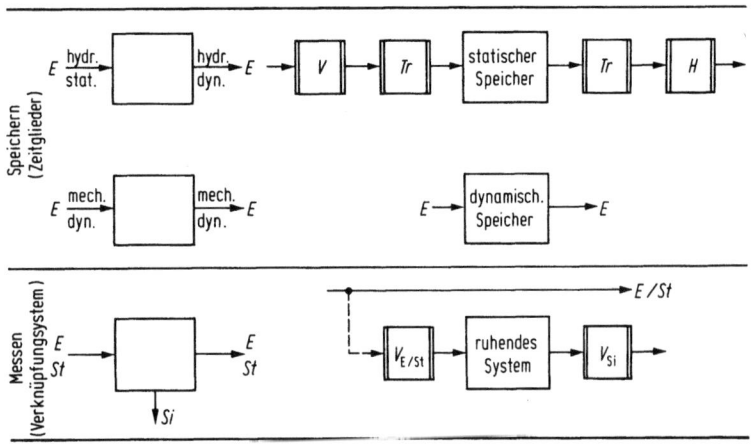

Abb. 2.1.2/56. Physikalischer WZH, benannte Systeme

ist die Spiegelhaltung in einem Gefäß mittels eines Reglers (Abb. 2.1.2/58.). Die an sich komplizierte Struktur des Reglers kann man durch eine Konstanthaltung oder einen selbststeuernden Überlauf austauschen, also eine wesentlich einfachere Struktur, die natürlich auch ihre Nachteile hat. Die Selbststeuerung des Zulaufs (Mariottesches Gefäß) ist eine weitere Möglichkeit.

2.1 Festlegen der wesentlichen Merkmale

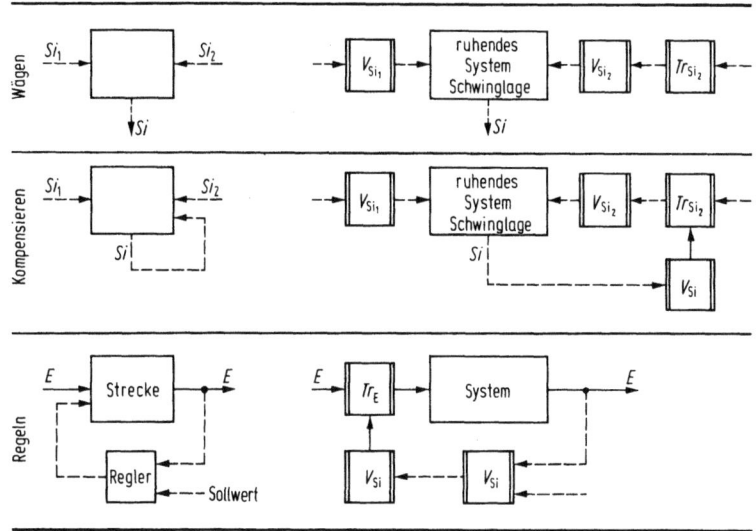

Abb.2.1.2/57. Physikalischer WZH, benannte Systeme

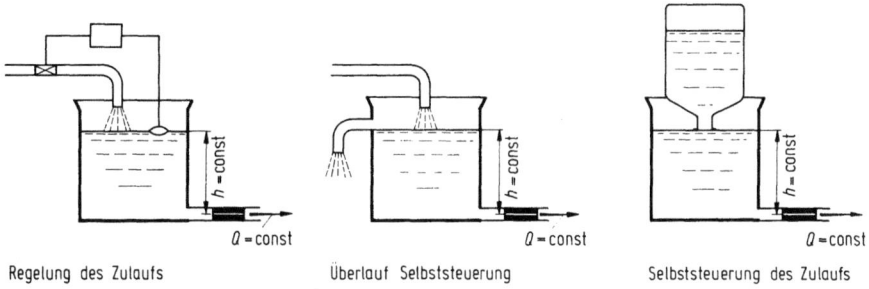

Abb.2.1.2/58. Spiegelhaltung in Flüssigkeitsgefäß

Abb.2.1.2/59. zeigt die Temperaturhaltung in einem Metallkörper, der mit einer elektrischen Widerstandsheizung versehen ist. In diesem Falle wird die Temperatur gemessen und über einen Widerstand der Heizstrom eingestellt. Durch Störeinflüsse ergeben sich Temperaturschwankungen, die man in Grenzen halten kann, wenn man eine Regelung vorsieht. In diesem Fall wird die Bewegung des Zeigers eines Drehspulinstruments von einem sich auf- und abbewegenden Bügel, Fallbügel genannt, abgetastet. In einer bestimmten Stellung beim Unterschreiten der Solltemperatur wird ein elektrischer Schalter betätigt, der die Heizung wieder einschaltet, wenn die Temperatur des Metallblocks eine bestimmte einstellbare Höhe unterschreitet.

Man kann nun fragen, auf welche Weise eine Konstanthaltung mit physikalischer Selbststeuerung des Systems möglich ist. Das zeigt die dritte Figur in

Abb.2.1.2/59. Führt man mehr elektrische Energie und damit Wärme zu als zur Einhaltung der gewünschten Temperatur benötigt wird, dann läßt sich diese Überschußwärmemenge entfernen, wenn man sie zum Verdampfen einer Flüssigkeit benutzt, die bei der gewünschten Einstelltemperatur siedet. Durch Veränderung des Drucks im Siedemantel kann man in einem bestimmten Bereich diese Temperatur verstellen. Der Dampf wird in dem gezeichneten Kühler niedergeschlagen und auf diese Weise selbst die Überschußwärme abgeführt. Es bildet sich im Kühler eine Phasengrenze Dampf-Luft. Sie wandert je nach der

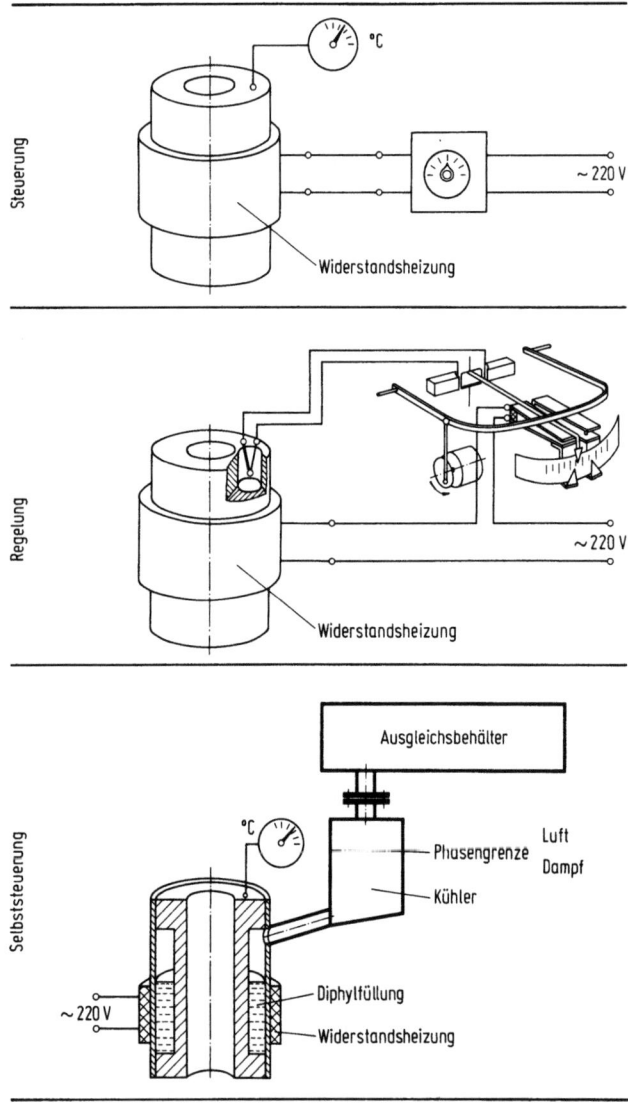

Abb.2.1.2/59. Temperaturhaltung in geheiztem Metallblock

2.1 Festlegen der wesentlichen Merkmale 129

für die Wärmeabfuhr benötigten Kühlflächengröße nach oben oder unten. Damit würden sich Druckschwankungen und auch Temperaturschwankungen ergeben. Deshalb ist ein genügend großer Ausgleichsbehälter für den Druck vorgesehen. Der Fortfall bewegter Teile wie des Fallbügels im Regler ist ein Vorteil für Anlagen, bei denen es auf hohe Betriebssicherheit ankommt.

Ein ähnliches Problem stellt die Anpassung der Zufuhr von festen Kunststoffschnitzeln in einem Schmelzgefäß dar, aus dem über eine Zahnradpumpe eine konstante Menge Schmelze laufend abgeführt wird (Abb.2.1.2/60.).

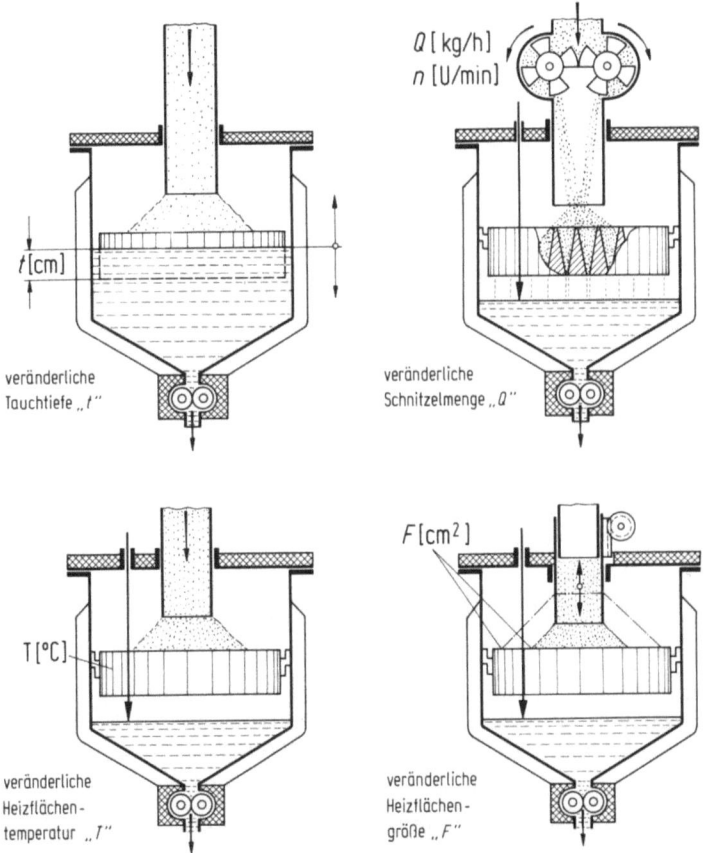

Abb.2.1.2/60. Spiegelhaltung in Schmelzgefäß

Um den Schmelzzufluß mit der konstanten Abflußmenge in Übereinstimmung zu bringen, muß das Niveau im Schmelzgefäß konstant gehalten werden. Das kann durch Messung des Niveaus geschehen. Der Meßwert wird benutzt, um entweder eine Schnitzeldosiereinrichtung und damit die Schnitzelmenge, die

Heizflächentemperatur oder die Heizflächengröße durch Veränderung des Schüttwinkels zu verstellen. Eine andere Möglichkeit ist die Konstanthaltung der Schmelzemenge dadurch, daß man die Schmelzfläche in die Schmelze selbst eintauchen läßt und damit die Schmelzfläche vergrößert oder verkleinert.

Das Prinzip, das es zu verfolgen gilt, ist noch einmal detaillierter am Beispiel dieser Niveauhaltung im Schmelzgefäß und in einem Extruder dargestellt (Abb.2.1.2/61.). Es kommt auf die Kennlinien der physikalischen Vorgänge an: Bei der Niveauhaltung in dem Schmelzgefäß wirken folgende Effekte zusammen: Mit größer werdender Schmelzfläche F wird die Schmelzemenge Q_s größer und umgekehrt, wie das in dem Diagramm dargestellt ist. Mit steigendem Flüssigkeitsspiegel wird die Schmelzefläche kleiner und umgekehrt. Bei konstanter Abnahme der Schmelze durch eine Zahnradpumpe ergibt sich ein Betriebspunkt, weil der steigende Spiegel als Drosselung für die Schmelzemenge dient.

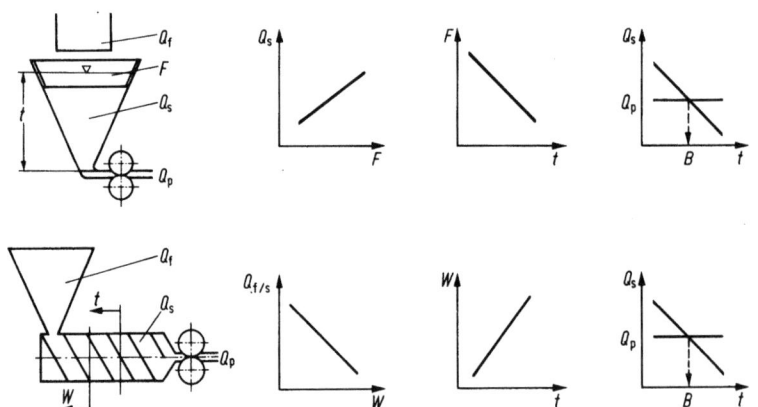

Abb.2.1.2/61. Konstanthaltungen und Kennlinien der physikalischen Effekte (Q_f Feststoffmenge; Q_s Schmelzmenge; Q_p Pumpenmenge; F Schmelzfläche; W Förderwiderstand; t Spiegelhöhe; B Betriebspunkt)

Nicht viel anders ist es bei dem Extruder. Eine größere Feststoffmenge erfährt beim Eintritt in den Extruder in der Schmelzzone einen größeren Widerstand, denn der Schmelzespiegel hat das Bestreben, in die kalte Eingangszone des Extruders einzutreten und an der kalten Wand anzufrieren. Dem steigenden Schmelzespiegel entspricht also ein steigender Widerstand für die Feststoffförderung. Bei konstanter Abnahme der Schmelze durch eine Zahnradpumpe wird wieder die Bedingung erfüllt, daß mit steigendem Spiegel die Schmelzemenge zurückgeht. Das ist nicht von selbst der Fall. Durch konstruktive Maß-

2.1 Festlegen der wesentlichen Merkmale   131

nahmen muß eine Änderung der Fördercharakteristik der Schneckengänge erzielt werden, wie das in Abb.2.1.2/62. dargestellt ist. Denn benötigt wird eine fallende Charakteristik, die hier durch Hinterschneiden der Schneckengänge erzielt wurde. Die Ausführung zeigt Abb.2.1.2/63.

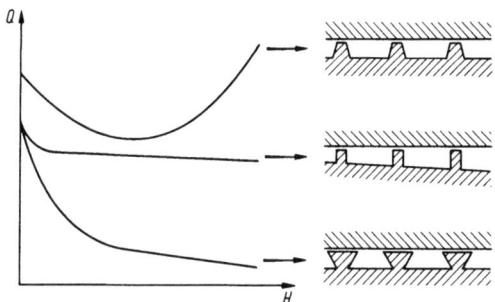

Abb.2.1.2/62. Förderung fester Kunststoffschnitzel; Menge Q in Abhängigkeit vom Gegendruck

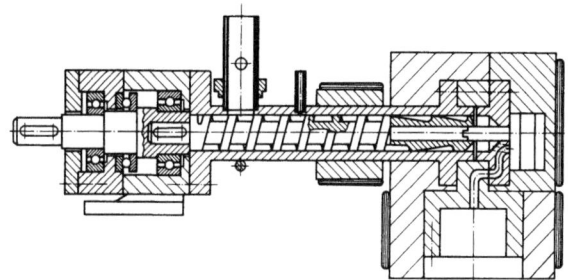

Abb.2.1.2/63. Schmelzer mit hinterschnittenen Gängen und Zahnradpumpe

Mit diesen Beispielen soll auf die prinzipiellen Möglichkeiten zu einer Vereinfachung von Strukturen hingewiesen werden, die bezüglich des Austausches der Regler durch Konstanthaltungen in [4] näher untersucht werden.

Nach der Kenntnis der physikalischen Systeme ist zu verstehen, daß ganze Maschinen oder Geräte auch den Charakter von physikalischen Systemen haben müssen. Sie stellen insgesamt gesehen physikalische Apparate dar. Deshalb sind auch von diesem Standpunkt aus einige allgemeine Aussagen möglich [90]. Zu unterscheiden sind die physikalische Bauregel der Maschine und ihre physikalischen Eigenschaften.

Die physikalische Bauregel bezieht sich auf eine aktive Raumabmessung, die Abmessung des für die Wirkung der Maschine maßgeblichen Teiles. Diese Teile sind meist als rotierende Zylinder oder hin- und hergehende Kolben darzustellen. Das Volumen der Maschine läßt sich dann als mathematische Funktion des zurückgelegten Maschinenweges s ausdrücken. Die physikalischen Eigenschaften einer Maschine werden durch die Leistungsaufnahme oder -abgabe L und die Bewegungsgeschwindigkeit n des raumerfüllenden Maschinenorgans gekennzeichnet.

Dann ist das aktive Bauvolumen $ns = f(s)$, die Leistungsaufnahme oder -abgabe $nf(s) = L$. Damit läßt sich eine Leistungs-Drehzahl-Beziehung angeben in der Form $f(L,n) = 0$. Die Leistungs-Drehzahl-Beziehung kann man als Potenzgesetz in der Form $Ln^x = C$ schreiben. Darin ist $C = n_e^x$ die sog. spezifische Drehzahl, bezogen auf die Leistung L und die Drehzahl 1. Das ergibt eine kennzeichnende Vergleichsmöglichkeit von Baureihen eines Maschinentyps [46].

Dafür sei als Beispiel ohne nähere Ableitung die Wassertubine genannt. Die Leistungs-Drehzahl-Beziehung der Wasserturbine lautet $Ln^2 = n_s^2 h^{5/2}$. Darin ist h die umzusetzende geodätische Wasserhöhe, n_s die spezifische Drehzahl [25]. Die spezifische Drehzahl ist charakteristisch für die Bauart und abhängig von der Maschinengröße. So weisen Pelton-Turbinen (Gleichdruckturbinen) eine spezifische Drehzahl von 10 bis 50, Francis-Turbinen (Überdruckturbinen) eine solche von 50 bis 500 und Kaplan-Turbinen eine solche von 500 bis 1000 auf.

Nur bei den Wassertubinen lernt man diese allgemeinen Betrachtungen im Maschinenbau kennen, die sich aber auf alle Maschinen, nämlich Arbeitsmaschinen, Transportmaschinen, Elektrogeneratoren und -motoren übertragen lassen.

Sieht man die Maschinen als physikalische Systeme an, kann man eine Übersicht über das Betriebsverhalten gewinnen. Im Betriebszustand stellen die Maschinen stationäre physikalische Systeme dar, im An- oder Auslauf nichtstationäre Systeme. Die Maschinen lassen sich dann, wie in Abb.2.1.2/64. dargestellt, charakterisieren durch eine Drehmoment-Drehzahl-Beziehung, eine Wirkungsgrad-Leistungs-Beziehung für den stationären Betrieb, einen Anfahr-, einen Abstell-, und einen Belastungssprungverlauf sowie periodische Schwankungen des Drehmoments in Abhängigkeit von der Zeit oder dem von den Maschinenteilen zurückgelegten Weg.

Solche Verläufe sind in den einzelnen Kurven dargestellt. Sie können durch Rechnungen oder experimentell bestimmt werden. Dieselben experimentellen Untersuchungen werden auch an Meßgeräten und Reglern durchgeführt. Auf die Konstruktion haben diese Dinge oft einen entscheidenden Einfluß, da ja bestimm-

2.1 Festlegen der wesentlichen Merkmale   133

te Forderungen bezüglich des zeitlichen Verhaltens der Systeme vom Gebrauch der Maschine her gestellt werden. Als Beispiel sei nur die Beschleunigungszeit von Verbrennungsturbinen für Flugzeuge oder die Stabilität von Reglern bei Belastungsänderungen angeführt [104].

Auch die Betriebsanlagen und Maschinen des Stoffumsatzes lassen sich als Stoffsystem oder Fertigungssystem ansehen. Dazu gehören die Verarbeitungsprozesse der mechanischen Fertigung, die Prozeßsysteme der verfahrenstechnischen Fertigung, wie sie zur Übersicht in Tab.2.1.2/17. zusammengestellt sind.

In jeder Stufe der Fertigungsprozesse werden Maschinen benötigt, die unabhängig vom Verfahren auf die dargestellte Weise entwickelt werden können, wie das auch am Institut des Autors durchgeführte Arbeiten zeigen. An dieser

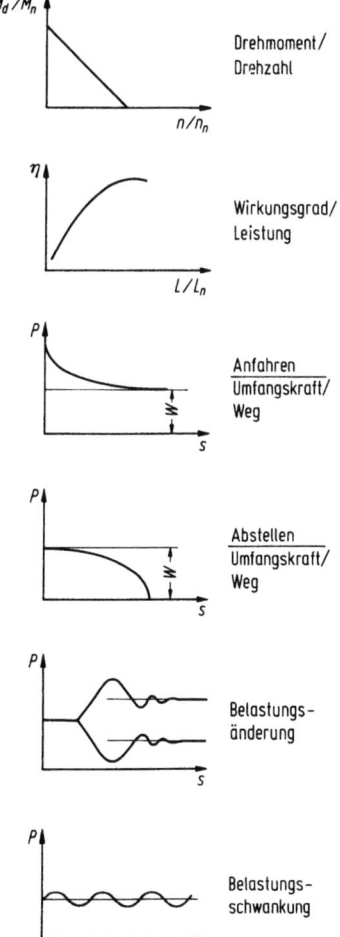

Abb.2.1.2/64. Betriebsverhalten der Maschinen

Tabelle 2.1.2/17. Fertigungsverfahren

Verfahrensarten	maschinentechnische verfahrenstechnische textiltechnische biologische } Fertigungen				

Fertigungsverfahren als Verfahren des Stoffumsatzes

Verfahren zu Gewinnung/Herstellung von

Produkte	Metallen	Kunststoffen	Textilien	Nahrungsmitteln	
Grundstoffe	Erz	Öl	Baumwollplantage	Gedüngter Aufbereiteter } Acker- boden	
Aufgearbeitete Grundstoffe	Stahl	Äthylen	Baumwolle	Saat	
Vorprodukte Halbzeuge	Profilmaterial Blech	Polymerisat- granulat	Garn	Hafer	
Zwischenprodukte	Fahrzeugrahmen	Staubsauger- gehäuse	Gewebe	Haferflocken	
Fertigprodukte	Kraftfahrzeug	Staubsauger	Hemd	Abgewogene Verpackte } Hafer- flocken	

Fertigungsverfahren der "mechanischen" Fertigung

	mechanisch	physikalisch	chemisch	physikalisch/chemisch
Vereinigen	Fügen	Reibschweißen Inchromieren	Polymerisierender Kleber	Galvanische Überzüge
Trennen	Zerspanen	Schneidbrennen Elektroerosion	Ätzen	Elektrolytisch Polieren
Führen	Spanlos Formen	Gießen	Schäumen	Elektrolytkupfer herstellen

2.1 Festlegen der wesentlichen Merkmale   135

Stelle kann auch nur der Anschluß an Transportsysteme angedeutet werden, mit denen die Lagerung und Förderung von Stoffen vorgenommen werden.

2.1.2.5 Vorgehensweise bei der Festlegung des physikalischen Wirkzusammenhangs

Gegeben:
Schaltplan der logischen Struktur in Black-Box-Darstellung; eventuell Angaben über physikalische Forderungen.

Gesucht:
Physikalischer WZH: Jede Realisierung einer Funktion oder eines Zweckes einer Maschine ist an einen Energie- oder Stoffumsatz gebunden. Die Eigenschaften oder Eigenschaftsänderungen der Energie oder des Stoffes werden durch Meßgrößen wiedergegeben, die Signale darstellen. Der Energie-, Stoff- und Signalumsatz stellt ein physikalisches Geschehen mit bestimmten Einflußgrößen dar. Die ursächliche Verknüpfung eines Einflußgrößenpaares bezeichnet man als einen physikalischen Effekt, den man zur Erfüllung der meist drei logischen Funktionen verwenden kann. Ein Effekt mit einer dieser bestimmten Funktionen stellt einen physikalischen WZH zwischen Ein- und Ausgang einer Maschine dar. Das gleiche gilt vom physikalischen System.

Lösungsweg:
Zusammenstellung der festzulegenden physikalischen Merkmale (Tab. 2.1.2/18.):
   Umsatzarten; Effekte und Kennlinien; Systeme und Zeitverhalten.

Tabelle 2.1.2/18. Festzulegende Merkmale eines physikalischen WZH

Physikalischer WZH bezogen auf Energie-, Stoff- und Signalumsatz

Physikalischer Effekt für einen gegebenen logischen WZH

   Stellgröße
   Folgegröße
   Einstellgröße als Kompensationsgröße
   Quantitätsmaß (als Auslegedaten)
   Qualitätsmaß (als Auslegedaten)
   Übergangsverhalten (Kennlinie)

Physikalisches System für einen gegebenen logischen WZH

   Eingangsgrößen
   Ausgangsgrößen
   Übergangsverhalten
   Zeitverhalten
   Systemart

Festlegung der Merkmale (Tab.2.1.2/19.):
Die Einschränkung des Suchfeldes ergibt sich durch physikalische Forderungen und Angaben, die erfüllt werden müssen.

Tabelle 2.1.2/19. Mittel zur Festlegung eines physikalischen WZH

Physikalische Effekte	Physikalische Systeme
mechanische–Effekte	ruhende in ruhenden Bezugssystemen
hydraulische–Effekte	ruhende in bewegten Bezugssystemen
pneumatische–Effekte	bewegte in ruhenden Bezugssystemen
elektrische–Effekte	bewegte in bewegten Bezugssystemen
magnetische–Effekte	beschleunigte und verzögerte–Systeme
optische–Effekte	zusammenstoßende–Systeme
thermische–Effekte	gekoppelte–Systeme

Zum Erzielen eines gewünschten Ein- oder Ausganges eines Systems kann es notwendig sein, mehrere Effekte miteinander zu verketten.

Eine weitere Anpassung an die Forderungen stellt die Festlegung der Übergangskennlinien oder des Übergangszeitverhaltens dar. Die Kennlinien können durch Wahl der geeigneten Stoffgrößen und physikalischen Größen des Effektes und durch konstruktive Maßnahmen bei der Ausführung der geometrischen und Randbedingungen beeinflußt werden.

Ein oft notwendiger Schritt ist die Abklärung eines nur qualitativ angenommenen physikalischen Geschehens durch Messung und Experiment (Tab. 2.1.2/20. bis 2.1.2/23. und Abb.2.1.2/65.).

Tabelle 2.1.2/20. Eigenschaftsmerkmale physikalischer Effekte

Effektart: Wirk-, Leit-, Hemmeffekte

Einflußgrößen

    Zahl
    Gruppen (dimensionslose Kennziffern)
    Typ: skalare/vektorielle Größen
    Beeinflussung durch Wahl, Konstanthalten oder Veränderlichmachen von Stoff-, geometrischen und physikalischen Größen, Randbedingungen, Parallel/Serienschaltung
    Unterdrückung der Störgrößen

Übergangsverhalten (Kennlinie)

    physikalisches Gesetz ⎫
    empirischer Zusammenhang ⎬ Wirkgröße

    Umkehrbarkeit ⎫   Eigenschaftsänderung,
    Kennlinie (Ist) ⎬   Wirkungsgrad (Energieumsatz)
    dynamisches Verhalten (Zeitverhalten) ⎭   Ausbeute (Stoffumsatz)
    Güte des Zusammenhanges

2.1 Festlegen der wesentlichen Merkmale

Tabelle 2.1.2/21. Eigenschaftsmerkmale physikalischer Systeme (mechanische Systeme des Energieumsatzes)

Einflußgrößen	Zeitverhalten
Bewegungsbahn (Richtung, geführte Bahn, freie Bahn)	Beharrungsverhalten
Bewegungsform (gleichförmige Geschwindigkeit, gleichförmige Beschleunigung, Übergänge)	Folgeverhalten zwischen Eingang-Ausgang
Speicher (statischer Speicher, dynamischer Speicher (Massen)	Frequenzgang bei sin-förmigen Eingangsschwankungen
Energie (potentielle Energie, kinetische Energie)	Sprungantwort
	Impulsantwort
	Anstiegantwort

Tabelle 2.1.2/22. Eigenschaftsmerkmale der Stoffsysteme

Verarbeitungsprozesse (mechanische Fertigung)

  Fügende Prozesse (Schweissen, Kleben)
  Trennprozesse (Zerspanen, Zerkleinern, Zerteilen)
  Formgebende Prozesse (Urformen, Umformen)

Prozeßsysteme (verfahrenstechnische Fertigung)

  Reaktionsprozesse
    Zahl der Stoffe
    Zustandsbedingungen (Wand/Inneres: Druck/Temperatur)
    Strömungen
      Diffusion
      laminar
      turbulent
    Phasen
    Phasengrenzen
    Reaktionsgesetz
      Gleichgewicht
      endotherme/exotherme Reaktion (Koppeln, Spalten (Trennen), Führen (Energieaustausch)
    Verweilzeit und Verweilzeitverteilung
    Schaltung, Stufen
    Betrieb (diskontinuierlich, kontinuierlich)

Transportsysteme

  mechanische Transportsysteme (Manipulatoren)

  fluidische Transportsysteme

Tabelle 2.1.2/23. Gewinnung von Informationen über das physikalische Geschehen

Aus Messungen	Aus Experimenten

Laufzeiten/Unterbrechungen Betrieb von Maschinen
Leistungs-/Mengenmessungen
Verbrauchte Stoffe/Verluste
Energie-/Stoffbilanzen
Statistiken
  der Größen selbst
  der Zusammenhänge (Korrelationen) zwischen Größen
  der Fehler
	Versuche unter Betriebsbedingungen
	  Einflußgrößen oder Einflußgrößengruppen als Veränderliche
	  Leitanlage (Pilot Plant) Prototyp
	Versuche abweichend von den Betriebsbedingungen
	  Unterdrückung von Nebeneinflußgrößen der Betriebsbedingungen, veredelter Betriebsfall
	  Anwendung von physikalischen Modellen (z.B. Windkanal)
	  Anwendung von mathematischen Modellen (z.B. Analogrechner)

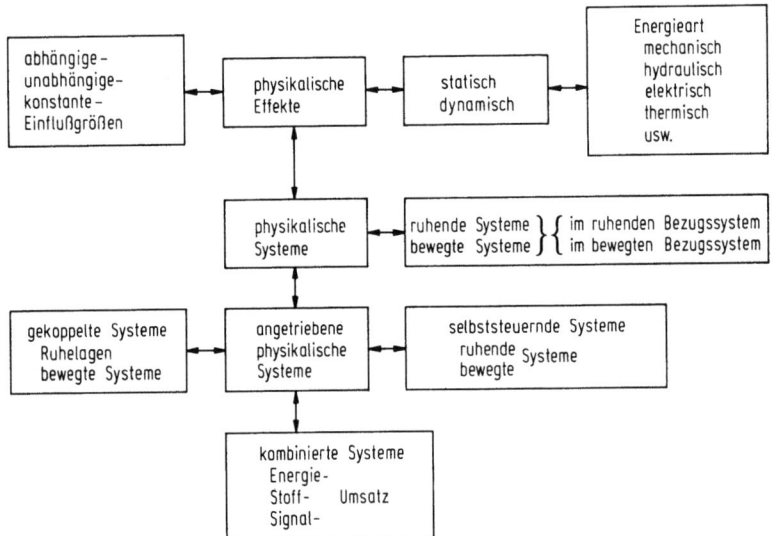

Abb. 2.1.2/65. Übersicht über die Möglichkeiten zur Festlegung physikalischen Geschehens

Ergebnis: Lösungen für den verlangten WZH.

Auswahl der einfachsten Lösung

Die einfachste Lösung ist der wirkungsvollste Effekt in einer Energieart, die verfügbar ist. Bei den ruhenden Systemen ist das einfachste System die Schlaglage, bei den bewegten Systemen die Schwinglage (siehe Kriterien). Die Lösung

2.1 Festlegen der wesentlichen Merkmale

wird als Skizze des physikalischen WZH mit schematisch dargestellten Wirkflächen und Wirkbewegungen dargestellt.

2.1.2.6 Übungsaufgaben (Lösungen auf S. 310)

Aufgabe 2.1.2/1
Benenne die physikalischen, geometrischen, stofflichen Einflußgrößen und die Randbedingungen des physikalischen Effektes "einseitig eingespannter Biegestab".
Einstieg: Text S. 87, Tab.2.1.2/2 und S. 137, Abb.2.1.2/66.
Zweck: Erkennen der Möglichkeiten, Stell- und Folgegrößen auszuwählen und sie veränderlich zu machen.

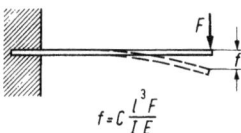

Abb.2.1.2/66. Physikalischer Effekt "Biegebalken" (einseitig eingespannt)

Aufgabe 2.1.2/2
Verwende den physikalischen Effekt "Biegung" zu den Grundfunktionen bzw. skizziere die entsprechenden WZH.
Einstieg: Text S. 112, Abb.2.1.2/36.
Zweck: Kennenlernen des Überganges vom physikalischen Effekt zu einem physikalischen WZH.

Aufgabe 2.1.2/3
Verwende den physikalischen Effekt "Biegestab" zur Bildung von ruhenden physikalischen Systemen.
Einstieg: Text S. 98, Abb.2.1.2/20.
Zweck: Erkennen, unter welchen Voraussetzungen sich physikalische Systeme ausbilden lassen.

Aufgabe 2.1.2/4
Verwende ein Schwingsystem als physikalischen WZH für die drei logischen Grundfunktionen.
Einstieg: Auch die physikalischen Systeme sind auf ihre Brauchbarkeit für WZH zu untersuchen. Text S. 120, Abb.2.1.2/50.
Zweck: Kenntnis der technischen Anwendung physikalischer Systeme.

Aufgabe 2.1.2/5
Stelle die physikalischen WZH dar, die einer Fahrzeugfeder in Form eines Biegestabes zugrundegelegt werden können, um die Zuladung im Fahrzeug über ein Stellglied auszugleichen. Welche Einflußgrößen lassen sich als Stellgrößen verwenden?
Einstieg: Text S. 111, Abb.2.1.2/34.
Zweck: Ergänzen des hydraulischen Beispiels einer Kapillare durch ein mechanisches Beispiel.

2.1.3 Festlegen des konstruktiven Wirkzusammenhangs

2.1.3.1 Erläuterung dieses Zieles

Bei der Festlegung des konstruktiven WZH wird vom physikalischen WZH ausgegangen, der meist in Form einer Skizze vorliegt und folgende Angaben enthält: den logischen WZH bzw. den Ein- und Ausgang als logische Angabe, die Stell- und Folgegröße bzw. den Effekt oder das System als physikalische Angabe. Dieser physikalische WZH soll in einer geeigneten Vorrichtung oder Maschine, einem Apparat oder Gerät realisiert werden. Außerdem sind eine Reihe von Forderungen zu erfüllen, die direkt in der Aufgabenstellung enthalten sind und den konstruktiven WZH betreffen.

Der konstruktive WZH ergibt sich aus der Wahl einer oder mehrerer für das Erzwingen des physikalischen Geschehens notwendiger Wirkflächen und Wirkbewegungen. Diese sind zum Teil in der Angabe des physikalischen WZH vorweggenommen. Es sind die wesentlichen Merkmale des Wirkortes, die Wirkfläche und Wirkbewegung, unter Berücksichtigung einer Reihe von Abwandlungsmöglichkeiten festzulegen. Unter den Varianten ist dann eine möglichst einfache auszuwählen, die den Kriterien genügt.

2.1.3.2 Leitbeispiele

Drahtziehmaschine

Erstes Ziel ist das Festlegen des konstruktiven WZH "Drahtklemme". Der physikalische WZH enthält für die Konstruktion die folgenden Angaben: Wirkfläche ruhend (Abmessungen liegen fest), Wirkbewegung entfällt (Berücksichtigung der Durchmesseränderung).

Für die Ausbildung der Klemme können folgende Variationen durchgeführt werden:
Variation des Koppelgliedes: Kraft-, Kreis- und Formschluß (Abb.2.1.3/1.);

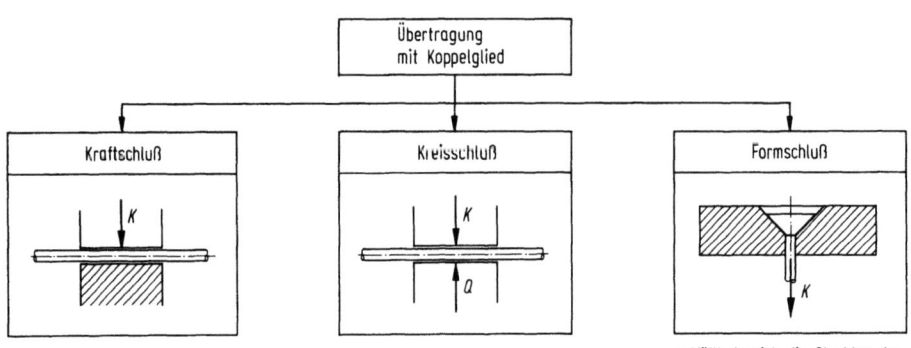

Abb.2.1.3/1. Variation des Koppelgliedes

2.1 Festlegen der wesentlichen Merkmale

Variation des Kraftschlusses: Klemme, Spannhülse (Abb.2.1.3/2.);
Variation des Kreisschlusses (Abb.2.1.3/3.):
  Getriebe zur Ableitung der Anpresskraft aus der Zugkraft:
  Lenkergetriebe (Abb.2.1.3/4.), Gleitgetriebe (Abb.2.1.3/5.), Wälzgetriebe (Abb.2.1.3/6.);

Wahl des gleichen Herstellungsverfahrens für verschiedene Klemmgetriebe (Abb.2.1.3/7.);

Wahl verschiedener Herstellverfahren für das gleiche Klemmgetriebe (Abb.2.1.3/8.).

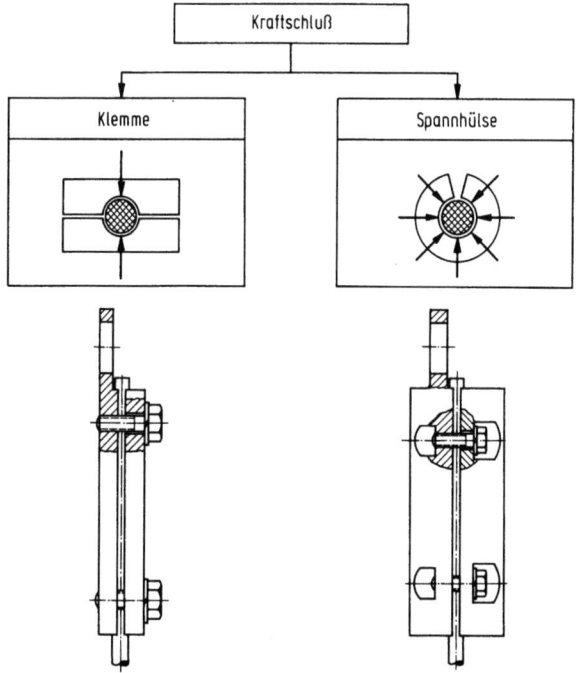

Abb.2.1.3/2. Koppelglieder mit Kraftschluß

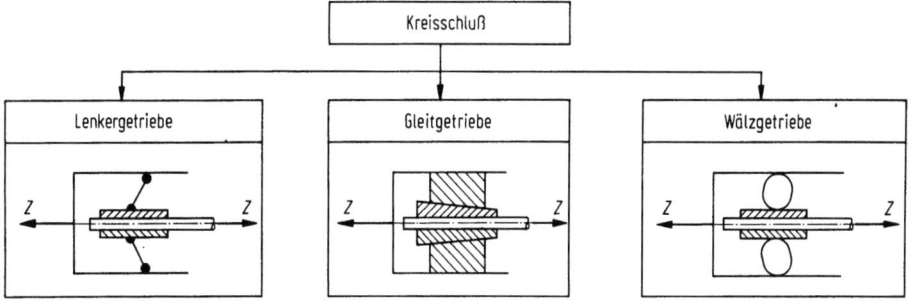

Abb.2.1.3/3. Koppelglieder mit Kreisschluß; Variation der Getriebeanordnung

142   2. Methodisches Konstruieren

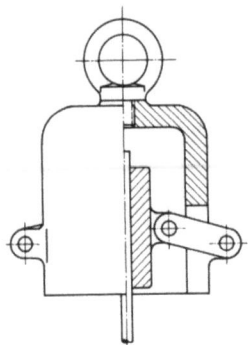

Abb. 2.1.3/4. Lenkergetriebe

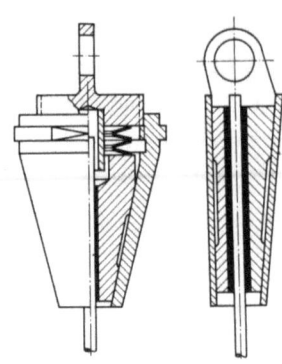

Abb. 2.1.3/5. Gleitgetriebe

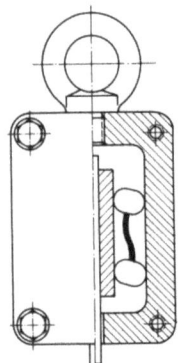

Abb. 2.1.3/6. Wälzgetriebe

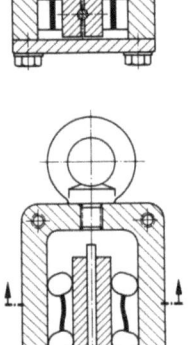
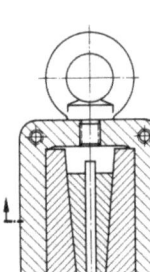
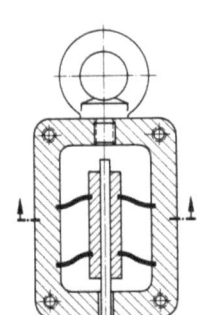

Abb. 2.1.3/7. Gleiches Herstellverfahren für verschiedene Klemmgetriebe

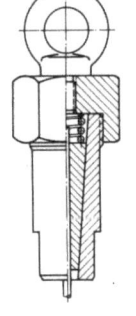
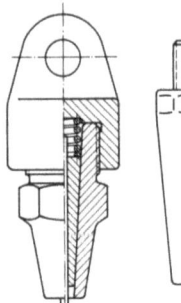

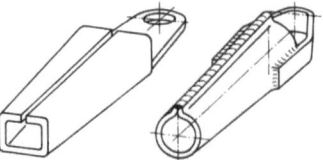

Abb. 2.1.3/8. Verschiedene Herstellverfahren für das gleiche Klemmgetriebe

2.1 Festlegen der wesentlichen Merkmale

Zweites Ziel ist das Festlegen des konstruktiven WZH "Ziehmaschine". Die Komponenten, aus denen sich die Ziehmaschine zusammensetzt, sind: die Ziehdüse mit den Wirkflächen (Abb.2.1.3/9.): Führungsfläche, Arbeitsflä-

Verfahren	Konstruktionsmerkmale (Vorrichtungsmerkmale)	

Stoffumsatz
Leitung
Stoffführung
	Wirkflächen
	  Einlauffläche
	  Arbeitsfläche
	  Führungsfläche
	  Auslauffläche
		E A F Au

Energieumsatz Sperrung Gegenkraft	Kinematik ruhende Wirkflächen	

Abb.2.1.3/9. Wirkflächen Ziehdüse

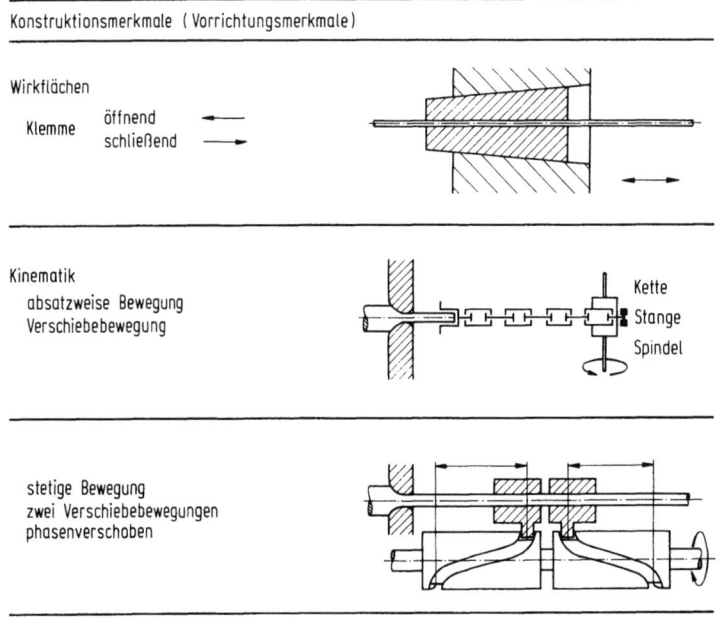

Konstruktionsmerkmale (Vorrichtungsmerkmale)	

Wirkflächen
  Klemme öffnend ←
              schließend →	

Kinematik
  absatzweise Bewegung
  Verschiebebewegung
	Kette
	Stange
	Spindel

stetige Bewegung zwei Verschiebebewegungen phasenverschoben	

Abb.2.1.3/10. Wirkfläche und Kinematik der Ziehvorrichtung

che, Einlauffläche, Auslauffläche (mit Rücksicht auf das Herstellungsverfahren: Sicherung gegen Ausbrechen der Austrittskante);

die Klemme und der Klemmantrieb (Abb.2.1.3/10.);

für den Klemmantrieb können eine absatzweise Verschiebebewegung bzw. zwei phasenverschobene Verschiebebewegungen verwendet werden, mit denen eine stetige Bewegung des Materials erzielt wird;

das Gestell der Maschine (Abb.2.1.3/11.) unter Verwendung von zwei Antriebstrommeln für die phasenverschobenen Verschiebebewegungen;

das Meßgerät der Ziehkraft nach Abb.2.1.3/12.

Zur vollständigen Konstruktion gehören der Antrieb über einen Motor und ein Getriebe zur Herabsetzung der Drehzahl.

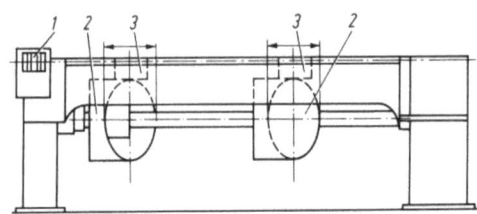

Abb.2.1.3/11. Gestell Ziehmaschine. 1 Zieheisen; 2 Kurventrommeln zur Klemmenverschiebung; 3 schaltbare Klemmen

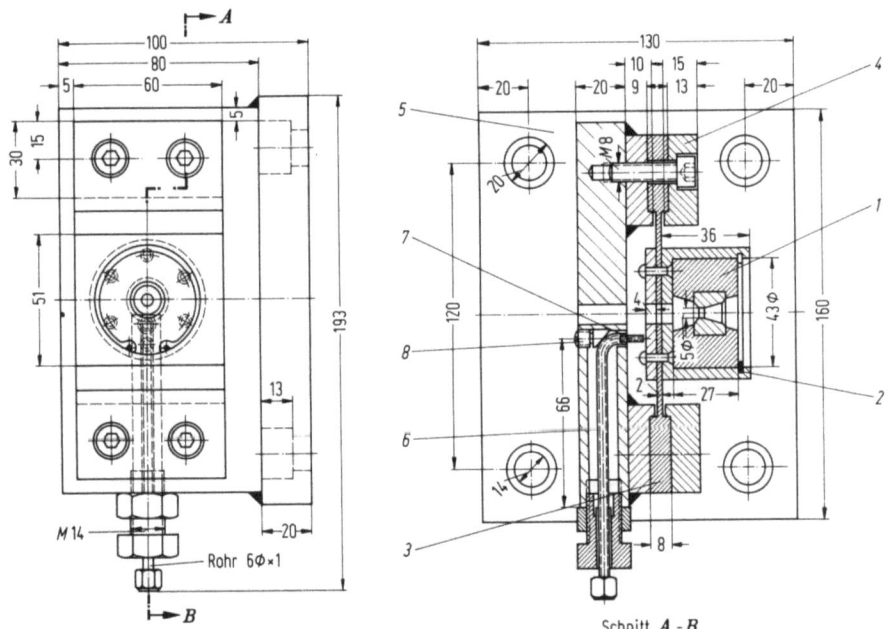

Abb.2.1.3/12. Ziehkraftmeßgerät. 1 Ziehdüse; 2 Ziehdüsenfassung; 3 rechteckiger Biegestab; 4 Einspannung Biegestab; 5 Gestell der Meßvorrichtung; 6 Luftzuleitung; 7 Abtastdüse; 8 Stellvorrichtung für Luftdüse

2.1 Festlegen der wesentlichen Merkmale

Schneidmaschine für Faser: [82]

Der physikalische WZH enthält für die Konstruktion die Angaben: ziehender Schnitt (Abb.2.1.2/4H.), Halten in Kämmen (Abb.2.1.2/8B.). Benötigt werden außerdem die Angaben des logischen WZH (Abb.2.1.1/3.).

Festlegung der Wirkflächen:

Gesichtspunkte: ausgegangen wird von der einfachsten Wirkfläche, der "Drehfläche";

Faserzufuhr: Walzenpaar;

Faserhalterung: Kämme;

Schnittfläche: Rundmesser mit experimentell bestimmtem Schneidenwinkel und experimentell bestimmter Schartigkeit;

Faserabfuhr der Schnitte: Ablage auf Transportband.

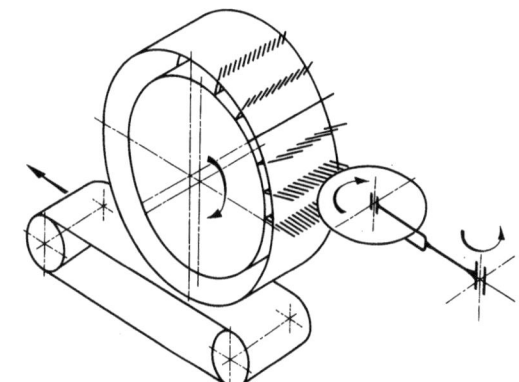

Nadelanordnung auf zylindrischer Fläche
Nadelbewegung: Drehbewegung

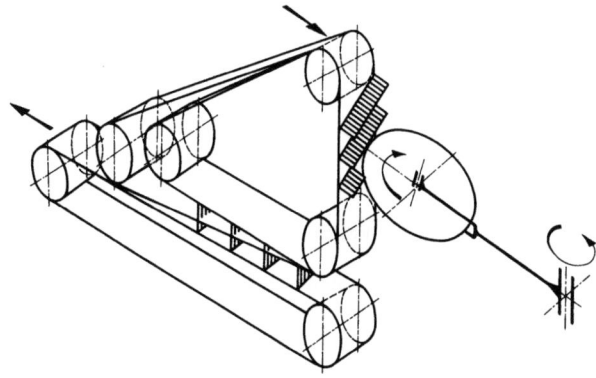

Nadelanordnung in ebener Fläche
Nadelbewegung: Fließbewegung

Abb.2.1.3/13. Prinzipvorrichtungen (Halten, Transport)

Festlegung der Wirkbewegungen:
Faserzufuhr: Drehbewegung;
Faser: Faserhalterung auf Trommel mit Drehbewegung (Abb.2.1.3/13.);
Kämme: relativ ruhend zur Faser beim Schnitt: Drehbewegung der Kämme mit Trommel; Einstechen der Nadeln in die Faser und Zurückziehen der Nadeln aus der Faser: Verschiebebewegung der Kämme relativ zur Faser (Abb.2.3.1/14.);
Schnittfläche: Drehbewegung ⎫ die Kombination ergibt eine Planetenbewe-
Schneidmesser: Drehbewegung ⎭ gung des Messers (Abb.2.1.3/15.);
Kombination der Kammbewegung und Schneidenbewegung;
Kombination der Faserabnahme, der Trommel mit Kämmen und der Schneide.

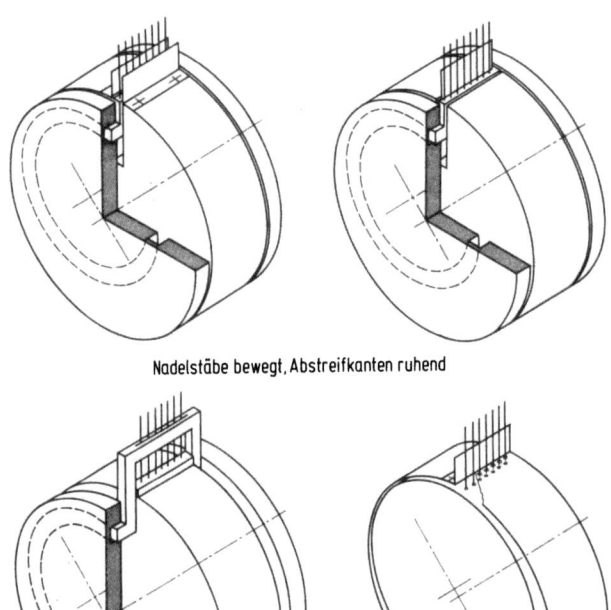

Nadelstäbe bewegt, Abstreifkanten ruhend

Abstreifkanten bewegt, Nadelstäbe ruhend (kinematische Umkehr)

Abb.2.1.3/14. Abstreifen der Fasern

Ausführung:
Schneidvorrichtung (Abb.2.1.3/16.);
Nadelwalze (Abb.2.1.3/17.);
Vervollständigung des Kernsystems durch Antriebe (Abb.2.1.3/18.).

2.1 Festlegen der wesentlichen Merkmale   147

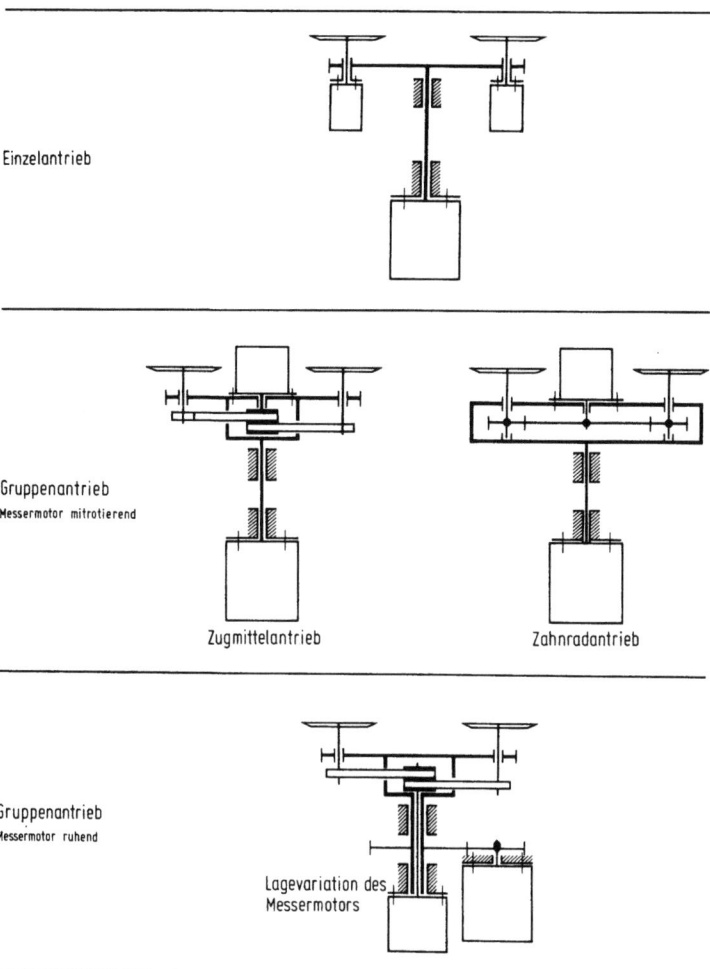

Abb. 2.1.3/15. Schneidenantrieb

2.1.3.3 Forderungen und festzulegende Merkmale

Realisation eines physikalischen WZH heißt Erzwingen eines bestimmten physikalischen Geschehens an einem Wirkort. In den Angaben über den physikalischen WZH sind enthalten die logische Funktion, der physikalische Bereich (Energie- oder Stoffumsatz), die physikalische Funktion (Wirkung und Gegenwirkung), Flächen und Bewegungen. Um ein Beispiel für solche Angaben anzuführen: Steuernocken mit der logischen Funktion eines Schaltgliedes, der physikalischen Funktion "Kraftübertragung von einer Fläche auf eine Gegenfläche" und einer Wirkbewegung in Form eines Hubes.

Konstruktiv festzulegen sind ein Wirkflächenpaar für die Durchführung eines Energieumsatzes oder Wirkflächen einwirkend auf einen Stoff, ferner der Be-

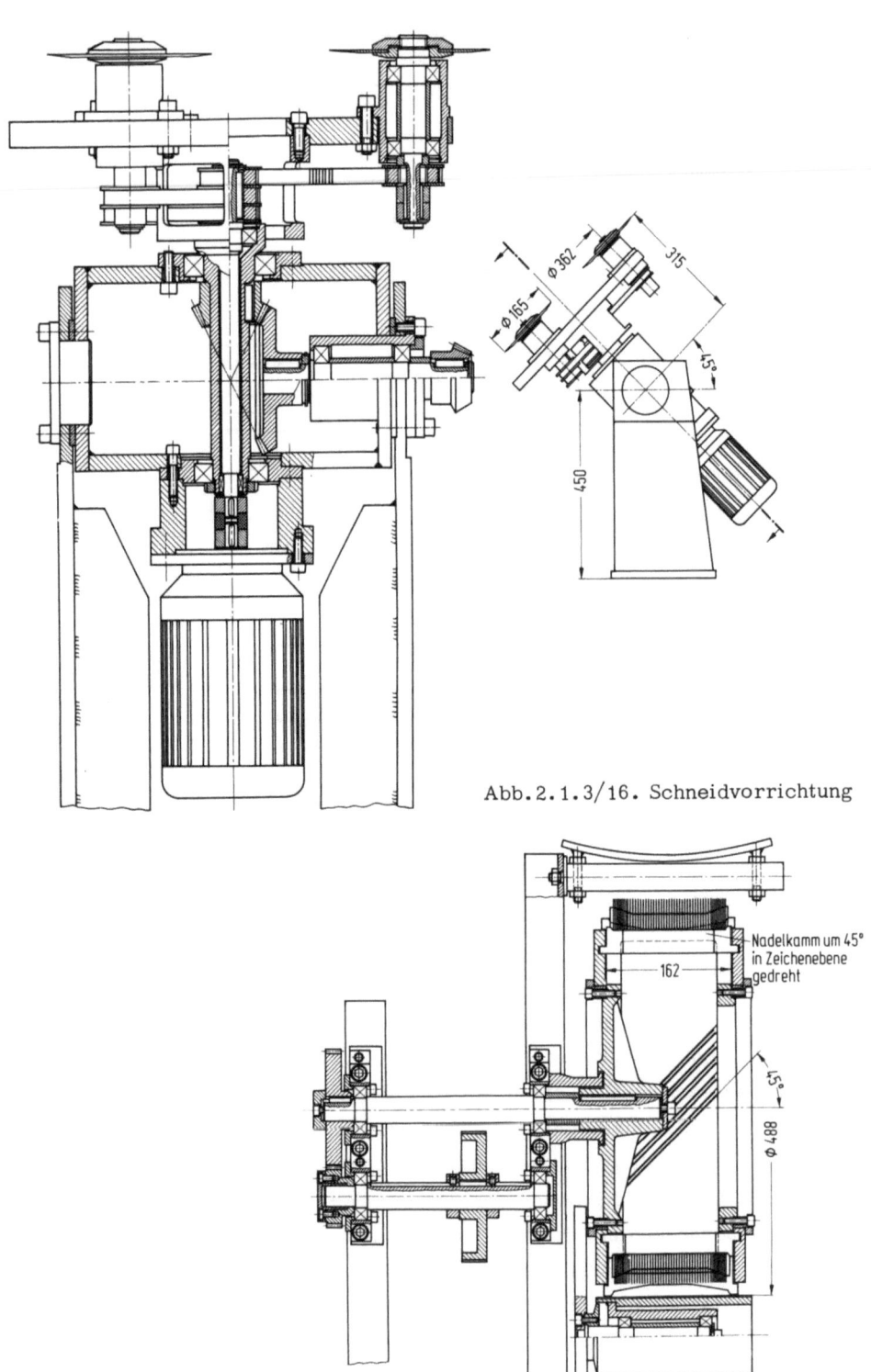

Abb.2.1.3/16. Schneidvorrichtung

Abb.2.1.3/17. Nadelwalze

2.1 Festlegen der wesentlichen Merkmale

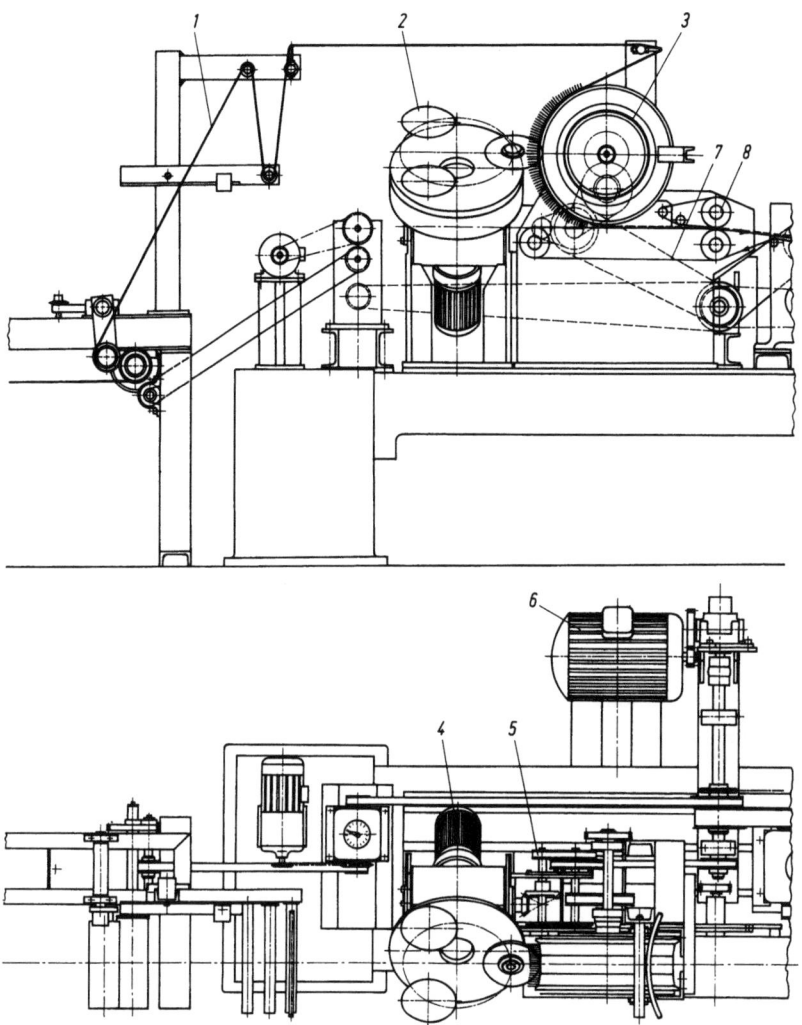

Abb.2.1.3/18. Schneidmaschine für Faser. 1 Spannungsloser Einlauf; 2 Planetenmesserschneide; 3 Trommel mit bewegten Haltekämmen; 4 Messerantrieb; 5 Wechselräder für Schnittlängenverstellung; 6 Hauptantrieb; 7 Ablageband; 8 Klemmrollen

wegungszustand der Wirkfläche, als ruhende oder bewegte Wirkfläche und die Wirkbewegung als Relativbewegung zwischen einem Wirkflächenpaar oder zwischen Wirkfläche und Stoff.

Bei einer Turbinenschaufel hat die Wirkfläche die logische Funktion eines Verknüpfungsgliedes, die physikalische Funktion der Energieübertragung, die Wirkbewegung existiert in Form eines Flüssigkeitsstromes relativ zur Wirkfläche.

Direkte konstruktive Forderungen sind z.B. der Platz- und Raumbedarf, Gewichtsbeschränkungen und andere einschränkende Bedingungen, die z.B. die Belastung der Wirkflächen oder die Wirkbewegung betreffen.

Bezüglich der Wirkbewegung können eine Reihe weiterer Forderungen zu erfüllen sein. Sie betreffen Forderungen bezüglich der Bahn, der Geschwindigkeit und der Beschleunigung der Wirkfläche. Dabei ist zwischen offenen, geschlossenen, ebenen und räumlichen Bahnen zu unterscheiden. Seltener ist die Forderung nach der Verstellbarkeit der Bahngetriebe zu erfüllen. Andere Forderungen betreffen einen bestimmten Bewegungsverlauf. Ein bestimmter Bewegungsverlauf liegt vor, wenn etwa Stillstände vorzusehen sind. Auch größere Kräfte können durch bestimmte kinematische Anordnungen erzielt werden. Diese besonderen Bewegungsformen werden im allgemeinen aus der am häufigsten zur Verfügung stehenden Bewegung, der Drehbewegung des elektrischen Netzes, über Getriebe erzeugt. Bei der Festlegung der Getriebe sind die zu überwindenden Widerstände, Arbeits-, Reibungs- und Trägheitswiderstände, zu berücksichtigen. Viele dieser Forderungen bezüglich der Wirkbewegung ergeben sich durch den Austausch der Handarbeit durch Maschinenarbeit wie bei Textil- oder Verpackungsmaschinen. Dann tritt das physikalische Problem gegenüber dem kinematischen zurück.

2.1.3.4 Erfüllung der Forderungen durch einen konstruktiven Wirkzusammenhang

Die Mittel zur Erfüllung der Forderungen sind die verschiedenen Arten von Wirkflächen, die zum Erzwingen eines physikalischen WZH benutzt werden können, und die verschiedenen Wirkbewegungen dieser Wirkflächen.

Mittel zur Festlegung der Wirkfläche
Als Merkmale einer Wirkfläche sind festzulegen ihre Art, die Zuordnung zu einer anderen Wirkfläche, ihre Form und ihre Halterung bzw. Befestigung.

Wirkflächen und physikalische Wirkung
Physikalische Wirkungen können erzwungen werden durch offene Wirkflächen, wie sie beispielsweise eine Tragfläche eines Flugzeuges darstellt, durch einen Körper einschließende Wirkflächen, also Wirkkörper, wie etwa eine Urankugel eines Reaktors oder durch umschließende Wirkflächen oder Wirkräume, wie sie ein Druckraum darstellt. Man kann auch noch teilweise einschließende Wirkflächen in Form von Wannen oder Behältern für Flüssigkeiten unterscheiden.

2.1 Festlegen der wesentlichen Merkmale   151

Physikalische Wirkungen können sich weiterhin durch Wirkflächen ergeben, die eine physikalische Wirkung weiterleiten oder isolieren. Sie sind für die Wirkungen "durchlässig" oder "undurchlässig". In Tab.2.1.3/1. sind einige solche "durchlässige" und "undurchlässige" Flächen zusammengestellt.

Tabelle 2.1.3/1. Für physikalische Wirkungen "durchlässige" und "undurchlässige" Flächen

Wirkung	"Durchlässig"	"Undurchlässig"
Mechanisch	elastische Wirkfläche	steife Wirkfläche
Hydraulisch	poröse Wirkfläche	dichte Wirkfläche
Elektrisch	galvanische Elektrode	Isolierung
Thermisch	Heizfläche	Isolierung
Optisch	Glasfläche	Spiegel

Tabelle 2.1.3/2. Wirkflächenpaare

	Flächenarten	Beispiele
Ruhend	Führungsflächen	
	Spannflächen	Grundplatten
	Kopplungsflächen	
	Kraftübertragende Flächen	
	Kraftschluß (Reibschluß)	Morsekegel
	Formschluß	Passfeder
	Trennflächen	
	Teilflächen	Deckel
	Dichtflächen	Flansche
Bewegt	Führungsflächen	
	Gleitflächen	Gleitlager
	Wälzflächen	Wälzlager
	Kopplungsflächen	
	Gleitflächen	Exzenter
	Wälzflächen	Rollen
	Trennflächen	
	Gleitflächen	Scherschnitt
	Wälzflächen	ziehender Schnitt

Physikalische Wirkungen des Energieumsatzes lassen sich zwischen festen Wirkflächenpaaren durch ruhende und bewegte Flächen ausüben. Entsprechend der Funktion kann man Führungsflächen, Kopplungsflächen und Trennflächen unterscheiden, die sich noch weiter unterteilen lassen, wie das in Tab. 2.1.3/2. angegeben ist, die ebenfalls Beispiele für diese einzelnen Wirkflächenpaare enthält.

Physikalische Wirkungen bezogen auf den Stoffumsatz, und zwar von Feststoffen, enthält Abb. 2.1.3/19., in der Schema und entsprechende Beispiele enthalten sind. Als weniger bekannntes Beispiel sei nur das Krälwerk bzw. der Stoker erwähnt, bei denen Feststoffe, entweder Schwefelkies oder Kohle, von einer bewegten Wirkfläche über einer ruhenden Wirkfläche verschoben werden und entweder einem Röstprozeß oder der Verbrennung ausgesetzt werden. Abb. 2.1.3/20. enthält Beispiele für Fluide. Alle Beispiele lassen erkennen, mit welch einfachem Schema sich weitbekannte Maschinen bezüglich des physikalischen und konstruktiven WZH wiedergeben lassen. Diese Anordnungen sind gleichfalls auch für den Energieumsatz brauchbar (Abb. 2.1.3/20.).

Wirkfläche	Stoff	Beispiele	Wirkfläche 1	Wirkfläche 2	Stoff	Beispiele
ruh.	ruh.	Silo		ruh.	bew.	bew.	Krälwerk Stoker
ruh.	bew.	Hochofen		ruh.	bew.	bew.	Keilspalt Zerkleinerungsmaschine
bew.	ruh.	Band Trommel		ruh.	bew.	ruh.	Presse Kollergang
bew.	bew.	Drehrohr Schwingtisch		bew.	bew.	bew.	Walzen Kugelmühlen

Abb. 2.1.3/19. Wirkflächen und feste Stoffe

Physikalische Wirkungen können auch ausgeübt werden mittels Grenzflächen als Wirkfläche. In Tab. 2.1.3/3. sind technisch interessante Kombinationen von Grenzflächen zusammengestellt. Um einen klar durchsichtigen Film gießen zu

2.1 Festlegen der wesentlichen Merkmale

Variation		Skizze	Energieumsatz	Stoffumsatz
Wirkfläche	ruhend		Standmessung	Lagerbehälter
Flüssigkeit	ruhend			
Wirkfläche	ruhend		Leitungs-widerstand	Förderleitung
Flüssigkeit	bewegt			
Wirkfläche	bewegt		Tachometer	Zentrifuge
Flüssigkeit	ruhend			
Wirkfläche	bewegt		Messung der Masse	(Zentrifugal-pumpe)
Flüssigkeit	bewegt			
Wirkfläche 1	ruhend		Druckmessung	Förderpumpe
Wirkfläche 2	bewegt			
Flüssigkeit	bewegt			
Wirkfläche 1	ruhend		Widerstand	Reibscheiben
Wirkfläche 2	bewegt			
Lage	parallel			
	Keilwinkel		Spaltdruck	Keilspalt
	senkrecht		Impulsabgabe	Rührer
Bewegungs-richtung	senkrecht		Widerstand	Kneter
Form			Förderdruck	Verdränger (Zahnradpaar)

Abb. 2.1.3/20. Wirkflächen und Fluide

können, wird auf einem Kupferband ein sog. Unterguß aufgebracht, der fest ist und eine glatte Grenzfläche zu der erst flüssig aufgetragenen Filmlösung darstellt. Auf dem Kupferband direkt aufgetragen würde sich infolge der Rauhigkeiten des Bandes ein undurchsichtiger Film ergeben. Dasselbe Prinzip wird auch an einer Grenzfläche flüssiges Metall und Glas angewendet. Auf diese Weise kann der Schleifprozeß von Glasplatten umgangen werden. Die Grenzfläche flüssig/gasförmig tritt z.B. beim Schmelzespiegel Kunststoff/Stickstoff auf. Hier dient die Grenzfläche dazu, Monomeres und Feuchte von der Schmelze an den Stickstoff abzugeben, der als Trägergas diese Nebenbestandteile entfernt. Die Grenzfläche gasförmig/gasförmig wird bei Diphyldampf/Luft benutzt, um diese definierte Übergangszone in einem Kühler bei einer Heizung nach Abb. 2.1.2/59. zu fixieren und unter Konstanthaltung des Drucks die Siedetemperatur einzuhalten.

Tabelle 2.1.3/3. Physikalische Wirkungen an Grenzflächen

Fest/flüssig	Untergußfläche/Filmgiessen
Flüssig/flüssig	Metall-/Glasgiessen
Flüssig/gasförmig	Schmelzspiegel Kunststoff/Stickstoff
Gasförmig/gasförmig	Diphyldampf/Luft

Physikalische Wirkungen beim Signalumsatz werden mittels mechanischer Wirkflächen (Undurchdringlichkeit fester Körper, Löcher in Programmspeichern) von Textilmaschinen ausgeübt, um nur eine Beispielgruppe zu nennen. Dabei können diese Programmspeicher, wie Tab. 2.1.3/4. zeigt, entweder als Gliedkette, als Stifttrommel oder Musterplattentrommeln, als Musterrad, als Stahlband, Stahl- oder Pappkarte ausgeführt sein [151].

Tabelle 2.1.3/4. Programmspeicher von Strickmaschinen

Gliederketten	Stahlband gelocht
Stifttrommel	Stahlkarte
Musterplattentrommel	Pappkarte
Musterrad	

Physikalische Wirkungen durch Wirkkörper werden nach Tab. 2.1.3/5. beim Energieumsatz mit der Masse eines Belastungsgewichts oder den Wärmeträgern eines Rekuperators oder Ljungström-Vorwärmers erzielt. Beim Stoffumsatz dienen etwa der Ionenaustauscher oder Feuchtigkeitsabsorber (Silikagel) dazu, entsprechende Wirkungen zu erzielen. Als Beispiel für den Signalumsatz dienen Druckzylinder sowohl für Hochdruck, Tiefdruck und Offsetdruck.

Tabelle 2.1.3/5. Durch Wirkkörper erzeugte physikalische Wirkungen

Energieumsatz	Masse, Belastungsgewicht
	Wärmeträger, Rekuperator
Stoffumsatz	Ionenaustauscher
	Feuchtigkeitsabsorber
Signalumsatz	Druckzylinder

2.1 Festlegen der wesentlichen Merkmale

Physikalische Wirkungen werden in einem Wirkraum bezogen auf den Energieumsatz durch Felder, d.h. das Gravitationsfeld, Strömungsfelder, elektrische und magnetische Felder, erzeugt, wie die Beispiele zeigen (Tab.2.1.3/6.). Beim Stoffumsatz seien als Beispiele der Verbrennungsraum eines Kessels oder die freie Flamme eines Bunsenbrenners erwähnt. Hervorgehoben sei der Klimaraum einer Textilhalle, der eine physikalische Funktion hat, nämlich die der Erzeugung eines bestimmten Feuchtigkeitsgleichgewichts in der zu verarbeitenden Faser. Ein solcher Aufwand ist beispielsweise nicht gerechtfertigt, wenn die entsprechende Chemiefaser keinerlei Feuchte aufnimmt. Interessant ist auch der Reaktionsraum eines Crackers, in dem Gase durch Einführen von heißem Sand gespalten werden, der dazu dient, die unvermeidbare Asche aus dem Raum zu entfernen. Akustisch günstige und schallschluckende Räume dienen hier als Beispiel für den Signalumsatz.

Tabelle 2.1.3/6. Im Wirkraum erzeugte physikalische Wirkungen

Energieumsatz	mechanische ⎫ hydraulische ⎬ Felder elektrische ⎪ magnetische ⎭	Pendel Strudel Turbine Antenne Elektromotor
Stoffumsatz	Verbrennungsraum freie Flamme Temperaturraum Klimaraum Reaktionsraum	Kessel Bunsenbrenner Trockner Textilmaschinenhalle Cracker
Signalumsatz	akustischer Raum schallschluckender Raum	Konzertsaal Schallprüfraum

Eine systematische Variation von Wirkfläche, Wirkstoff und Wirkzustand in einem Wirkraum zeigt Abb.2.1.3/21. am Trocknen von endlosem Faserband. Physikalisch ist das Entfernen des Haftwassers und des Quellwassers, des von der Faser selbst aufgenommenen Wassers, zu unterscheiden. In Abb.2.1.3/22. sind die verschiedenen Kombinationen von Wirkflächen bzw. Stoff und Bewegung dargestellt. Um ein konkretes praktisches Beispiel zu nennen: Die Anordnung mit dem Warmlufttrockenrohr wurde in einer Anlage gewählt, weil sich auf diese Weise eine äußerst raumsparende Anordnung ergab.

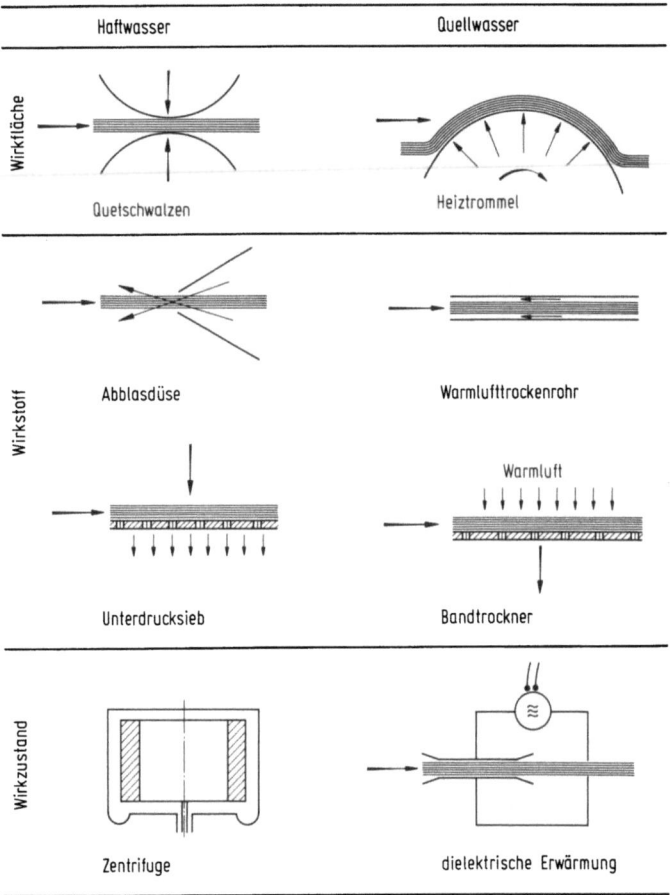

Abb. 2.1.3/21. Trocknen von endlosem Faserband

Physikalische Wirkungen werden oft erst durch die Kombination von Wirkflächen und Wirkräumen erzielt, wie das Beispiel von Abb. 2.1.3/23. darstellt, dessen Erläuterung durch Tab. 2.1.3/7. ergänzt wird. Die Wirkflächen sind in diesem Fall die Gefäßwände, die Phasengrenze Stickstoff sowie ein eventuell vorhandener Rührer; der Wirkraum wird durch das Schmelzgefäß gebildet, das auf einer bestimmten Temperatur gehalten wird. Deshalb kann man auch sagen, daß die Wand des Wirkraumes in einem bestimmten Wirkzustand gehalten wird. Der durchgeleitete Stickstoff, der zum Abführen der Feuchtigkeit dient, kann hier auch als Wirkstoff bezeichnet werden. Durchsatz und Verweilzeit bestimmen die Wirkraumgröße und sind deshalb unter den Merkmalen in Abb. 2.1.3/23. mit angeführt.

2.1 Festlegen der wesentlichen Merkmale

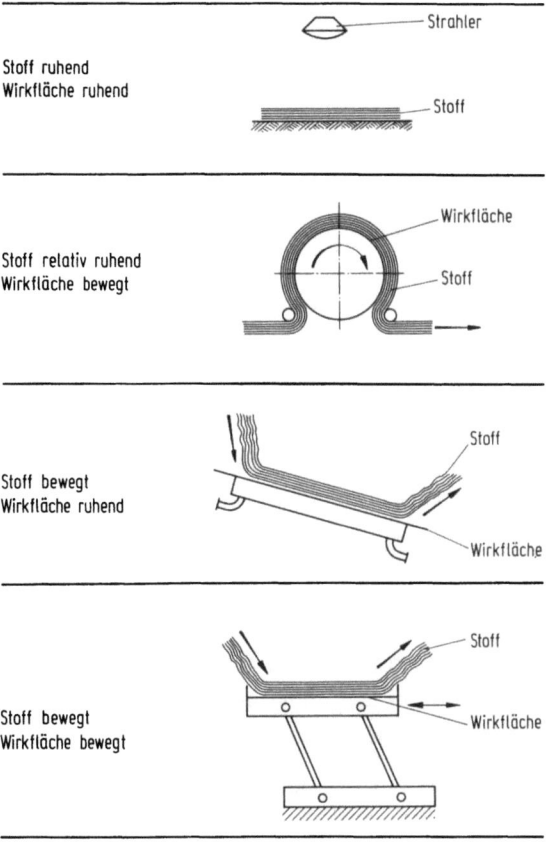

Abb. 2.1.3/22. Wahl der Kinematik von Trocknern

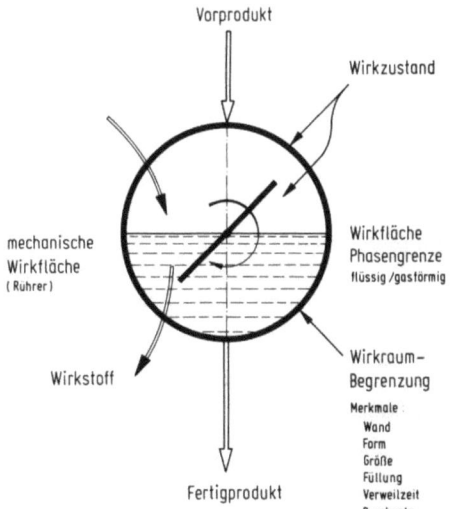

Abb. 2.1.3/23. Kombination-Wirkfläche-Wirkraum-Wirkstoff am Beispiel eines Stoffumsatzes

Tabelle 2.1.3/7. Beispiel für Wirkflächen beim Stoffumsatz in einem Schmelzer für Polyamidgranulat

Vorprodukt	körniges Granulat/Feuchte
Fertigprodukt	Schmelze
Wirkflächen	Gefäßwand
	Schmelze/Stickstoff-Phasengrenze
	Rührer
Wirkraum	Schmelzgefäß
Wirkstoff-Eingang	trockener Stickstoff
Wirkstoff-Ausgang	feuchter Stickstoff
Wirkzustand	Temperatur der Wand
	Druck/Temperatur/Feuchte der Stickstoffatmosphäre

Ausbildung der Wirkfläche

Bei der Ausbildung der Wirkfläche selbst muß noch eine ganze Reihe weiterer Gesichtspunkte bedacht werden, die das physikalische Geschehen betreffen. Beispiele für den Energie-, Stoff- und Signalumsatz enthält Tab. 2.1.3/8. Eine Wirkflächenausbildung, die von der Kinematik bestimmt wird, zeigt Abb. 2.1.3/24.

Tabelle 2.1.3/8. Physikalische Wirkungen und Wirkflächenform

Energieumsatz	Kinematik	Zahnräder
	Strömungsfeld	Tragflügel
	Magnetfeld	Magnetpole
	elektrisches Feld	Hochspannungsisolator
Stoffumsatz	Faserordnung	Kratzenbezug
	Formgebung	Tiefziehstempel
	Trennvorgang	Knüppelschere
Signalumsatz	Druckplatten	Hoch-Tiefdruck
	Tonträger	Grammophonplatten
	Signalträger	Hollerithkarten

2.1 Festlegen der wesentlichen Merkmale

für das Zyclogetriebe. Ein Beispiel für sogar veränderliche Wirkflächen ist der Tragflügel, dessen Auftrieb für die Landung vergrößert wird. Wirkflächen, mit denen im textilen Bereich die Ordnung von Baumwoll- und Wollfasern vorgenommen wird, sind sog. Kratzenbezüge mit in bestimmter Weise geformten Nadeln, die dicht bei dicht in Stoffbändern eingebracht und dann auf Trommeln aufgewickelt werden. Auch die Nadeln von Nähmaschinen und Wirkmaschinen haben Wirkflächen mit bestimmter Gestaltung. Das gleiche gilt auch für Druckplatten für den Hoch- und Tiefdruck, während beim Offsetdruck farbeannehmende und -abstoßende Flächen auf einer ebenen Fläche durch Unterschiede in der Oberflächenspannung erzeugt werden. Wirkflächen als mechanische und magnetische Tonträger sind jedem bekannt.

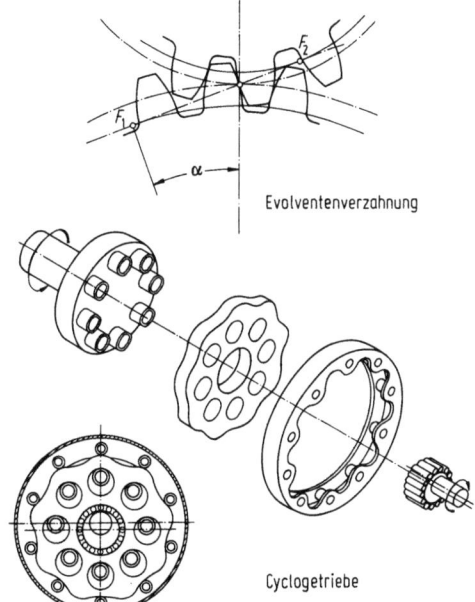

Evolventenverzahnung

Cyclogetriebe

Abb. 2.1.3/24. Wirkfläche bestimmt durch Kinematik

Für die Ausbildung der Wirkfläche selbst sind aber auch direkte physikalische Forderungen sowie Forderungen von der Beanspruchung und der Herstellung her zu erfüllen (Tab. 2.1.3/9.). Um nur einige Beispiele anzuführen: Die Haftung von elektrostatisch aufladbaren Materialien kann man mit einer Mattverchromung oder einem antistatischen Gummi verhindern. Die Maßnahmen zur Vermeidung von elektrochemischen Korrosionen an Rohrleitungen in der Nähe von Straßenbahnschienen oder an Schiffspropellern ist nicht so leicht zu bewerkstelligen. Eigentlich hat auch jedes Herstellverfahren eine Rückwirkung auf die Gestaltung der Wirkflächenform, wenn man z.B. nur an das Gießen oder das Aufbringen einer Gummierung denkt. Hinter einer Gummierung dürfen z.B. keine Lufteinschlüsse verbleiben.

Tabelle 2.1.3/9. Ausbildung der Wirkfläche selbst

	Beanspruchungsarten	Beispiele
Von physikalischen Forderungen her	atomarer Bereich molekularer Bereich kristalliner Bereich mikroskopischer Bereich makroskopischer Bereich	Halbleiterdotierungen Additive in Schmiermitteln Antistatischer Gummi Inchromierung Rauhigkeit Welligkeit

Von der Beanspruchung her	mechanische Beanspruchung
	  Wechselbeanspruchung
	  Verschleißbeanspruchung
	hydraulische Beanspruchung
	thermische Beanspruchung
	elektrische Beanspruchung
	chemische Beanspruchung
		
		Werkstoffwahl
		Auftragschweißung
		kavitationsfester Werkstoff
		warmfeste Stähle
		Vermeidung Elementbildung
		korrosionsfeste Werkstoffe
		korrosionsfeste Überzüge

Von der Herstellung her	spanlose Verformung Giessen Zerspanen Fügeverfahren	tiefziehfähige Form Vermeidung Lunkerbildung Drehteile Schweißbarkeit

Auch an die Befestigung und Halterung der Wirkflächen ist zu denken. Unterscheidungen sind hier die nicht lösbare und die lösbare Befestigung. Verstellbare Wirkflächen müssen gelagert werden und erhalten einen Verstellantrieb. Eine ganze Problematik steckt hinter dem Stichwort Abdichtung. Erwähnt seien nur Hochvakuumdichtungen und Hochdruckdichtungen. Die Schwierigkeiten nehmen mit der Flanschgröße zu. Eine bewegte Wirkfläche und eine ruhende

2.1 Festlegen der wesentlichen Merkmale

Wirkfläche werden als Stopfbüchse bezeichnet, wenn Dichtungsmaterialzöpfe den Zwischenraum zwischen den Wirkflächen ausfüllen. Bei Labyrinthdichtungen erhöht man den Strömungswiderstand im Spalt zwischen der ruhenden und bewegten Wirkfläche durch eine entsprechende Formgebung; bei Laminarströmungen kommt man mit Umlenkungen des Strömungskanals aus (Tab. 2.1.3/10.).

Tabelle 2.1.3/10. Befestigung und Halterung von Wirkflächen

Nicht lösbare Befestigung	angegossene Wirkfläche angeschweißte Wirkfläche angenietete Wirkfläche angebogene (gezogene) Wirkfläche	
Lösbare Befestigung	eingespannte Wirkfläche angeschraubte Wirkfläche	Spanndorn Teilfuge
Verstellbare Befestigung	gelagerte und angetriebene Wirkfläche	Leit-, Laufschaufeln
Abdichtende Wirkflächen	ruhende Wirkflächen bewegte Wirkflächen	Dichtungsflansch Gleitringdichtung

Abwandlungen (Variationen): Die anzuwendenden Wirkflächen lassen sich in mannigfaltiger Weise bezüglich ihrer Form variieren. Sicherlich wird man zuerst möglichst einfache Formen wählen, ehe man zu komplizierteren übergeht. Die geometrischen Grundformen sind in Tab. 2.1.3/11. zusammengestellt. Diese Wirkflächen lassen sich in der Weise variieren, wie das in Abb. 2.1.3/25.

bezüglich der rechtwinkligen Übertragung einer Wirkbewegung (Kraftrichtungsänderung) dargestellt ist.

Diese Variationen lassen sich eigentlich immer durchführen. Sie werden nach Franke [45] mit Lagewechsel, Formwechsel, Größenwechsel und Zahlenwechsel

Tabelle 2.1.3/11. Abwandlungen geometrischer Wirkflächen der Maschinenelemente

---

eben
keilförmig
zylindrisch
kegelig
schraubenförmig

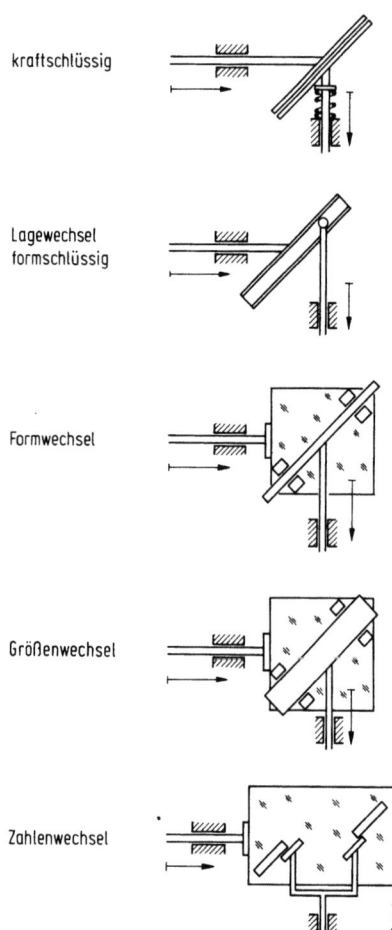

kraftschlüssig

Lagewechsel
formschlüssig

Formwechsel

Größenwechsel

Zahlenwechsel

Abb. 2.1.3/25. Abwandlungen der Wirkfläche

2.1 Festlegen der wesentlichen Merkmale 163

bezeichnet. Mechanisch läßt sich ein solches Wirkflächenpaar auch noch kraftschlüssig oder formschlüssig ausführen. Diese Abwandlungsmöglichkeiten der Wirkfläche werden vielleicht noch anschaulicher, wenn man nach Tab. 2.1.3/12. noch allgemeinere Ausdrücke verwendet, wie für den Lagewechsel das Vertauschen oder Spiegeln, für den Formenwechsel das Weglassen, Hinzufügen oder Versetzen, bei dem Größenwechsel etwa das Übertreiben. Übertreiben bedeutet, etwas sehr groß oder sehr klein machen.

Tabelle 2.1.3/12. Variation der Wirkfläche

Lagewechsel	Drehen
	Vertauschen
	Spiegeln
Formenwechsel	Weglassen
	Hinzufügen
	Versetzen
Größenwechsel	Vergrößern
	Verkleinern
	Übertreiben
Zahlenwechsel	Vervielfachen
	(einfachwirkend, doppelt wirkend, $3 \times 120°$ versetzt, Vielzahl)
	Unterteilen

Da kann z.B. bei einem Wirkflächenpaar eine Welle-Nabe-Verbindung ein Kegelstift oder ein Körner in die Trennfläche eingeschlagen sein, wie es in der Feinwerktechnik oft vorkommt und als Welle-Nabe-Verbindung genügt. Abb. 2.1.3/26. zeigt nun die Durchführung dieser Variationen für die Beispiele Welle-Nabe, Drehwerkzeug und Heizfläche. Bei den Welle-Nabe-Verbindungen entsteht durch Lageänderung der Wirkfläche der Keil, die Paßfeder, durch Formwechsel geht daraus die Stiftschraube, durch Größenwechsel der Kegelstift und durch Zahlenwechsel der Vielfachkeil hervor. Bei Abwandlungen der Wirkfläche "Werkzeug" (Abb. 2.1.3/27.) kann das Zerspanen in bestimmten Fällen durch das Rollen ersetzt werden, die Bewegung der Wirkfläche von der Drehbewegung in eine Verschiebebewegung umgewandelt werden. Eine Lageänderung liegt vor, wenn statt der Ziehdüse, die von außen einwirkt, ein Dorn eingeführt wird, der beispielsweise bei der Rohrherstellung verwendet wird. Der Schaftfräser läßt sich gegen einen Formfräser austauschen. Der Größe nach kann der Drehstahl durch einen Stahl zum Schälen, der Zahl nach ein Drehstahl durch mehrere ersetzt werden. In der gleichen Weise zeigt das Beispiel der Heizung eines Gefäßes, daß man auch hier die gleichen Variationen durchführen kann (Abb. 2.1.3/28.).

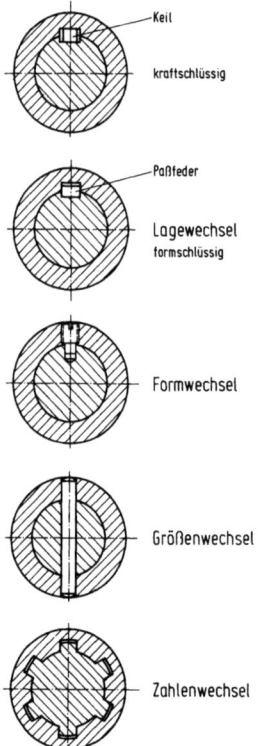

Abb. 2.1.3/26. Abwandlungen der Wirkfläche von Welle-Nabe-Verbindungen

Mittel zur Festlegung der Wirkbewegung

Grundbewegungen und Kombinationen

Im mechanischen Bereich werden die Bewegungen durch Kräfte hervorgerufen. Die Grundbewegungsformen, die durch die entsprechenden Kraftanordnungen hervorgerufen werden, sind in Abb. 2.1.3/29. dargestellt. Zu unterscheiden sind die Translation oder Fließbewegung, begrenzte Translation oder Verschiebebewegung, unbegrenzte Rotation oder Drehbewegung und die begrenzte Rotation oder Drehschubbewegung. Es werden hier die Bezeichnungen der Mechanik durch die der Getriebelehre nach Franke ergänzt [36].

Die Grundbewegungen werden durch Energieumsatz erzeugt. Die fortlaufende Erzeugung einer Verschiebe- bzw. einer Drehbewegung setzt die Schaltung

2.1 Festlegen der wesentlichen Merkmale

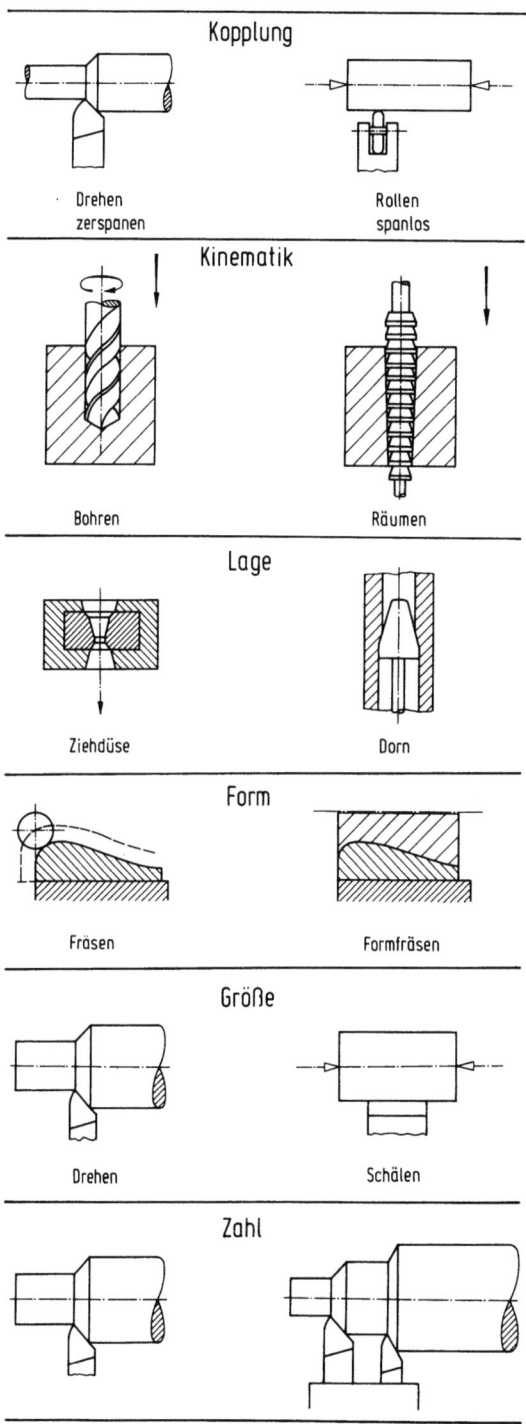

Abb.2.1.3/27. Abwandlungen der Wirkfläche eines Werkzeuges

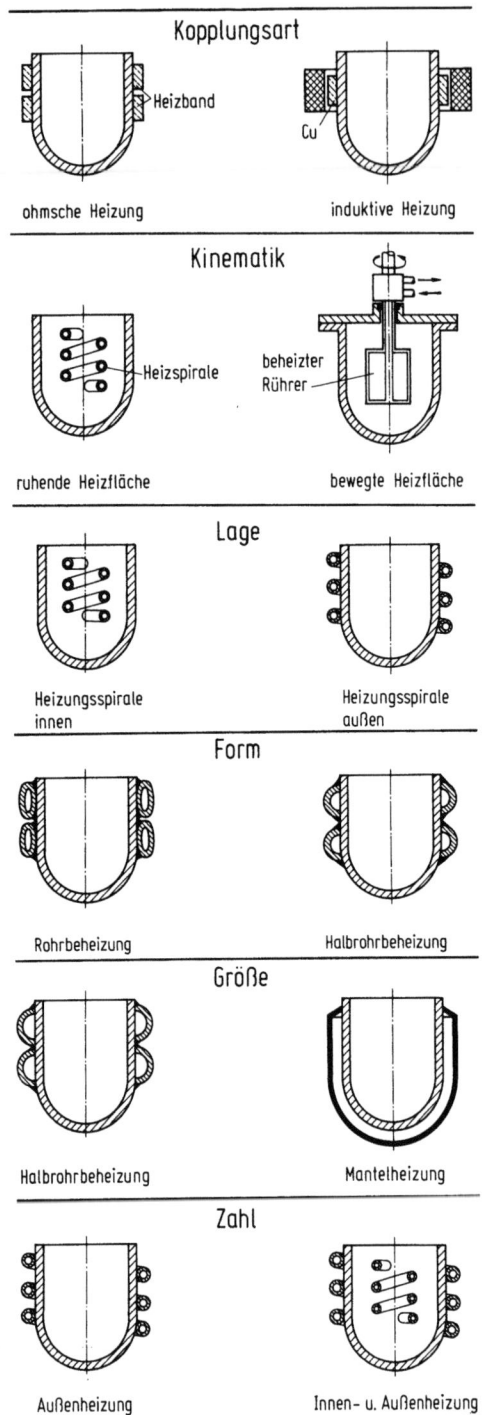

Abb. 2.1.3/28. Abwandlungen einer Heizfläche

2.1 Festlegen der wesentlichen Merkmale   167

von Gegenkraft- oder Wendekraftanordnungen bzw. Drehkraftanordnungen (drei
Kräfte) entweder nach dem Prinzip der selbststeuernden Unterbrecher (Gleich-
strom, Abb.2.1.3/30.) oder ohne Kommutator durch Wechsel- bzw. Drehstrom
voraus. Tab.2.1.3/13. zeigt entsprechende Beispiele. Bewegungen eines Stoffes
können nur durch einen Energieumsatz erzeugt werden. Das sind dann die gleichen Anordnungen verwendet als "Gefälle", als hydraulische Pumpe oder als
elektrische Induktionspumpe für Metalle. Die einfachste Bewegung ist hier die
Fließbewegung.

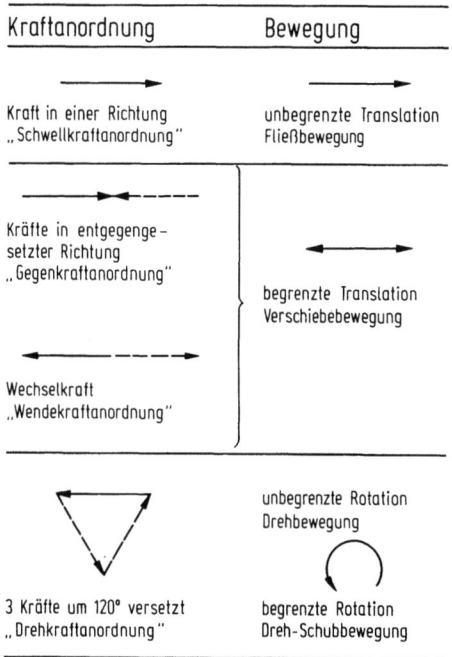

Abb.2.1.3/29. Kraftanordnungen und resultierende Bewegungen (Kopplungen)

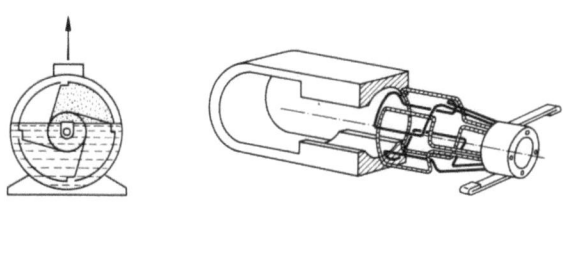

Abb.2.1.3/30. Selbststeuernde Unterbrecher

Tabelle 2.1.3/13. Realisierung der Grundbewegungen durch Energieumsatz

	Bewegungen	Beispiele
Mechanisch	Fließbewegung	Gewichtsantrieb
	Drehbewegung	Federantrieb
Hydraulisch	Verschiebebewegung	Kolbenantrieb
Pneumatisch	Drehbewegung	Drehkolben
		Turbine
	Drehbewegung	Gewichtsantrieb (Wasserrad)
Elektrisch	Drehbewegung	Elektromotor
	Verschiebebewegung Fließbewegung	Linearmotor
	Drehbewegung Schubbewegung	Hubmagnet

Interessant sind in diesem Zusammenhang die Antriebswerkzeuge, die zur Umformung der Handbewegung in eine Drehbewegung erfunden wurden. Das geschah schon in vorgeschichtlicher Zeit mit Zugmitteln (Lederriemen), die in Bogen eingespannt wurden (Tab. 2.1.3/14.).

Tabelle 2.1.3/14. Antriebswerkzeuge zur Erzeugung einer Drehbewegung

Bewegungen	Beispiele
Direkte Drehbewegung	
einfacher Handgriff	Schraubenzieher
Schlaufe	Holzbohrer
Kurbel	Bohrwinde
Absatzweise Drehbewegung	Schraubenschlüssel
Drehschub- in Drehbewegung	Bohrknarre
Verschiebe- in Drehbewegung	
Gewindespindel	Drillbohrer
Zugmittel in Bogen gespannt	vorgeschichtlicher Bohrerantrieb
Dreh- in Drehbewegung	
Kurbel mit Kegelradübersetzung	Handbohrmaschine

2.1 Festlegen der wesentlichen Merkmale										169

Von konstruktiver Bedeutung sind die Kombinationen der angeführten Grundbewegungen (Abb.2.1.3/31.). Aus der Kombination der Drehbewegung mit der axialen Fließbewegung ergibt sich die Schneckenbewegung, bei radialer Bewegung die Spiralbewegung. Entsprechende Bewegungskombinationen ergeben sich aus der Überlagerung der Verschiebebewegung mit einer axialen und radialen Bewegung.

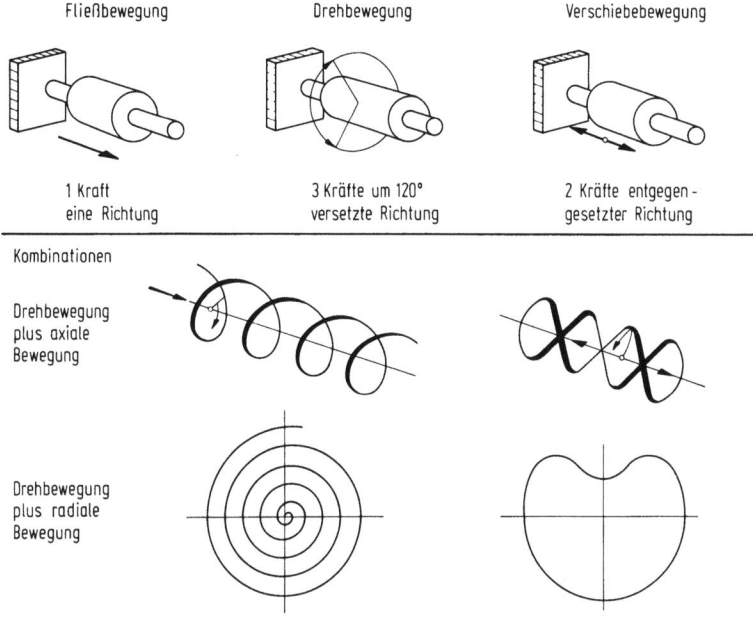

Abb.2.1.3/31. Bewegungsgrundformen und Kombinationen

Es ist wichtig sich klarzumachen, daß diese Bewegungsformen noch nichts mit den Wirkflächen zu tun haben. Diese Unterscheidung bedeutet, daß man dieselbe Bewegungsform für verschiedene Wirkflächenformen anwenden kann, wie etwa die Dreh- und Schneckenbewegung (Abb.2.1.3/32.). Das bedeutet, daß z.B. die Schneckenmaschine, wie sie in der Kunststoffverarbeitung in mannigfaltiger Weise verwendet wird, nicht den einzig denkbaren Maschinentyp darstellt. Je nach der Wahl der Wirkflächenform der Schneckengänge entstehen verschiedenartige Maschinen. Sicherlich wird die Schneckenbewegung als Kombination der einfach verfügbaren Drehbewegung mit der Fließbewegung für das Produkt bevorzugt angewendet. Aber damit ist noch lange nicht gesagt, daß die anderen Bewegungsformen nicht für bestimmte Aufgaben Vorzüge aufweisen. Das ist aber der Sinn der systematischen Überlegungen, daß man nicht von den allgemein bekannten und angewandten, sondern von den prinzipiellen Möglichkeiten - hier der Ausführung der Wirkbewegung - ausgeht. Zu den Kombinationen von Grundbewegungen gehören auch die zusammengesetzten Dreh- und Fließbewegungen, wie die Epizycloiden bzw. die zusammengesetzten Drehbewegungen, wie die Zycloiden und Trochoiden, die sich für entsprechende Antriebe verwenden lassen.

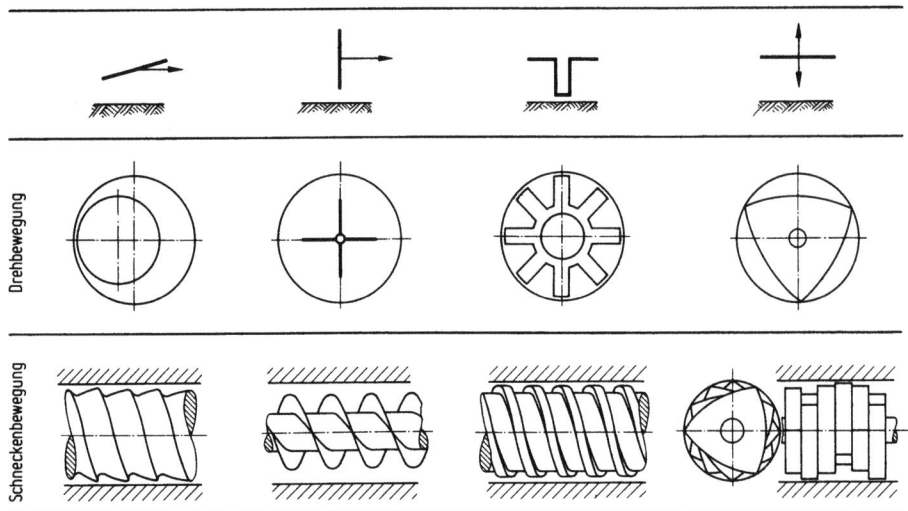

Abb. 2.1.3/32. Gleiche Wirkflächen mit zwei Kinematiken

Geforderte Bewegungen aus Grundbewegungen
Eine allgemein zur Verfügung stehende Ausgangsbewegung ist die Drehbewegung. Die Bewegungsumformung findet über Getriebe statt. Die Merkmale eines solchen Getriebes sind der Antrieb und der Abtrieb, Gelenke und Glieder, Abb. 2.1.3/33. zeigt die wichtigsten Gelenke, d.h. das Drehgelenk, Schubgelenk, Gleit- und Wälzzwiegelenk. Aus den genannten Elementen lassen sich nun - wie das im Stammbaum der Getriebe dargestellt ist - offene Ketten, geschlossene Ketten und Mechanismen zusammensetzen.

Das Grundgetriebe (Abb. 2.1.3/34.) mit einem Antriebsglied, einem Abtriebsglied, einem sog. Standglied und der Koppel ist das sog. Viergelenkgetriebe [11, 24, 36, 48, 98]. Durch verschiedenartige Ausführung der Koppel können die verschiedenartigsten Bewegungsbahnen erzeugt werden. Die Zahl dieser Viergelenkgetriebe wird erweitert (Abb. 2.1.3/35.) durch Ausbildung der Koppel als elastisches Reibungs- oder Trägheitsglied. Die Zahl der möglichen Getriebe erhöht sich weiter durch Anwendung des Zwanglaufs, des Schlupflaufs und des Schaltlaufs. Beispielgetriebe sind in Abb. 2.1.3/33. dargestellt.

2.1 Festlegen der wesentlichen Merkmale   171

Sehr häufig verwendete Getriebe sind die Kurvengetriebe, von denen zwei typische Vertreter in Abb.2.1.3/36. dargestellt sind.

Von der Verwendung her gesehen kann man folgende Getriebetypen unterscheiden, die von der Aufgabenart bestimmt werden (Abb.2.1.3/37.): Übersetzungsgetriebe, für die als Beispiel ein stetig verstellbares Getriebe ge-

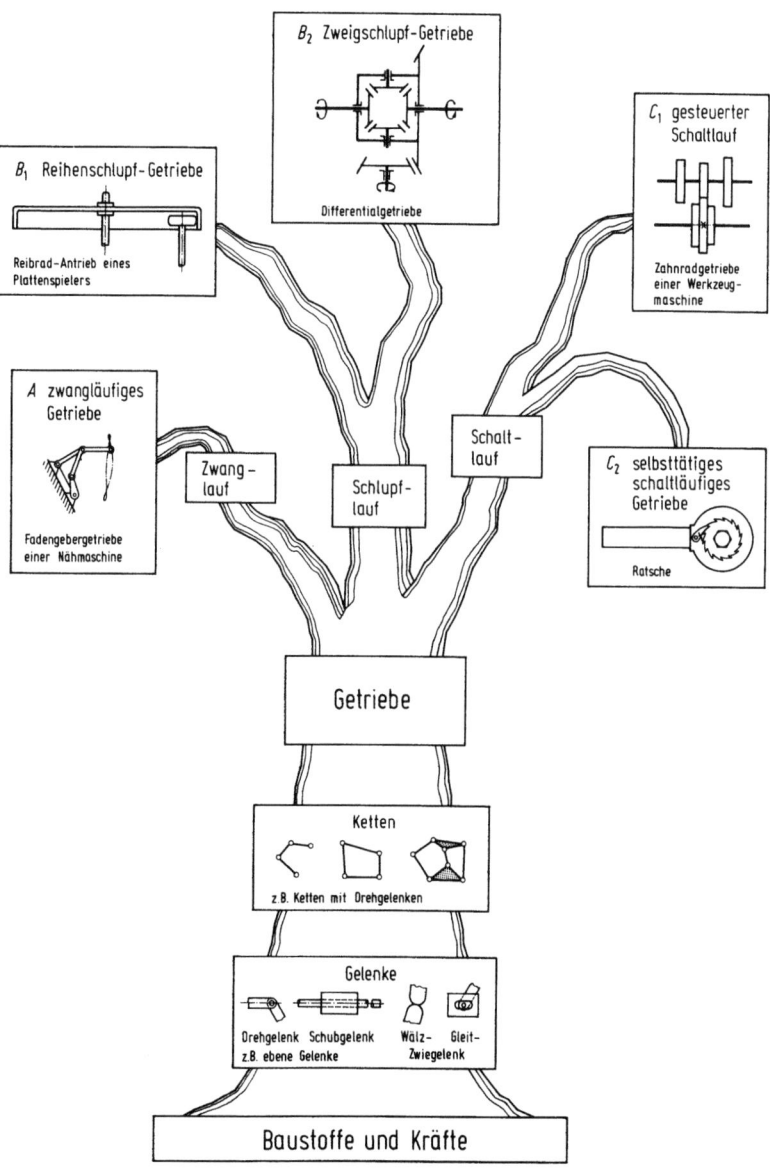

Abb.2.1.3/33. Stammbaum der Getriebe

2. Methodisches Konstruieren

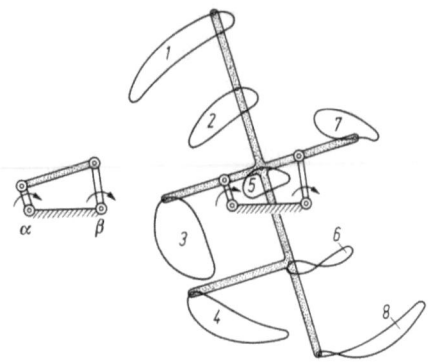

Abb.2.1.3/34. Viergelenkgetriebe und Koppelkurven

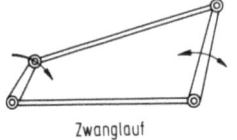
Zwanglauf

Reihenschlupf

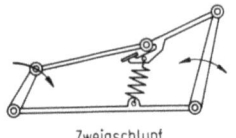
Zweigschlupf

Abb.2.1.3/35. Kopplungen

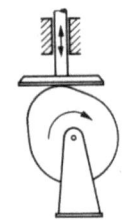
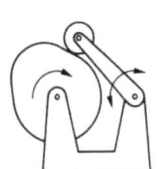

Abb.2.1.3/36. Schema der gebräuchlichsten Kurventriebe

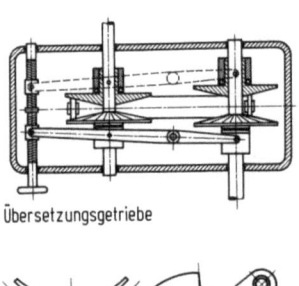
Übersetzungsgetriebe

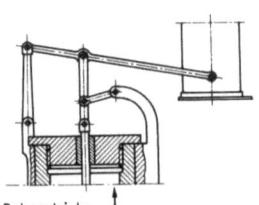
Bahngetriebe

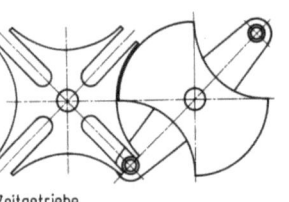
Zeitgetriebe

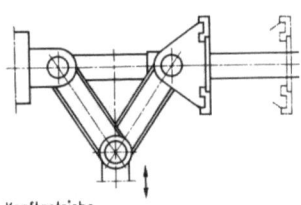
Kraftgetriebe

Abb.2.1.3/37. Getriebetypen

2.1 Festlegen der wesentlichen Merkmale 173

wählt wurde, Bahngetriebe, hier ein Getriebe, das eine gradlinige Bahn eines Indikatorstiftes ermöglicht, Zeitgetriebe wie das bekannte Malteserkreuz für die absatzweise Bewegung eines Tisches einer Verarbeitungsmaschine und Kraftgetriebe wie der Kniehebelantrieb, der an Pressen und Kunststoffmaschinen Verwendung findet.

Damit ist eine Übersicht über die Mannigfaltigkeit der Getriebe gegeben. Von einer gewissen Kompliziertheit an ist die Festlegung solcher Getriebe die Arbeit des Spezialisten.

Festlegung des konstruktiven WZH: "Getriebe"
Gleichförmig übersetzende Getriebe werden am häufigsten verwendet. Das sind die bekannten Zahnrad- und Schnecken-Getriebe und Reibradgetriebe. Letztere arbeiten bei kleinen Leistungen sehr genau, weil sie keine Teilungsfehler der Zähne aufweisen. Unter Verwendung von Zugmitteln ergeben sich Ketten- und Riemengetriebe. Diese Getriebe können stufenlos und in Stufen verstellbar ausgeführt werden [11, 24, 58, 64, 80, 100].

Ungleichförmig übersetzende Getriebe dienen der Änderung der Bahn oder der Kräfte. Dafür kommen Kurven- oder Koppelgetriebe in Frage. Abb.2.1.3/38. zeigt Verlegegetriebe für das Verlegen von Fäden oder Drähten auf Spulen. Alle Getriebe bewegen trotz unterschiedlichem Aufbau einen Fadenführer mit gleichförmiger Geschwindigkeit über einen bestimmten Hub. Die Bewegung wird an den Endpunkten plötzlich umgekehrt. Für solche Verlegegetriebe kommen Trommelkurven, Kreuzgewinde, Herzkurven, Schaltgetriebe und z.B. auch ein Räderumlaufgetriebe in Frage, mit denen die Bahnkurve erzielt wird, die durch die drei ersten Glieder einer Fourier-Reihe wiedergegeben wird. Das Reibrollenwendegetriebe und das Schaltgetriebe, das den Fadenführer mit dem hin- und herlaufenden Trum eines Riementriebes verbindet, sind Beispiele für die Anwendung einer Vielzahl von Getriebetypen für dieselbe Aufgabe.

Getriebe mit Verstellung der Bewegungsgrößen: Als Beispiel wurde das zehngliedrige Gelenkgetriebe eines Beatmungsgerätes gewählt, bei dem eine Bahnverstellung und damit eine Verstellung des Atemvolumens und einer Verstellung der Bahngeschwindigkeit und damit des Atemzeitverhältnisses (Abb.2.1.3/39.) möglich ist. Als Antrieb ist ein drehzahlveränderlicher Motor vorgesehen, der Abtrieb ist der Blasebalg des Beatmungsgerätes [23]. Ähnlich verstellbare Getriebe werden an Fotoverschlüssen [63, 64] verwendet.

Festlegung des konstruktiven WZH "Maschinen"

Einfache und mehrfache Verwendung von Grundbewegungen: Abb.2.1.3/40: zeigt die Verwendung der Fließ-, Verschiebe- und Drehbewegungen in ver-

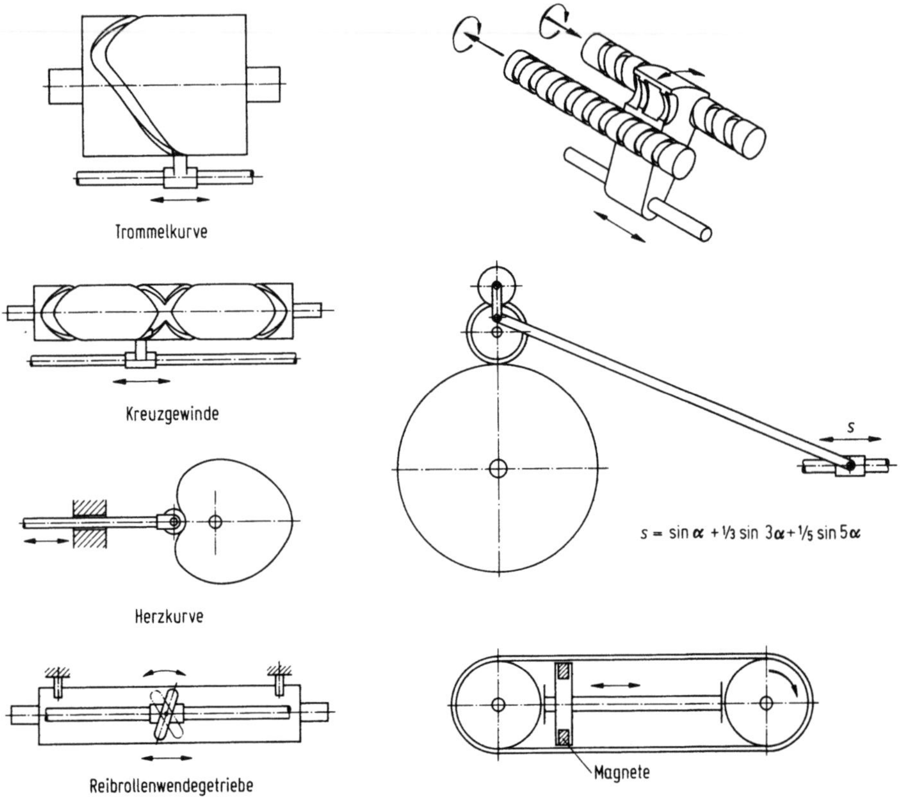

Trommelkurve
Kreuzgewinde
Herzkurve
Reibrollenwendegetriebe
s
s = sin α + 1/3 sin 3α + 1/5 sin 5α
Magnete

Abb.2.1.3/38. Verlegegetriebe

Einstellung
Atemvolumen
Einstellung
Atemzeitverhältnis

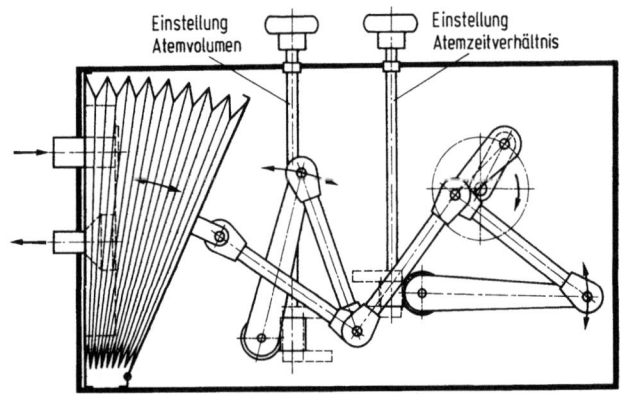

Abb.2.1.3/39. Zehngliedriges Gelenkgetriebe mit drei Eingängen, Beatmungsgerät

2.1 Festlegen der wesentlichen Merkmale

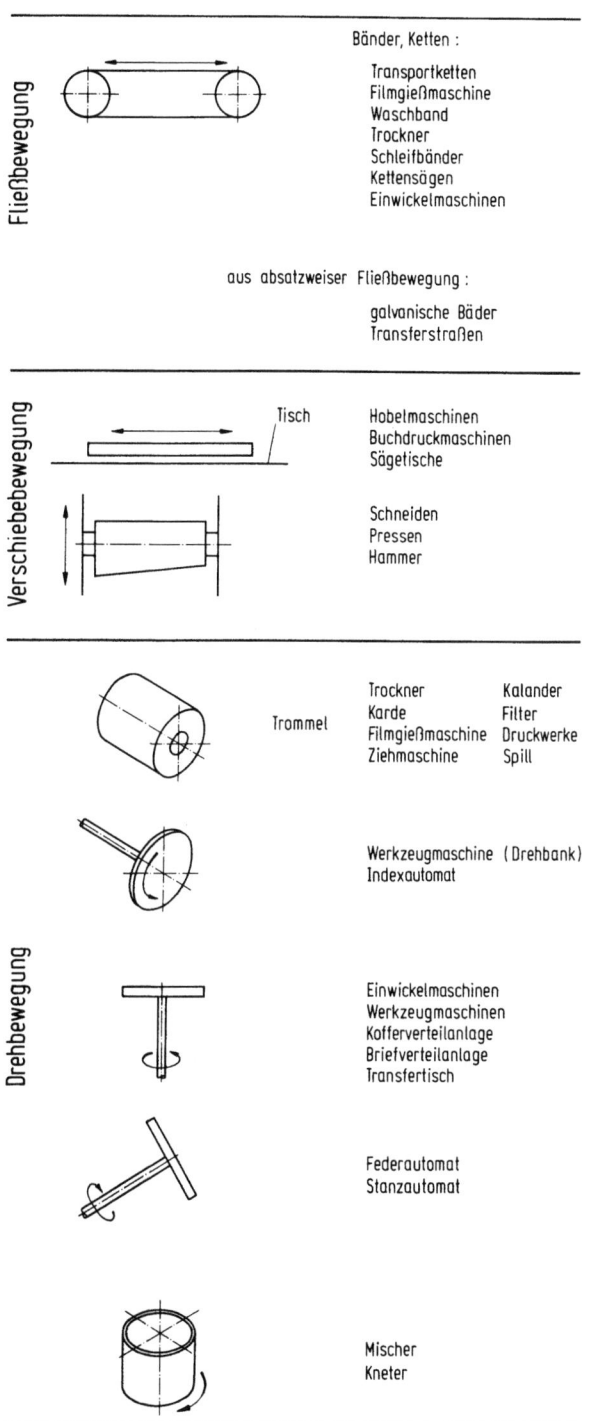

Abb. 2.1.3/40. Maschinen mit gleicher Kinematik

schiedenartigsten Maschinen. Eine Vielzahl von Maschinen ist jeweils durch die angewandte Bewegungsart untereinander ähnlich, obwohl sie in den Dimensionen außerordentlich von einander abweichen können. Transportbänder können mehrere Kilometer lang sein. Das Gieß-Band einer Filmgießmaschine ist bis zu 2,5m breit und 25m lang. Ähnliches gilt für Trockner, während Schleifbänder bzw. Kettensägen nur ganz kurze Bänder bzw. Ketten mit 300 bis 1000 mm Achsabstand der treibenden Rollen haben. Bei Einwickel- und Textilmaschinen sind die Bänder noch kürzer. Hobel- und Buchdruckmaschinen und Sägetische haben eine ganz ähnliche Anordnung. Das gleiche gilt für Schneiden, Pressen und Hämmer, die sich auch in den Dimensionen erheblich unterscheiden. Selbst bei der Anwendung von Trommeln gibt es Filmgießmaschinen von 25 m Durchmesser, um nur einmal ein extremes Beispiel zu erwähnen. Waagerechte, senkrechte und geneigte Spannflächen, die eine Drehbewegung ausführen, sind wiederum das Charakteristikum einer ganzen Reihe von bekannten Maschinen.

Die Grundbewegungen werden, um ein anderes Beispiel anzuführen, bei den verschiedenen Arten von Schreibmaschinen verwendet. Hier handelt es sich um die Bewegungen der Buchstaben, oft in zwei Achsen, sowie um die zusätzliche Bewegung des Schreibwagens, wie das für die Mignonschreibmaschine, die normale und die Kugelkopfschreibmaschine in Abb.2.1.3/41. dargestellt ist. Zur Erhöhung der Schreibgeschwindigkeit wurden der Stangendrucker, der Kettendrucker und der Raddrucker entwickelt. Hierher paßt auch das äußerst interessante Dekodiergetriebe einer Fernschreibmaschine mit Zylinderkopf [53]

Ein weiteres Beispiel für die Kombination mehrerer Grundbewegungen ist die Durchführung von Schneidverfahren für Faserbündel, die den Eigenschaften des Materials und den Forderungen bezüglich der Ablage der Faser - beliebige oder geordnete Ablage - entsprechen müssen. In der Praxis kommen Faserkabel vor, die man als weich, naß und mit allen Übergängen bis hart und trocken kennzeichnen kann. Deshalb werden auch ganz verschiedene Schneidemaschinen in den Fabrikbetrieben angewendet. Nach dem jeweils dargestellten physikalischen WZH geht es darum, wie in Abb.2.1.3/42a. gezeigt ist, daß die Bewegung des Faserkabels, die Bewegungen der Klemmen vor und hinter der Schnittstelle und die Bewegungen des Messers miteinander kombiniert werden.

Die Lösung in Form des konstruktiven WZH ist daneben dargestellt. Die Faser wird von den Klemmstücken zweier Räder vor und hinter der Schnittstelle erfaßt und mit der senkrecht zur Achse der Klemmscheiben bewegten

2.1 Festlegen der wesentlichen Merkmale

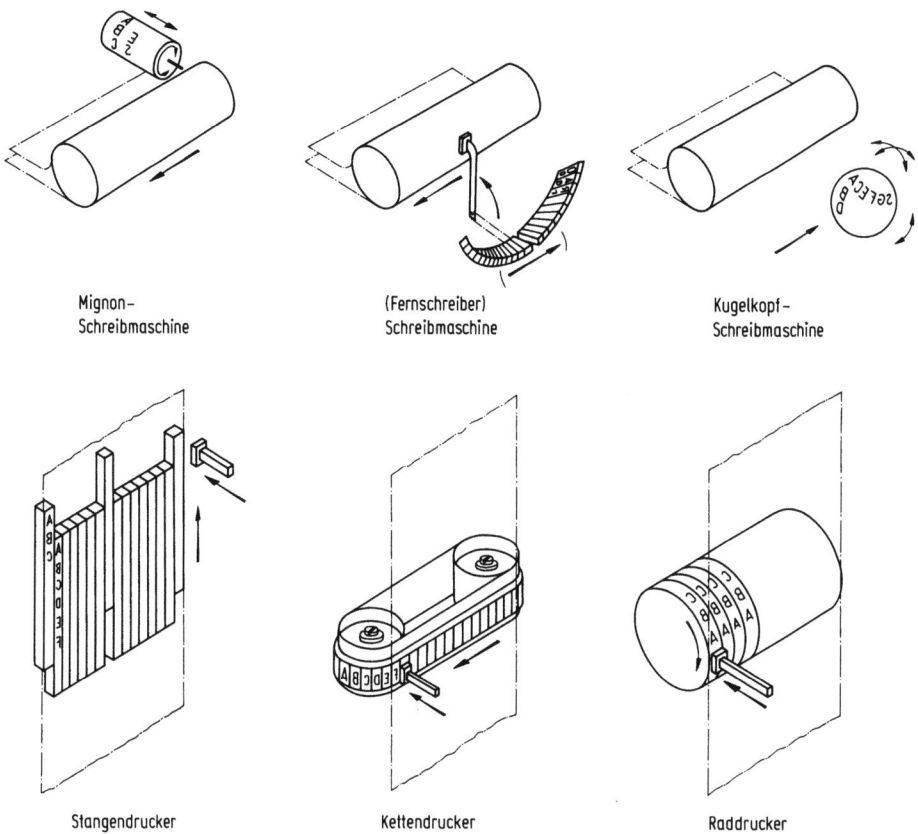

Abb.2.1.3/41. Kinematik der Schreibmaschinenbuchstaben und Druckbuchstaben, Wirkfläche

Messern geschnitten. Fall b zeigt den Schnitt mit einem umlaufenden Messer einer Klemm- und einer Gegenschnittkante. In diesem Fall ist ein besonderer Fasertransport nicht berücksichtigt. Fall c sieht einen Messerschnitt in ein bewegtes, weiches Transportband vor, wie das die Ausführung zeigt. Bei harten und trockenen Fasern ist ein Schnitt mit Messer und Gegenmesser erwünscht wie das im Fall d dargestellt ist. Aber auch hier ist ein stetiger Fasertransport nicht möglich. Um diese Schneideart "Messer mit Gegenmesser" zu realisieren, muß das Messer nach Fall e eine Planetenbewegung ausführen und über der Faserzuführöffnung schneiden. Hier ist die Faserführung beispielsweise durch einen Luft- oder Wasserstrahl möglich.

Das Leitbeispiel dieses Abschnittes zeigt, wie man einen stetigen Schnitt dieser Art durchführen kann bei einseitiger Halterung des Faserkabels in einem Nadelkamm. Eine weitere Möglichkeit ist die Aufwicklung der Faser unter star-

178   2. Methodisches Konstruieren

ker Spannung auf eine Messerwalze, deren Schneiden nach außen gerichtet sind.
Unter der Zugspannung wird das Kabel durch die Messer gedrückt. Es ergibt
sich allerdings eine ungeordnete Ablage wie beim Fall a.

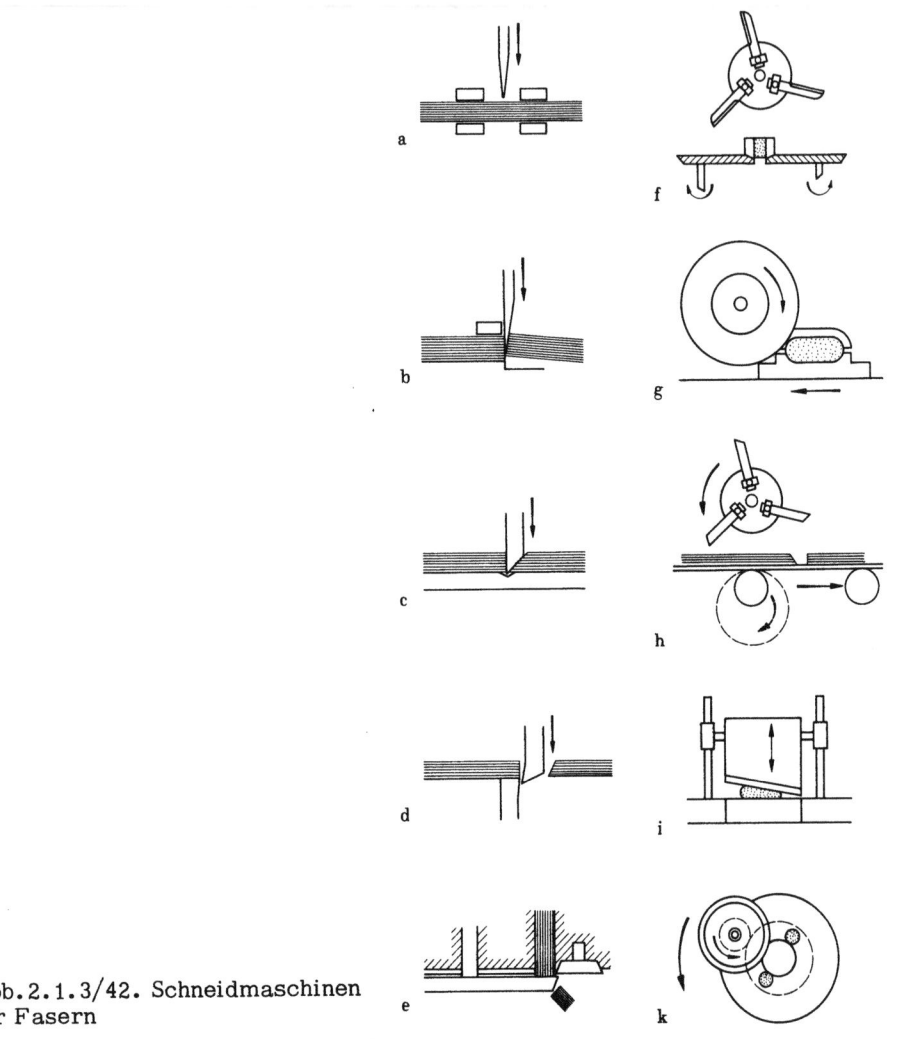

Abb. 2.1.3/42. Schneidmaschinen
für Fasern

Das Beispiel des Meissels (Tab. 2.1.1/2.) zeigte, welche Merkmale ein sehr
einfaches Werkzeug aufweist. Dieselben Merkmale müssen dann auch an einer
entsprechenden Werkzeugmaschine zu finden sein. Als Beispiel wurde eine Fräsmaschine gewählt (Tab. 2.1.3/15.). Die Wirkfläche auf der Funktionsseite ist
der mit einer Vielzahl von Schneiden besetzte Fräser, der eine Drehbewegung
ausführt. Die Werkzeughalterung besteht aus einem Führungsteil und einem

2.1 Festlegen der wesentlichen Merkmale   179

Tabelle 2.1.3/15. Fräsmaschine

		Funktionsseite	Werkzeughalterung Führungsteil	Spannteil	Antriebsseite
Werkzeug	Wirkfläche	Rundfläche besetzt mit Schneiden	Lagerung Fräserwelle	Spanndorn	Kopplung als Spannkonus
	Wirkbewegg.	Drehbewegung	stillstehend Verstellbewegung in 2 Ebenen schwenkbar	Spannbewegung	in Stufen veränderliche Drehbewegung
Werkstück	Wirkfläche	Fläche mit einzuhaltenden Maßen	Tisch Höhe Neigung verstellbar	Nuten + Spannschrauben Schraubstock Teilkopf	Schwalbenschwanzführung Spindel
	Wirkbewegg.	Verschiebebewegung	Verschiebebewegung	Dreh-/Verschiebebewegung Spannbewegung	Dreh-/Verschiebebewegung in Stufen veränderlich

Spannteil, Funktionen, die bei einem Werkzeug von der Hand des Bedienenden erfüllt werden. Auf einer Fräsmaschine wird die Führung von der Lagerung der Fräserwelle übernommen, auf der der Fräser mittels eines Spanndorns befestigt ist. Der Antrieb erfolgt von einem Motor mit Getriebe über einen weiteren Spannkonus. Die entsprechenden Bewegungsmöglichkeiten sind in Tab. 2.1.3/15. angegeben.

Die gleichen Merkmale weist die Halterung des Werkstückes auf, dessen Bearbeitungsseite die Gegenfläche zum Fräser bildet. Auf der als Beispiel gewählten Fräsmaschine wird das Werkstück mit dem Tisch bewegt. Das Werkstück wird auf diesem Tisch geführt und mit Schrauben in den Nuten des Tisches gehalten. Andere Möglichkeiten zur Werkstückhalterung auf dieser Fräsmaschine sind in Tab. 2.1.3/15. mitangegeben. Der Tisch ist auf der Antriebsseite in einer Schwalbenschwanzführung gehalten und wird über eine Spindel bewegt. Ein gesonderter Antrieb mit verstellbarem Stufengetriebe erteilt der Spindel eine Drehbewegung. Dieses Beispiel erhellt recht deutlich den Übergang vom Werkzeug zur Maschine.

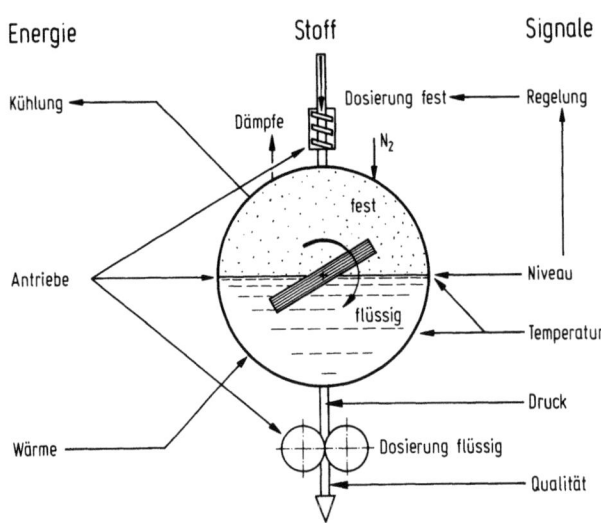

Abb. 2.1.3/43. Prinzip eines Schmelzeextruders

Abb. 2.1.3/43. zeigt das Prinzip eines Schmelzeextruders. Es wird vom Schema der Abb. 2.1.3/23. ausgegangen, das auf einen Schmelzeextruder angewendet wird. Der Extruder soll mit einer Regelung des Schmelzeniveaus ausgeführt werden (Flüssigkeitsspiegel), um die Zufuhr des Granulats mit der

2.1 Festlegen der wesentlichen Merkmale

konstanten Abnahme der Schmelze durch die Zahnradpumpe abzugleichen. Abb. 2.1.3/44. zeigt die einzelnen Elemente der Konstruktion in der Reihenfolge ihrer Anordnung und Abb.2.1.3/45. die Ausführung der Konstruktion. Die Austrittsseite des Extruders wird durch eine Traverse gehalten, damit sich das

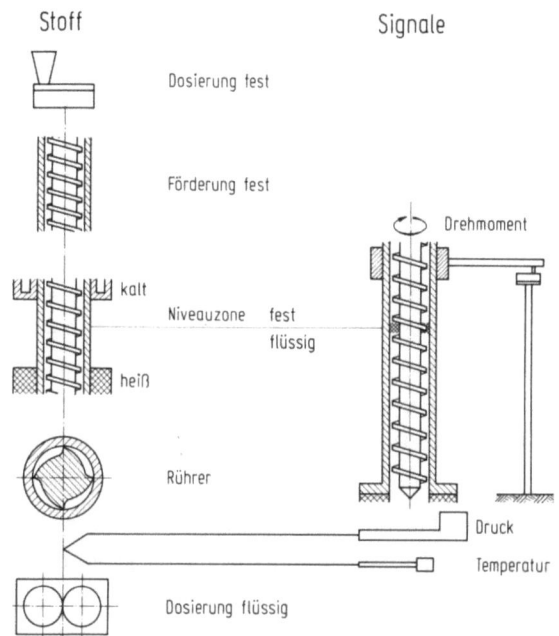

Abb.2.1.3/44. Konstruktionselemente eines Schmelzeextruders

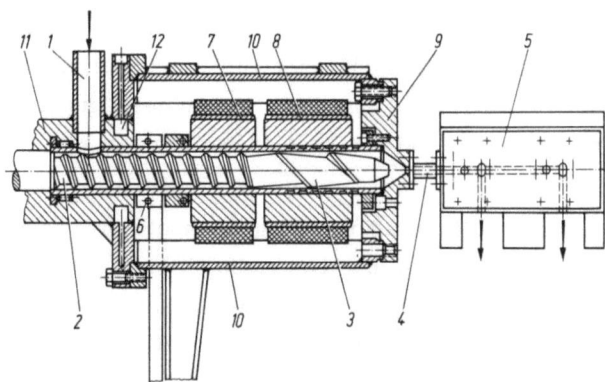

Abb.2.1.3/45. Gesamtkonstruktion des Schmelzeextruders. 1 Granulateintritt; 2 Festförderteil der Schnecke; 3 Rührerteil der Schnecke; 4 Anschlußleitung; 5 Pumpen und Düsenspinnkopf; 6 Niveaumessung nach Abb.2.1.3/44.; 7 Heizkörper Niveauzone; 8 Heizkörper Schmelzzone; 9 Halteflansch Schneckengehäuse; 10 Traversen; 11 Lagerteil; 12 Kühlung

Schneckengehäuse verdrehen kann, wenn die Schmelze in die Eingangsseite eindringen will und sich dort abkühlt. Die abgekühlte Schmelze übt in Abhängigkeit von dem Schmelzespiegel ein Drehmoment auf das Gehäuse aus, das zur Steuerung der Zufuhr benutzt wird. Dieses Beispiel erläutert, wie man erst die einzelnen Elemente der Maschine festlegt und bei Beachtung der Verträglichkeit der Elemente untereinander sie zu einer Konstruktion aneinanderreiht.

Festlegung des konstruktiven WZH: "Vervollständigung des Kernsystems Maschine"
Bisher bezieht sich die Festlegung des konstruktiven WZH auf den Kern der Maschine. Realisiert wurde nur eine der Umsatzarten, nämlich entweder der Energie- oder der Stoff- oder der Signalumsatz. Ein vollständiges Kernsystem weist im allgemeinen Falle alle drei Umsatzarten auf, wie das schließlich schon bei der Handhabung eines Werkzeuges der Fall ist, wenn man die Tätigkeit des Handwerkers mitberücksichtigt. Diese Merkmale finden sich auch bei allen Maschinen. Mit welchen Merkmalen die einzelnen Systeme vervollständigt werden müssen, zeigen die folgenden Beispiele.

Das Kernsystem einer Maschine des Energieumsatzes, z.B. einer Verbrennungskraftmaschine, wird vervollständigt durch Systeme des Stoffumsatzes (System der Brennstoffzufuhr, Schmiersystem, Kühlsystem) und durch Systeme des Signalumsatzes (Öldruckmessung, Kühlwassertemperaturmessung, Temperaturregelung).

Das Kernsystem einer Maschine oder eines Apparates für den Stoffumsatz wird vervollständigt durch ein System des Energieumsatzes (Antrieb für Fördereinrichtungen und Rührer, Einrichtungen zur Aufrechterhaltung der Zustandsbedingungen (Heizung)) und durch ein System des Signalumsatzes (Messung und Regelung der Menge und der Zustandsbedingungen).

Das Kernsystem eines Gerätes für den Signalumsatz wird vervollständigt durch Systeme der Energieversorgung (Antriebe für z.B. einen Fallbügelregler, Einrichtungen für die Lieferung der Versorgungsspannung für elektrische Geräte) und durch ein System des Stoffumsatzes (z.B. für die Probenentnahme)

Die genannten Systeme können auf die gleiche Weise wie das Kernsystem konstruiert werden, wenn nicht fertige Elemente oder Systeme für die Vervollständigung des Systems zur Verfügung stehen.

2.1 Festlegen der wesentlichen Merkmale

2.1.3.5 Vorgehensweise bei der Festlegung des konstruktiven Wirkzusammenhangs

Gegeben:

Skizze des physikalischen WZH mit schematisch eingetragenen Wirkflächen und Wirkbewegungen; Dimensionen; Angaben über eventuelle direkte konstruktive Forderungen (vorgegebene Vorrichtungsmerkmale, einschränkende Bedingungen).

Gesucht:

Konstruktiver WZH: Der physikalische WZH wird durch Wirkflächen und Wirkbewegungen erzwungen. Der Zusammenhang zwischen Eingang ("Antrieb") und Ausgang ("Abtrieb") über Wirkflächen und Wirkbewegungen hergestellt, stellt den konstruktiven WZH oder die Ausführung der Konstruktion des Kerns der Maschine dar.

Lösungsweg:

Zusammenstellung der festzulegenden Merkmale (Tab. 2.1.3/16., 2.1.3/17.):
Anordnungen für die Wirkflächen und Wirkbewegungen; Gestell; z.B. Flächen- und Raumbedarf;

Tabelle 2.1.3/16. Festzulegende Merkmale eines konstruktiven Wirkzusammenhanges: Wirkfläche

Art	Zuordnung zu anderen Wirkflächen

offene Wirkfläche
einschließende Wirkfläche (Körper)
umschließende Wirkfläche (Raum)
Phasengrenze (Grenzfläche)
	Oberfläche
	
	Ausführung
	  beanspruchungsgerecht
	  herstellungsgerecht

geometrische Form
  Abmessungen
  Toleranzen
  Passungen
	Befestigung bzw. Halterung

Festlegung der Merkmale: Um den gewünschten physikalischen WZH zu erzwingen, stehen eine Reihe von Wirkflächenarten zur Verfügung. Für die Festlegung der Wirkflächen gibt es eine Reihe von Variationsmöglichkeiten (Tab. 2.1.3/18. Festlegung der Wirkflächen). Bei besonderen Forderungen bezüglich der Wirkbewegungen muß ein Getriebe festgelegt werden, das die gewünschte Bewegung meist aus der Drehbewegung umformt. Bei einer Mehrzahl von verschiedenen Wirkbewegungen muß eine verträgliche Kombination gewählt werden (Tab. 2.1.3/19. Festlegung der Wirkbewegungen). Bei der

Tabelle 2.1.3/17. Festzulegende Merkmale eines konstruktiven WZH. Wirkbewegungen

Bahnen	offene/geschlossene Bahn
	ebene Bahnen (geometrische Grundformen, Bahnen gekennzeichnet durch Festpunkte)
	räumliche Bahnen
	(sphärische Bahnen, beliebige Bahnen)
	verstellbare Bahnen
Zu überwindende Widerstände	Arbeits-, Reibungs-, Trägheitswiderstand
Bewegungen	Bewegungsform und Kräfteanordnung
	gleichförmige, ungleichförmige Bewegungen
	stetig veränderliche, periodische Bewegungen
	in Stufen veränderliche Bewegungen
	Bewegungen mit Stillständen
	Bewegungen mit bestimmtem Geschwindigkeits-/Beschleunigungsverlauf
	verstellbare Bewegungen
Kräfte/Momente	konstant, veränderlich
	vorgegebener Verlauf längs einer Bahn
	verstellbar

Tabelle 2.1.3/18. Mittel zur Festlegung der Wirkfläche

Bezogen auf einen logischen Wirkzusammenhang

    Wirkflächen und Wirkflächenpaare (Führung-, Kopplungs-, Trennfläche, Loch, undurchdringliche Wirkfläche (Nocken))

Bezogen auf einen physikalischen Wirkzusammenhang

    Erzwingen eines physikalischen Geschehens (durchlässige/undurchlässige Wirkflächen, Wirkflächenpaare, Wirkflächen/Stoff (Stoffumsatz), Grenzflächen, Wirkflächenform)

Ausbildung der Wirkfläche selbst von physikalischen Forderungen her, von der Beanspruchung her, von der Oberfläche her, von der Herstellung her

Abwandlungen (Variationen)(geometrische Abwandlungen, Abwandlungen von Lage, Form, Größe, Zahl)

Befestigung und Halterung

2.1 Festlegen der wesentlichen Merkmale

Festlegung des Kernsystems "Maschine" sind die Merkmale nach Tab. 2.1.3/20. zu beachten.

Auswahl der einfachsten Lösung

Die einfachste Wirkfläche ist im allgemeinen die gedrehte Wirkfläche, die einfachste Wirkbewegung die Drehbewegung, wenn vom elektrischen Energienetz ausgegangen wird (siehe Kriterien). Die Lösung ist der Entwurf des Kernsystems der Maschine.

Tabelle 2.1.3/19. Mittel zur Festlegung der Wirkbewegung

Grundbewegungen	Gleichförmig übersetzende Getriebe
Fließbewegung Verschiebebewegung Drehbewegung	Reibräder (Reihenschlupf) Zahnräder Schraubgetriebe Zugmittelgetriebe Differential (Zweigschlupf)
Kombinationen der Grundbewegungen	Ungleichförmig übersetzende Getriebe
Schnecke Kehrgewinde Spirale Herzkurve	Kurvengetriebe Koppelgetriebe schaltläufige Getriebe Getriebe mit Verstellgliedern

Tabelle 2.1.3/20. Merkmale des Kernsystems "Maschine"

Innerhalb der Systemabgrenzung	**Struktur** logischer Wirkzusammenhang physikalischer Wirkzusammenhang konstruktiver Wirkzusammenhang **Übergangsfunktionen** logische Globalfunktion physikalische Übergangsfunktionen (Übergangsverhalten, Zeitverhalten)
Außerhalb der Systemabgrenzung	**Ein- und Ausgänge** Zahl Art (Energie-, Stoff-, Signalumsatz) Menge **Eigenschaftsänderung Produkt** Qualität (Eigenschaftsänderung, Eigenschaftsschwankungen) **Schnittstellen zu anderen Systemen**

186 2. Methodisches Konstruieren

2.1.3.6 Übungsaufgaben (Lösungen auf S. 311)

Aufgabe 2.1.3/1

Führe, ausgehend vom Effekt der mechanischen Reibung (Abb.2.1.2/30.), eine Wirkflächenvariation durch. Die ebene Fläche soll dabei durch einen Keil, Zylinder, Kegel und eine Schraube ersetzt werden.
Einstieg: Text S. 151, Abb.2.1.3/20.
Zweck: Durchführung einer Variation, die als Ergebnis erkennen läßt, daß sich eine große Zahl von Maschinenelementen von e i n e m physikalischen Effekt herleiten läßt.

Aufgabe 2.1.3/2

Konstruiere Drahtklemmen unter Anwendung der Umschlingungsreibung.
Einstieg: Außer der Klemmreibung mit festen Backen kann auch die Umschlingungsreibung zum Befestigen eines Drahtes verwendet werden. Dafür lassen sich eine Reihe von Anordnungsvariationen angeben. Text S. 184, Abb.2.1.3/46.
Zweck: Aufsuchen von konstruktiven Varianten für ein bestimmtes physikalisches Prinzip.

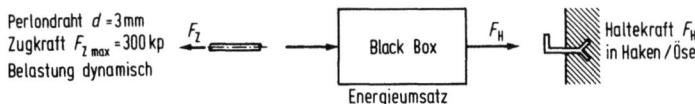

Abb.2.1.3/46. Black Box-Darstellung einer Drahtklemme

Aufgabe 2.1.3/3

Führe den Lagewechsel und Formwechsel für die Anordnung nach Abb.2.1.3/47. durch.
Einstieg: Text S. 160, Abb.2.1.3/25.
Zweck: Anwendung der Variationsgesichtspunkte für die Ausführung der Wirkfläche.

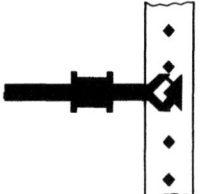

Abb.2.1.3/47. Umwandlung der Fließ- in eine Verschiebebewegung bei einem Getriebe

Aufgabe 2.1.3/4

Entwerfe die möglichen Varianten zu der Schraubpresse nach Abb.2.1.3/48.
Einstieg: Text S. 145, Abb.2.1.3/15. und S. 160, Abb.2.1.3/25.
Zweck: Durchführung einer systematischen Variation von Anordnungsmöglichkeiten der Bauteile eines Maschinensystems.

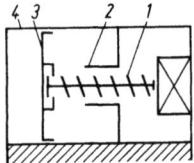

Abb.2.1.3/48. Schema einer Schraubpresse. 1 Schraube; 2 Mutter; 3 Preßkolben; 4 Gestell

2.1 Festlegen der wesentlichen Merkmale 187

Aufgabe 2.1.3/5

Prüfe die konstruktive Verwendbarkeit des physikalischen Geschehens in einem Keilspalt.
Einstieg: Die Einflußgrößen sind auf Abb.2.1.3/49. dargestellt. Stell- und Folgegrößen sind bezogen auf den Energie-, Stoff- und Signalumsatz und die Grundfunktionen auszuwählen. Text S. 186, Abb.2.1.3/50.
Zweck: Erkennen des heuristischen Prinzips in der Methodik durch die Anwendung auf ein wohlbekanntes Beispiel: Keilspalt des Gleitlagers.

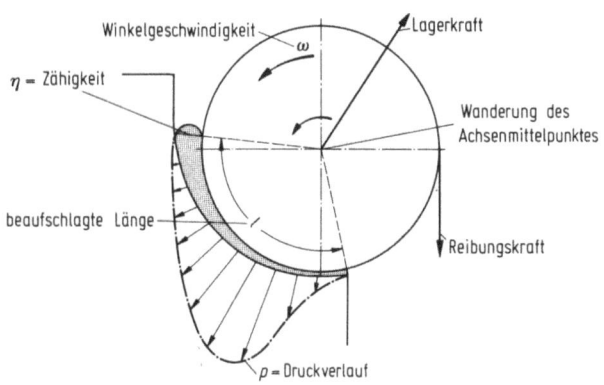

Einflußgrößen des physikalischen Geschehens

1. Geometrisch:

    Wellendurchmesser
    relatives Spiel (bezogen auf Durchmesser) $\psi = \bar{s}/D$
    Wanderung des Achsenmittelpunktes
    beaufschlagte Spaltlänge = Niveau l

2. Strömungsvorgang:

    Viskosität der Flüssigkeit $\eta\,[\mathrm{kp\,s/m^2}]$
    Winkelgeschwindigkeit $\omega\,[1/s]$
    Umkehrströmung
    Verweilzeit · Flüssigkeitsteilchen
    mittlerer Spaltdruck $\bar{p}\,[\mathrm{kp/cm^2}]$
    Reibungszahl f
    Konstante K

    Sommerfeldzahl So $\dfrac{f}{\psi} = \dfrac{K}{So}\,;\ So = \dfrac{\bar{p}\cdot\psi^2}{\eta\cdot\omega}$

Abb.2.1.3/49. Einflußgrößen des physikalischen Effektes: Keilspalt

Aufgabe 2.1.3/6

Skizziere die konstruktiven Anordnungen für die Verwendung des Keilspaltes

für ein Präzisionslager für die Zentrierung eines Drahtes in einer Lackiereinrichtung als Dichtung;

für einen Gießer für Lösungen, einen Mischer, eine Schmelzvorrichtung, eine Pumpe, eine Evakuiervorrichtung;

für die Messung des Spaltdruckes, des Flüssigkeitsniveaus im Spalt, der Viskosität und als Selbststeuerung oder Konstanthalter des Flüssigkeitsniveaus in dem Spalt

Einstieg: siehe Aufgabe.
Zweck: Übergang vom physikalischen WZH zum konstruktiven WZH.

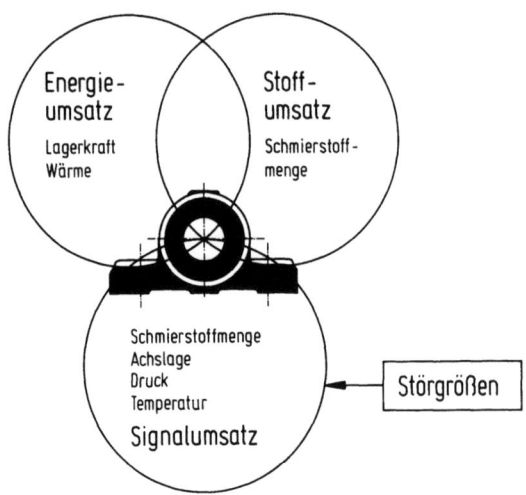

Abb.2.1.3/50. Schema des Gleitlagers

Aufgabe 2.1.3/7

Konstruiere physikalisch ähnliche Lösungen für die gleiche logische Struktur "selbststeuernder Unterbrecher"

mech. Kippsystem	mech. Kippsystem,	hydr. Kippsystem,
Gegenkraftkopplung,	Gegenkraftkopplung,	Gegenkraftkopplung,
mech.-stat. Kopplung,	elektrodyn. Kopplung,	hydrodyn. Kopplung,
mech. Umschalter,	elektr. Umschalter (mech. Kontakte),	hydr. Umschalter (rein hydr.),
Zeitglied: Weg;	Zeitglied: Weg;	hydrodyn. Speicher.

Einstieg: Text S. 112, Abb.2.1.2/36.
Zweck: Umsetzen von Varianten gekennzeichnet durch Begriffe in konkrete Geräte.

Aufgabe 2.1.3/8

Zur Herstellung eines Bilderhakens nach Abb.2.1.1/33. werden 5 über Exzenter angetriebene Werkzeuge benötigt, die die in dem Weg-Zeit-Diagramm angegebenen Bewegungen ausführen müssen (Abb.2.1.3/51.). Entwerfe verschiedene gemeinsame Antriebe für die Werkzeuge.
Einstieg: Text S. 67, Abb.2.1.1/26 bis 29.
Zweck: Festlegen der Antriebskinematik für eine zu konstruierende Maschine.

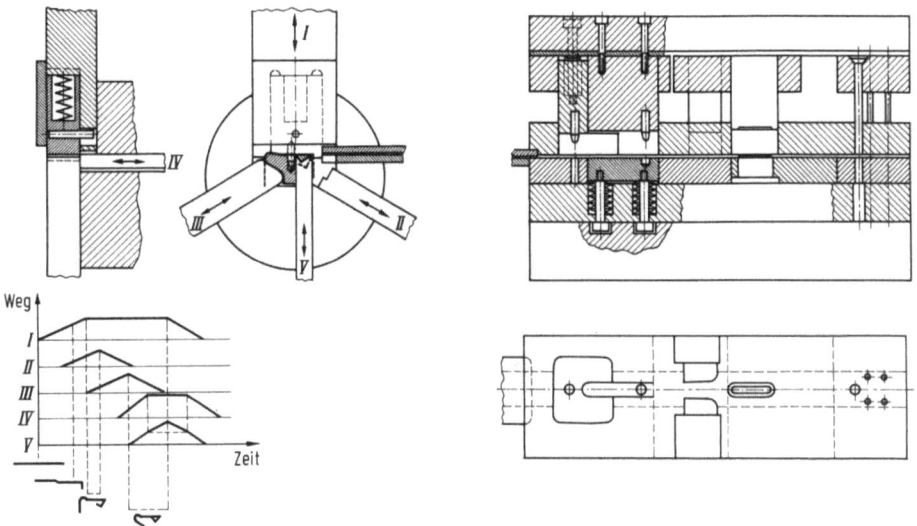

Abb.2.1.3/51. Bilderhaken, konstruktiver WZH: Werkzeug und Folgeschaubild

2.2 Festlegen der Gesamtkonstruktion einer Maschine

2.2.1 Erläuterung dieses Zieles

Die bisher dargestellten Hauptforderungen betreffend den logischen, physikalischen und konstruktiven WZH ergeben den Kern einer Maschine. Diese Grundkonstruktion ist ihrem Verwendungsort anzupassen. Einmal ist dieses System "Maschine" in vorausgehende und folgende Systeme und in übergreifende Systeme einzufügen. Aus diesen Anpassungsbedingungen ergibt sich eine Reihe von noch zusätzlich festzulegenden Komponenten.

Alle zu erfüllenden Forderungen werden zweckmäßigerweise möglichst frühzeitig zu einem Pflichten- oder Lastenheft oder zu einer Spezifikation zusammengefaßt. Dabei sollten auch gleichzeitig die einzuhaltenden Normen und Vorschriften sowie die Abnahmekriterien angegeben werden.

Diese sich aus den Anpassungen ergebenden Nebenforderungen lassen sich entweder mit bekannten Komponenten erfüllen, wie sie beispielsweise in den Listen der jeweils festzulegenden Merkmale angegeben sind, oder es lassen sich diese Nebenforderungen ihrerseits in logische, physikalische und konstruktive Forderungen auflösen, die sich nach der bisher erläuterten Vorgehensweise zu konstruktiven Lösungen ausarbeiten lassen.

Die Grundkonstruktion und die sich aus den Nebenforderungen ergebenden Komponenten sind zu einer Gesamtkonstruktion zusammenzufügen. Dabei ist eine Reihe von Optimierungs- und Anordnungsgesichtspunkten zu beachten, ehe die Gesamtkonstruktion festgelegt werden kann. Darauf beziehen sich die folgenden Ausführungen.

2.2.2 Leitbeispiele

Drahtziehmaschine

Ziel ist das Festlegen der Gesamtkonstruktion.

Komponenten bzw. Maßnahmen nach Tab. 2.2/23. für die Gesamtkonstruktion:

vorausgehende bzw. folgende Systeme der Drahtziehmaschine, Einzelmaschine (keine Maßnahme);

übergreifende Systeme:

System "Betrieb"

    Aufstellung (Maschinenflüsse mit Fußbodenschrauben);

    Energieumsatz (Kraftstromanschluß, Notabschaltung);

    Stoffumsatz (Aufsetzen des Drahtbundes, Einfädeln des Drahtes in die Ziehdüse, Entfernen des Drahtbundes);

    Betriebsinformationssystem (Messung Maschinenlaufzeit);

    Maschinenbetrieb (Einfädeln: Anspitzmaschine für Draht, Einziehvorrichtung, Sanftanlauf, Zugkraftmessung für Auswahl der Ziehdüse);

    Zubehör (Ziehdüsen, Anspitzmaschine, Einziehklemme);

System "Mensch"

    Ziehdüse in Bedienungshöhe;

    Bedienungsstand von einer Seite;

    Schalter und Notschalter (Anlauf/Betrieb, Notschalter von allen Seiten bedienbar);

    Hebezeug an Schwenkarm (Einlegen und Entnehmen des Drahtbundes);

    Messen (Drahtdurchmesser, Drahtmenge, Bundgewicht);

    Kontrolle (Ziehdüsenqualität, Schmierstellen);

    Schutz der Bedienung (Schutzgitter gegen Drahtbruch);

System "Umwelt":

    Abfallminderung durch Ausgangsmaterial mit geringen Dickenschwankungen;

    Abfallminderung durch Produktionsprogramm pro Monat mit geringer Zahl von Umstellungen.

Schneidmaschine für Faser

Auflisten der Komponenten (nach Tab. 2.2/23.).

Anpassung an vorausgehende und folgende Systeme:

    Zufuhr und Abfuhr von links nach rechts der Bedienungsseite (Einfädelrichtung);

    Ablage Faserpakete nach unten (Schwerkraft).

Anpassung an übergreifende Systeme für einen Prototyp der Schneidmaschine:

System "Betrieb"

    Befestigung der Maschine auf einer Spannfläche (Spannbank);

2.2 Festlegen der Gesamtkonstruktion einer Maschine   191

   Raumklimatisierung (Klimaanlage);
   Vermeidung statischer Aufladung (Ionisatoren);
   Antriebe (elektrische Schaltanlage, Motor, Getriebe);
   Sicherheit Maschine (Notschalter);

System "Mensch"
   leichte Bedienung (Bedienungshöhe);
   Einlegen der Faser (Sanftanlauf für Einfädeln);
   Sicherheit Bedienung (Schutzvorrichtung für Messer);

System "Umwelt":
   Versuchsabfall (unverschmutzte Schnittfaser);

Gesamtkonstruktion:
   Ordnung der Bauteile (Bedienungsseite, Antriebsseite, lineare Anordnung, Konstruktionszeichnung Abb.2.1.3/18.).

2.2.3 Forderungen an die Gesamtkonstruktion

Das bisher festgelegte Kernsystem "Maschine" ist im allgemeinen ein Teilsystem eines Gesamtsystems, in dem Energie, Stoff und Signale umgesetzt werden. In dieses Gesamtsystem muß das Kernsystem integriert, in den Schnittstellen an die anderen Systeme angepaßt werden. Das gilt für die Kriterien Menge, Fluß- oder Flußänderungen bzw. Flußschwankungen, Qualität, Qualitätsänderungen bzw. Qualitätsschwankungen, Kosten, Kostenanteil an den Gesamtkosten des erzeugten Produkts.

2.2.3.1 Anpassung an vorausgehende bzw. folgende Systeme

Die Anpassungsforderungen an vorausgehende/folgende Systeme ergeben sich aus den Übergangsbedingungen an den Schnittstellen und den Betriebsbedingungen der Einzelsysteme und des Gesamtsystems (Tab.2.2/1.). Davon wird selbst die Konstruktion von Systemelementen bzw. das Kernsystem beeinflußt. Ein Beispiel hierfür ist das Dampfturbinenventil, das geeignet sein muß, auf Belastungssprünge und plötzliche Entlastung der Turbine z.B. durch Kurzschluß im elektrischen Netz durch Schnellschluß zu reagieren, abgesehen davon, daß mit dem Ventil die Leistungsregelung vorgenommen werden muß. Etwas komplizierte Bedingungen sind mit einem elektrischen Leistungsschalter zu erfüllen, wie sie in Tab.2.2/2. angegeben sind. Konstruktiv ergeben die Forderungen eine interessante Steuerlogik. Die Energie für die Durchführung der Prüfschaltfolgen muß aus einem Speicher gedeckt werden [84, 129]. In Systemen die dem Stoffumsatz dienen, ist es die Forderung des Materialtransports von

Maschine zu Maschine, die die Konstruktion erheblich beeinflußt. Die maximale Mengenschwankung am Ausgang einer Maschine muß von der folgenden Maschine noch gerade ohne Stau oder Störung aufgenommen werden. Man kann von einer Mengenpassung sprechen, wenn beim Strangguß von zähen Kunststoffen in einer Kokille der Abzug des festen Materials so eingestellt werden muß, daß die maximale Schmelzemengenschwankung nicht zum Aufsetzen des Materials auf dem Rand der Durchgangsöffnung der Kokille führt. In der Textilindustrie spielen die Mengeneinheiten eine große Rolle, in denen der Transport von Maschine zu Maschine vorgenommen wird. Es muß eine Vielzahl von Transporteinheiten vor einer Maschine aufstellbar sein. Das sind dann Forderungen an die Einlaufseite einer Textilmaschine.

Tabelle 2.2/1. Anpassungsforderungen von vorausgehenden und folgenden Systemen an die Gesamtkonstruktion

Energieumsatz	Kenndaten Versorgungsnetze
	Netzbelastung
	Drehzahlen, Geschwindigkeiten
Stoffumsatz	Synchronisierung von Produktstraßen
	Einfädeln von Produkten (Blech-, Folienanlagen)
	Zwischenlager
	Werkstückhandhabung
Signalumsatz	Energieart des Gesamtmeßsystems
	Signalart analog/digital
	Aufarbeitung der Information
	Sicherungen
Betriebsbedingungen	kontinuierlicher/diskontinuierlicher Betrieb
	Abstimmung Verweilzeiten
	Anfahr-/Abstellbedingungen
	Einstellbedingungen
	Regelbedingungen
	Belastungsschwankungen
	Störungen, Ausfälle

Umfangreichen Meß- und Regelanlagen legt man eine einheitliche Energieart zugrunde, die man auch schon einmal wechselt, wenn man von der pneumatischen Versorgung einer Vielzahl von Stellantrieben zur elektrischen Fernüberwachung übergeht. In der Verfahrenstechnik spielt die Abstimmung der Verweil-

2.2 Festlegen der Gesamtkonstruktion einer Maschine	193

zeiten in den einzelnen Apparaten, die ein Verfahren ermöglichen, eine wichtige Rolle. Auch hier muß man sich gegebenenfalls durch Zwischenlager gegen Ausfälle sichern.

Tabelle 2.2/2. Forderungen von vorausgehenden/folgenden Systemen an einen elektrischen Leistungsschalter (Text: Seite 191)

		Ereignis	Forderung
Vorausgehend	Erzeuger	Phasenopposition durch Außertrittfallen von Kraftwerken	Abschalten
Folgend	Netz	Kurzschlüsse, Erdschlüsse	Schnellabschaltung
			Prüfschaltfolgen
	Verbraucher	Überströme	Abschalten nach bestimmter Zeit und Überstromhöhe
		Kurzschlüsse	Schnellabschaltung
			Prüfschaltfolgen
		Überspannungen durch zeitlich ungleichmäßiges Schalten der drei Pole	Gleichzeitiges Öffnen und Schließen der Schaltpole (max. 10 ms Differenz)
	Prüfschaltfolgen	Kurzunterbrechung (max. 300 ms)	
		Ein/Aus - 15 s - Ein/Aus zur Beseitung der Kurzschlußursache	

2.2.3.2 Anpassung an ein Gesamtsystem

Das Kernsystem einer Maschinenkonstruktion ist außer an vorausgehende und folgende Systeme mit einfachen Wechselbeziehungen auch an ein Gesamtsystem anzupassen, dessen einzelne Schichten auf die Konstruktion des Kernsystems übergreifen. Die sich aus ihren besonderen Bedingungen ergebenden Forderungen müssen durch technische Komponenten Berücksichtigung finden. Solche Gesamtsysteme lassen sich in Schichten gliedern, die sich aus den einzelnen Bau- oder auch Fertigungsstufen ergeben. Solche Schichtenteilungen zeigt beispielsweise Tab. 2.2/3a.

Tabelle 2.2/3a. Schichtenteilungen

Konstruktion	Fertigung
Rohmaterial	Planung
Vormaterial	Vorbereitung
Bauteile	Materialwahl
Maschinenelemente	Teilefertigung
Baugruppen	Kontrolle
Maschine	Montage
Maschinensysteme	Verpackung
Fabrikanlage	Lagerung
Mensch (Bedienung)	Versand
Wirtschaft	

Für derartige vernetzte Systeme ist nun zu erläutern, wie sich die Schichten untereinander beeinflussen. So sind in Gesamtsystemen allgemeine Forderungen zu berücksichtigen wie etwa die Forderung nach Sicherheit, die auch für komplexe Anlagen erfüllt werden muß. Als Beispiel ist die konstruktive Vorwegnahme der Sicherheit eines Getriebes in Tab.2.2/3b. dargestellt und mit Einzelbeispielen belegt. In ähnlicher Weise läßt sich etwa die Gestaltfestlegung einer Konstruktion entwickeln.

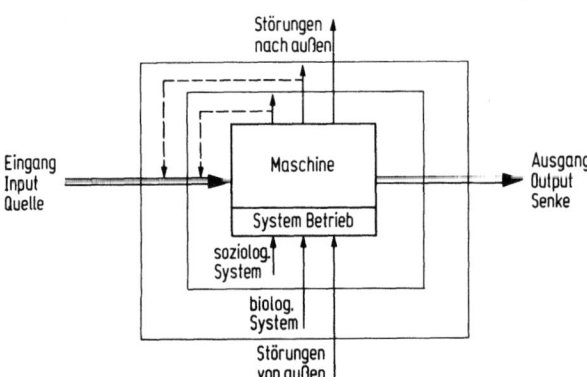

Abb.2.2/1. Maschine als Teilsystem: übergreifende Systeme

Tabelle 2.2/3b. Schichtenvernetzungen zwischen Baustufen eines Getriebes. Berücksichtigung der Forderung nach "Sicherheit" mit Einzelbeispielen.

Schichten		bezogen auf die Funktion vermeiden:	bezogen auf die Beanspruchungen berücksichtigen:
Befestigungselemente	Paßfedern Keile Schrauben Schmierung	lösen herausfallen lösen verstopfen	Sicherheitsfaktor Querschnitte
Maschinenelemente	Wellen Lager Zahnräder Dichtungen	exzentrischer Lauf Unwucht Leckagen	Drehmoment Modul Dichtungstyp
Maschine	Getriebe Gehäuse Antriebskupplung Abtriebskupplung Meßstellen	Überdrehzahl Schwingungen exzentrischer Lauf Erschütterungen	Wärmeabfuhr Formänderung Verdrehwinkel Meßbereiche
Maschinensystem	Antriebsmotor Grundplatte Fundament elektrische Schalter	Ausrichtfehler Schwingungen ungenügende Masse Zugangshindernisse	Überstromschutz Stabilität Unterlage Anschlußleitungen

196 2. Methodisches Konstruieren

Die Anpassungsforderungen lassen sich auch getrennt detaillieren, die von übergreifenden Systemen stammen, wie im folgenden gezeigt wird (Abb.2.2/1. und 2.2/2.).

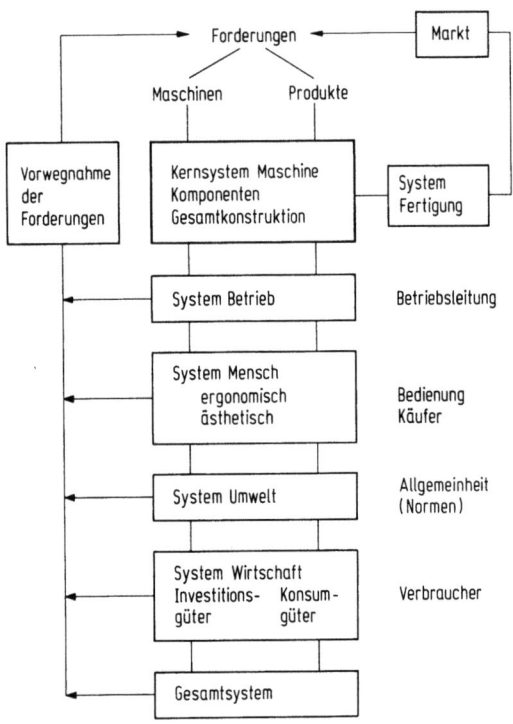

Abb.2.2/2. Anpassungsforderungen übergreifender Systeme an die Gesamtkonstruktion

Anpassungsforderungen vom System "Betrieb" her:
Das System "Betrieb" stellt für sich schon eine Kombination einer Anzahl von Systemen dar, nämlich das Maschinensystem (Maschine als in Betrieb befindliches System), das Energieversorgungssystem, das Stoff- und Materialversorgungssystem und das Signal- und Betriebsinformationssystem.

Die Gesichtspunkte, die in die Konstruktion hineinspielen, sind in Tab. 2.2/3c. zusammengestellt. Aufstellung, Versorgung und Betrieb einer Maschi-

2.2 Festlegen der Gesamtkonstruktion einer Maschine

ne ergeben eine Fülle von Forderungen an die Konstruktion, die anhand der später folgenden Checkliste für den speziellen Fall durchdacht werden müssen. Selbst an das Ende, an die Verschrottung der Maschine ist zu denken. So wird man etwa von der Verwendung von speziellen Antrieben absehen, wenn die Wiederverwendbarkeit bei Änderung oder Auflösung einer Anlage in Frage gestellt ist. Auch die Ersatzteilehaltung kann ein solcher Gesichtspunkt sein.

Tabelle 2.2/3c. Anpassungsforderungen von übergreifenden Systemen an die Gesamtkonstruktion

System Betrieb	System Umwelt
Aufstellung	Abfallwirtschaft
Betrieb	Schutz vor Umwelteinflüssen
Weiterverwertung	
System Mensch	System Wirtschaft
Körpermaße	Produktplanung
Leistungsfähigkeit	Verkaufsstrategie
Bedienungsarbeit	
Bedienungsschutz	Gesamtsystem
Formgebung	allgemeine Vorschriften

Eine weitere Forderung ist die Festlegung der Zuverlässigkeit einer Maschine und damit deren Verfügbarkeit. Je komplizierter eine Maschine ist, desto größer ist die Ausfallwahrscheinlichkeit wie etwa bei NC-Drehmaschinen gegenüber normalen Drehbänken. Die Forderung nach Zuverlässigkeit wird natürlich besonders bei verketteten Maschinen erhoben. Bei Ausfall einer Maschine bleibt sonst die ganze Anlage stehen.

Anpassungsforderungen vom System "Mensch" her:
Bezogen auf den Menschen als Bedienung und Käufer von Maschinen sind von einer Konstruktion ergonomische und ästhetische Forderungen zu erfüllen.

Ergonomische Forderungen: Die ergonomischen Forderungen ergeben sich aus der Anpassung der vorzusehenden körperlichen Bedienungsarbeit an die Körpermaße des Bedienungspersonals und aus der Berücksichtigung seiner Leistungsfähigkeit, die genauso bei der geistigen Bedienungsarbeit zu beachten ist.

Wenn es einmal gestattet ist, den Menschen als System darzustellen (Abb. 2.2/3.), dann übersieht man den Informationsfluß, der als geistige Arbeit bei der Bedienung von Maschinen aufzuwenden ist. Diese Arbeit erstreckt sich hauptsächlich auf die Bedienung an der Eingangs- und Ausgangsseite einer Maschine, das Kontrollieren, Steuern und Regeln. Es gibt eine Reihe von konstruktiven Möglichkeiten, diese Arbeit zu erleichtern, zu denen auch die Erleichterung der ganzen Situation an dem Bedienungsstand gehört, etwa die Schaffung von Verständigungsmöglichkeiten mit anderen Belegschaftsmitgliedern, eine gute Übersicht über die Bedienungsstellen oder die Vermeidung einer reizarmen Tätigkeit [140].

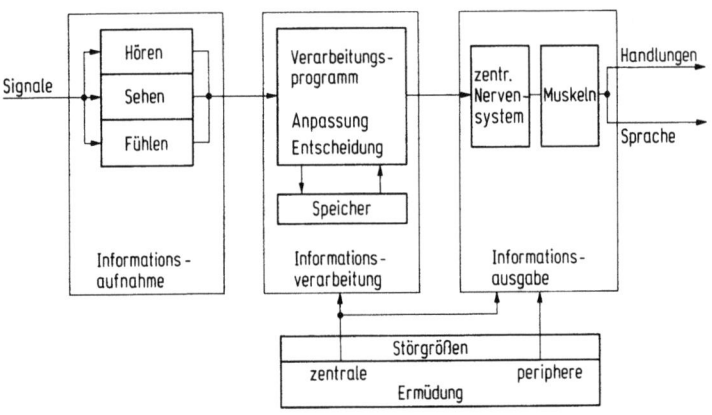

Abb.2.2/3. System "Mensch"

Weitere konstruktive Forderungen beinhalten den Schutz des Menschen vor Gefahren sowie die Verhinderung von Bedienungsfehlern. Hier soll auch auf die Unfallverhütungsvorschriften und die Berichte der Berufsgenossenschaften hingewiesen werden. Aus ihnen kann man entnehmen, welche scheinbar "unmöglichen" Fälle in der Praxis vorkommen, die fast immer vermeidbar sind [94].

Ästhetische Forderungen: Vor allen Dingen vom Käufer einer Maschine werden ästhetische Forderungen gestellt, die auch als Design bezeichnet werden. Dieses Gebiet kann hier nur kurz angedeutet werden [13, 154, 141].

Die Gesamtkonstruktion weist in der fertigen Ausführung eine äußere Gestalt auf, bei der die Merkmale Form, Farbe und Grafik hervortreten. Die Aufgabe dieser drei Elemente ist die Abgabe einer Information über die Maschine an den

2.2 Festlegen der Gesamtkonstruktion einer Maschine

Kunden. Der Kunde soll den Eindruck erhalten, daß es sich um eine wertvolle, brauchbare Maschine von einem anerkannten Hersteller handelt. Ungünstige Assoziationen sollen vermieden werden. Zu einer solchen ungünstigen Assoziation verleitet beispielsweise als landwirtschaftliche Maschine eine Heuladevorrichtung, die von ihrer äußeren Gestalt her an eine Giraffe erinnert.

Wie entsteht nun die gewünschte Wirkung der äußeren Erscheinung einer Maschine auf den Beobachter? Die Aufnahme des Eindrucks erfolgt über das Auge und das primäre Sehzentrum im Zwischenhirn. Das aufgenommene Bild wird zu einer Wahrnehmung verarbeitet. Es wird eine Vorstellung von dem Objekt im sekundären Sehzentrum im Hinterhauptlappen erzeugt. Durch die Wahrnehmung werden bestimmte Gestaltformen abgesondert bzw. abstrahiert durch die von Lorenz festgestellten Konstanzmechanismen [81]. Von der Wahrnehmung werden möglichst einfache Gestalten bevorzugt. Als schön wird empfunden, was auf einem einfachen Gestaltungsgesetz beruht. Die Wahrnehmung wird mit Empfindungen und Bildern assoziiert. Es findet eine Bewertung bezüglich der Eigenschaften eines Objekts statt, die z.B. als nützlich oder gefährlich oder schön empfunden wird.

Es gibt eine ganze Reihe von Bezügen der Assoziationen. Bezogen auf eine Maschine ist es der "Zweck" oder "die Leistung", bezogen auf die Bedienung sind es die "leichte Bedienbarkeit" oder andere Gebrauchseigenschaften, bezogen auf die Herstellung der "Preis" (billig oder teuer), bezogen auf die Herstellzeit die Vorstellung "alt oder modern", bezogen auf die Firma "bekannter oder unbekannter Name" und bezogen auf den Verwender der "Prestigewert". Diese Assoziationen im günstigen Sinne müssen durch entsprechende Gestalt, Form, Farbe und Grafikgestaltung im Kunden erzeugt werden. Das sind die Forderungen an das Design der Maschine.

Anpassungsforderungen vom System "Umwelt" her:
Hier sind zwei Gruppen zu unterscheiden, einmal der Schutz der Umwelt vor "Abfällen" der Maschinen und Anlagen, zum anderen der Schutz der Maschinen und Anlagen vor Einflüssen der Umwelt [124].

Schutz der Umwelt vor Abfällen der Maschinen und Anlagen: Die Art der Abfälle ist in Tab.2.2/4. zusammengestellt. Nach Fertigstellung von Maschinen und Anlagen lassen sich die Abfälle nur mit großem Aufwand beeinflussen. Wenn ein lautstarker Ventilator erst einmal auf dem Dach eines 40 m hohen Kesselhauses steht, ist guter Rat teuer. Groß sind die Anstrengungen, die Geräusche von Flugtriebwerken zu verringern. Das gleiche gilt für die Schadstoffbelastung der Luft durch den Stoffumsatz, der zu 48 % durch den Straßenverkehr und zu 37 % von Kraftwerken und Haushalten verursacht wird. Zu den Abfällen des Signalumsatzes gehören die verbrauchten Signalträger wie Computerpapier oder Zeitungen.

Tabelle 2.2/4. Abfälle

	Abfallart	Beispiele
Energieumsatz	Abwärme	Kühlwasserwärme Kernkraftwerke
	Strahlung	radioaktive Strahlung Brennelemente
	Geräusche	Flugzeugtriebwerke
	Erschütterungen	Bodenschwingungen durch Pressen
Stoffumsatz	feste Stoffe	Schrott, Staub
	flüssige Stoffe	phenolhaltiges Abwasser
	gasförmige Stoffe	Schwefeldioxydhaltige Gase
Signalumsatz	Signalträger	verbrauchtes Computerpapier, Zeitungen

Die Forderungen zur Verminderung der Umweltbelastung durch diese Abfälle laufen darauf hinaus, die Abfälle zu verringern, die Abfälle wiederzuverwenden und sich mit der Abfallbeseitigung zu befassen. Sie betreffen häufig schon das Kernsystem der Maschine. Solche Forderungen müssen dann von vornherein berücksichtigt werden.

Schutz der Maschinen und Anlagen vor Einflüssen der Umwelt: Forderungen nach einem Schutz der Maschinen und Anlagen vor Einflüssen der Umwelt sind gleichfalls in Betracht zu ziehen [94]. Die Schadensberichte der Versicherungsgesellschaften geben darüber Auskunft, was in der Praxis vorkommt. In Tab. 2.2/5. ist eine Reihe typischer Schadensursachen zusammengefaßt. So können Fundamente in einem von Regen aufgeweichten Boden absacken; Frost stellt eine Gefahr für Gummierungen dar und läßt Meßleitungen einfrieren, wenn sie nicht mit Stickstoff betrieben werden; Keller können überschwemmt werden.

2.2 Festlegen der Gesamtkonstruktion einer Maschine

So wurde eine Rechenanlage in einem Keller bei einem Wolkenbruch zerstört, durch Hochwasser ein in einem Keller lagerndes Fertigprodukt in Kisten beschädigt und ein ganzes Werk dadurch für mehrere Tage stillgelegt, daß acht Kondensatpumpen in einem Keller vereinigt waren, der durch Zerstörung eines Pumpengehäuses unter Wasser gesetzt wurde. Das gleiche gilt für Säurepumpen z.B. in Anlagen zur Herstellung von Kunstseide.

Tabelle 2.2/5. Vermeidung von Gefahren

Gefahr	Beispiele
Weicher Boden	Absinken von Fundamenten
Frost	Feuchtigkeit in Meßleitungen
	Gefahr für Gummierungen
Wasser	Überschwemmen von Kellern bei Wolkenbruch und Hochwasser
Säuren	Zerfressen von Leitungen, Pumpen in Kondensat- und Kunstseideanlagen
Sturm	Umstürzen von Kränen
Schnee	Dachlawinen
Brand	Salzsäuredämpfe beim Verbrennen von PVC
	Ölbrand durch Hydraulikanlagen
Blitz	Stromausfall in Hochspannungsnetzen
Explosion	Funkenbildung durch statische Aufladung
	Schweißanlagen

In den Berichten der Versicherungsgesellschaften wird immer wieder auf Sturmschäden, Schäden durch Dachlawinen sowie Schäden durch Salzsäuredämpfe bei Bränden hingewiesen. Statische Aufladung bei der Herstellung von Filmen ist die Ursache für Explosionen und Schäden, die einen großen Aufwand für die Herrichtung der zerstörten Anlagen verursachen können. Eine weitere Schadensquelle sind Schäden bei der Montage und beim Probebetrieb neuer Anlagen, wie die Statistik von Großschäden (Abb. 2.2/4.) zeigt.

Anpassungsforderungen vom System "Wirtschaft" her:
Die Aufnahme der Produktion bestimmter Konstruktionen muß markt- und unternehmenskonform erfolgen. Die Marktanalyse für ein Produkt sollte von dem er-

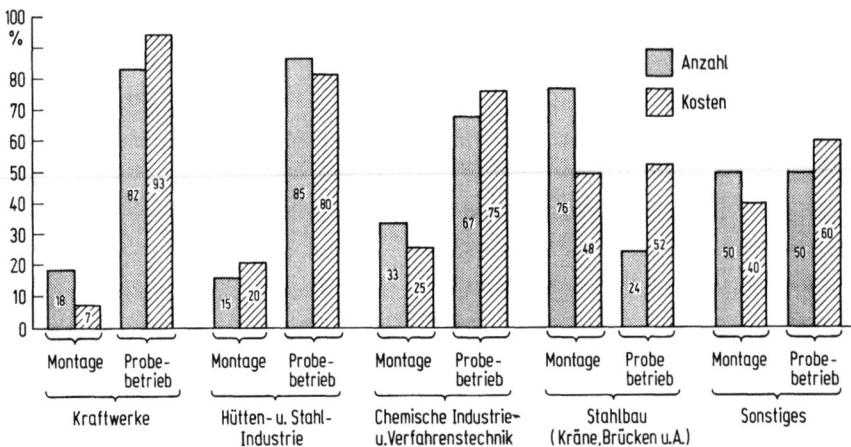

Abb. 2.2/4. Verteilung von Großschäden auf Montage und Probebetrieb

zielten Fortschritt ausgehen, über den sich mit Hilfe der noch zu erläuternden Kriterien einiges aussagen läßt. Dann sind die Nachfrageentwicklung und Wachstumsraten (Tab. 2.2/6.) zu prognostizieren und der zu erwartende Marktanteil anzunehmen [15, 60].

Tabelle 2.2/6. Marktanalyse

Technischer Fortschritt	Preisverfall
Nachfrageentwicklung	Kostensteigerung
Wachstumsrate	Produkteinführung
Marktanteil	Risiko
Lebensdauer auf dem Markt	

In die Überlegungen muß die heute übliche Lebensdauer einer Maschine auf dem Markt eingehen und es sind alle Verkaufshemmungen, wie ein möglicher Preisverfall oder eine Kostensteigerung in der Produktion, in Betracht zu ziehen. Viel hängt von den Methoden ab, die für die Produkteinführung angewendet werden können. Diese Marktanalyse sucht man durch Anwendung einer Reihe von Methoden (Tab. 2.2/7.) sicherer zu gestalten. Auch den Entscheidungsvorgang versucht man zu rationalisieren in des Wortes ursprünglicher Bedeutung.

Dieser komplexe Vorgang ist in Tab. 2.2/8. für die Planung neuer Fertigungsmittel dargestellt. Hier ist die Produktplanung auch auf das Unternehmenspotential bezogen. Gleiche physikalische Prinzipien, gleiche Technologie

2.2 Festlegen der Gesamtkonstruktion einer Maschine

Tabelle 2.2/7. Prognosemethoden und Entscheidungsfindung

Trendstudien: Extrapolation, Delphimethode (Befragung) Morphologische Methode Simulationsmodelle	Entscheidungsunterlagen Bewertungen und Bewertungsmethoden Entscheide

oder der gleiche Kundenkreis können der Anlaß für die Aufnahme eines neuen Produkts sein (Tab.2.2/9.). Die Anpassungsforderungen, wenn sie nicht schon den Aufgabenkern betreffen, sind etwa:

Häufigkeitsverteilung der auf einer Maschine hergestellten Produkte, die entsprechende Auslegung und das dazu benötigte Zubehör;

Zahl der Arbeitsschichten (für Männer drei Schichten, für Frauen zwei Schichten);

Anwendung der Maschine für verschiedene Zwecke, etwa eines Ventilators für Absaugung, für Luftzuführung und Stofftransport;

Vergabemöglichkeiten an andere Hersteller bei großem Verkaufserfolg durch Lizenzverträge oder Unteraufträge.

Anpassungsforderungen vom Gesamtsystem her:
Immer sind bei der Durchführung von Konstruktionen Forderungen allgemeiner Art zu erfüllen (Tab.2.2/10.). Solch einen allgemeinen Gesichtspunkt stellt die Frage dar, ob ein Betrieb in zwei oder drei Schichten laufen soll, denn ein Drei-Schichten-Betrieb darf nur mit Männern durchgeführt werden. Die Betriebsdauer hat einen erheblichen Einfluß auf die konstruktiven Maßnahmen zum Erzielen einer ausreichenden Zuverlässigkeit. Der wirtschaftlichste Bereich einer Maschine hängt vom Produktdurchsatz ab. Ein kleinerer Durchsatz als die Auslegeleistung ist weniger wirtschaftlich. Der Umrüstaufwand ist bei den Automaten der mechanischen Fertigung wichtig. Man sollte immer an den ganzen Lebenslauf einer Maschine denken.

Zu den Forderungen allgemeiner Art (Tab.2.2/11.) gehören Empfehlungen, wie sie z.B. vom VDI gegeben werden. Abmachungen und Verträge stellen die Bestellungen dar. Die Einhaltung von Bestimmungen und Vorschriften bis zu Gesetzen wird von der Eigenüberwachung großer Firmen, halbstaatlichen und staatlichen Stellen gefordert. Sie betreffen das System "Maschine" selbst wie die

Tabelle 2.2/8. Einflußgrößen und Randbedingungen bei der Planung neuer Fertigungsmittel (14. AWK-WZL Aachen)

Fertigungsaufgabe	Einsatzbedingte Anforderungen	Randbedingungen der Anwender	Randbedingungen der Hersteller
Rohteilgeometrie	Arbeitsmarktsituation	Preis	Unternehmensziele
Rohteilabmessungen	qualitativ quantitativ	Marktvolumen	Wettbewerbssituation
Fertigteilgeometrie	Arbeitszeit	Produktivität	Unternehmenspotential
Fertigteilabmessungen	Lohniveau	Wirtschaftlichkeit	know-how
Werkstoffe	Organisation	Flexibilität	Kapazitäten
Qualitäten	Energiebereitstellung		Kapitalausstattung
Mengen/Zeiteinheit	Umweltbedingungen		

2.2 Festlegen der Gesamtkonstruktion einer Maschine

Tabelle 2.2/9. Zielsetzung der Produktplanung bezogen auf das Unternehmenspotential (Text S. 203)

Entwicklung	gleiche (physikalische) Prinzipien
Produktion	gleiche Technologie
Vertrieb	gleicher Kundenkreis

Tabelle 2.2/10. Allgemeine Forderungen (Text S. 203)

Ausnutzung (2 - 3 Schichten)	Umrüstung
Zuverlässigkeit	Wiederverkaufswert
Ausfallwahrscheinlichkeit	Wiederverwendbare Teile
Verfügbarkeit	Verschrottung
Wirtschaftlichster Bereich	

Tabelle 2.2/11. Art der allgemeinen Forderungen (Text S. 203)

Empfehlungen	Vorschriften
Abmachungen	Normen
Verträge	Gesetze
Bestimmungen	

übergreifenden Systeme, die in Tab. 2.2/12. zusammengestellt sind. In diesem Zusammenhang soll auch noch einmal auf die Normen und die Berechnungsvorschriften hingewiesen werden [8].

Anpassungsforderungen vom System "Fertigung" her:
Die konstruierte Maschine muß fertigungsgerecht gestaltet sein. Es müssen alle Teile herstellbar und montierbar sein. Dabei muß man entweder auf die eigenen Kenntnisse bezüglich bekannter Herstellungsverfahren zurückgreifen oder sich von einem Spezialisten beraten lassen [25, 89, 87, 92, 146].

Von großem Einfluß ist auch das Fertigungsniveau. In einem Entwicklungsland wird oft ganz anderes Ausgangsmaterial (Holz, Steine, Lehm) und Handarbeit vorausgesetzt werden müssen als in einem Industrieland, in dem vorgearbeitete Werkstoffe (Profile, Bleche) und Maschinenarbeit jeder Form zur

Tabelle 2.2/12. Einschränkende Bedingungen für die Gesamtkonstruktion

System		Beispiele
Maschine	Normen und Auslandsnormen	Werkstoffnormen Maschinenelementenormen Versorgungsleitungsnormen
	Anerkannte Regeln der Technik	VDI-Richtlinien VDTÜV-Richtlinien (Vereinigung der Techn. Überwachungsvereine) DVGW-Bestimmungen des Deutschen Vereins der Gas-Wasserfachleute VDE-Vorschrift Techn. Zentralamt Bundespost Vereinigung der Großkesselbesitzer
	Gebrauchsmuster	Druckgefässe
	Patente	
Maschine-Betrieb	Arbeitszeitschutz genehmigungspflichtige Anlagen Gewerbehygiene	Gewerbeaufsicht
	Verpackung	Container
	Transport	Bahnprofil
	Versicherungen	Diebstahl Feuer
Maschine-Mensch	Unfallverhütungsvorschriften	Berufsgenossenschaft
	Versicherungen	Unfall
	Laufzeit	Frauenarbeit beschränkt auf 2 Schichten
Maschine-Umwelt	Feuerpolizeiliche Vorschriften	Notausgänge
	Immissionsgesetz	SO_2-Gehalt
	Abfallbeseitigung	Deponie
	Strahlenschutzverordnung	radioaktive Strahlung
	Entstörung für Rundfunk	Motorenzündung
	Baupolizeiliche Vorschriften	Schutzstreifen

Fortsetzung S. 203

2.2 Festlegen der Gesamtkonstruktion einer Maschine

Tabelle 2.2/12. Fortsetzung

System		Beispiele
Maschine-Wirtschaft	Zollvorschriften	Wissenschaftliche Geräte
	See- und Lufttransport	Gewichte und Abmessungen
	Frachtsätze	Bahntransport
	Verpackungsvorschriften	Container
Gesamtsystem	Lieferungsumfang	Maschine/Ersatzteile bauseitige Lieferungen Fremdlieferungen
	Verschrottung	Wiederverwendbare Baugruppen
	Abnahmevorschriften	Techn. Überwachungsverein Druckbehälter, Tankanlagen, Aufzüge, Dampfkessel, elektr. Anlagen, (explosionsgefährdete Räume)
	Versicherungen	Transport, Maschinenschaden
Maschine-Fertigung	Lagermaterialien	Profile, Winkeleisen
	Wiederholteile	Wellen
	Fremdlieferungen	Elektronik
	Kalkulationsvorschriften	Vor-Nachkalkulation
	Arbeitsvorbereitung	NC-Maschinenprogramme
	Terminplanung	Maschinenbelegung
	Abnahmen	Werkzeugmaschinen
	Fertigungsvorschriften	Schweißvorschriften
	Sortierung	Textilien
	Aufarbeitung	Filmspulen
	Verpackung	Gebinde

Verfügung stehen. Allgemeine Forderungen betreffen das Anreißen, das Festspannen, das Bearbeiten (Zugang mit Werkzeugen, Auslauf von Werkzeugen, Beanspruchung durch Werkzeuge und Einhaltung von Maßen) und das Montieren (ruhende Bauteile, bewegte Bauteile).

2. Methodisches Konstruieren

Ist die Stückzahl groß oder das Produkt schwierig herzustellen, wird man seine Bearbeitung zweckmäßigerweise als ein Verfahren des Stoffumsatzes durcharbeiten, um daraus die Forderungen zu gewinnen, die bei der Konstruktion zu berücksichtigen sind. Das war z.B. der Fall, als eine neuartige Radialturbine (die Ljungström-Turbine) gebaut werden sollte. In diesem Fall waren besondere Anweisungen für die Herstellung der Schaufelringe, das Einschweissen der Schaufeln und das Einbringen der Labyrinthdichtungen nicht nur vom Konstrukteur zu überlegen, sondern auch in einer Fertigungsvorschrift niederzulegen. Tab. 2.2/13. enthält die Merkmale, die bei den Fertigungsangaben, die in einer Konstruktionszeichnung enthalten sein müssen, näher angegeben werden.

Tabelle 2.2/13. Forderungen und festzulegende Merkmale eines zu fertigenden Bauteils

Ausgangsmaterial	Rohmaterial (Abmessungen)
	Vormaterial
Bearbeitungsverfahren	Trennverfahren
	Verknüpfungs-/Verbindungsverfahren
	Formgebungsverfahren
Bearbeitungsmaschinen	Werkstückhalterung (Positionierung, Beanspruchung (Produkt bei Bearbeitung), Veränderung (Verzug))
Werkzeughalterung	Abmessungen, Auslauf, Bearbeitungszeit
Bewegungen	Werkstück/Werkzeug
Fertigprodukt	Prüfung (Masse, Toleranzen)
Montage	Passungen
	Sortieren nach Abmessungen
	Justierungen

Zusammenfassung zum Pflichten- oder Lastenheft:
Die bisher zusammengestellten Forderungen lassen sich zu einem Pflichten- oder Lastenheft zusammenstellen. In ihm müssen folgende Angaben enthalten sein:

Forderungen bezüglich des vollständigen Kernsystems;
die dargestellten Anpassungsforderungen;
die Forderungen bezüglich der Fertigung;

2.2 Festlegen der Gesamtkonstruktion einer Maschine

die Kriterien für die Einhaltung der Forderungen (Meßgrößen, sonstige Angaben wie Randbedingungen);
Garantien (Prüfverfahren und Abnahmebedingungen, Toleranzen der Einhaltung von Garantien).

Hier soll kein Unterschied zwischen Forderungen und Wünschen gemacht werden, denn bei Wünschen kann es sich nur um unklare Forderungen oder um Forderungen handeln, für die man sehr wenig aufwenden will.

Es ist immer erstaunlich, um wieviele Punkte sich in Gebrauch befindliche Pflichtenhefte vervollständigen lassen, wenn man sich an die obengenannte Disposition hält. Die fehlenden Angaben stellen eine im Betrieb vagabundierende Information dar, die wohl in Köpfen und Schubläden vorhanden, aber nicht frei verfügbar ist. So nimmt es nicht wunder, wenn von Opitz festgestellt wurde, daß der Konstrukteur bis zu 40 % seiner Arbeitszeit für die Informationsbeschaffung aufwendet. Hier soll ein auf diese Weise aufgestelltes Pflichtenheft eine Abhilfe sein.

2.2.4 Erfüllung der Forderungen durch entsprechende Komponenten

Die Anpassungsbedingungen und Anpassungsforderungen werden durch Komponenten, d.h. technische Bauteile erfüllt. Diese können als Realisierung der bisher genannten Forderungen vom logischen WZH an durchkonstruiert werden. Im allgemeinen wird man jedoch auf bekannte Komponenten zurückgreifen, wie sie als Liste der festzulegenden Merkmale und Liste der Komponenten und der zu ergreifenden Maßnahmen im Abschnitt 2.2.6 zusammengestellt sind. Dabei sind diese Listen an spezielle technische Bereiche für den praktischen Gebrauch sicher noch enger anzupassen.

2.2.4.1 Komponenten aus den Anpassungsforderungen

Für die hier weiter detaillierten Anpassungsforderungen sind in der Liste nun eine Reihe von Komponenten angegeben, die durch den Aufstellungsort der Maschine im Betrieb und durch das Einfügen der Maschine in das Energieversorgungssystem, das Materialtransportsystem sowie das Betriebsinformationssystem bedingt sind. Hervorgehoben seien die Synchronisation der Antriebe zum Anschluß der Maschine an vorausgehende und folgende Systeme oder schon hoch entwickelte Komponenten, wie sie für den automatischen Wechsel von Aufwikkeldornen erforderlich sind, bzw. ein Meßwagen für die Gewinnung der Anfahrinformation bei der Inbetriebsetzung einer Maschine oder Anlage. Im laufenden Betrieb wird ein Bruchteil der Informationen benötigt, die für die Inbetriebsetzung erforderlich sind, so daß man bei der Ausstattung von Anlagen mit Meß- und Regeleinrichtungen wesentlich sparsamer vorgehen kann, wenn man besondere Einrichtungen für das Ingangsetzen neuer Anlagen vorsieht.

Unter den Maßnahmen, die durch das Einfügen der Maschine in das Energieversorgungsystem zu treffen sind, sei hervorgehoben, daß etwa die Dampftemperatur eines Netzes nicht im Kesselhaus erfragt werden darf, sondern an der Anzapfstelle gemessen werden muß. Auch auf die Fremdbestandteile im Dampf bzw. im Wasser und in der Steuerluft ist immer Rücksicht zu nehmen. In Fabriken und Gebäuden werden Ringleitungen verlegt, um Unterbrechungen oder Störungen möglichst niedrig zu halten. Am Eingang von Betrieben sollte mit Rücksicht auf die Verrechnung eine entsprechende Eingangsmeßstation eingerichtet werden. Für Anlagen, bei denen ein Ausfall der Stromversorgung zu Produktionsstörungen über mehrere Tage führen kann, sollten entweder Notumschaltungen wie von der Fremdversorgung zur Eigenversorgung bzw. zu einer Notstromversorgung vorgesehen werden.

Das Einfügen in das Betriebsinformationssystem betrifft nicht nur die Ausgestaltung von Meß- und Regelwarten, sondern auch eine mehr oder minder zentrale Überwachung der Betriebszeiten der Maschinen. Auch der Maschinenbetrieb von der Inbetriebsetzung bis zur Instandhaltung macht die in Tab. 2.2/23. dargestellten Maßnahmen erforderlich, die den Gebrauch einer Maschine oder Anlage wesentlich erleichtern und damit auch die Betriebskosten herabsetzen.

Außerordentlicher Wert ist auf Schutzeinrichtungen für die Maschine selbst zu legen, die vor Überlastung, Schäden durch Metallteile im Rohprodukt, statische Auflandungen und mit Verriegelungen geschützt werden muß. Spezialwerkzeuge sollten weithin sichtbar auf Tafeln befestigt sein, an denen man entnommene Werkzeuge sofort ablesen kann. Das hat z.B. Sinn bei Druckmaschinen, bei denen immer wieder vergessen wird, das Werkzeug zum Befestigen der Drucktrommel vor der Inbetriebsetzung aus der Maschine zu entfernen [119].

Komponenten zur Anpassung des Systems "Maschine" an das System "Mensch" beziehen sich etwa auf die Betätigungseinrichtungen, dann auf Maßnahmen, die zur richtigen Bedienung einer Maschine zwingen, wie etwa das Einlegen von Filmen in Signier- oder Aussuchmaschinen. Ein Beispiel aus der Textilindustrie ist die Gestaltung der Spulenbretter und Spulenwagen, die an die Leistungsfähigkeit des Bedienungspersonals - in diesem Falle meistens der Frauen - angepaßt sein muß. Hier ist es gar nicht einfach, leichte Wagen zu konstruieren, die für den Betrieb auch stabil genug sind.

2.2 Festlegen der Gesamtkonstruktion einer Maschine

Zur Erleichterung des Informationsumsatzes werden Blinksignale verwendet, um auf wichtige Signale aufmerksam zu machen. Schaltanlagen werden zu Signalflußbildern zusammengefaßt, um das Erlernen der Bedienung einer Anlage zu erleichtern. Merkwürdigerweise werden an vielen Maschinen keine Einstellmarkierungen angebracht, die zum Kenntlichmachen des Betriebszustandes einer Maschine eigentlich unbedingt erforderlich sind.

Sehr umfangreich sollten die Komponenten sein, die dem Schutz des Bedienungspersonals dienen, angefangen von dem Wickelschutz an bewegten Teilen über Verkleidungen von Gefahrenzonen und bis hin zu Schutzzellen für elektrische Anlagen. Für die Geräuschisolierung sollte man ebenso sorgen wie für die Absaugung giftiger Gase. Immer wieder ereignen sich Unfälle beim Besteigen von Apparaten, Bunkern und Gruben, für die man nach Möglichkeit eine fest eingebaute Belüftung vorsehen sollte.

Tab.2.2/23. enthält auch Angaben über Komponenten, die zum Vermeiden von Bedienungsfehlern dienen bzw. ein Fehlverhalten des Bedienungspersonals verhindern. Dazu gehören Verriegelungen, etwa von außen unzugängliche Verriegelungsschalter an Schutzgittern. Wichtig ist auch eine wasserdichte Verkleidung von elektrischen Schalttafeln in Naßbetrieben, in denen immer mal wieder - etwa in der Nachtschicht ohne Aufsicht - zum Necken mit Wasser gespritzt wird.

Die Forderungen bezüglich des Umweltschutzes betreffen oft schon den Kern der Konstruktion. Selbstverständlich ist es auch durch Verwendung geeigneter Bauteile wie Verkleidungen möglich, einen Umweltschutz zu erzielen. Hier soll nur auf Möglichkeiten der Abfallminderung eingegangen werden, die die unmittelbare Konstruktion betreffen. Die Abfallminderung kann sich einmal auf die Gestaltung des Verfahrens beziehen (Tab.2.2/23.). So weisen Kernkraftwerke eine wesentlich kleinere Schadstoffemission auf als die konventionellen thermischen Kraftwerke. Bei den heutigen Energiepreisen ist es wichtig zu überprüfen, ob nicht eine Wärmepumpe zur Ausnutzung der Abwärme eines Haushalts in Frage kommt. Auch bei der Klimatisierung sind meist verhältnismäßig geringe Temperaturunterschiede aufzubringen, für die sich die Verwendung einer Wärmepumpe anbietet. Umgekehrt kann es notwendig sein, bei der heutigen Wärmebelastung der Gewässer von der Wasserkühlung zur Luftkühlung überzugehen, wodurch allerdings in Ballungsräumen die Bildung von Inversionszonen gefördert werden kann.

Bei den Verfahren der Maschinenfertigung kann man den Zerspanprozeß möglichst durch einen Umformprozeß ersetzen, wie das selbst für Zahnräder durchgeführt wird, die dann allenfalls noch geschliffen werden. Eine Verringerung des Abfalls ergibt sich auch bei der Verwendung von nicht gewebten Produkten in der textilen Fertigung. Als Beispiel für die verfahrenstechnische Fertigung soll der Strangguß von Stahl angeführt werden, der zu einer ganz erheblichen Abfallminderung führt. Bei den Verfahren des Signalumsatzes läßt sich der Abfall durch Verkleinern der Aufzeichnungen auf Mikrofilmen und die Verwendung von Magnetbändern als löschbare Speicher anführen.

Aus den Möglichkeiten zur Abfallminderung auf Maschinen soll nur das Beispiel der Wellpappemaschine herausgegriffen werden, bei der man durch konstruktive Maßnahmen, etwa durch Verringern der Masse des Massenausgleichs für die Schneidmesser, zu einer Verkürzung der Umstellzeiten von einer Pappeplattenlänge zur anderen und damit zu einer erheblichen Verringerung des Abfalls kommt. Das gleiche gilt natürlich auch für das Anfahren von Papiertrommeln auf die Verarbeitungsgeschwindigkeit der Pappestraße. Dieser Vorgang läßt sich automatisieren.

Natürlich lassen sich auch durch eine entsprechende Betriebsführung der Produktionseinrichtungen Abfälle verringern. Dazu gehört die Typenstufung der Produkte, mit der die Zahl der Umstellungen von Produkt zu Produkt ebenso

Tabelle 2.2/14. Umweltschutz am Beispiel eines Kernkraftwerks (Text: S. 213)

Schutz gegen gewaltsame äußere Einwirkungen

    Flugzeugabsturz } Reaktorgehäuse
    Druckwellen von Explosionen
    Erdbebensichere Auslegung
    Hochwassersichere Auslegung

Schutz gegen Katastrophen

    Ausbildung des Reaktorgefäßes
    Kleine Stutzen
    Sicherheitsbehälter mit Kondensationskammer
    Gebäudeabschluß
    Gasabsaugung mit Filter
    Kamin

Schutzsystem für Betriebsverhalten

    Reaktorschnellabschaltung
    Kernnotkühlung
    Notspeisung des Dampferzeugers
    Notstromversorgung
    Dreifache Meßwerterfassung und Prozeßrechner
    Leistungsdichteverteilung
    Radioaktivitätenmessungen
    Strahlungsdosismessungen

2.2 Festlegen der Gesamtkonstruktion einer Maschine

verringert werden kann wie durch ein überlegtes Produktionsprogramm über die Betriebszeit z.B. eines Monats. Konstruktiv bedeutsam wäre auch die Unterteilung der Anlagen nach Hauptaufträgen und selteneren Aufträgen. Die Hauptaufträge sollten auf einer großen, selten umzustellenden Anlage ausgeführt werden, während man die selteneren Aufträge mit einer kleineren, leichter umstellbaren Anlage ausführen kann, die weniger Abfall verursacht.

Über die möglichen konstruktiven Maßnahmen bezüglich des Umweltschutzes informiert der Extremfall, nämlich die Schutzmaßnahmen bei Kernkraftwerken, bei denen sowohl an gewaltsame Außeneinwirkungen als auch an Katastrophen, verursacht durch Schäden in der Anlage selbst, gedacht werden muß (Tab.2.2/14.). Dazu kommt ein Schutzsystem für den Betrieb der Anlage selbst, das sich auf Schnellabschaltungen und Notversorgungsanlagen sowie die äußerste Sicherheit bezüglich der Meßwertinformationen erstreckt.

2.2.4.2 Maßnahmen zur Durchführung der Fertigung
Es ist unmöglich, in diesem Rahmen eine Übersicht über die Fertigungsmittel zu geben, die in mannigfaltiger Weise die Festlegung der Konstruktionsmerkmale beeinflussen. Mittels der folgenden Tabellen ist nur eine Übersicht möglich, in der Beispiele erläutern, welche Konstruktionsmerkmale betroffen sind [6]. Von einer gewissen Stückzahl (Menge) und einer geforderten Qualität des Produkts an muß der Spezialist befragt werden.

Eine Übersicht über die wichtigsten Verfahren zum Ändern der Stoffeigenschaften, Werkstückhandhabung, Formgebung, Oberflächengestaltung und Montage gibt Tab.2.2/15., die im Fall der Anwendung weiter aufgeschlüsselt werden kann, wie das am Beispiel der Formgebung in den Tab.2.2/16. und 2.2/17. für das Urformen und Umformen geschehen ist. In ähnlicher Weise lassen sich die Trennverfahren nach Tab.2.2/18. auflisten. Beim häufigsten Trennvorgang, dem Zerspanen, müsste man für die zu konstruierenden Bauteile die einzelnen Phasen der Bearbeitung und die dazu gehörigen Bewegungen von Werkstück und Werkzeug überprüfen (Tab.2.2/19.), um Fertigungsvorschriften auf den Zeichnungen machen zu können. Dabei hat man gleichzeitig an die Störeinflüsse zu denken (Tab.2.2/20.), die auftreten können, und die die Qualität der Bearbeitung beeinträchtigen. In gleicher Weise muß sich der Leser für sein spezielles Arbeitsgebiet und die ihm zur Verfügung stehenden Fertigungseinrichtungen Tabellen für den Gebrauch bei der Konstruktion aufstellen, aus denen er das zweckmäßigste Verfahren auswählen kann.

Tabelle 2.2/15. Fertigungsverfahren

	Verfahren		Beispiele
Ändern der Stoffeigenschaften	Umlagern Einbringen Absondern	(Führen) (Vereinigen) (Trennen)	Kaltverfestigen Inchromieren, Nitrieren Entkohlen
Werkstückhandhabung	Zuführen Halten Sortieren	(Führen) (Vereinigen) (Trennen)	Bleche zur Stanze Hebel in Spannvorrichtung Kugellagerkugeln
Formgebung	Formen Fügen Zerspanen	(Führen) (Vereinigen) (Trennen)	Gießen, Schmieden, Ziehen Schweißen, Kleben von Bauteilen Drehen, Schleifen
Oberflächengestaltung	Formen Fügen Abtragen	(Führen) (Vereinigen) (Trennen)	Rauhen von Blech mit Walzen Kunststoff-, galvanische Überzüge Läppen, Polieren, Beizen
Montage	Einpassen Zusammenstecken Zerlegen	(Führen) (Vereinigen) (Trennen)	Spannhülsen für Kugellager Deckel mit Gehäuse Getriebe in Einzelteile

2.2 Festlegen der Gesamtkonstruktion einer Maschine

Tabelle 2.2/16. Urformen

Gießen	Tauchguß-, Schleuderguß-, Strangguß-, Druckguß-, Spritzguß-Teile
Lösungsgießen	Filme
Kalandrieren	Folien
Extrudieren	Schläuche
Blasen	Blasformteile
Schäumen	Isolierungen
Sintern	Lager, Magnete

Tabelle 2.2/17. Umformen

Druckumformen DIN 8583	Walzen, Freiformen, Gesenkformen, Eindrücken, Durchdrücken
Zugdruckumformen DIN 8584	Durchziehen, Tiefziehen, Drücken, Kragenziehen, Knickbauchen
Zugumformen DIN 8585	Längen, Weiten, Tiefen
Biegeumformen DIN 8586	Biegen, Sicken, Bördeln, Richten, Profilieren, Runden, Winden, Wickeln
Schubumformen DIN 8587	Verschieben (Durchsetzen), Verdrehen

Tabelle 2.2/18. Trennverfahren

Mechanisch		
	spanen	drehen, fräsen, schleifen, feilen, sägen, schaben
	zerteilen	scherschneiden, keilschneiden, reißen, brechen
	abschlagen	hämmern, sandstrahlen, trommeln
Hydraulisch		abspritzen
Elektrisch		elektrolytisch, elektroerosiv abtragen
Thermisch		brennschneiden: autogen, Plasma, Laser
Chemisch		ätzen, lösen

Tabelle 2.2/19. Wirkflächen und Wirkbewegungen, Werkstück/Werkzeug

Wirkflächen	Wirkbewegungen
Transport (zum Eingang)	Zufuhrbewegung
Speicherung Eingang	Spannbewegung
Einführung	Positionierbewegung
Einspannung	Zustellbewegung
Positionierung	Wirkbewegung
Arbeitsvorgang (Wirkflächenpaar)	Vorschubbewegung
Entspannung	Rückführbewegung
Entnahme	Entspannbewegung
Speicherung Ausgang	Wegführbewegung
Transport (vom Ausgang)	

Tabelle 2.2/20. Störeinflüsse

bezogen auf	Beispiele
Werkstoff	Ungleiche Festigkeit Schweißnaht
	Fehler: Lunker
	Formänderung beim Zerspanen
Werkstück	unterbrochene Bearbeitungsfläche
	nicht zentrische Aufnahme
	Verformung durch Einspannung
Werkzeug	Abnutzung
	Rundlauf
	unstetiger Schneideneingriff
	große Kräfte statisch/dynamisch
Bewegungen	geometrische Führungsgenauigkeit
	Gleichförmigkeit der Bewegungen
	Slip-Stickeffekt
	Positioniergenauigkeit
Gestell	Fugen
	Verformungen
	Schwingungen
	Erschütterungen
	Temperaturverteilung
Aufstellung	Fundamentbefestigung
	Ungenauigkeiten der Grundplatte

2.2 Festlegen der Gesamtkonstruktion einer Maschine

2.2.5 Vereinigung von Kern und Komponenten zu einer Gesamtkonstruktion

Das Kernsystem einer Maschine besteht aus den Wirkflächen, den Bewegungselementen, den Führungen und Lagerungen für die Bewegungselemente sowie den Halterungen. Die Komponenten stammen aus der Vervollständigung und Anpassung des Kernsystems an die erläuterten weiteren Systeme und bestehen aus Bauteilen wie z.B. Antrieben für den Energieumsatz, Zuführ- und Auswerfvorrichtungen für den Stoffumsatz, Steuer- und Regelgeräten für den Signalumsatz.

Für die Vereinigung von Kernkonstruktion und Komponenten sind nun eine Reihe von Konstruktionsgesichtspunkten zu berücksichtigen (Tab.2.2/21.). Man

Tabelle 2.2/21. Ordnung der Bauelemente

Durch Bildung von Baugruppen	Zusammenfassung gleichartiger oder zusammengehöriger Komponenten
	    elektrische Schaltelemente und Verteilungen
	    Meßgeräte und Regler
	    Elektromotoren, stufenlose Getriebe und Übersetzungsgetriebe zu Antrieben
	    Verfahrensstationen von Biegeteilen zu Biegevorrichtungen

Durch Gliederung nach Zugang	beispielsweise dargestellt für die Anordnung eines Spinnblocks zur Herstellung von Fasern (Abb.2.2/5.)
	    Antrieb
	    Produktzufuhr
	    elektrischen Leitungen
	    Abfuhr des Produkts
	    Bedienung

Durch Zuordnung nach	logischen Gesichtspunkten
	    Folge von Arbeitsvorgängen (Papiermaschinenantriebe, Transfer-, Fabrikationsstraßen)
	physikalischen Gesichtspunkten
	    Gefälle
	    barometrisches Rohr (um Flüssigkeiten aus einem Vakuum an die Atmosphäre zu führen)
	    Schächte
	    Wannen (etwa für Waschanlagen oder galvanische Bäder)
	kinematischen Gesichtspunkten
	    Anordnung der Bauelemente auf Bändern, Trommeln, Scheiben
	betrieblichen Gesichtspunkten
	    Trennung Walzenstraße und Antriebe
	    Trennung Betrieb und Meßwarte
	    Gänge zwischen Textilmaschinen
	    Schaffung eines Bedienungsstandes

muß die Elemente und Komponenten zu Baugruppen ordnen, schon um für eine Austauschbarkeit oder eine leichte Reparaturmöglichkeit zu sorgen. Auch der Schutz des Bedienungspersonals, etwa vor Berührung elektrischer Leitungen, ist ein solcher Gesichtspunkt.

Die ganze Maschine oder Anlage wird man zweckmäßigerweise so gliedern, wie es das Beispiel von Abb.2.2/5. zeigt, weil ein Zugang zu den Baugruppen bestehen und Zuleitungen untergebracht werden müssen. Für die Zuordnung von Maschinen zu Anlagen sind logische, physikalische und auch kinematische Gesichtspunkte (gemeinsamer Antrieb) maßgeblich. Die Empfindlichkeit von Meßgeräten und Reglern macht ihre Trennung von der Maschine oder Anlage erforderlich. Aber auch für empfindliche Elektromotoren, z.B. in Walzwerken, kann diese Forderung bestehen. Die Zuordnung von Maschinen in größerer Zahl ist, um ein Beispiel zu nennen, bei Textilmaschinen durch die Gangweite bestimmt, die von den vorzunehmenden Spulentransporten und der Bedienungsarbeit an Elementen wie Spindeln abhängig ist. Sie ist dann von Maschinenart zu Maschinenart verschieden, weil es nicht auf die Mittellinien der Maschinen, sondern auf die Lage der Bedienungselemente ankommt.

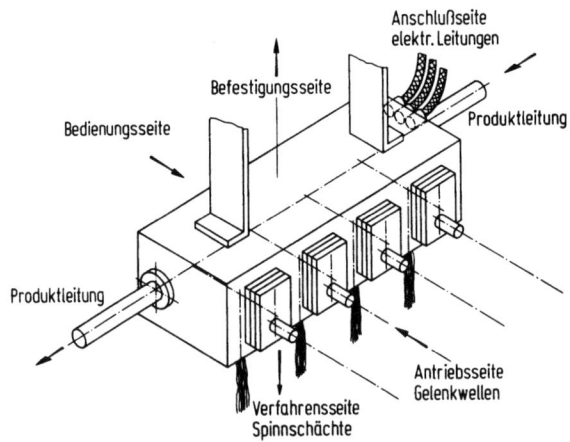

Abb.2.2/5. Gliederung eines Spinnbalkens für Kunstfaser

Für die Ausführung des Gestells einer Maschine gibt es eine Reihe von Variationsmöglichkeiten, die für einen besonders einfachen Fall in Abb.2.2/6. dargestellt sind. Es handelt sich um die Wahl der Neigung der Führungsebene einer Zerspanmaschine, für die acht Varianten angegeben sind. Die Auswahl erfolgt nach der optimalen Gestaltung des Zerspanvorganges durch Aufstellung einer Bewertungsliste für alle wesentlichen Gesichtspunkte.

2.2 Festlegen der Gesamtkonstruktion einer Maschine

Hängt die Ausbildung des Gestells nicht so unmittelbar von der Funktion der Maschine ab wie bei der Drehmaschine, so erfolgt die Aufnahme des Kernsystems, der Komponenten und Baugruppen im einfachsten Fall auf Aufspannplatten, Grundplatten für die einzelnen Maschinenfüße oder größere, zusammenhängende Grundplatten, in Maschinenrahmen oder ganzen Gestellen (Tab.2.2/22.). Diese Gestelle können als Kasten oder gleich als Gehäuse ausgebildet sein. Aber auch Teile eines Gebäudes lassen sich als Maschinengestell verwenden, wie die Säulen oder in das Gebäude hineingebaute Bühnen. Hier ist allerdings zu beachten, daß im Baufach größere Durchbiegungen der Träger zulässig sind als im Maschinenbau. Will man also Gebäudeteile verwenden, so ist an eine zulässige Durchbiegung der Träger zu denken. Dazu kommen noch Isolierungen für Wärme, Schall und elektrische Leitungen. An solchen Maschinengestellen sind vielleicht auch wärmeabgebende Flächen vorzusehen. Abdeckungen gestatten den

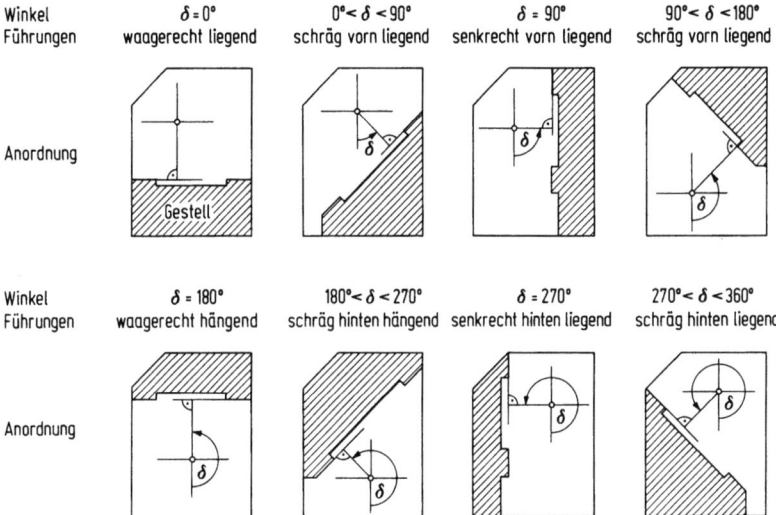

Abb.2.2/6. Lösungselemente für die Neigung der Führungsebene (nach Herrmann und Spur)

Tabelle 2.2/22. Aufnahme der Elemente und Baugruppen

Spannplatte	Gehäuse
Grundplatte	Gebäudesäulen
Rahmen	Gebäudebühne
Gestell	Gebäudeetage
Kasten	

Zugang zu Öffnungen im Maschinengehäuse bzw. die Verkleidung zu umlaufenden Teile, wie sie etwa ein Riemenschutz darstellt.

Für die Ausgestaltung der Gesamtkonstruktion nach diesen Merkmalen ist eine Reihe von Optimierungsgesichtspunkten zu beachten, wie etwa die Optimierung nach kleinsten Flächen oder Raumbedarf, die Optimierung nach dem Stoffluß, der im Gefälle erfolgen sollte und die Optimierung nach den geringsten Leitungslängen. Auch eine Optimierung der ergonomischen Anordnung ist denkbar.

Ein weiterer Konstruktionsgesichtspunkt ist die Formgebung (Design). Für die Festlegung der äußeren Gestalt gibt es heute einen methodischen Weg. Maschinenkern und Komponenten ergeben zunächst nur die abstrakte Zweckform der Maschine. Nach Wahl des Herstellungsverfahrens und der Baustoffe gelangt man zur konkreten Zweckform, d.h. zu den invariablen Gestaltungselementen. Diese werden ergänzt durch freie Gestaltungselemente, die der Kodierung der Information - wie auseinandergesetzt - dienen, die die bereits genannten Assoziationen bei dem Bedienenden oder dem Käufer hervorrufen sollen. Die Gestaltungsprinzipien sind das Zusammenfassen der bisher genannten Gestaltungselemente auf einem Gestell oder Tragwerk, so daß sich eine möglichst einfache geometrische Grundform ergibt. Die Farbgebung folgt entweder aus der Wahl der Baustoffe oder aus ganz anderen Gesichtspunkten, etwa denen der Sicherheit. Die Farbgebung dient ferner der Gliederung der Maschine durch Kontraste, Absätze oder angebrachte Leisten. Die Grafik, beispielsweise der Name des Herstellers, muß nach Größe, Schriftart und Farbe in das Gesamtbild integriert sein. Zu den Gestaltungsprinzipien gehören auch ganz allgemeine Gesichtspunkte sowohl der Mode wie des firmenspezifischen Produktgesichts, die Berücksichtigung des Aufstellungsorts und bestimmter Wünsche des Auftraggebers. Es kann sich auch um die Gestaltung eines ganzen Bauprogramms von Maschinen handeln, das in seiner Gestaltung vereinheitlicht werden soll [141].

2.2.6 Vorgehensweise bei der Festlegung der Gesamtkonstruktion

Gegeben:
Entwurf des Kernsystems der Maschine; Angaben über Verwendungsbereich; Angaben über Verwendungsort.

Gesucht:
Gesamtkonstruktion. Aus der Anpassung des Kernsystems der Maschine an vorausgehende, folgende und übergreifende Systeme ergibt sich eine Reihe von konstruktiven Komponenten. Diese sind entweder bekannt oder müssen nach der dar-

2.2 Festlegen der Gesamtkonstruktion einer Maschine

Tabelle 2.2/23. Festzulegende Merkmale mit Beispielen für Komponenten bzw. Maßnahmen (Anlagenbau)

Anpassung an vorausgehende/folgende Systeme	Antriebe	Motoren	synchronisierte Antriebe
		Getriebe	stufenlos verstellbare Getriebe
		Kupplungen	hydraulische Kupplung für Anlauf
		Bremsen	konstante Spannung Abwicklung
	Stoffzufuhr/ Abfuhr	Abwicklungen/Aufwicklungen	automatischer Wechsel von Aufwickeldornen
		Transporteinrichtungen	Tauchbäder
		Manipulatoren	Automaten
	Meß-Steuer- Regeleinrichtungen	Anfahrinformationen und Eingriffe	Meßwagen für Inbetriebsetzung
		Betriebsinformationen und Eingriffe	Störabschaltautomatik
Anpassung an übergreifende Systeme: a) System Betrieb	Aufstellung	Transport	Öffnungen, Kranösen
		Aufstellungsort	
		Platzbedarf	Grundriß für Serienaufstellung
		Gewicht	zulässige Deckenbelastung
		Fundament	schwingungsfreie Fundamente
		Boden	Gefälle Naßbetrieb
		Gänge	Gangweite abh. von Bedienvorgang
		Treppen	Leitern
		Bühnen, Decken	zulässige Durchbiegung im Maschinenbau
		Raumzustand	
		Temperatur durch Einstrahlung	Strahlungsabweisende Fenster
		Belüftung/Absaugung	Schleifscheiben
		Befeuchtung/Klima	Klimaanlagen für Textilbetrieb
		staubfreie/keimfreie Luft	Kartonfilter für Operationssaal
		wetterfeste Ausführung	Freiluftaufstellung

Fortsetzung S. 222

Tabelle 2.2/23. Fortsetzung

Anpassung an übergreifende Systeme: a) System Betrieb	Einfügen in das Energieversorgungssystem	**Versorgung**

Versorgung

Versorgungsnetze
    Zustandsbedingungen Sommer/   Dampftemperatur im Leitungs-
    Winter   ende
    Fremdbestandteile   Ammoniak in Dampf
    Ringleitungen   Fabrik, Gebäude
    Gebäudeeingangsstationen   Reduzierventile, Meßeinrichtungen
    Schalt- und Umspannstationen   Transformator, Hochspannungsschalter
    Notversorgung   Dieselgenerator
    Ausfälle, Störungshäufigkeit   Überlandleitungen Kurzschluß
    Mangelzeiten   Tagesspitze
    Konstanz   Einfluß durch Betriebsabschaltung
    Belastung, Zuleitungen   Druckabfall
    Rückwirkungen $\cos \varphi$ bei induktiver Belastung

Leitungsarten
    Dampf   Hochdruck, Niederdruck
    Kondensatleitungen   Kesselspeisewasser
    Wasserleitungen   Trink-, Kühl-, Permutwasser
    Abwasser   Betriebs-, Klär-, Regenwasser
    Gas   Heizgas, Meßluft, Stickstoff
    elektr. Leitungen   Kraftstrom, Uhren, Feuermelder
        Meßleitungen

Einfügen in ein Stoff-(Material-)Versorgungssystem

Werkstoffe/Werkstücke
    Anlieferung   E-Karren, Gabelstapler
    Puffer   Transportbehälter
    Eingabe   Paletten, Werkstückträger
    Ordnen   Schwingrinne
    Lageprüfung   Weiche
    Magazin   Rutsche, Wendel
    Zuteilung   Schieber
    Positionierung   Spannvorrichtung
    Prüfen   Vielfachmeßgerät
    Ausgabe   Transportband

Schüttgüter
    Speicher   Bunker
    Entnahme   Zellenrad
    Transport   Schüttelrinne
    Messen   Bandwaage

Fluide
    Flüssigkeiten   Produktleitung
    Feststoffe in Flüssigkeit   Kohlentransport
    Feststoffe in Gasen   Zellstofftransport

Fortsetzung S. 223

2.2 Festlegen der Gesamtkonstruktion einer Maschine   223

Tabelle 2.2/23. Fortsetzung

Anpassung an übergreifende Systeme: a) System Betrieb	Einfügen in ein Betriebsinformationssystem	Aufträge	Fernschreiber
		Bearbeitungsinformation	Zeichnungen, Lochstreifen Stücklisten
		Werkzeugbedarf	Sonderwerkzeuge
		Vorrichtungen	Bohrvorrichtungen
		Maschinenlaufzeit	Meßgerät
		Maschinenleistung	Stückzahlen
		Lohnunterlagen	Akkord
		Qualitätskontrolle	Ausschuß
		Statistik (siehe auch Kriterien)	Betriebsstatistik
	Maschinenbetrieb	Inbetriebsetzung	
		Inspektion	Diagnosemessungen
		Einstellen der Zustandsbedingungen	Anheizen
		Funktionsprobe	Dichtigkeitskontrolle
		Einbringen des Produktes	Spannen von Werkstücken
		Einstellen	Arbeitsgeschwindigkeit Werkzeuge
		Anfahren	Sanftanlauf
		Betriebsweisen	
		diskontinuierliche Betriebsweise	Reifenherstellung
		kontinuierliche Betriebsweise	Pappestraße
		Fahren	konstante Produktwerte
		Umstellen	Änderung der Produktabmessungen Änderung der Produktfarbe
		Außerbetriebsetzung	
		Abstellen	Produktfluß-, Zustandsbedingungen
		Entleeren	Entfernen Produktreste
		Reinigen	Auskochen mit Salpetersäure
		Instandhaltung	
		Schmierung	Nachfüllen der Schmierstellen
		Wartung	Abhorchen der Getriebe
		Umänderung	Auswechseln der Werkzeuge
		Reparaturen	
		Demontagehilfen	Abdrückschrauben
		Einbau Ersatzteile	periodischer Ausbau Kugellager
		Auswechseln Baugruppen	Austauschgetriebe
		Sonderzubehör	Spezialwerkzeug
		Schutzeinrichtungen (Maschine)	
		Überlastung	elektrische Schutzschalter Fallschnecke in Getriebe Scherstifte

Fortsetzung S. 224

Tabelle 2.2/23. Fortsetzung

Anpassung an übergreifende Systeme: a) System Betrieb	Maschinenbetrieb	Schutzeinrichtungen (Fortsetzung)
		  Metallteile im Rohprodukt
		  Explosionsschutz
		
		  statische Aufladung
		  Bedienungsfehler
		  Gase, Staub
		
		Zubehör
		  Spezialwerkzeuge
		  Ersatzteile
		  Umrüstteile
			Magnetabscheider
			NC-Schutzgas bei Filmgießmaschinen
			Jonisatoren
			Verriegelungen
			Absaugung

Anpassung an übergreifende Systeme: b) System Mensch	Abmessungen	Zugang, Bedienungsgang
		
		Höhe Bedienungselemente
		  Sitzflächen
		  Fuß- und Armstützen
		  Informationsquellen (Sicht)
		
		Bewegungsräume Arme und Beine
			vergitterter Gang hinter Schaltanlagen
			
			im Stand 1500 mm

	Betätigungseinrichtungen	Energieumsatz (Antriebe)
		  Stellhebel, Kurbel
		  Griffe, Handräder
		  Spannelemente
		
		Stoffumsatz
		  Einlegen, Einfädeln
		
		  Öffnen, Schließen
		  Entnehmen
		  Transportieren
		  Transporthilfen
		  Reinigen
		  Schmieren
		
		Signalumsatz
		  Wahrnehmen von Informationen
		  Entscheiden
		  Handeln
		  Lernen
		  Kontrollieren
		  Steuern
		  Regeln
			Gangschaltung, Winden
			Schalter, Ventile
			Vorrichtungen
			
			Schwingrinne für Bauteile
			Einfädelsperren für Film
			Klappschrauben
			Späne (Werkzeugmaschinen)
			Spulenbretter, -wagen
			Hebezeuge
			Auslauf ohne Rest
			Zentralschmierung
			
			Blinksignale
			Grenzwertgeber
			Schaltprogramme
			Signalflußbilder
			Prüftasten
			Einstellskalen an Maschinen
			Kesselregelsystem

Fortsetzung S. 225

2.2 Festlegen der Gesamtkonstruktion einer Maschine

Tabelle 2.2/23. Fortsetzung

Anpassung an übergreifende Systeme: b) System Mensch	**Schutz der Bedienung**	Schutzmaßnahmen gegen Berührung	
		bewegter Teile	Wickelschutz
		heißer Teile	Isolierungen
		spannungsführender Teile	Schutzzellen
		fallende, abfliegende Teile	Abdeckung, Verkleidung
		heraustropfende Flüssigkeiten	Auffangwannen
		Schall	Geräuschisolierung
		giftige Gase	Absaugung
		Explosionen	Schutzgasatmosphäre
		Strahlung optischer Wellen	Abschirmung von Laserstrahlen
		Strahlung Röntgenwellen	Bleischürzen
		Strahlung Kernwellen	Barytbetonwände
		Strahlung Mikrowellen	Türen Mikrowellenherde
		Wegunfälle	Geländer, Treppen
		Unfälle beim Besteigen von Apparaten, Bunkern, Gruben	Belüftung
	Schutz gegen Bedienungsfehler	Energieumsatz	
		Einschalten vor Betriebsbereitschaft	Verriegelung des Motorschalters eines Extruders in Abhängigkeit von der Heiztemperatur
		Überlastung von Antrieben	Rutschkupplung, Scherstift
		Tiere in elektr. Schaltanlagen	Abschlußtüren und -gitter an allen Öffnungen
		Stoffumsatz	
		Eisenteile in Kunststoffen	Magnete über Schüttelrinne
		Verstellen des Verstreckungsverhältnisses bei Synthetics	Verschluß des Verstellgetriebes
		Falsche Verbindung von Leitungen z.B. Vakuum-Wasser	unterschiedliche Anschlußstücke Kupplungen
		Signalumsatz	
		Außerbetriebsetzen der Verriegelung von Schutzgittern	von außen unzugängliche Schalter
		Spritzen mit Wasser	wasserdichte Verkleidung von Schalttafeln in Naßbetrieben
		Fehlschaltungen an Schaltpulten mit Vielzahl von Schaltern	Verriegelungen

Fortsetzung S. 226

Tabelle 2.2/23. Fortsetzung

Anpassung an übergreifende Systeme: c) System Umwelt	Abfallminderung	bezogen auf Verfahren	
		des Energieumsatzes	Abwärme
		des Stoffumsatzes	Abfall
		des Signalumsatzes	
		bezogen auf Maschinen	
		Spanlose Fertigung	Verzahnmaschinen
		große Einheiten	Kalander mit 3 m Breite
		Betriebsbedingungen	
		beim Anfahren	
		beim Umstellen	Wellpappemaschinen
		beim Abstellen	
		Reinigung	Bunker
		Sicherungen	Druckmaschinen
		Automatisierungen	Prozeßrechner
		bezogen auf Betriebe	
		Vermeidung von Umstellungen durch	
		Typenstufung der Produkte	
		Unterteilung der Anlagen nach	
		Hauptaufträgen	
		selteneren Aufträgen	
		Produktionsprogramm/Zeitraum	
		Vermeidung von Ausfällen	
		Vermeidung von Katastrophen	

Abfallwiederverwendung

Abfallbeseitigung

Umweltschutz (siehe Tabelle Kernkraftwerke)

Anpassung an übergreifende Systeme: d) System Fertigung (siehe gesonderte Tabellen)

---

gestellten Vorgehensweise konstruiert werden. Kernsystem und Komponenten sind zu einer Gesamtkonstruktion zu vereinigen.

Lösungsweg:

Zusammenstellung der festzulegenden Merkmale nach der Checkliste (Tab. 2.2/23.):

vorausgehende und folgende Systeme,

übergreifende Systeme (Betrieb, Mensch, Umwelt, Wirtschaft, Gesamtsystem, Fertigung);

Festlegung der konstruktiven Komponenten bezogen auf den Energie-, Stoff- und Signalumsatz:

aus der Betriebsweise, von der Bedienung her, von der Abfallminderung her, von der Wirtschaftlichkeit her, vom Gesamtsystem her, von der Fertigung her;

Zusammenfassung von Kernsystem und Komponenten zur Gesamtkonstruktion:
Ordnung (durch Bildung von Baugruppen, durch Gliederung nach "Zugang"),
Zuordnung (nach logischen Gesichtspunkten, nach physikalischen Gesichtspunkten, nach kinematischen Gesichtspunkten, nach betrieblichen Gesichtspunkten),
Variation des Gestells.

Auswahl der Lösung:
Anwendung der Verfahren zur Bestimmung der Kriterien für die Auswahl der kostengünstigsten Lösung, die alle Anforderungen erfüllt. Sie wird durch Werkstattzeichnungen (Zusammenstellungs- und Detailzeichnungen) gegeben.

2.3 Auslegen der Konstruktionen

Der qualitativen muß die quantitative Auslegung der Konstruktionen folgen. Nach Untersuchungen von Opitz werden im Werkzeugmaschinenbau nur 5% der Arbeitszeit an die rechnerische Auslegung gewendet. Das hängt mit den Schwierigkeiten der Durchführung von Rechnungen und mit dem zeitlichen Aufwand dafür zusammen. Doch die Tendenz ist die einer immer weitergehenden Anwendung mathematischer Methoden. Ausführlicher ist die quantitative Auslegung von Claussen dargestellt worden [121].

Gegenstand und Genauigkeit

Gegenstand der Auslegung sind die einzelnen Merkmale der Maschinen, wie sie in Tab. 2.3/1. mit Beispielen dargestellt sind. Im allgemeinen Maschinenbau ist die Auslegung von logischen Strukturen noch nicht üblich [32, 147]. Das Hauptaugenmerk der Ingenieurphysik ist auf die Auslegung der physikalischen Effekte und Systeme gerichtet. Infolge des großen Umfanges der benötigten Kenntnisse und des großen Aufwandes für Rechnungen handelt es sich, um Beispiele zu nennen, bei der Bestimmung von supersonischen Strömungen, Temperaturfeldern, Kreisprozessen, Destillationskolonnen und Kreiseln um spezielle Gebiete. Das gilt in besonderem Maße auch von den Reglern. Einen speziellen Bereich stellen auch die Festigkeitsrechnungen und die Ausbildung von Getrieben dar, die kaum von dem Konstrukteur am Brett wahrgenommen werden können. Das gleiche gilt von den Beispielen, die unter "Gesamtkonstruktion" angeführt sind.

Mit Rücksicht auf den benötigten Aufwand ist deshalb die Frage zu stellen, mit welcher Genauigkeit der Rechnungen man auskommt. Für nicht allzu hohe Ansprüche genügen Handbücher, etwa der "Dubbel" oder die "Hütte". Der Konstrukteur wird auch spezielle Rechenverfahren für Maschinenelemente und Ma-

228 2. Methodisches Konstruieren

schinen benutzen, wenn sie nur gebrauchsfertig und benutzerfreundlich dargestellt sind. Zwei Verfahren mit einem allgemeineren Anwendungsbereich sollen noch vorgestellt werden, die auch für die tägliche Arbeit in Frage kommen. Darüber hinaus wird der Konstrukteur den Spezialisten in Anspruch nehmen müssen.

Allgemeine Methoden
Viele Auslegungen werden nach Gefühl und Erfahrung vorgenommen. Sie sollten experimentell überprüft werden. Denn an leicht zugänglichen Objekten lassen sich Messungen mit wenig Aufwand durchführen und durch nachträgliche Änderungen in der Auslegung verbessern. Als Beispiele seien Schweißkonstruktio-

Tabelle 2.3/1. Methodisches Auslegen, Übersicht

		Arbeitsschritte des methodischen Auslegens		
		Abstraktion der wesentlichen Merkmale	Verarbeitungs-Prinzipien	Mathematische Methoden
Arbeitsschritte des methodischen Konstruierens	Logischer Wirkzusammenhang	Trennelemente Vereinigungselemente	Parallelschaltung Hintereinanderschaltung Mehrfachanordnung	Boole'sche Algebra Graphentheorie Gruppentheorie
	Physikalischer Wirkzusammenhang	Einflußgrößen der physikalischen Effekte und Systeme	Physikalische Gesetze, theoretisch und empirisch begründet	Klassische Mathematik Operations Research Graphische Verfahren
	Konstruktiver Wirkzusammenhang Wirkfläche	Geometrie und Beanspruchung der Wirkflächen	Variation Kombination	(analytische) Geometrie
	Wirkbewegungen	Bewegungsarten- und -formen, Getriebe-Elemente		Bewegungsgleichungen Gleichungen der qualitativen Getriebesynthese
	Gesamtkonstruktion Kombination der Teillösungen zur Gesamtlösung	Teillösungen	Kombination, (optimale) Auswahl	Lineare Programmierung

2.3 Auslegen der Konstruktionen

nen angeführt, die man, um leicht zu bauen, erst zu schwach auslegen wird, um erst nachträglich durch Einfügen von Verstärkungen eine brauchbare Konstruktion zu erhalten.

Das am häufigsten ausgeübte Verfahren ist die Nachrechnung von Annahmen. Für Vorausrechnungen müssen die Auslegungsbedingungen schon verhältnismässig weitgehend bekannt sein. Beispiele hierfür wurden für den Werkzeugmaschinenbau durch Opitz erarbeitet. Noch komplizierter sind Simulierungen, z.B. von zu regelnden Systemen oder von schwingungsfähigen Systemen wie Rotoren [37].

Auch die Optimierungsmethoden für die Auswahl einer optimalen Kombination von Elementen einer Maschine oder die optimale Zuordnung von Elementen, etwa zum Erzielen kürzester Leitungen in verfahrenstechnischen Anlagen, sind nicht jedem bekannt [28, 34, 105]. Die optimale Dimensionierung nach bestimmten Kriterien wie dem kleinsten Gewicht werden öfters angewendet.

Für den konkreten Fall kann die Anwendung graphischer, bei größerer Genauigkeit und größerer Komplexität der Aufgabe rechnerisches Verfahren empfohlen werden. Bei letzterem werden Gleichungen und Ungleichungen, die die Aufgabe kennzeichnen, zusammengestellt. Als Zielfunktion wird beispielsweise ein möglichst kleines Trägheitsmoment oder eine andere relevante Größe gewählt. Für die Ausrechnung des Optimums wird ein Zufallsuchverfahren angewendet. In die Gleichungen werden Zufallszahlen eingesetzt. Um den zulässigen Bereich abgrenzen zu können, wird in einer ersten Stufe das Monte-Carlo-Verfahren verwendet. Nach Abgrenzung des zulässigen Bereiches wird in einer zweiten Stufe auf den Stray-Prozeß übergegangen. Mit einer Suchzelle die vergrößert oder verkleinert wird, wird der zulässige Bereich, der im ersten Schritt festgelegt wurde, nach dem Optimum abgetastet. Das auf diese Weise eingegrenzte Optimum wird schließlich mit einem dritten Verfahren, dem Creeping-Random-Verfahren, dadurch gefunden, daß die Suchzelle nach dem jeweiligen Optimum verschoben und außerdem verkleinert wird. Auf diese Weise lassen sich 90 % der Rechenzeit, die man für das Monte-Carlo-Verfahren allein aufwenden müßte, einsparen. Dieses Rechenverfahren läßt sich genauso für die Optimierung von Maschinenelementen wie Membranen, Trägern, Wellen und Druckbehältern verwenden. Das gleiche Rechenprogramm wurde für die Optimierung von Baugruppen wie Koppelgetrieben und Zahnradgetrieben und die Optimierung von ganzen Maschinen wie des schon erwähnten Querschneiders erprobt. Eine ausführliche Darstellung findet sich in [137].

Spezielle Methoden

Tab.2.3/2. gibt eine Übersicht über die Methoden, die zur Auslegung der Merkmale der Maschinen angewendet werden können. Sie sind in [121] näher erläutert. Daneben lassen sich noch besondere Methoden angeben, etwa für die Auslegung des logischen Wirkzusammenhanges die Warteschlangentheorie. Ein Beispiel für ihre Anwendung ist die Auslegung einer zentralen Farbmühlenanlage für eine Farbenfabrik, in der unterschiedliche Farben postenweise verarbeitet werden müssen. Für den physikalischen Wirkzusammenhang kann man bei verketteten Reglersystemen von der Systemtheorie Gebrauch machen. Im Bereich des konstruktiven WZH dient die Zahlensynthese zur Festlegung der Getriebetypen und die Maßsynthese zur Festlegung der Abmessungen der Koppelglieder.

Tabelle 2.3/2. Auslegen der Merkmale der Maschinen

Logischer Wirkzusammenhang (Strukturen)
    Einhaltung von Bedingungen Eingang-Ausgang   Aufzugsteuerungen, Lager- und Transportsysteme, Automatisierungen

Physikalischer Wirkzusammenhang
    mechanische Effekte   Reibung
    hydraulische Effekte   Strömung durch Schaufelgitter
    thermische Effekte   Wärmeübergang
                                 Transportfelder/Kreisprozesse
    verfahrenstechnische Effekte   Destillierkolonnen
    chemische Effekte   Reaktionen
    mechanische Systeme   schwingungsfähige Systeme
    hydraulische Systeme   schwingungsfähige Systeme (Diesel-Einspritzleitung)
    allgemeine Systeme   Meßsystem, Regler

Konstruktiver Wirkzusammenhang
    Wirkfläche
        Beanspruchung (Lebensdauer)   Gestelle, Bauteile, Verbindungen, Federn, Rotoren
        Begrenzung   "Felder" (z.B. Strömungsfelder), Kinematik (Zahnräder)
    Wirkbewegung
        Getriebe   für vorgegebene Bewegungen mit Stillständen

Gesamtkonstruktion
    Optimierungen   Leitungssysteme
    Typenstufung   Pumpen
    vom Produktspektrum aus   Werkzeugmaschinen
    vom Lastkollektiv aus   Fahrzeugmotoren

---

3. Auswahl der Lösung einer Konstruktionsaufgabe unter Berücksichtigung der Kriterien

3.1 Erläuterung dieses Zieles

Für die Festlegung jedes WZH, d.h. des logischen, physikalischen und konstruktiven WZH, gibt es mehrere Möglichkeiten, aus denen der jeweils optimale WZH ausgesucht werden muß. Für die Ausführung muß man sich für eine Lösung der Konstruktionsaufgabe entscheiden. Entscheide sind an Kriterien, d.h. allgemeine Aussagen gebunden, die qualitative oder quantitative Vergleiche verschiedener Lösungen ermöglichen.

Die allgemeinen Kriterien Menge, Qualität und Kosten sind - wenn irgend möglich - zu quantifizieren, sonst durch Beurteilungen wenigstens statistisch abzusichern. Die jeweiligen Kriterien sind besonders bei Beurteilungen durch Erweitern der Zahl der zu betrachtenden Merkmale so weit zu detaillieren, daß ein klarer Entscheid herbeigeführt werden kann.

Die Kriterien Menge und Qualität dienen von vornherein als Auslegungsdaten und stellen somit einschränkende Bedingungen für das Aufsuchen der Lösung dar. Die Einhaltung der Kriterien kann letztlich an der fertigen Maschine bei der Abnahme festgestellt werden. Eine ganze Reihe von Verfahren gestatten schon beim Entwurf, die Kriterien zu bestimmen. Man kann aber auch schon von vornherein die Kriterien während der Festlegung der einzelnen WZH berücksichtigen. Das hat den Vorteil, daß die Zahl der zu beachtenden Lösungen klein bleibt.

Mit der Darstellung der Kriterien, der Verfahren ihrer Festlegung und ihrer Berücksichtigung beschäftigt sich der folgende Abschnitt.

3.2 Leitbeispiele

Drahtziehmaschine
Die Merkmale der Drahtziehmaschine, die von Einfluß auf die Kriterien Menge, Qualität und Kosten sind, werden in Tab. 3/1. zusammengestellt. Die Arbeitsge-

schwindigkeit ist eine Eingabe zur Auslegung der Maschine. Der Stromverbrauch ergibt sich aus der vorhergesehenen Leistung und einer Nachrechnung der Verluste. Die Daten bezüglich der Qualität des Drahtes können in diesem Fall nur experimentell bestimmt werden. Die Gleichförmigkeit der Zugkraft hängt von der Getriebequalität ab, die man durch eine Messung der Ungleichförmigkeit der Drehbewegung am Ausgang des Getriebes bestimmen kann. Auf diese Weise wurden bei einer Anlage mit 12 Maschinen auch tatsächlich Fehler in den Getrieben und Kupplungen zwischen Motor und Getriebe festgestellt. Die Kosten werden durch eine Vorkalkulation bestimmt.

Tabelle 3/1. Drahtziehmaschine, Kriterien (Beispiele)

	Produkt	Maschine
Menge	Durchsatz/Zeiteinheit	Arbeitsgeschwindigkeit Stromverbrauch
Qualität	Nenndurchmesser Durchmesserschwankung Festigkeit	tatsächlicher Durchmesser Gleichförmigkeit der Zugkraft Steife des Maschinenrahmens gleichmäßige Getriebebelastung
Kosten	Produktionskosten Zahl der Bedienungselemente Transportkosten	Investitionskosten Platzbedarf Raumbedarf Zahl der Teile Zahl der Verbindungsstellen

Tabelle 3/2. Drahtziehmaschine, Störgrößen

Stoffumsatz	Schwankungen der Eingangseigenschaften	
Energieumsatz	Wirkfläche	
	Ziehdüse	Reibungsschwankungen
	Klemme	Klemmenschluß Übergabe von Klemme zu Klemme
	Kinematik	
	Klemme	Ungleichförmigkeit der Hinbewegung
Signalumsatz	Stoffumsatz	
	Wirkfläche	Schluß Meßklemme ⎫ Dehnung in Klemme ⎬ Festigkeitsprüfer Ungleichförmigkeit ⎭
	Kinematik	
	Energieumsatz	
	Wirkfläche	Hysterese Biegestab Einbau Thermoelement

3.2 Leitbeispiele   233

In Tab. 3/2. sind die möglichen Störgrößen aufgelistet, die nur experimentell überprüft werden können. Sicherlich kann man sich schon Gedanken über die Verminderung der Reibung des Drahtes in der Ziehdüse, beispielsweise durch eine Schmierung, machen. Wenn aber der Kunststoffdraht nicht geschmiert werden darf, dann ist der kompliziertere Fall, die Ausführung der Ziehdüse mit bewegten Wänden (Rollen), zu überlegen. Dafür ist mindestens eine Möglichkeit für den Einbau vorzusehen.

Schneidmaschine für Faser
Ziel ist das Festlegen der Kriterien bezogen auf den Prototyp.
Menge: aus Auslegung, Geometrie, Schnitt- und Kabelgeschwindigkeit.
Qualität: Merkmale (Schnittenden, Faserstaub, Stapeldiagramm); Vergleich
  mit konkurrierenden Maschinen (Reiß- und Quetschkonverter); Aufarbeitungsvergleich.
Kosten: Vorwegnahme durch Berücksichtigung der einfachsten Konstruktion.
Störgrößen (bezogen auf das Stapeldiagramm):
  unterschiedliche Spannung des Faserstranges an der Eingangsseite;
  unterschiedliche Kräuselung des Faserstranges an der Eingangsseite;
  stumpfe Messer, Standzeit der Messer;
  Haften der Faser durch statische Aufladung;
  Verwirren der Fasern bei der Ablage.

3.3 Kriterien

3.3.1 Die Kategorien

Objekte und Verfahren setzen sich meist aus einer Vielzahl von Elementen zusammen. Alle weisen Eigenschaften auf, über die Aussagen gemacht werden können, die Anlaß zu Vergleichen sind. Wichtig ist es, den Unterschied zwischen den Eigenschaften der Bestandteile der technischen Objekte und den Merkmalen der Objekte selbst zu machen. Um die Vielzahl der möglichen Aussagen über solche Eigenschaften zu ordnen, werden sie nach allgemeinen Gesichtspunkten in Klassen eingeteilt, die Aristoteles Kategorien genannt hat. Sie stellen Kriterien für die Auswahl in unserem Falle von technischen Objekten aus einer Reihe ähnlicher Objekte durch Vergleiche dar.

3. Auswahl der Lösung einer Konstruktionsaufgabe

Aristoteles hat eine Liste der Kategorien aufgestellt, für die es allerdings keine Ableitung und keinen Nachweis der Vollständigkeit gibt. Das hat spätere Philosophen immer wieder beschäftigt. Eine vergleichende Gegenüberstellung zeigt Tab.3/3. Für die Kategorientafel des Aristoteles läßt sich in Anpassung an die Praxis Deutungen für den technischen Bereich vorschlagen. Doch werden bei der täglichen Arbeit die einzelnen Kriterien viel detaillierter benötigt. Dafür haben sich direkt Sondergebiete entwickelt, die zu Entscheidungen beitragen sollen.

Zuerst sollen die für die Praxis bedeutsamsten Kriterien Quantität, Qualität und Relation, hier die Kosten behandelt werden, während auf die genannten Sondergebiete später nur kurz eingegangen werden kann. Die Kategorie Qualität entspricht auch heute noch den allgemein gültigen Vorstellungen. Die Quantität wird durch Meßgrößen ausgedrückt, die auf die Zeiteinheit bezogen sind. Die Kosten werden im folgenden noch weiter detailliert. Es ist üblich, das Kriterium Kosten bevorzugt zu verwenden. Das liegt daran, daß die effektive Leistung einer Maschine, eines Apparats oder Geräts im Betrieb schwer zu erfassen ist. Dies gilt noch mehr für die Qualität, auf die noch näher eingegangen wird.

Tabelle 3/3. Kategorien, eine vergleichende Gegenüberstellung

Aristoteles	Technik	Fertigung
Substanz	Maschine	Anlage
Quantität	Quantität	Durchsatz
Qualität	Qualität	Qualitätsdaten
Relation	Kosten	Kosten/Mengeneinheit
Wo	Einsatzort	Betrieb
Wann	Termin	Termin
Tun	Gesamtgebrauch	Lieferungen
Leiden	Verbräuche	Materialaufwand
Halten	Instandhaltung	Instandhaltung
Liegen	Recycling	Wiederverwendung

3.3 Kriterien

3.3.2 Der Bezug der Kriterien

Die Kriterien (Tab.3/4.) sind einmal auf das Produkt zu beziehen, das auf einer Maschine oder einer Reihe von Maschinen hergestellt wird. Zum anderen können sie auf die Maschine bezogen werden durch Zurückverlegen der Produkteigenschaften in bestimmte Eigenschaften der Maschine. Denn statische

Tabelle 3/4. Bezug der Kriterien

Kriterien bezogen auf das Produkt	hergestellt auf einer Maschine oder Reihe von Maschinen = Kennzeichnung der Produkte Eingang/Ausgang einer Maschine
Kriterien bezogen auf eine Maschine durch Zurückverlegen von Produkteigenschaften in Eigenschaften der Maschine	statische ⎫ Einflußgrößen der Maschine dynamische ⎭ auf das Produkt
Kriterien bezogen auf allgemeine Eigenschaften oder erfüllte Forderungen	Systemeigenschaften der Maschine selbst (z.B. Zuverlässigkeit) Systemeigenschaften der Maschine in Verbindung mit anderen Systemen (z.B. Bedienungskomfort)

und dynamische Einflußgrößen der Maschine wirken auf die Qualität des Produkts ein. Zum anderen sind auch die allgemeinen Eigenschaften oder erfüllten Forderungen einer Maschine auf Kriterien zurückzuführen. Das sind einmal die Systemeigenschaften der Maschine selbst, wie etwa ihre Zuverlässigkeit oder Systemeigenschaften der Maschine in Verbindung mit anderen Systemen. Eine solche Eigenschaft wäre etwa der Bedienungskomfort (System "Maschine-Mensch").

3.3.3 Die Kennzeichnung der Kriterien

In Tab.3/5. ist angegeben, wie die Kriterien Menge, Qualität und Kosten näher gekennzeichnet werden. Die Quantitätsangaben sind immer auf die Zeiteinheit bezogen. Damit ist im technischen Bereich die Kategorie "Bezug auf die Zeit" enthalten.

Tabelle 3/5. Kennzeichnung der Kriterien

Intensitätsgrößen: Flüsse, Leistung, Durchsatz, Stückzahl, Menge

Mengen:
- Auslegeleistung
- Betriebsdauerleistung
- Grenzleistung
- Mengenverteilung (längs, quer: Blech)
- Nebenbestandteilverteilung (Feuchte in Wolle)
- Fremdbestandteilverteilung (Farbe)

Qualität:
- Qualitätsgrößen (Drehmoment, Druck, Spannung)
- andere physikalische Größen (Festigkeit, Dehnung)
- Vergleiche mit Standard (Fadenbrüche, Ringlichkeit)
- Eigenschaftsverteilung Qualität
- Schwachstellenverteilung
- Fehlerzahlen
- Aufmachung, Verpackung (indirekt)

Kosten:
- Materialkosten
- Fertigungskosten
- Fremdleistungskosten
- Betriebskosten
- Folgekosten
- Wiederverkaufswert

Menge

Bei den Leistungsangaben muß man unterscheiden zwischen der Auslegeleistung, die der Dimensionierung der Maschine zugrundegelegt wird, der Betriebsdauerleistung, die unter Berücksichtigung von Umstellungen und Ausfällen erreichbar ist, und der Grenzleistung, d.h. der maximalen Leistung, die man mit einer Maschine oder Anlage erzielen kann. Zu der Kennzeichnung der Menge ge-

3.3 Kriterien

hört auch noch die Bestimmung der Mengenverteilung eines Materials, z.B. längs und quer eines Blechs oder einer Folienbahn.

Dasselbe gilt für die Verteilung von Nebenbestandteilen, wie etwa der Feuchte in Wolle, oder der Verteilung von Fremdbestandteilen, wie der von Farben. Die Angaben über diese Mengenverteilungen sind wichtig für die Festlegung der Qualität der entsprechenden Produkte.

Qualität

Die Qualität eines Produkts läßt sich leicht feststellen, wenn sie einer physikalischen Meßgröße entspricht, wie etwa dem Druck, der Temperatur oder der elektrischen Spannung. Schwieriger ist es z.B. schon in der Fertigungstechnik, in der oft eine Vielzahl von einzuhaltenden Maßen und nicht die jeweils bestimmbaren Eigenschaften, wie Wandstärken, Festigkeit usw., für die Qualität des Produkts maßgebend sind. Noch schwieriger wird die Feststellung der Qualität komplexer Stoffe, wie etwa der Kunststoffe, die nur durch eine Fülle von Meßwerten näher zu kennzeichnen sind. Zwei komplexe Beispiele: Tab. 3/6. gibt die Merkmale der Qualität eines Gewebes, Tab. 3/7. die der Qualität eines Kraftfahrzeuges wieder.

Tabelle 3/6. Kennzeichnung der Kriterien am Beispiel Gewebe

Faser	Rohmaterial	Gewebe	Kettenschärfehler
	Stapeldiagramm		Webfehler
	Fadenstärke		Appreturfehler
	Einzelfestigkeit, Dehnung		Färbereifehler
	lange Enden		
	Mischbarkeit		Gebrauchseigenschaften
	Anfärbbarkeit		Wasserfestigkeit
	Präparationsgehalt		Scheuerfestigkeit
			Gewicht
			Feuchtigkeitsaufnahme
Garn	Garnfestigkeit-Dehnung		Luftdurchlässigkeit
			Griff
	Gleichmäßigkeit		Formhaltung
	Spulengewicht		Abnutzung
	Spulfehler		Anschmutzbarkeit
	Haftlänge		Aussehen
			Restaurierbarkeit
	Kräuselung		
	Stapeldiagramm		

Tabelle 3/7. Kennzeichnung der Kriterien am Beispiel Kraftfahrzeug

Fahrverhalten	Lenkverhalten	Bedienungs-eigenschaften	Bedienungselemente
	Bremsverhalten		Bedienungsbewegungen
	Laufverhalten		Sicht
	Fahreigenschaften		Instrumentierung
Komfort	Lüftung	Sicherheit	Fahrerschutz
	Heizung		Fahrzeugeigenschaften
	Sitze		
	Einstieg	Aussehen	Gestalt
	Schwingungen		Form
	Geräusch		Farbe

Ein ganz anderes Verfahren der Bestimmung der Qualität ist der Vergleich mit einem Standard, der nur visuell vorgenommen werden kann. Auf diese Weise wird die Qualität von Oberflächen, wie beispielsweise die Qualität von Strümpfen, über die Bestimmung der "Ringlichkeit" festgelegt.

Auch die Qualität von Endlosprodukten oder von flächigen Produkten, wie Textilien, Papier und Kunststoffen, entspricht Eigenschaftsverteilungen längs und quer des Produkts, die z.B. auch durch eine Schwachstellenverteilung näher gekennzeichnet werden können. Dazu dienen Fehlerzahlen, etwa die Fadenbrüche bei textilen Fäden. Bei der Stahlherstellung zählt man die Zunderstellen am Produkt aus. Von Seiten des Betriebes genügt oft schon die Zählung von Betriebsunterbrechungen der Produktionsmaschine. Mit der Bestimmung von Fehlerzahlen und ähnlichen Qualitätsfestlegungen lassen sich Betriebe optimieren. Es ist falsch, in einem solchen Fall herabsetzend von Empirie zu sprechen, denn das seltene Ereignis eines Fehlers ist auf das Zusammentreffen von Extremwerten mehrerer Häufigkeitsverteilungen der Einflußgrößen zurückzuführen.

Man kann aufgrund von statistischen Untersuchungen feststellen, wie groß die notwendige Meßgenauigkeit für die Messung solcher Einflußgrößen sein muß. Diese ist meist kaum zu erreichen, so daß oft mit der Einführung der meist sehr schwierigen physikalischen Meßmethoden in einem solchen Betrieb sich keine Verbesserung des bereits vorher - allerdings mit einem großen Zeitaufwand - gefundenen Optimums der Verfahrensdurchführung erzielen läßt.

3.3 Kriterien

Auch hier gehen in die Festlegung der Qualität einer Maschine ihre Systemeigenschaften ein. Diese Eigenschaften lassen sich allerdings über die Betriebskosten objektivieren. Diese Zahlen erfährt aber der Konstrukteur selten, es sei denn, daß der Hersteller der Maschine eine Versuchsanlage betreibt.

Dabei ist die Festlegung der Qualität von besonderer Wichtigkeit. Denn eine Nachlieferung eines Produktes muß "gleich genug" ausfallen. Das ist z.B. bei gefärbten Textilien oder Kunststoffen gar nicht einfach.

Die Auswahl der kennzeichnenden Qualitätsmeßgrößen in bezug auf eine Maschine erfolgt bei demselben Produkt vom Hersteller, Weiterverarbeiter oder Endverbraucher ganz unterschiedlich. Der Hersteller wählt eine Größe, in der

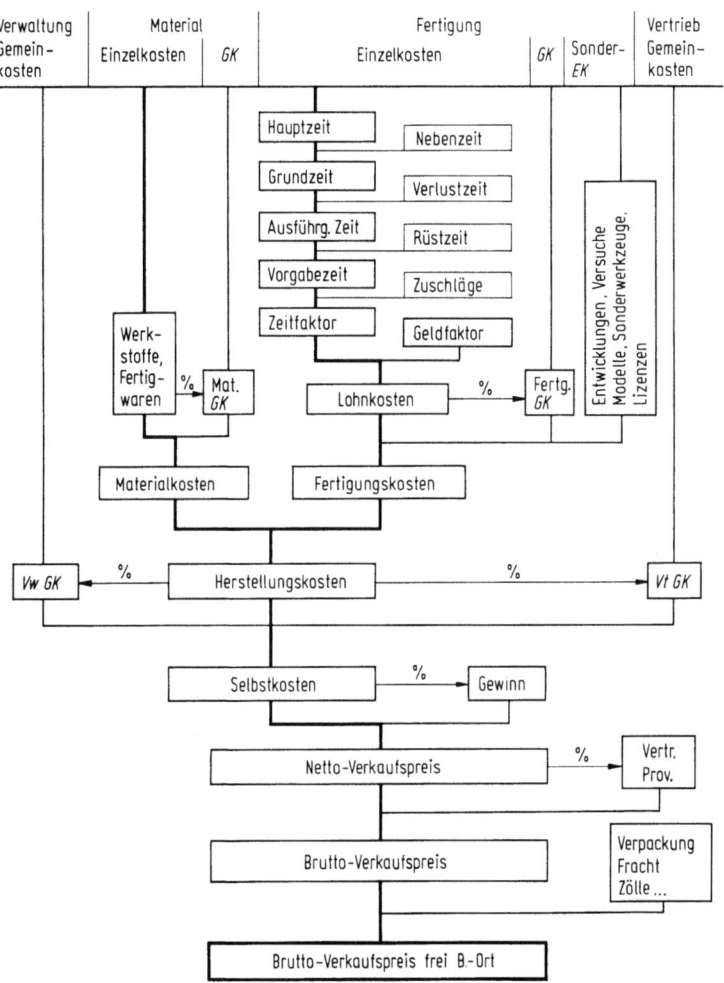

Abb. 3/1. Fertigungszeit, Kosten und Preise (Text S. 236)

sich das Betriebsgeschehen überschaubar widerspiegelt. Der Weiterverarbeiter ist an der Einhaltung der Grundeigenschaften des Produkts und an den Fehlern interessiert, die die Weiterverarbeitung stören. Für den Endverbraucher sind ganz andere Größen maßgebend. Der Hersteller von Stahl oder Seide verwendet im Betrieb die Festigkeit und Dehnung als Leitgrößen. Der Weiterverarbeiter ist an einer geringen Fehlerzahl bei der Seide und an der Schweißbarkeit bei der Weiterverarbeitung von Stahl interessiert. Für den Endverbraucher ist das Qualitätsmaß des Seidenfadens sein Arbeitsvermögen im Strumpf, für den Verbraucher des Stahls die Dauerfestigkeit z.B. in Brücken von Interesse.

Kosten
Über die Bestimmung dieses Kriteriums gibt es sehr umfangreiche Unterlagen. Nach Abb.3/1. soll auf ihre Bestimmung, etwa den Zusammenhang zwischen der aufgewendeten Arbeitszeit, den Kosten und den sich daraus ergebenden Preis für ein Produkt hingewiesen werden. In der Industrie wird in den Betriebsbuchhaltungen und Kalkulationsabteilungen nach Kostenarten, Kostenstellen und Kostenträgern unterschieden, wie Abb.3/2. zeigt.

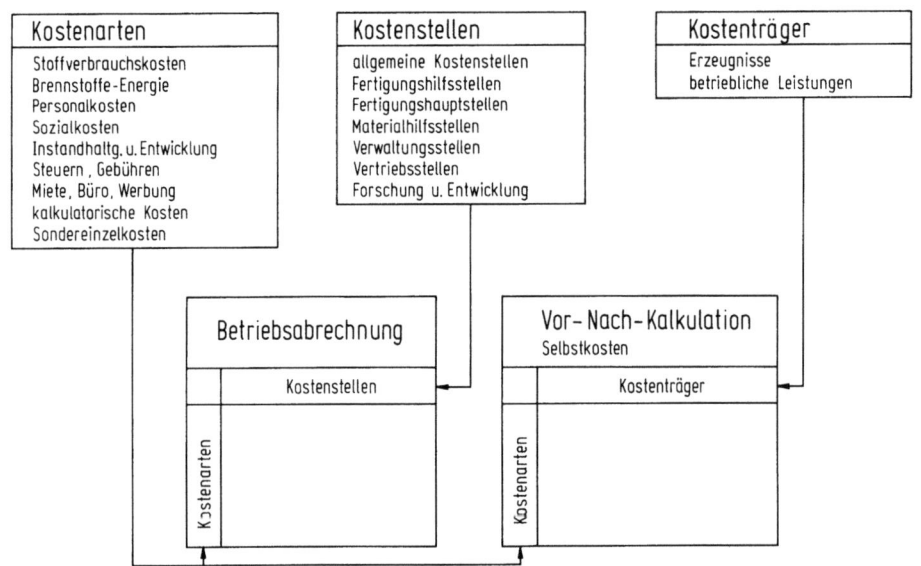

Abb.3/2. Kostenabrechnung

Bei der Kostenbestimmung anhand von Konstruktionsentwürfen wird unterschieden nach Materialkosten, Fertigungskosten und Fremdleistungskosten sowie Betriebskosten und Folgekosten. Unter Folgekosten werden z.B. die Kosten aufgeführt, die sich auf den Abfall beziehen. Die durch den Abfall verursachten

Schäden können zu Schadenskosten zusammengezogen werden, denen Schadenvermeidungskosten gegenüberstehen. Zwischen dem billigsten Betrieb einer Anlage, bei der auf die Abfallkosten keine Rücksicht genommen wird, also die Schadenskosten erheblich sind, und der Umweltfreundlichkeit, bei der die Schadensvermeidungskosten einen hohen Wert aufweisen, liegt ein volkswirtschaftliches Optimum.

Die genannten Kriterien unterliegen mit der Zeit Veränderungen (Tab. 3/8.). Bezogen auf eine Anlage hat man immer mit Forderungen nach der Lieferung größerer Mengen und der Verbesserung der Qualität zu tun. Mit der Zeit steigen auch immer wieder die Kosten der Produktion, die durch Rationalisierungsmaßnahmen aufgefangen werden sollen. Außerdem hat man meist mit einem Verfall des für das Produkt erzielbaren Preises zu rechnen. Das spielt immer wieder in die Konstruktion von Anlagen hinein.

Tabelle 3/8. Zukünftige Entwicklung der Kriterien

Mengensteigerung	Kostensteigerung
Qualitätssteigerung	Produktpreisverfall

3.3.4 Die Quantisierung der Kriterien

Immer sollte eine Quantisierung der Kriterien angestrebt werden. Allgemein geschieht das durch physikalische Meßgrößen, abgesehen von den Kosten. Unterschieden wird zwischen der Soll- und Ist-Meßgröße, Angaben über das zu

Tabelle 3/9. Quantisierung der Kriterien

Physikalische Meßgrößen allgemein	Soll-/Ist-Meßgröße, Meßverfahren Kennlinie Stell-/Folgegröße, Mittelwert
Meßwertverteilungen	periodische Schwankungen (Amplitude, Frequenz)
Streuungen	statistische Schwankungen
	Amplitudenstatistik, Frequenzspektrum
sprunghafte Änderung	Sprungantwort
Meßwertverhältnis	Ausgang/Eingang
Zählungen	
Vergleiche mit Standard	
Beurteilungen, Bewertungen	

Tabelle 3/10. Meßwertstreuung und Toleranz (Text S. 235).
Annahme einer Gauß-Verteilung der Meßwerte. Voraussetzungen: 1. Überlagerung der Einflüsse zu Momentanwerten; 2. Zufällige statt systematische Änderungen der Einflußgrößen.

Mathematische Bezeichnung	Rechenausdruck	Physik und Meßtechnik
Arithmetischer Mittelwert	$\bar{x} = \frac{1}{N} \sum_{1}^{N} x_i$	Mittelwert-Meßwerte
Vertrauensbereich = Streuungsmaß × "Sicherheitsfaktor"	$= \frac{s}{\sqrt{N}} t$ (t s. DIN 53804)	Mittlerer Fehler des Mittelwertes Unschärfe der Aussage
Quadratische Streuung	$s^2 = \frac{\sum(x_i - \bar{x})^2}{N-1}$	Mittlerer Fehler des Einzelwertes
Variationskoeffizient	$V = \frac{s}{\bar{x}}$	Relativer mittlerer Fehler des Einzelwertes

Statistische Sicherheit	Streubreite	Meßwerte liegen innerhalb		außerhalb der Streubreite
68,3 %	2 s	68,3 %	2 s	31,7 %
95,5 %	4 s	95,5 %	4 s	4,5 %
97 %	4,34 s	97 %	4,34 s	3 %
98 %	4,64 s	98 %	4,64 s	2 %
99 %	5,14 s	99 %	5,14 s	1 %
99,7 %	6 s	99,7 %	6 s	0,3 %

3.3 Kriterien

Konstruktion	Fertigungstechnik	Verfahrenstechnik Textiltechnik
elle	Istmaßmittel Nennmaß Istmaß	Qualitätsmaß
	Absolutes Relatives	Mindestabweichung des nächsten Mittelwertes für echten Unterschied Maß für die Stör-/Einfluß- Größen

usschuß utseite	Ausschußprozente (Stück)
	
	2s 31,7 %
	4s 4,5 %
	   3 %
	   2 %
	   1 %
	6s 0,3 %
		Abfall aus Qualitätsmaß- abweichungen

	Toleranz = Abnahmebereich der Fabrikation	
	Verteilung überdeckend enger als Verteilung gleich Verteilung weiter als Verteilung	mit Sortierung und Messung mit zul. Ausschuß und Messung ohne Ausschuß zu teure Fertigung (zu genau)

verwendende Meßverfahren und die Abhängigkeit von Stell- und Folgegrößen gekennzeichnet durch Kennlinien. Eine Vielzahl von Meßwerten wird zu einem Mittelwert zusammengefaßt (Tab.3/9.) und Verteilungen von Meßwerten werden durch ihre Streuung charakterisiert [21]. Zu unterscheiden sind periodische und statistische Schwankungen sowie sprunghafte Änderungen, die alle nach bekannten Verfahren zu bestimmen sind. Wert wird immer auch auf das Meßwertverhältnis Ausgang/Eingang z.B. in Form des Wirkungsgrades oder der Ausbeute gelegt.

Neben den physikalischen Meßgrößen kommen auch Zählungen in Frage. Beurteilungen und Bewertungen ergeben sich aus Vergleichen mit einem Standard oder aus Zählungen von Schäden.

Bezüglich der Kennzeichnung der Streuungen (Tab.3/10.) bestehen erhebliche Differenzen. Der Physiker gibt die Schwankungen der Meßwerte als Streubreite an. In der Fertigungstechnik wird mit Ausschußprozenten gerechnet. In der Konstruktion gibt man Toleranzen an. In der Textiltechnik begnügt man sich oft nur mit der Angabe des größten und des kleinsten Wertes von 10 Meßwerten, ein verhältnismäßig schlechtes Verfahren, um eine Häufigkeitsverteilung zu charakterisieren.

Handelt es sich um das Zusammentreffen von zufälligen physikalischen Einflüssen, so weisen die Meßwerte eine Gauss-Verteilung auf. Den Unterschied zwischen der tatsächlichen und der Gauss-Verteilung kann man durch den Chi-Test charakterisieren. Andere Verteilungen, wie z.B. Poisson-Verteilungen, ergeben sich bei der Bestimmung der Lebensdauer von technischen Elementen und Geräten. Fehler, die sich als Zusammentreffen der Extremwerte von Verteilungen ergeben, lassen sich dann meist physikalisch begründen, wenn sie von Bedienungseinflüssen freigehalten werden (Fadenbruch).

3.4 Bestimmung der Kriterien

3.4.1 Informationswege für die Bestimmung der Kriterien

In Abb.3/3. sind die Wege dargestellt, auf denen die Informationen über die drei Kriterien in einem Betrieb an die Konstruktion gelangen sollen. Mit dem Auftrag werden Angaben über die Soll-Kriterien eines Produkts gemacht, während bei der Produktprüfung des Herstellers die tatsächlich erreichten Meßwerte, die Ist-Kriterien, festgestellt werden. Die Übereinstimmung der Soll- und Ist-Bedingungen muß im Betrieb herbeigeführt werden. Mit anderen Worten: Die

3.4 Bestimmung der Kriterien   245

Erfüllung der Soll-Bedingungen ist Angelegenheit der Leitung des Produktionsbetriebes. Daß diese überhaupt erfüllbar sind, muß durch die Konstruktion der Produktionsmaschinen vorweggenommen werden.

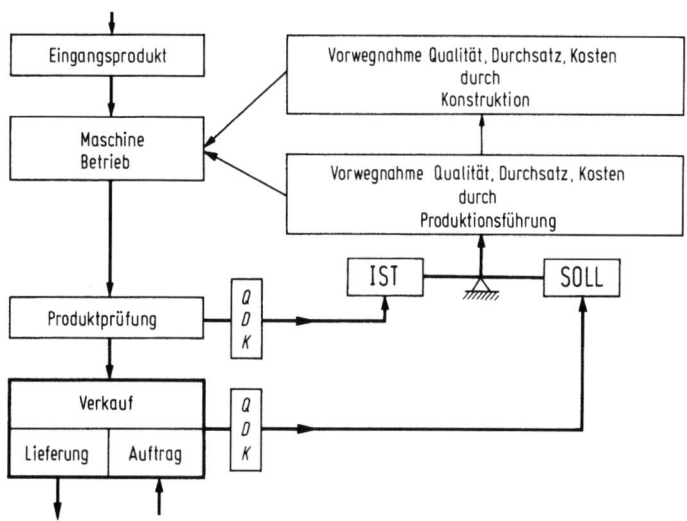

Abb.3/3. Informationsfluß Kriterien (Q Qualität; D Durchsatz, Menge; K Kosten) (Text S. 244)

Das Schema des Informationsflusses sieht zwar einfach und selbstverständlich aus; es lohnt sich aber zu prüfen, ob die normale Organisation im Betrieb diesen für die Konstruktion so unerläßlichen Informationsfluß überhaupt gestattet. Denn im allgemeinen ist die kaufmännische Buchhaltung vollständig von der technischen Qualitätskontrolle getrennt. Diese Abteilungen können die gewonnenen Informationen über die Kriterien wohl auf das Produkt, aber in den meisten Fällen nicht auf die Herstellmaschine beziehen, die den Konstrukteur interessieren. Der Durchsatz oder die Produktmenge wird an einer ganz andere Organisationstelle im Betrieb, der Lagerverwaltung, bestimmt.

Außer einfachen Messungen am Produkt müssen bestimmte Meßverfahren oder Prüfverfahren angewendet werden (Tab.3/11.), wenn es sich beispielsweise um die Kennzeichnung einer bestimmten Verkaufsmenge handelt. Dafür gibt es Probenentnahmepläne, nach denen ein gesicherter Zusammenhang zwischen den Meßwerten der Proben und der Gesamtmenge des Produkts besteht. Laufende Messungen an einem Produkt dienen in den Betrieben steuernden Eingriffen oder der Regelung (Abb.3/4.).

Die Objektivierung von allgemeinen Forderungen kann durch Meßwerte geschehen etwa bei Kraftfahrzeugen die Bestimmung der Größe des Kofferraumes oder des Wendekreises. Prüfverfahren ergeben sich durch Simulierung der Anwendung, wie das bei der Bestimmung der Luftdurchlässigkeit von Geweben geschieht, der Simulierung der Verarbeitung in Form einer Probeverarbeitung, bei der man beispielsweise die Qualität der Seide durch Strumpfwirkstücke prüft, und der Simulierung der Herstellung durch Wiederholung desselben Herstellungsverfahrens in veredelter Form, d.h. unter besonderer

Tabelle 3/11. Bestimmung der Kriterien, Verfahren

Beurteilungen

    Notenskalen
    Gewichtungen

Meßverfahren, Prüfverfahren

    laufende Messungen   für Eingriffe: Regelung
    Probenentnahme (laufend,   für Kennzeichnung einer Menge
        statistisch verteilt)

Objektivierung von Forderungen durch Meßverfahren

    "Komfort"   Kofferraum
    "Einparken"   Wendekreis

Prüfverfahren durch Simulierung

    der Anwendung   Luftdurchlässigkeit Gewebe
    der Verarbeitung   Probeverarbeitung
    der Herstellung   veredeltes Streckverfahren von Seide

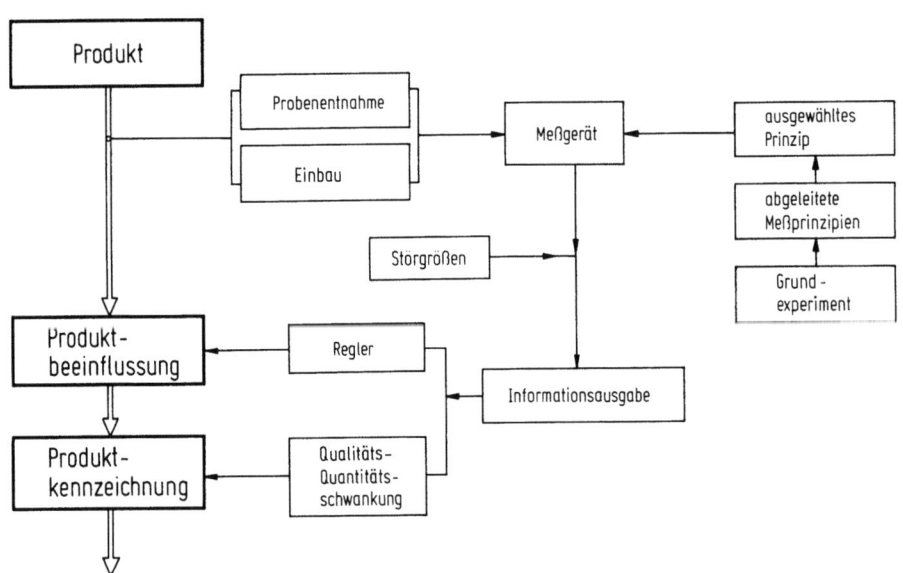

Abb. 3/4. Funktionsplan für Meßgeräte

3.4 Bestimmung der Kriterien 247

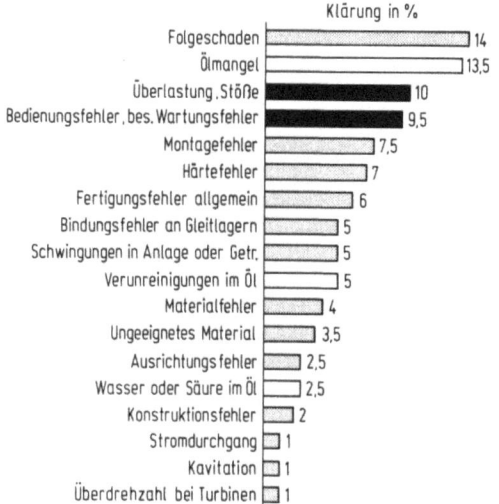

Abb. 3/5. Schadenursachen für Turbostirnrad- und Planetengetriebe nach Statistik (nach Allianz)

Tabelle 3/12. Schadensursachen (Text S. 248)

	Anteil der Schadenursachen in %			
	14 Maschinenarten	Arbeitsmaschinen	Kraftmaschinen	Werkzeugmaschinen
Funktion (Nichtansprechen von Schutzeinrichtungen)	4,9	2,1	3,3	3,5
Physik (Fehler durch Unvollkommenheit der Technik)	4,6	4,4	6,0	2,7
Konstruktion (Fehlerhafte Gestaltung, Berechnung, Werkstoffauswahl)	3,7	1,8	7,3	1,5
Wirkfläche (Verschleiß, Alterung)	9,5	3,9	12,5	4,9
Herstellverfahren (Bearbeitungs-, Montagefehler)	6,8	3,7	12,3	3,5
Werkstoff	2,7	1,0	5,1	1,3
Gebrauchseigenschaften				
Bedienung (Bedienungs-, Wartungsfehler)	33,2	47,4	24,6	55,0
Reparatur (Instandsetzungsfehler)	1,5	0,7	2,8	0,4
Störungen von außen ("höhere Gewalt", Fremdkörper, Lockerungen)	16,3	14,8	14,1	8,7
Sonstiges	16,8	20,2	12,0	18,5

248 3. Auswahl der Lösung einer Konstruktionsaufgabe

Konstanthaltung aller Nebeneinflußgrößen. Auf diese Weise kann man etwa die Qualität einer Streckzwirnmaschine an allen Zwirnstellen im Vergleich zu einer besonders ausgebildeten Streckstelle bestimmen.

Eine nachträgliche Qualitätsbestimmung ist die Analyse von Schäden, für die in Abb.3/5. ein Beispiel für Turbostirnrad- und Planetengetriebe gezeigt ist. Man kann auch die Schadensstatistik einer großen Versicherung dazu benutzen, die Schadensursachen auf die kennzeichnenden Merkmale der Maschine zu beziehen, wie das in Tab.3/12. geschehen ist. Auf diese Weise erhält man eine Übersicht und Eingriffsmöglichkeit zur Verbesserung der Kriterien an den herzustellenden Maschinen [94, 119].

3.4.2 Wertanalyse

Die Funktionskosten werden durch die sog. Wertanalyse bestimmt, bei der die Kriterien Menge und Qualität als erfüllt angesehen werden, und die Kosten nach Haupt- und Nebenfunktionen (Abb.3/6.) aufgeteilt werden [45]. Tab.3/13. zeigt,

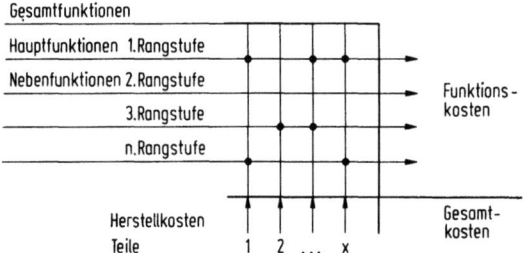

Abb.3/6. Verknüpfung von Herstell- und Funktionskosten

Tabelle 3/13. Funktionsgliederung und Kostenzuordnung im Sinne der Wertanalyse

Rang	Funktionen	Kostenzuordnung
1	Hauptfunktionen (Kernkonstruktion)	logischer, physikalischer und konstruktiver WZH bezogen auf den Energie-, Stoff- und Signalumsatz
2	Nebenfunktionen	Anpassung an vorausgehende/folgende Systeme
3	Nebenfunktionen	Anpassung an übergreifende Systeme (Maschine-Betrieb, Maschine-Mensch, Maschine-Umwelt, Maschine-Wirtschaft)

daß die Funktionskosten der ersten Rangstufe als Hauptfunktionskosten der Kernkonstruktion anzusehen sind und sich auf den logischen, physikalischen und konstruktiven WZH beziehen. Als Nebenfunktionskosten (zweiter Rangstufe) sind die Komponenten anzusehen, die der Anpassung des Systems "Maschine" an vorausgehende und folgende Systeme entsprechen. Die Nebenfunktionskosten der dritten Rangstufe sind die Kosten der Komponenten, die der Anpassung des Systems "Maschine" an übergreifende Systeme dienen. Damit läßt sich klar angeben, was unter den Funktionskosten der verschiedenen Rangstufen der Wertanalyse zu verstehen ist. Das ist aus den bekannten Unterlagen der Wertanalyse nicht zu entnehmen.

Eine weitere Möglichkeit besteht in der Vorwegnahme der Kriterien beim Entwurf, dem sog. technisch-wirtschaftlichen Konstruieren, bei dem Menge und Qualität zur technischen Wertigkeit zusammengefaßt werden, und die wirtschaftliche Wertigkeit - die Kosten - durch eine Zuschlagkalkulation ausgehend vom Bauteilegewicht bestimmt wird. Bei der Bewertung wird die Ideallösung mit einer maximal erreichbaren Punktzahl gekennzeichnet. Diese Vorgehensweise läßt sich noch weiter detaillieren in Form der Nutzwertanalyse durch Aufstellen eines Zielsystems, der Bewertung und Gewichtung, der Aufstellung eines Zielwertes und einer Nutzwertmatrix sowie der Bestimmung des Gesamtnutzwertes [92].

3.5 Einflußgrößen auf die Kriterien: Störgrößen

3.5.1 Allgemeines

Wie schon festgestellt, weist im Sinne unserer Verallgemeinerung jedes Produkt, das auf einer Maschine hergestellt wird - etwa ein Drehmoment, eine Stahlschiene oder ein Meßsignal - schwankende Eigenschaften auf. Diese Eigenschaftsschwankungen werden durch Einfluß- oder Störgrößen hervorgerufen.

Der physikalische Vorgang in einer Maschine soll sich nach einem bestimmten Gesetz abspielen (Soll-Vorgang). Der tatsächliche Vorgang (Ist-Vorgang) weicht immer davon ab. Es kommt darauf an, welche Abweichung man bei einem bestimmten Produkt zulassen kann. Bestimmte Forderungen an die Schwankungsbreite der Meßwerte, die die Qualität eines Produkts kennzeichnen, ergeben bestimmte Forderungen an die Konstruktion. Das bedeutet eine erhebliche Einschränkung in der freien Wahl der Konstruktionsmerkmale. An je einem Beispiel aus der Meßtechnik, Fertigungstechnik und Verfahrenstechnik soll gezeigt werden, welche Einfluß- oder Störgrößen das jeweilige physikalische Geschehen beeinflussen. Die Störgrößen dieser Beispiele sind in Tab.3/14. zusammengestellt.

Tabelle 3/14. Einfluß- und Störgrößen, Beispiele

Meßtechnik elektrische Temperaturmessung	Fertigungstechnik Werkzeugmaschine (Drehbank)	Verfahrenstechnik Farbeinmischmaschine

Thermoelement
  Eichkurve des Elementes
  Fassung des Elementes
  Einbau Meßstelle
  Wärmeableitung Meßstelle
 	
Anschluß
  Ausgleichsleitung
  Leitungswiderstände
  Abgleichwiderstände
  Raumtemperaturschwankungen
 	
Kalte Lötstelle
  Temperaturkonstanz
 	
Meßinstrument
  Aufhängung
  Temperatur und Feuchte
  Beobachter
  Gerätefehler
	Werkstoff und Werkstück
	  Zerspanbarkeit
	  Form
	  unterbrochener Zerspanvorgang
	
	Werkzeug
	  Schneidwinkel
	  stat. und dynamische Kräfte
	  Temperatur
	  Schmierung
	  Verschleiß
	
	Werkstückaufnahme
	  Verspannung
	  Spindellagerung
	  Reitstocklagerung
	
	Werkzeugaufnahme
	  Durchbiegung
	  Spiele der Zustellung
	  Supportgeradführung
	  Supportspindelgenauigkeit
	  Ablesegenauigkeit der Einstellung
	  Drehbankbett
	  Leitspindelgenauigkeit
	
	Antriebe
	  Gleichförmigkeit Werkstückbewegung
	  Gleichförmigkeit Vorschübe
	  Schnittgeschwindigkeit
	  Vorschubgeschwindigkeit
		Hauptstromschwankungen
		  Pumpenförderung
		  Pumpenantrieb
		
		Farbstromschwankungen
		  Pumpenförderung
		  Pumpenantrieb
		
		Farbzugabe
		  Geometrie der Zugabe
		  Farbverteilung
		
		Mischer
		  Drehzahl
		  Mischergeometrie
		  Quermischung
		  Längsmischung
		  Agglomeratzerkleinerung
		
		Zustandsbedingungen
		  Wärmehaltung
		  Leistungsaufnahme
		  Druck

Meßwertstreuung	Istmaßstreuung	Farbgehaltsstreuung

3.5 Einflußgrößen auf die Kriterien: Störgrößen

Als wichtig seien bei der Temperaturmessung die Eichkurven des Elements, die Fassung und Ausbildung des Fühlers und der Einbau des Fühlers an der Meßstelle hervorgehoben. Da diese Messung sehr häufig vorkommt, sind die Störgrößen und Fehlermöglichkeiten bestens bekannt. Bei einer Drehmaschine kommt es besonders auf die genaue Ausführung aller Bewegungsarten an. Daraus allein ergibt sich schon eine Fülle von konstruktiven Maßnahmen, um die Störgrößen kleinzuhalten. Das Beispiel der Farbeinmischmaschine als verfahrenstechnisches Beispiel soll zeigen, daß auch in diesem Bereich diese Betrachtungsweise gültig ist. Es ist leicht einzusehen, daß die Mengenkonstanz des Produkts und des Farbstromes für den eigentlichen Mischvorgang besonders wichtig ist.

In Abb.3/7. ist noch einmal dargestellt, welche Störgrößen das Geschehen in einer Maschine beeinflussen. Das sind die Eingangsschwankungen, das Geschehen innerhalb der Maschine und die von außen einwirkenden Störungen, die sich in Ausgangsschwankungen der Produktqualität und -menge bemerkbar machen.

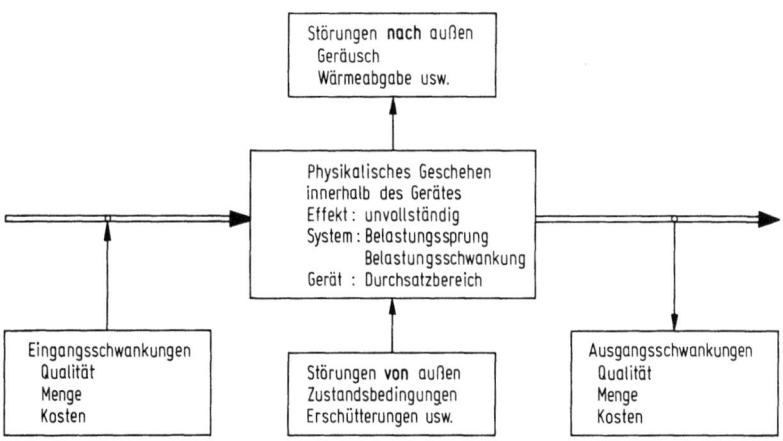

Abb.3/7. Störgrößen des physikalischen Geschehens

3.5.2 Analyse der Störgrößen

Durch die Analyse der Häufigkeitsverteilungen von Meßgrößen, die durch Störungen beeinflußt werden, kann man wichtige Schlüsse ziehen. Dabei muß man voraussetzen können, daß sich die möglichen Störgrößen nicht systematisch ändern, d.h. daß sich z.B. die Temperatur der kalten Lötstelle des Temperaturmeßsystems nicht stetig erwärmt, daß sich das Werkzeug an der Drehmaschine nicht stetig abnutzt und daß die Farbzugabe sich nicht durch ein schnelles Verstopfen der Zuleitung verändert.

3. Auswahl der Lösung einer Konstruktionsaufgabe

Wenn sich alle Störgrößen zufällig ändern - eine Voraussetzung, die normalerweise erfüllt ist -, dann schwankt der den physikalischen Vorgang in der Maschine kennzeichnende Meßwert um einen Soll-Wert (Abb. 3/8.) [21]. Die Abbildung zeigt verschiedene Typen von Häufigkeitsverteilungen. Deuten die Kurven auf systematische Fehler hin, so wird man am leichtesten den verursachenden Fehler ausmerzen. Denn bei systematischen Fehlern kommen einzelne Meßwerte häufiger vor. Mischverteilungen lassen sich auf Störgrößengruppen zurückführen, wie man es auch experimentell prüfen kann. Hat man alle Maßnahmen für die Unterdrückung der Störgrößen bezüglich des Wirkortes durchgeführt, dann weisen die Meßwerte der kennzeichnenden Größe eine Gauß-Verteilung auf, d.h. die Wirkung aller Einflußgrößen trifft nur noch zufällig zusammen.

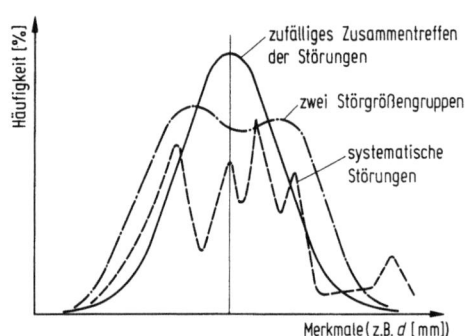

Abb. 3/8. Typen der Häufigkeitsverteilungen einer Meßgröße

Muß man die Streubreite der Qualitätsmerkmale noch weiter einengen, dann muß man zu grundsätzlichen Änderungen übergehen. Das läuft darauf hinaus, streuungsverursachende Beanspruchungen grundsätzlich herabzusetzen, wie das etwa beim Übergang vom Drehen zum Schleifen der Fall ist. Man kann also von der Art der Häufigkeitsverteilung auf die Art der zu ergreifenden konstruktiven Maßnahmen schließen.

3.6 Stufensprünge der Kriterien: Typenstufung

3.6.1 Stufensprünge der Mittelwerte

Mit einer einzigen Maschine des zu konstruierenden Maschinentyps kann man den Kunden nicht zufriedenstellen. Es werden Maschinen derselben Maschinenart mit verschiedener "Produktqualität", verschiedener "Leistung" (Durchsatz) und mit verschiedenen "Kosten" verlangt. Es ist nun die Frage zu stellen, welchem Mehr an Qualität, Quantität oder Kosten die weiteren Maschinen genügen sollen. Erst von einem "genügenden" Stufensprung an wird der Kunde auch das

3.6 Stufensprünge der Kriterien: Typenstufung

Gefühl haben, eine größere, eine genauere oder auch teurere Maschine anzuschaffen. Es handelt sich im folgenden also darum, die Typenstufung von Maschinen festzulegen.

Die Typenstufung geht von der folgenden psycho-physikalischen Feststellung (Wegner-Fechnersches Gesetz, 1834) aus: Die Sinneswahrnehmungen werden als um den gleichen Betrag (arithmetisch) wachsend empfunden, wenn die Reize um den gleichen Prozentsatz (geometrisch) wachsen. Wenn man die Empfindung haben will, eine Glühlampenreihe nimmt an Helligkeit von Lampe zu Lampe zu, so muß die Stromaufnahme dieser Lampen in gleichen Prozentsätzen oder geometrisch wachsen.

Es handelt sich hier um eine uralte Erfahrung. Schon die Halbtöne der Musik weisen geometrische Frequenzsprünge auf. Die Helligkeitsstufung der Sterne in der Astronomie ist eine arithmetische. Die Bestimmung der Lichtintensitäten ergibt jedoch eine geometrische Reihe. Die Raummaße wurden schon in der Französischen Revolution geometrisch gestuft. Die Halteseile der Fesselballone der französischen Armee wurden 1890 geometrisch gestuft.

Es handelt sich also darum, sich dessen bewußt zu werden, daß wohl oft eine Verwechslung von Reizstufung und Empfindungsstufung vorliegt, d.h. also, daß nur gleichabständige Empfindungssprünge vorliegen, wenn die dazu notwendigen Reize um gleiche Prozentsätze wachsen. Es kommt eben darauf an, daß zwei Produkte "ungleich genug" sind, um ein wirkliches Bedürfnis z.B. nach einem Unterschied in der Elastizität oder dem Raumgewicht zu befriedigen. Nicht zu verwechseln damit ist die Forderung, daß die Nachlieferung eines Produktes "gleich genug" ausfallen muß. Der Farbton einer Nachlieferung muß innerhalb der Unterscheidungsschwelle der Farbtonunterschiede liegen. Diese Art von Forderungen legt die Toleranz der Qualitätsmerkmale fest.

Für die geometrische Stufung hat man nun Zahlenreihen aufgestellt, die als Normzahlenreihen (Tab. 3/15. und 3/16.) bezeichnet werden und denen folgende Festlegungen zugrunde liegen: Die einzelnen Zahlenreihen wachsen um den gleichen Prozentsatz von Zahl zu Zahl. In der Zahlenreihe kommen zur Anpassung an das Dezimalsystem die Zahlen 1 und 10 vor. Die Zahlenreihen unterscheiden sich durch die Zahl der Stufen zwischen den Zahlen 1 und 10. Es gibt Reihen mit 5, 10, 20 und 40 Zwischenstufen und damit auch mit immer kleiner werdenden Stufensprüngen.

Im Grunde genommen können die Zahlen der Normzahlreihe die Kundenwünsche überhaupt nicht beeinträchtigen, die ja immer als Gegenargument gegen

3. Auswahl der Lösung einer Konstruktionsaufgabe

die Anwendung der Normzahlen angeführt werden. Denn das Unterscheidungsvermögen des Kunden für ein Mehr oder Weniger wird ja durch die Stufenzahl, d.h. eine feine oder grobe Stufung, einen kleineren oder größeren Stufensprung berücksichtigt. Selbst das Unterscheidungsvermögen des Kunden ist objektiv mittels psycho-physikalischer Untersuchungen feststellbar. Dadurch können die Kundenwünsche ganz objektiv bestimmt werden. Letzen Endes muß dem Kunden nur die Zustimmung abgerungen werden, in den Typenreihen die Zahlen 1 und 10 vorkommen zu lassen.

Tabelle 3/15. Normzahlenreihen (abgerundete Zahlen) DIN 323

Rechengröße	$\sqrt[5]{10}$	$\sqrt[10]{10}$	$\sqrt[\frac{40}{3}]{10}$	$\sqrt[20]{10}$	$\sqrt[40]{10}$
Zahlenwert	1,6	1,25	1,18	1,12	1,06
Potenz bezogen auf R 5	1,6	$\sqrt[2]{1,6}$	$\sqrt[3]{1,6}$	$\sqrt[4]{1,6}$	$\sqrt[8]{1,6}$

Tabelle 3/16. Normzahlenreihen (abgerundete Zahlen) DIN 323, Grundreihenbeispiele

R 5	R 10	R 20
1,00	1,00	1,00
		1,12
	1,25	1,25
		1,40
1,60	1,60	1,60
		1,80
	2,00	2,00
		2,25
2,50	2,50	2,50
		2,80
	3,15	3,15
		3,55
4,00	4,00	4,00
		4,50
	5,00	5,00
		5,60
6,30	6,30	6,30
		7,10
	8,00	8,00
		9,00
10,00	10,00	10,00

3.6 Stufensprünge der Kriterien: Typenstufung

Das Problem der Einführung der Typenstufung liegt aber auch mehr in der praktischen Anwendung [111, 92]. Das Ziel der Typisierung ist es, möglichst wenig Typen, aber auch eine ausreichende Zahl von Typen für den praktischen Bedarf herzustellen. Es muß sozusagen von Type zu Type eine merkliche Veränderung einer Längenabmessung, eines Querschnitts, einer bestimmten Farbe vorgenommen worden sein. Dabei geht es nicht nur um die sinnliche Wahrnehmung dieser Veränderung, sondern auch um das gedächtnismäßige Erfassen dieses Eindruckes.

Dabei spielen Begabungsunterschiede der Einzelpersonen sicher eine große Rolle. Denn wenn Mozart die Veränderung der Stimmung einer Geigenseite um das Achtel eines Halbtones am nächsten Tag feststellen konnte, so handelt es sich in diesem Falle um eine Extrembegabung. Die Unterschiede oder Stufensprünge, die ein Normalverbraucher akzeptiert oder akzeptieren kann, sind wesentlich größer als die gerade feststellbaren Unterschiede (Reizschwelle).

Die Typenstufung bezieht sich ganz allgemein auf die drei Kriterien Qualität, Quantität und Kosten. Preise zu stufen ist für den Kaufmann noch ein kaum faßbarer Gedanke, wenn die kaufmännische Seite schon Schwierigkeiten hat, die Stufung von Produkten und Maschinen zu akzeptieren. Trotzdem würde die Preisstufung zu erheblichen Einsparungen im Geschäftsverkehr führen.

Die Stufensprünge lassen sich verstehen, wenn man sie sich am Beispiel von Längen, Flächen und Körpern anschaulich macht, wie dies in Abb. 3/9. geschehen ist. Für den weniger Geschulten wird ein Stufensprung mit einem Unterschied von 60% klar sichtbar, während ein Unterschied von 25% gerade noch und ein Unterschied von 12% kaum festgestellt werden kann. Die Abbildung zeigt deutlich, daß man aufgrund des Vorstellungsvermögens bei den Flächen und erst recht bei dem Würfel trotz einer feineren Stufung der Durchmesser oder Seitenkanten sowohl einen Unterschied in dem Flächenverhältnis als in der Würfelgröße von 1:1,6 ganz deutlich erkennt, während man z.B. bei dem Würfel den Stufensprung der Seitenkante selbst als Längenverhältnis kaum erkennen kann. Also müssen Längen, aus denen Volumina gebildet werden, feiner gestuft werden. Durch Übung kann man erlernen, feinere Stufensprünge zu unterscheiden als der Normalverbraucher. So lernt der Schlosser etwa Schlüsselweiten zu unterscheiden.

Die Stufensprünge von Qualitätsmerkmalen oder kennzeichnenden Eigenschaften sind in Tab. 3/17. zusammengestellt. Sie enthält die Stufung der Federkräfte und Zugkräfte von Stahldrähten und Tragfähigkeiten von Profilträgern neben weiteren Beispielen. Die Federkräfte und Zugkräfte werden nach der Reihe R 10 gestuft, während der Durchmesser der Federdrähte feiner gestuft sein muß als der der Stahldrähte, die auf Zug beansprucht werden, weil die Zugfestigkeit nur vom Quadrat des Durchmessers, die Biegefestigkeit der Federdrähte jedoch von der 4. Potenz des Durchmessers abhängig ist.

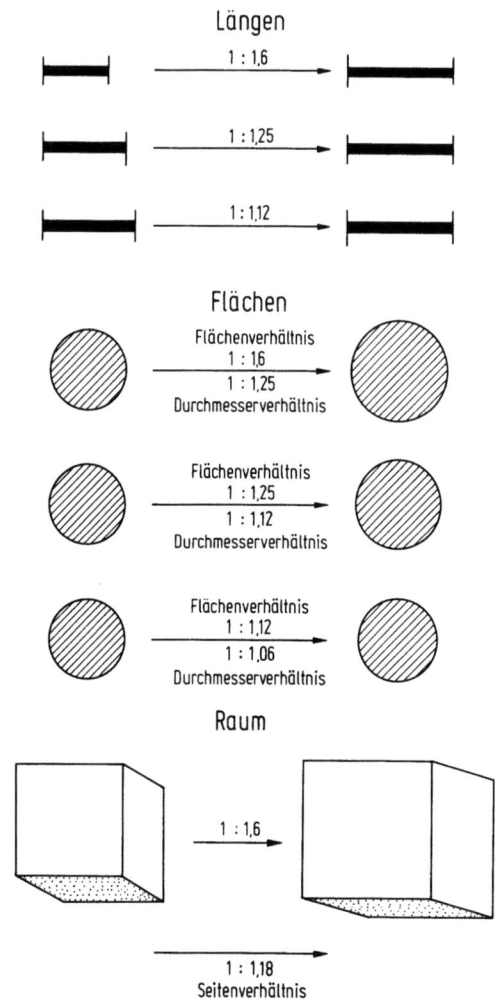

Abb. 3/9. Stufensprünge: Längen, Flächen, Körper

Ein Beispiel für die Stufung nach den Eigenschaften ist die in Tab. 3/17. angeführte Zahnbürstenhärte. Die Zahnbürstenhärten werden im allgemeinen durch Fühlen festgestellt. Durch Nachmessen von praktisch ausgeführten Zahnbürsten wird ein Stufensprung von 2,5 festgestellt, während die Durchmesserstufung des dazugehörigen Drahtes 1,25, also die vierte Wurzel aus 2,5 betrug (Biegungs-

3.6 Stufensprünge der Kriterien: Typenstufung

Tabelle 3/17. Beispiele für Typenstufungen unter Benutzung der verschiedenen Normzahlenreihen

	Gröberer Stufensprung	R 5	R 10	R $\frac{40}{3}$	R 20	R 40	Feinerer Stufensprung
	$1,6^2 = 1,25^4$ $= 2,5$	$\sqrt[1]{1,6} = 1,6$	$\sqrt[2]{1,6} = 1,25$ $\sqrt[1]{1,25}$	$\sqrt[3]{1,6} = 1,18$	$\sqrt[2]{1,25} = 1,12$	$\sqrt[4]{1,25} = 1,06$	
Eigenschaft			Federkraft ←―――――――――――――――			Durchmesser Federdraht DIN 2076	Rundstahl DIN 175
			Zugkraft ←―――――――――――		Durchmesser Stahldraht DIN 177		
			Tragfähigkeit ←―――――――――			I-Träger DIN 1025	
		Mengen ← 10-100 Dmr.	―― Rohre 10-100 Dmr. Mengen ← 100-1000 Dmr.		Rohre 100-1000 Dmr.		
Wahrnehmung Sehen		Körper ← Flächen ← Längen	―― Längen ―― Längen				
Hören Fühlen	Farbversuch Zahnbürsten- härte ←――――――――――					Durchmesser Borstendraht	

beanspruchung). Gerade bei neuen Gebieten kann man immer wieder feststellen, daß die Stufungen nicht einer geometrischen Reihe entsprechen. Das ist z.B. bei Kunststoffen der Fall, von denen durch Veränderung des Weichmachergehaltes verschiedene Qualitäten, die mit "sehr weich", "weich", "mittelhart" und "hart" bezeichnet werden, hergestellt werden. Die gemessenen Kugeldruckhärten weisen keine geometrischen Abstände auf. Mit einer geometrischen Reihe würde man dem Bedarf besser entsprechen.

Wie kann man nun die zweckmäßigste Stufung herausfinden? Der einfachste Weg ist der Vergleich mit schon bekannten Normen. Wenn man z.B. die Stufung von zugbeanspruchten Kunststoffdrähten festlegen muß, wird man die Stufung der entsprechenden Stahldrähte R20 wählen. Bei ganzen Maschinen, um das andere Extrem zu nennen, wird man das Wachstumsgesetz oder die Leistungs-Drehzahl-Beziehung für die Maschinenart feststellen, auf die im Abschnitt 2.1.2 hingewiesen wurde. Nach dem gewünschten Leistungssprung ergeben sich dann die Sprünge in ihren Abmessungen. Für Elektromotoren, Ventilatoren, Gebläse und Pumpen gibt es solche Stufenreihen.

Eine andere Möglichkeit, Stufen festzulegen, sind psycho-physikalische bzw. sinnesphysiologische Untersuchungen mit verschiedenen Personen, deren Angaben statistisch ausgewertet werden. Ein Beispiel dafür ist eine Untersuchung über Stufensprünge von Farben, die für ein Beispiel mit grüngespritzten Farbplatten durchgeführt wurde. Die Farbmenge in den kleinen Platten wurde nach der Reihe R5 gestuft. Die Versuchspersonen wußten, daß fünf Plättchen vorhanden sind und sollten über einen längeren Zeitraum jeden Morgen die Nummer des aufgehängten Plättchens angeben. Auf diese Weise ließ sich feststellen, daß von Normalpersonen nur die Stufensprünge von 2,5 mit Sicherheit unterschieden werden konnten. Mit anderen Worten: Eine Kunststoffplatte für einen Tisch wird erst bei einer 2,5fachen Farbzugabe als "grüner" empfunden. Ein Maler wird hier sicher feinere Unterschiede erfassen.

. Eine weitere Möglichkeit für die Feststellung der benötigten Stufung [25] bietet sich durch die Aufstellung einer Statistik der verkauften Mengen eines Produkts (Tab.3/18.). Das Sortiment dieses Produkts wurde nach den vom Verkauf angegebenen Durchmessern, die linear gestuft waren, wie in der ersten Spalte angegeben, verkauft. In der zweiten Spalte sind die annähernd passenden Normzahlen angegeben. Aus der Liste ist zu entnehmen, daß nur bestimmte Durchmesser bevorzugt abgerufen werden, während andere Durchmesser viel seltener verlangt werden. Ersetzt man das linear gestufte Sortiment durch das nach Normzahlen gestufte, so ergibt sich, daß man durch Änderung der Nenndurch-

3.6 Stufensprünge der Kriterien: Typenstufung

messer und durch Einsparung weiterer Durchmesser die Zahl der auf Lager zu haltenden oder herzustellenden Drähte verringern und erhebliche Einsparungen machen kann.

Tabelle 3/18. Drähte, Auszug aus einer Statistik der verkauften Mengen

Durch-messer	Normzahl R 20	Verkaufs-anteil %	Nenndurchmesser Änderung	Einsparung
0,225	0,224	0,25		
0,25	0,25	1,67		
0,275	0,28	0,21	+	
0,3	0,315	2,98	+	
0,325		0,03		+
0,35	0,335	15,2		
0,4	0,4	9,55		
0,425		0,04		+
0,45	0,45	11,7		
0,475		0,04		+
0,5	0,5	10,6		
0,55	0,56	7,85	+	
0,6	0,63	8,32	+	

Ähnliche Listen kann man z.B. für Elektromotoren, Pumpen und Ventilatoren aufstellen, die in großen Fabriken eingebaut werden. Man kann etwa in dem Häufigkeitspapier nach Daeves/Beckel [20] Häufigkeitsverteilungen für die Leistungsgröße der eingebauten Maschinen aufstellen. Bei Elektromotoren liegen z.B. Mischverteilungen bei den Motoren mit Drehzahlen von 1500 U/min vor, die Maschinen mit unterschiedlichem Wachstumsgesetz antreiben, wie etwa Textilmaschinen und Strömungsmaschinen (Pumpen). Schwierigkeiten ergeben sich, wenn die Wachstumsgesetze der Maschine und ihrer Bauteile nicht übereinstimmen, sondern mehrere physikalische Ähnlichkeitsbeziehungen eine Rolle spielen [92].

Die Stufung der Kriterien wurde wegen ihrer außerordentlichen Bedeutung für die Konstruktion so stark betont. Von der Lagerhaltung des Konstruktionsmaterials und der Baustoffe über die Maschinenelemente, Maschinen und die Kopplung passender Reihen von Antriebs- und Arbeitsmaschinen bis zur Unterteilung von ganzen Anlagen in Fertigungsstraßen sind die erläuterten Gesichtspunkte von größter Bedeutung. Hier wird in Europa noch sehr gesündigt. Es klingt wie eine Warnung, wenn in Deutschland 800 Stahlsorten (ohne Flugzeugstähle) hergestellt werden, während man in Amerika mit 300 Stahlsorten (mit Flugzeugstählen) auskommt.

3.6.2 Stufensprünge der Streuungen

3.6.2.1 Absolut- und Relativstreuung

Das folgende Beispiel ist den Werkstoffnormen entnommen. Die Absolutstreuung von Fein-, Mittel- und Grobblech weist einen Sprung auf, der vom Herstellungsverfahren mit und ohne Stützwalzen herstammt (Abb.3/10.). Dabei ist die Absolutstreuung unabhängig von der Blechdicke für den Maschinentyp konstant. Die Absolutstreuung gibt also die Störgrößen wieder, die auf das Produkt aufgespielt werden, die über den Arbeitsbereich der Maschine etwa konstant ist. Es handelt sich also um eine Eigenschaft der Maschine [114, 118].

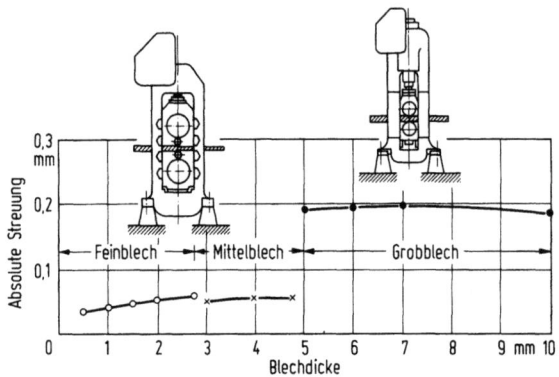

Abb.3/10. Absolutstreuung von Blechen nach DIN

Die Relativstreuung - hier die auf die Blechstärke bezogene Streuung - ist für schwächere Bleche jeweils größer als für starke Bleche. Mit zunehmender Blechstärke nimmt die Relativstreuung ab (Abb.3/11.). Das bedeutet, daß die Fehler der Maschine sich bei einem dünneren Blech mehr auswirken als bei einem dickeren Blech. Die Relativstreuung ist also eine Produkteigenschaft, die als Eingangsschwankung in weiteren Verarbeitungsstufen eine Rolle spielt. Dieses Beispiel zeigt, daß das Grobblech praktisch die gleiche Relativstreuung aufweist wie das Fein- und Mittelblech, also "gut genug" ist. Das Grobblech

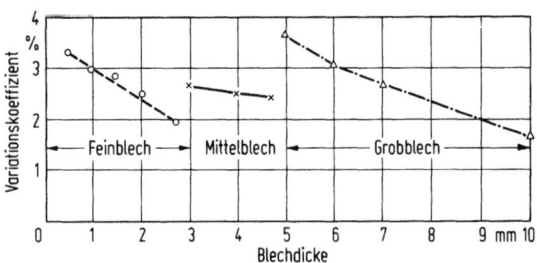

Abb.3/11. Relativstreuung von Blechen

3.6 Stufensprünge der Kriterien: Typenstufung

kann also mit einer einfacheren, technisch weniger aufwendigen Maschine hergestellt werden. Oder anders ausgedrückt: Die Ausführung einer Maschine hängt ab von der zu erzielenden Relativstreuung des Produkts, das auf ihr erzeugt wird.

Abb. 3/12. zeigt die Relativstreuung oder den Variationskoeffizienten von kalandrierten Kunststoffolien. Auf demselben Kalander wurde weiches, mittleres und hartes Material verarbeitet. Die gemessenen Variationskoeffizienten zeigen, daß die Streuung des Materials abhängig ist von der Beanspruchung der Maschine, die bei harter Folie größer ist und deshalb auch zu einer größeren Relativstreuung führt.

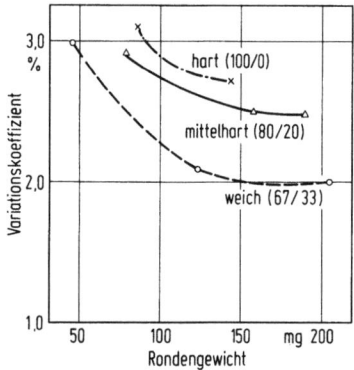

Abb. 3/12. Variationskoeffizienten kalandrierter Kunststoffolien

Tab. 3/19. zeigt die Abhängigkeit des Variationskoeffizienten vom Herstellungsverfahren. Dieses muß nach der verlangten Genauigkeit der Folie gewählt werden. Als Störgröße tritt im Extruder die Reibung Produkt-Wand auf, von der die Förderung des Materials abhängig ist. Die Förderung durch die Breitschlitzdüse ist abhängig von dem konstanten Vordruck, der von den Schneckengängen beeinflußt wird, und der Plastizität, die von der Temperatur abhängt. Eine weitere Störgröße ist der zylindrische Austritt des Extruders, von dem aus das Material über die Folienbreite verteilt werden muß. Bei einem Kalan-

Tabelle 3/19. Vergleich verschiedener Herstellungsverfahren von Folien gleicher Stärke

Extrudiert	V = 5,3 %
Kalandriert	V = 2,9 %
Gegossen	V = 0,7 %

der, der schon eine Verringerung des Variationskoeffizienten aufweist, liegt eine Verbesserung der Verteilung des Materials über die Spaltbreite vor.

Als Störgrößen bleiben die großen Kräfte im Spalt, die zu einer Veränderung der Spaltweite führen. Für die Einhaltung einer konstanten Spaltweite dienen konstruktive Maßnahmen, wie ein Bombieren der Walzen oder das Anbringen von Gegenkräften in den Achsen. Beim Gießen macht die Verteilung des Materials noch weniger Schwierigkeiten, weil bei Flüssigkeiten kaum Kräfte auftreten, die die Spaltweiten verändern können. Deshalb weist die gegossene Folie auch den kleinsten Variationskoeffizienten auf. Das Material ist allerdings auch das teuerste mit Rücksicht auf die Rückgewinnung des Lösungsmittels. Daher kommt das Gießverfahren nur für die Herstellung von Filmen oder Kondensatorfolien in Frage.

Ein weiteres Beispiel zeigt die Absolutstreuung von Filmspulen, die auf zwei typengleichen Spritzgußmaschinen mit zwei Formen zu je 6 Spulen hergestellt wurden. Aus der Auftragung der Streuungen für die Maschinen 1 und 2 ist zu erkennen (Abb.3/13.), daß sich die Maschine 2 in einem besseren Betriebszustand bezüglich Plastifizierung und Verteilung des Materials befand und daß die Gleichmäßigkeit der Einzelformen, die auf der Maschine 1 verwendet wurden, wesentlich besser gewesen ist. Auf diese Weise kann man sowohl Formen wie den Betriebszustand einer Maschine optimieren.

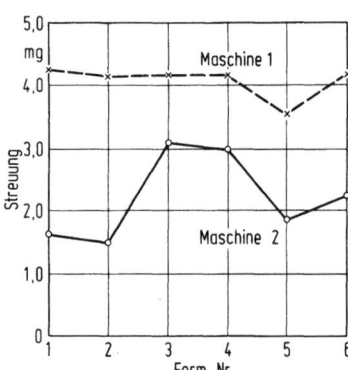

Abb.3/13. Absolutstreuung von zwei typengleichen Spritzgußmaschinen

3.6.2.2 Streuungsunterschiede und Verfahrensänderung

In Tab.3/20. bis 3/22. sind die Variationskoeffizienten für die mechanische Fertigung, die ISO-Qualitäten für Herstellverfahren und die dazu gehörigen Meßgeräte bzw. Toleranzen von Blechen und Rundstahlrohren angegeben. Diese Tabel-

3.6 Stufensprünge der Kriterien: Typenstufung

len lassen folgendes erkennen: Zum Erzielen einer kleineren Toleranz bzw. eines kleinen Variationskoeffizienten ist das Herstellverfahren zu ändern. So muß z.B. beim Übergang von der ISO-Qualität H 8 auf H 7 vom Feindrehen auf das Schleifen und beim Übergang von H 7 auf H 6 vom Schleifen auf das Läppen übergegangen werden. Das bedeutet, daß man eine engere Toleranz nur durch Herabsetzung der Beanspruchung der Maschine beim Zerspanprozeß erzielen kann. Dem entspricht auch eine Änderung der für die Bestimmung dieser Qualitäten benötigten Meßinstrumente, da mechanisch nur Übersetzungen bis 1:1000, pneumatisch bis 1:10 000 und elektrisch von 1:100 000 bis 1:1 000 000 erreichbar sind. Also ist auch bei der Durchführung des Meßverfahrens zum Messen kleinerer Abweichungen eine immer größere Übersetzung des Verstellweges bis zur Anzeige und damit auch eine Änderung des Meßverfahrens notwendig.

Tabelle 3/20. Toleranzen und Variationskoeffizienten der mechanischen Fertigung (Einheitsbohrung)

Bohrungs-Dmr. in mm	1	10	100	1	10	100	
ISO-Qualität	Dmr.-Toleranz in μm			Dmr.-Variationskoeffizient in %			Stufensprung
H 6	7	9	22	0,0117	0,015	0,037	} 1,6
H 7	9	15	35	0,015	0,025	0,058	} 1,6
H 8	14	22	54	0,023	0,037	0,09	} $4 = 1,6^3$
H 11	60	90	220	0,1	0,15	0,37	
Stufensprung				≈ 1,6		≈ 2,5 = $1,6^2$	

Tabelle 3/21. Qualität, Herstellverfahren und Meßgeräte

ISO-Qualität	Herstellverfahren	Längenmeßgerät
H 6	Läppen	Komparator
H 7	Schleifen	Passameter
H 8	Feindrehen	Meßuhr
H 11	Grobdrehen	Schieblehre

Interessant ist auch die Größenordnung der Variationskoeffizienten, etwa zwischen Rundstahl als gewalztem und Rundstahl als gezogenem Material. Das gewalzte Material weist eine viel größere Ungenauigkeit auf. Zwischen gezogenem Rundstahl und Präzisionsrohr gleicher Abmessungen besteht ein Unterschied im Variationskoeffizienten, der erkennen läßt, daß die Herstellung des Außen- und des Innendurchmessers getrennt streuungsbehaftet ist. Interessant ist vielleicht auch noch, daß der Unterschied zwischen Sandguß und Kokillenguß verhältnismäßig klein ist.

Tabelle 3/22. Größenordnung der Variationskoeffizienten und Toleranzen; Metallindustrie

		DIN	V in %	± 3 V = Toleranz in %	Stufensprung
Abmessungen	Mittelblech, 4 mm dick	1542	2,5	7,5	1,08
	1,5 mm dick		2,9	8,7	
	Feinblech, 0,5 mm dick	1541	3,3	10,0	
	Rundstahl, 32 mm Dmr., gewalzt	1031	0,62	1,87	19,4
	Rundstahl, 32 mm Dmr., gezogen	671	0,032	0,09	
	Rohre, 32 mm Dmr., nahtlos, schwarz	2440	0,45	1,35	2,9
	Rohre, 32 mm Dmr., Präzisionsrohr	2391	0,155	0,47	
Festigkeit	Mittelblech, 4 mm dick	-	3,2	9,6	1,4
	Feinblech, 1,5 mm dick	-	4,5	13,5	
	Al-Si-Mg-Guß, Sandguß	-	5,1	15,3	1,06
	Kokillenguß	-	4,8	14,4	

Wesentlich größere Streuungen und Variationskoeffizienten weisen textile Produkte auf (Tab. 3/23.). Die Verringerung der Streuung vom Karden- zum Streckenband beruht darauf, daß Material "gefacht" wird, d.h. mehrere Einzelkabel zu einem neuen Kabel vereinigt werden. Auf diese Weise wird zwischen den Streuungen zweier oder mehrerer Bänder gemittelt und damit der Variationskoeffizient herabgesetzt. Beim Übergang vom Streckenband zum Grobflyer und den weiteren Verfahrensstufen nimmt dann die Streuung erheblich zu, d.h. jede Verfahrensstufe fügt zu der vorhandenen Eingangsmengenschwankung noch die Störgrößen der Maschine selbst hinzu, so daß im Feingarn ein Variationskoeffizient von 23 % auftritt.

Auch in der chemischen Verfahrenstechnik kann man gleiche Beobachtungen machen (Tab. 3/24.). So weisen z.B. gezogene Perlondrähte einen kleineren Variationskoeffizienten auf als Drähte, die über einen Walzenstuhl verstreckt sind.

3.6 Stufensprünge der Kriterien: Typenstufung

Interessant ist in diesem Bereich vielleicht auch noch die Streuung der Festigkeit, die bei stärkeren Borsten wesentlich niedriger liegt als bei Seide, während die Dehnung in der Größenordnung von 10% also erheblich höher liegt.

Tabelle 3/23. Größenordnung der Variationskoeffizienten und Toleranzen am Beispiel der Textilindustrie (Baumwolle (Uster-Werte)[1])

	Metr. Nr. (Nm) in m/g	V in %	± 3 V = Toleranz in %	Stufensprung
Kardenband	0,24	5	15	} 0,96
Streckenband, 1. Passage	0,20	4,8	14,4	
2. Passage	0,27	4,2	12,6	} 0,87
Grobflyer	1,35	4,8	14,4	} 1,14
Feinflyer	10	7,5	22,5	} 1,56
Garn, grob	34	15	45	} 2,0
fein	200	23	69	

[1] Nach Angaben der Firma Zellweger AG, Uster (Schweiz).

Tabelle 3/24. Größenordnung der Variationskoeffizienten und Toleranzen am Beispiel der chemischen Verfahrenstechnik (Einzelbeispiele)

		V in %	± 3 V = Toleranz in %	Stufensprung
Querschnitt Perlondrähte	Ziehdüsenverstreckung	2	6	} 2,0
	Walzenstuhlverstreckung	4	12	
Querschnitt Seide	9fädig Titer 40	0,6	1,8	
	Titer-Ware "streifig" 40 ± 3 den[1] zu Ware "gut" 40 ± 2 den (140fädig) (Cord)	0,4	1,2	} 1,6
Festigkeit	Borsten	1,7	5,1	} 2,3
	Seide	4	12	
Dehnung		10	30	

[1] Angabe Produktionsprüfung.

Ein Beispiel für eine Verfahrensänderung im chemischen Bereich ist der Strangguß von Kunststoffdrähten (Abb.3/14.). Bei Durchmessern unter 3 mm genügt eine Wanne mit Wasser von 1,4 m Tiefe, in der der gesponnene Draht gekühlt fest wird und über eine Umlenkstelle abgezogen werden kann. Über 3 mm Durchmesser mußte ein Kokillengußverfahren angewendet werden, um einen für die Weiterverarbeitung tragbaren Variationskoeffizienten einzuhalten [187].

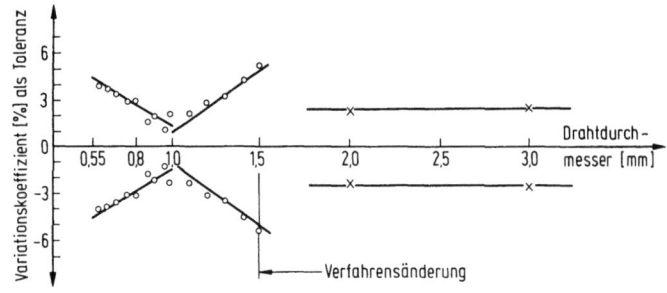

Abb. 3/14. Verfahren zur Herstellung von Kunststoffdrähten

Daß man Ungleichmäßigkeiten wie die von Geweben nur deutlich unterscheiden kann, wenn sie Streuungsunterschiede von 60 % aufweisen, zeigen die Abb. 3/15. bis 3/17. Es handelt sich um statistisch verteilte Strichlinien, deren Variationskoeffizienten sich um 25 % und 60 % unterscheiden. Erst der Unterschied von 60 % ist deutlich erkennbar. Das gleiche gilt auch von schwankenden Kurven von schreibenden Meßgeräten, die für viele Untersuchungen nicht genügen, weil oft kleinere Unterschiede als V = 60 % interessieren. In solchen Fällen muß man zur statistischen Auswertung diskreter Meßwerte greifen.

Die angeführten Streuungen sind nun auf Eigenschaften der Maschine zurückzuführen. Zu unterscheiden sind die Typen von Störeinflüssen, die in Tab. 3/25. aufgelistet sind. Es handelt sich einmal um systematische Fehler, die durch Verschleiß verursacht werden, um periodische Abweichungen, wie sie beispielsweise durch exzentrische Walzen hervorgerufen werden, um sprunghafte Abweichungen, wie sie nach Verstellung der Maschine auftreten, und um statistische Abweichungen, die durch das Zusammenspiel aller Veränderungen und Einflußgrößen verursacht werden. Bei Übergabe von Maschine zu Maschine pflanzt sich die Streuung fort, die schon als Fehlerfortpflanzung in der Meßtechnik bekannt ist.

3.6 Stufensprünge der Kriterien: Typenstufung

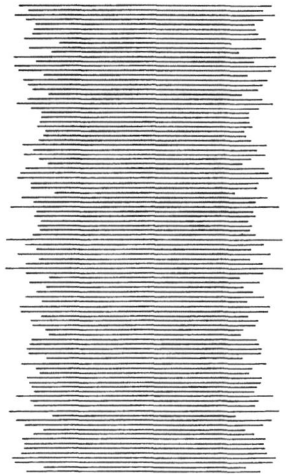

Abb.3/15. Ungleichmäßigkeit von Strichlängen

Abb.3/16. Ungleichmäßigkeit von Strichlängen, Diff.-V = 25%

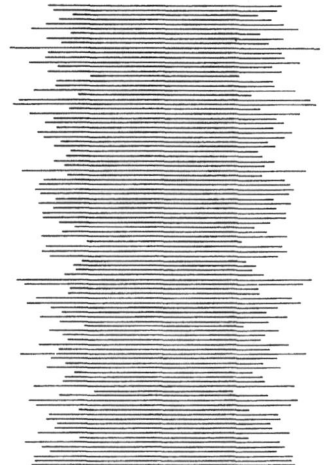

Abb.3/17. Ungleichmäßigkeit von Strichlänge, Diff.-V = 60%

Tabelle 3/25. Typen von Störeinflüssen

Typen	Beispiele
Stetig zu/abnehmende Abweichungen	Verschleiß
Hysterese	Hin- und Rückgang
periodische Abweichungen	Exzentrizitäten
sprunghafte Abweichungen	Verstellungen
statistische Abweichungen	zufällige Veränderungen
Fehler/Streuungsfortpflanzung	Übergabe von Maschine zu Maschine

268   3. Auswahl der Lösung einer Konstruktionsaufgabe

Zurückgeführt auf die Eigenschaften des Produkts und der Maschine kann man eine Liste für allgemeine streuungserhöhende Einflüsse aufstellen (Tab. 3/26.). Bezüglich des Eingangsprodukts spielen etwa alle Spannungsschwankungen im Versorgungsnetz eine Rolle, die nicht nur durch eine Abschaltung am Wochenende, sondern auch schon durch das gleichzeitige Einschalten von Fahrstühlen in einem Gebäude hervorgerufen werden können.

Tabelle 3/26. Beispiele für allgemeine streuungserhöhende Einflüsse

Eingangsprodukt	Spannungsschwankungen in allen Versorgungsnetzen (E)
	Mengen- und Eigenschaftsschwankungen (St)
	Meßsignalschwankungen (Si)
Funktionsstruktur - logischer Wirkzusammenhang	Zahl der Funktionselemente
	Folge von Verfahrensstufen
	parallelgeschaltete Aggregate
	selbststeuernde Unterbrecher
Physikalisches Geschehen - physikalischer Wirkzusammenhang	jeder physikalische Effekt für sich
	Dynamik physikalischer Systeme
	Belastung (Kennlinie) Betriebszustand
Konstruktiver Wirkzusammenhang	Wirkflächen
	Trennflächen, Zentrierungen, Führungen
	Formabweichungen von Sollform
	Formänderung durch Beanspruchung, Verschleiß, Temperatur, Korrosion
	Teilungen von Zahnrädern
	Spiele
	unterbrochene Flächen
	Wirkbewegungen
	Zahl der Bewegungen
	Ungleichförmigkeit der Bewegungen
	Schlupflauf
	Schaltlauf
Gesamtkonstruktion	Teilfugen
	Verformungen
	Schwingungen
	Erschütterungen
	Staub
	Erwärmung

Bezüglich des Stoffumsatzes gaben schon die Tabellen Auskunft über die Mengen- und Eigenschaftsschwankungen der Produkte. Meßsignalschwankungen stammen nicht nur von den Veränderungen des Meßwerts am Meßort, sondern können auch als Fehler des Meßsystems bemerkbar werden. Bezüglich der Funktionsstruktur bzw. des logischen WZH spielt die Zahl der Funktionselemente bzw. die Folge der Verfahrensstufen eine Rolle. Streuungserhöhend wirken parallelarbeitende Aggregate oder Maschinen, auf denen dasselbe Produkt hergestellt wird. Auch der selbststeuernde Unterbrecher - beispielsweise als Pumpe - weist eine ungleichförmige Förderung auf.

Jeder physikalische Effekt weist durch Nebeneinflüsse, die nicht absolut konstant zu halten sind, Veränderungen auf, wie erst recht physikalische Systeme, die dynamisch beansprucht werden. Wie die Beispiele zeigen, spielt natürlich auch die Belastung einer Maschine eine Rolle. Beim konstruktiven WZH kommt es auf die Qualität der Wirkflächen, der Teilungen von Zahnrädern, auf Spiele an wie bei den Wirkbewegungen auf die Zahl der Bewegungen und ihre Ungleichförmigkeit. So sind Schleifverfahren, bei denen Werkstück und Werkzeug die geringste Zahl von Bewegungen machen müssen, am präzisesten. Bezogen auf die Gesamtkonstruktion spielen alle Teilfugen, Verformungen, Schwingungen und die Erwärmung der Maschine eine Rolle.

3.7 Lösungswahl

3.7.1 Auswahl der Lösung durch Festlegen der Kriterien

Die Voraussetzung für einen Vergleich der konstruktiven Lösungen ist die Erfüllung der Kriterien Menge und Qualität als Auslegedaten der Konstruktion. Der Vergleich der konstruktiven Lösungen erfolgt durch Bestimmung der Kriterien, wie sie schon dargestellt wurde, d.h. durch Abnahme der fertigen Maschine (Kontrolle der Menge und Qualität) und Nachkalkulation (Kontrolle der Kosten). Dieser Vergleich konstruktiver Lösungen kann auch durch Vorausbestimmung dieser Daten erfolgen, d.h. durch eine Vorkalkulation, durch das technisch-wirtschaftliche Konstruieren und die Wertanalyse.

Die Auswahl einer Lösung kann ferner erfolgen durch eine optimale Kombination von Bauelementen, sofern eine Konstruktion eine Vielzahl von Komponenten aufweist. Nach Tab.3/27. findet zuerst eine Bewertung dieser Elemente statt, und zwar getrennt nach Qualität, Quantität und Kosten, wie das am Beispiel einer Stanzmaschine für Folien dargestellt ist. Aus einer Folie werden Ronden ausgestanzt, auf einer Waage gewogen und die Meßwerte zur Bestimmung der Streuung quer und längs der Folie bestimmt. Diese Elemente oder Komponenten lassen sich zur vollständigen Maschine kombinieren. Dazu ist es notwendig, eine Verträglichkeitsmatrix der durch Nummern gekennzeichneten Bauelemente aufzustellen, in der nur solche Kombinationen aufgeführt werden, die sich auch realisieren lassen (Abb. 3/18.). Auch die Kombinationen, die sich als die einfachsten ergeben, werden nach Qualität, Quantität und Kosten bewertet. Aus der Bewertung ergibt sich die Auswahl der Lösungen. Das Verfahren läßt sich auch auf dem Rechner durchführen.

Tab. 3.27. Auswahl der Lösung, Optimierung

	Stoffumsatz	Energieumsatz (Antriebe)	Signalumsatz
Fu. Ph. Ko.	Folie, Zuführen, Schneiden, Stanzen, Ronde, Übergabe-Waage, Aufnahme-Waage, Abgabe-Waage	Folie, Schneide-Streifen, Transport-Streifen, Stanze, Ronde, Zufuhr, Abfuhr	Waage-Meßwert, Ablaufprogramm, Verriegelungen, Handbedienung

Kriterien für die Optimierung	Stoffumsatz	Energieumsatz	Signalumsatz
Elemente			
Qualität			
Präzision bezogen auf den Meßwert	+ − − − +	+ − + + −	− +
Präzision bezogen auf Transporte	− + + − +	− + − − +	+ +
Quantität			
Zahl der Messungen pro Zeiteinheit	− + − − +	+ + + − +	− +
Kosten			
Herstellkosten	+ − + − +	+ + − + +	− +
elektrische oder pneumatische Antriebe	− + + − −	− + − + −	+ −
Kombinationen			
Verträglichkeit			
Qualität			
Bedienbarkeit	+	−	+
Erschütterungen	−	+	−
Geräuschpegel	−	+	−
Montierbarkeit	+	+	+
Quantität			
Störanfälligkeit	−	+	−
effektive Taktzeit	+	+	−
Kosten			
Energiebedarf	−	+	−
Gewicht	+	+	+
Platz- und Raumbedarf	−	+	−

Lösung: Energieumsatz

3.7 Lösungswahl

x	6	16	18	28	40	42	44	46	49	52	55	57	64	65	67	90	97	114	115
115	+	+	+	+	+	+	+	0+	0+	0+	+	+	+	+	+	?	+	−	
114	+	+	+	+	+	+	+	0+	0+	0+	+	+	+	+	+	?	+		
97	+	+	+	+	+	+	+	0+	0+	0+	+	+	+	+	+	?			
90	?	?	?	?	?	?	?	?	?	?	?	?	?	?	?				
67	+	+	+	+	+	+	+	0+	0+	0+	+	+	+	−					
65	+	+	+	+	+	−	+	0+	0+	0+	+	+	+						
64	+	+	+	+	+	−	−	0+	0+	0+	+	+							
57	−	+	+	−	+	+	−	0+	0+	0+	−								
55	+	+	+	+	+	+	−	0+	0+	0+									
52	0+	0+	0+	0+	0+	0+	0+	−	−										
49	0+	0+	0+	0+	0+	0+	0+	−											
46	0+	0+	0+	0+	0+	0+	0+												
44	−	−	+	+	−	−													
42	+	+	+	+	−														
40	+	+	+	+															
28	+	−	−																
18	+	+																	
16	−																		
6																			

− unverträglich
+ verträglich
0 gleichgültig
? fraglich

Abb.3/18. Verträglichkeitsmatrix

3.7.2 Auswahl der Lösung durch Vorwegnahme der Kriterien

Die Tab.3/28. bis 3/30. zeigen die Vorwegnahme der Kriterien Menge, Qualität und Kosten bei der Festlegung der einzelnen Merkmale der Konstruktion, für die auch jeweils Beispiele angegeben sind. Von diesen Beispielen sollen nur einige wenige als besonders wichtig hervorgehoben werden. Einen großen Mengendurchsatz erzielt man beispielsweise eher mit dynamischen Effekten. Große Dimensionen beim Stoffumsatz bedingen geringere Verluste; Bezogen auf den konstruktiven WZH kommt es bekanntlich auf die möglichst genaue Ausführung der Wirkflächen an, bezogen auf den Stoffumsatz auf die Vermeidung von Toträumen. Ein anderes Beispiel ist die Vermeidung von Brückenbildung von Schüttgütern durch eine konische Form, die vom Hochofen bis zur Kunststoffverarbeitung verwendet wird. Größte Mengen ergeben sich durch eine Fließbewegung bei strömenden Medien und die Drehbewegung im mechanischen Bereich.

Die Vorwegnahme des Kriteriums Qualität gelingt am einfachsten bei der Anwendung der Grundfunktionen, durch Verwendung einfacher Effekte, die Präzision mechanischer Führungen und Zwanglauf gegenüber Schlupflauf. Bezüglich des Herstellungsverfahrens ist natürlich eine präzise Ausführung für das

Erzielen einer guten Produktqualität entscheidend. In Tab.3/31. ist eine Reihe von Maßnahmen dargestellt, die sich auf die Verringerung der Streuung der Meßgrößen beziehen, die aber noch einmal gesondert erläutert werden.

Auch für die Vorwegnahme des Kriteriums Kosten lassen sich Angaben machen wie etwa die Verwendung von Drehflächen bzw. Drehbewegungen als einfachste Wirkflächenformen bzw. einfachste Wirkbewegung. Das wird deutlich nach Abb.3/19., in der der Anteil der Dreh- oder Rotationsteile und der Nichtdrehteile in den verschiedensten Fällen dargestellt ist.

Tabelle 3/28. Vorwegnahme des Kriteriums M e n g e mit Beispielen

Log. Wirkzusammenhang	einfache Grundfunktionen oder Kette von Grundfunktionen
Phys. Wirkzusammenhang	dynamische Effekte (Turbinen)
	intensive Effekte (Hydraulikkolben)
	große Dimensionen, geringere Verluste beim Stoffumsatz
	Verringerung der Reibung in Drahtziehdüsen
	Grenzleistungen (Turbinen)
Konstr. Wirkzusammenhang	
Wirkfläche	genaue Schaufelprofile Vermeidung von Toträumen Konusform gegen Brückenbildung von Schüttgütern
Wirkbewegung	Fließbewegung bei strömenden Medien Drehbewegung bei Maschinen hohe Drehzahl
Gesamtkonstruktion	
Betrieb	kontinuierlicher Betrieb Anlagenunterteilung nach Häufigkeitsverteilung Aufträge Zuverlässigkeit der Anlageteile einfache Instandhaltung
Mensch	wenig, leichte Transportarbeiten Verhinderung von Bedienungsfehlern
Umwelt	kleine Abfallmengen bei Umstellungen
Ausführung	kurze Leitungen Nebenanlagen (Belüftung, Absaugung)
Herstellverfahren	genaue Wirkflächen

3.7 Lösungswahl

Tabelle 3/29. Vorwegnahme des Kriteriums Qualität bezogen auf Mittelwert von Meßgrößen mit Beispielen

Log. Wirkzusammenhang	Grundverfahren
	unkomplizierte Steuerungen
Phys. Wirkzusammenhang	Effekte ohne Nebeneinflußgrößen
	Vermeidung von Schwingsystemen
Konstr. Wirkzusammenhang	
Wirkfläche	Präzision von Führungen
Wirkbewegung	Zwanglauf
Gesamtkonstruktion	
Betrieb	Einhaltung von Sollwerten
	Produktionsprogramm mit wenig Umstellungen
Mensch	Steuer-, Meß- und Regelwerte
	Betriebskontrolle
Umwelt	Abschirmung von störenden Umwelteinflüssen
	Wassereinbruch
Ausführung	beanspruchsgerechtes Gestell
Herstellverfahren	saubere Ausführung

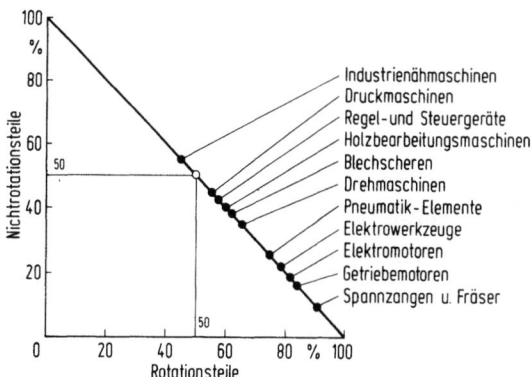

Abb. 3/19. Rotationsteile und Nichtrotationsteile in einzelnen Fabrikationen (Text S. 265)

Tabelle 3/30. Vorwegnahme des Kriteriums Kosten mit Beispielen

Log. Wirkzusammenhang	wenig Elemente	austauschbare Baugruppen
Phys. Wirkzusammenhang	kleiner Raumbedarf	guter Wirkungsgrad hohe Ausbeute
Konstr. Wirkzusammenhang		
Wirkfläche	Rotationsflächen kleine Flächen wenig Trennflächen wenig Teile	
Wirkbewegung	einfache Kinematik	
Gesamtkonstruktion		
Betrieb	wenig Nebenanlagen einfache Aufstellung	
Mensch	Erleichterung der körperlichen Arbeit	Automatisierung Zentralschmierung Maßnahmen gegen Bedienungsfehler
Umwelt	Umweltschutzmaßnahmen	geringer Abfall
Ausführung	möglichst kleiner Aufwand einfache Montage	

Tab. 3/32. zeigt Beispiele für die Unterdrückung der Störgrößen und der Eingangsschwankungen, der Störgrößen, die sich auf die Wahl der Funktionsstruktur, auf die Wahl des physikalischen Geschehens, der Wirkfläche und Wirkbewegung zurückführen lassen. Durch bewußte Überprüfung der Konstruktion nach den dargestellten Gesichtspunkten lassen sich die durch die Abnahme der Maschine festgestellten Kriterien weitgehend berücksichtigen.

Folgende Beispiele bedürfen der näheren Erläuterung (Tab. 3/32.): In einer Verfahrensstufe aufgewickeltes Material ist das Ausgangsmaterial mit Eingangsschwankungen für die nächste Stufe. So wird man z.B. bei Farb- und Tonfilm für eine sorgfältige Aufwicklung des Eingangsmaterials für eine Begießmaschine sorgen, in der die Farbfilmschichten oder die Tonfilmschicht aufgetragen wird. Konstanthalter und Regler für die Unterdrückung von Eingangsschwankungen anzuwenden, versteht sich von selbst. Von der Wahl der Funktionsstruktur her können die zu erwartenden Störgrößen schon durch Anwendung dieser Regler- oder Konstanthalterschaltungen kleingehalten werden.

3.7 Lösungswahl

Tabelle 3/31. Vorwegnahme des Kriteriums Qualität bezogen auf die Streuung der Meßgrößen (Text: Seite 272)

Log. Wirkzusammenhang	Vermeiden von Verfahrens-/Signalflußketten Kompensation, Digitalisierung
Phys. Wirkzusammenhang	Unterdrückung von Störgrößen durch Werkstoffwahl Konstanthalter für Nebeneinflüsse Einhaltung der Zustandsbedingungen
Konstr. Wirkzusammenhang	
Wirkfläche	Vermeidung von Exzentrizitäten Spiele
Wirkbewegung	Gleichförmigkeit der Bewegungen wenig Bewegungen Präzision der Zahnrädergetriebe
Gesamtkonstruktion	
Betrieb	kleinste Maschinenbelastung große Menge kleine Streuung Streuungskontrolle (Messung) Netzspannungsschwankungen
Mensch	Störungsmeldung Stellgrößeneinstellung mit Skalen Führen eines Schichtbuches
Umwelt	erschütterungsfreie Aufstellung
Ausführung	steifes, schwingungsdämpfendes Gestell präzise Führungen, Lagerungen saubere Montage, Justierungen
Fertigung	enge Passungen Schleifen, Läppen usw. Vorrichtungen

Unter den physikalischen Möglichkeiten sei die induktive Heizung von umlaufenden Maschinenteilen erwähnt, wenn man einen Schleifringanschluß der Zuleitungen zu einer Ohmschen Heizung vermeiden will. Vergessen wird leicht, daß selbst wärmeisolierte Apparaturen oft noch erhebliche Wärmemengen an den Raum abgeben, die entfernt werden müssen. Totzonen in nichtnewtonschen Flüssigkeiten können die Qualität des Produktes erheblich mindern. Infolge der Dehnung des Prüfmaterials wird dieses aus den Klemmen von Prüfmaschinen herausgezogen, die den Dehnungsmeßwert störend beeinflussen, wenn die Dehnung

Tabelle 3/32. Unterdrückung der Störgrößen mit Beispielen

Unterdrückung der Eingangsschwankungen		
Energieumsatz	mechanisch	Reibschluß (kleiner Leistung) bei Tonbandantrieben
		Regler für Aufwickelgetriebe
	hydraulisch	Druckkonstanthalter
		Mengenregler
	elektrisch	Spannungs- Konstanthalter Strom-
	thermisch	Temperaturkonstanthaltung durch Wassereinspritzung am Überhitzerausgang Kessel
Stoffumsatz	feste Stoffe	Mengen- konstanz durch Ziehverfahren Dicken-
	flüssige Stoffe	Mengenkonstanz durch zwangläufige Pumpen
	gasförmige Stoffe	Mengenkonstanz mittels Regler
Signalumsatz	mechanisch	Eigenfrequenz abweichend von Frequenz der Meßwertschwankungen
	hydraulisch	Druckmessung entfernt von Krümmern
	elektrisch	Widerstandsmessung mit Brückenschaltung
	thermisch	50°C geregelte Lötstelle als "kalte" Lötstelle
Unterdrückung der Störgrößen durch Wahl der Funktionsstruktur		
	stetig wirkende Trennglieder	stetig schneidende Fräser
	Gegenkraftkopplung aus derselben Spannungsquelle wie Meßspannung	Kreuzspulinstrument
	Mehrfachanordnung von selbststeuernden Unterbrechern	4-6-8-Zylindermotoren
		Duplex-Pumpen
	Nebenschluß	Erweiterung des Feineinstellbereiches eines stufenlos veränderlichen Getriebes (Nebenschluß über Differential)
	Brückenschaltung	Gasdichtemesser

Fortsetzung S. 277

3.7 Lösungswahl

Tabelle 3/32. Fortsetzung

Unterdrückung der Störgrößen durch Wahl der Funktionsstruktur		
	Selbststeuerungen	Berstplatte
		Überlauf
		Siedemantel mit Kühler und Aufnehmer für Druckkonstanthaltung
	Regler	Druck, Menge, Temperatur
	Kompensation	Waage
Unterdrückung der Störgrößen durch Wahl des physikalischen Geschehens		
Energieumsatz	mechanisch	schnellaufende Spindel, die sich in die freie Achse einstellen kann
	hydraulisch	Luft- statt Öllager
	elektrisch	induktive Heizung für umlaufende Maschinenteile
	thermisch	Restwärme, die von einer thermischen Isolierung an den Raum abgegeben wird, durch Lüftung entfernen
Stoffumsatz	feste Stoffe	Verziehen von Kunststoffen in Düsen statt über Walzen
	flüssige Stoffe	Vermeiden von Totzonen in hochzähen Schmelzen
	gasförmige Stoffe	Staubfreimachen in Wäschern statt Elektroabscheidern
Signalumsatz	mechanisch	Wickelklemmen für Reißmaschinen
	hydraulisch	rotierende Kolben für Druckmessung in hochzähen Flüssigkeiten
	elektrisch	Bevorzugung elektrischer Meßverfahren
	thermisch	Vermeidung von Wärmeableitung durch Thermometerhülse
Unterdrückung von Störgrößen durch Wahl der geeigneten Wirkfläche		
Energieumsatz	mechanisch	schräg verzahnte Räder (Eingriffsdauer)
	hydraulisch	verlustarmer Kanal (konvergierend)
	elektrisch	begrenzte Heizleistung bei organischen Heizmedien (Diphyl)
	thermisch	Anordnung von Kühlflächen

Fortsetzung S. 278

Tabelle 3/32. Fortsetzung

Unterdrückung von Störgrößen durch Wahl der geeigneten Wirkfläche		
Stoffumsatz	feste Stoffe	zusammenhängende Bearbeitungsflächen
	flüssige Stoffe	Rührerform beim Mischen hochzäher Flüssigkeiten
	gasförmige Stoffe	Ausbildung von Glockenböden
Signalumsatz	mechanisch	Einspannung Biegestab
	hydraulisch	Ovalradzähler statt Blende
	elektrisch	elektrostatische und magnetische Abschirmung
	thermisch	federnder Wärmekontakt eines Thermoelementes
Unterdrückung der Störgrößen durch Wahl der geeigneten Kinematik (Wirkbewegung)		
Energieumsatz	mechanisch	Vermeidung von Exzentrizitäten, Teilungsfehlern
	hydraulisch	Verschiebebewegung durch Hydraulik
	elektrisch	Drehbewegung durch E-Motoren (Außenläufer)
Stoffumsatz	feste Stoffe	Fließbewegung für Endlosmaterial
	flüssige Stoffe	rotierende zwangläufige Pumpen
	gasförmige Stoffe	Turbulenz für Mischvorgänge (Überturbulenz)
Signalumsatz	mechanisch	Zellenrad für mech. Dosierung mit Regelung
	hydraulisch	Sedimentation in Zentrifuge
	elektrisch	Dämpfung eines Schwingsystems als Meßverfahren der Viskosität

nicht direkt am Produkt gemessen werden kann. Hier empfehlen sich für textile Fäden Wickelklemmen mit 1 mm starken Stiften, die eine geringere Streuung der Meßwerte verursachen.

Bei einer Druckmessung in Flüssigkeiten wird man den Einfluß der Kolbenreibung dadurch vermeiden, daß man den Kolben rotieren läßt. Eine Thermo-

3.7 Lösungswahl   279

meterhülse ist zweckmäßigerweise in der Behälterwand einzuschweißen und ein
getrenntes Rohr für die Führung des Thermometers durch die Isolierung vorzusehen, um Wärmeableitung und damit Fälschung der Temperaturanzeige zu vermeiden. Die Heizflächenbelastung wird man bei einem organischen Heizmedium herabsetzen, um ein Verkohlen des organischen Mediums auf der Heizkörperoberfläche zu vermeiden. Alle Wellen und Drehteile weisen mehr oder minder große Exzentrizitäten auf, die zu ungleichförmigen Drehbewegungen führen können. Alle weiteren in den Tabellen angegebenen Beispiele verstehen sich von selbst.

3.7.3 Sondergebiete, Detaillierung der Kriterien

Die weiteren Kriterien der Kategorientafel werden ebenfalls bei Bedarf einer detaillierten Bearbeitung unterzogen, die sich teilweise bis zur mathematischen Behandlung entwickelt hat. Sie können hier nur kurz angeführt werden. Auf ein Dilemma ist hier hinzuweisen. Die Bezeichnung der Kriterien müßte eigentlich durch Eigenschaftswörter erfolgen. Zum anderen gehen Kriterien in die Auslegedaten von Konstruktionen ein und finden auf diese Weise Berücksichtigung. Darüber hinaus werden die Auslegedaten, wie schon gezeigt, durch Grenzwerte oder Toleranzen näher festgelegt. Ein Teil der Kriterien kann überhaupt erst beim Betrieb von Maschinen und Anlagen zahlenmäßig bestimmt werden.

Für die übrigen Kriterien der Kategorientafel sollen nur einige Hinweise gegeben werden. So ist der Einsatzort (Land, Wasser, Luft) ein selbstverständliches Kriterium wie auch die Umweltverträglichkeit, abgesehen von den reinen Aufstellungsbedingungen. Termine haben in Fertigungsbetrieben Einfluß auf das Verhältnis der Eigen- zu den Fremdleistungen. Die Terminverfolgung bei vielteiligen Anlagen geschieht nach der Methode des "kritischen Weges". Einflüsse auf das Kriterium Gesamtgebrauch sind die Zahl der Bedienenden, die Verfügbarkeit, die Zuverlässigkeit, die Ausfallwahrscheinlichkeit, Betriebszeiten. Ein weiteres Gebiet ist die Risikoforschung. Ein wichtiges Kriterium ist auch die notwendige Instandhaltung, für die Wartungssysteme, eine systematische Ersatzteilhaltung entwickelt wurden. Recyclingmaßnahmen für alle Abfallarten sind heute in aller Munde. Das Ziel ist eine recycling-gerechte Ausführung von Konstruktionen. Es braucht nicht besonders betont werden, daß die Kriterien Ausgangspunkt für Optimierungen sein können.

3.7.4 Auswahl der Lösung durch Vereinfachung der Konstruktion

Bei einer vorliegenden Konstruktion ist die Frage zu stellen, ob sie sich nicht noch vereinfachen läßt. Die Möglichkeiten dazu lassen sich für die einzelnen Merkmale der Konstruktionen erläutern.

Die Formulierung einer Aufgabe als logischer WZH läßt erkennen, ob es mehrere logische Funktionsstrukturen gibt, die die Aufgabe erfüllen. Eine dieser Strukturen wird die einfachste sein. Als Beispiel kann hier das Ordnen von Kronenkorken angeführt werden (Abb.2.1.1/22.). Drei Strukturen sind möglich, von denen eine die geringste Zahl von Elementen aufweist und - wie die ausgeführte Konstruktion zeigt - dann auch entsprechend einfach ausfällt.

Vereinfachungsmöglichkeiten bezüglich des logischen WZH bestehen auch in der Verlegung von Verarbeitungsfunktionen in vorausgehende oder folgende Systeme. Ein Beispiel dafür wäre das Ordnen von Wollfaser, das auf einer Spezialmaschine, der Krempel, vorgenommen wird. Hier wäre die Frage zu stellen, ob eine Vorordnung zumindest nicht schon bei dem vorangehenden Prozeß, dem Waschen der Wolle, vorgenommen werden kann. Noch ein weiteres Beispiel ist das Vereinfachen der logischen Struktur durch Umwandlung eines Reglers in einen Konstanthalter, wie das die Beispiele einer Schmelzfläche, einer Behälterbeheizung und einer Schneckenmaschine zeigen (Abb.2.1.2/59. bis 2.1.2/62.).

Immer sollte man prüfen, ob sich verschiedene Funktionen zu Doppelfunktionsgliedern zusammenfassen lassen. Das hängt einmal von der zu erfüllenden Funktion und von den Kennlinien des anzuwendenden physikalischen Effekts ab. Ein Beispiel für gänzlich unabhängige Funktionen bzw. Kennlinien ist die Verwendung eines Geländers auf einer Bühne als N_2-Leitung und Vakuumleitung, ausgeführt an den Materialvorratsbehältern einer Perlonseidenanlage. Ein weiteres Beispiel ist der sog. Schollhaspel, bei dem ein Zug (Verknüpfungsglied) auf einen Draht ausgeübt wird, und die Verlegung der Windungen senkrecht zur Zugrichtung (Führungsglied) erfolgt.

Weitere Lösungen zeigt Abb.3/20. Die Spiegelaufhängung eines Meßgerätes bringt gleichzeitig das Richtmoment auf. Die Kombination von Lagerung und Antrieb einer Ultrazentrifuge ist in dem Luftstrahl möglich, der gestattet, die Funktionen Lagerung und Antrieb zusammenzufassen. Die Hubbegrenzung einer Feder wird durch den Effekt "Undurchdringlichkeit fester Körper" ermöglicht [92].

3.7 Lösungswahl

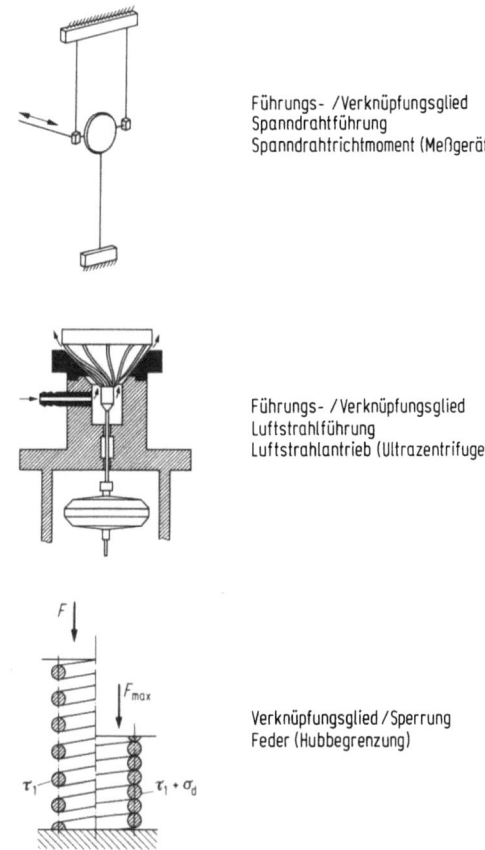

Führungs- / Verknüpfungsglied
Spanndrahtführung
Spanndrahtrichtmoment (Meßgerät)

Führungs- / Verknüpfungsglied
Luftstrahlführung
Luftstrahlantrieb (Ultrazentrifuge)

Verknüpfungsglied / Sperrung
Feder (Hubbegrenzung)

Abb. 3/20. Doppelfunktionen,
logischer WZH

Rein physikalische Doppelfunktionen weisen Funktionselemente mit Kennlinien auf, die sich kreuzen und einen stabilen Betriebspunkt ergeben, wie das noch einmal das Beispiel des Schmelzgefässes zeigt (Abb. 3/21.). Die Schmelzefläche nimmt ab mit steigendem Flüssigkeitsspiegel. Bei konstanter Abnahme wird somit der Zufluß an die Entnahme angeglichen. Wenn die Kennlinien keinen stabilen Betriebspunkt haben, dann läßt sich eine Doppelfunktion nicht verwirklichen. Das gilt z.B. für einen Keilspalt, in dem hochzähes Material evakuiert werden soll. Hier hängt die Zähigkeit einerseits von der Evakuierung und andererseits von der Reibungsarbeit und damit von der Temperatur ab, so daß eine konstante Förderung durch den Spalt nicht zu erzielen ist, die ihrerseits auch von der Zähigkeit abhängig ist.

282   3. Auswahl der Lösung einer Konstruktionsaufgabe

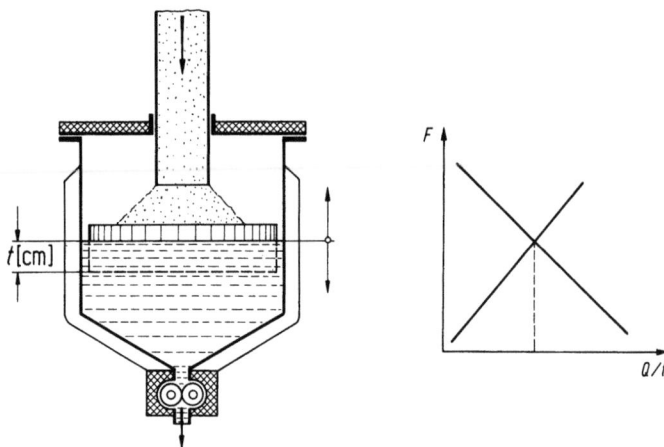

Abb.3/21. Doppelfunktion, physikalischer WZH (F Schmelzfläche; t Tauchtiefe; Q Schmelzemenge)

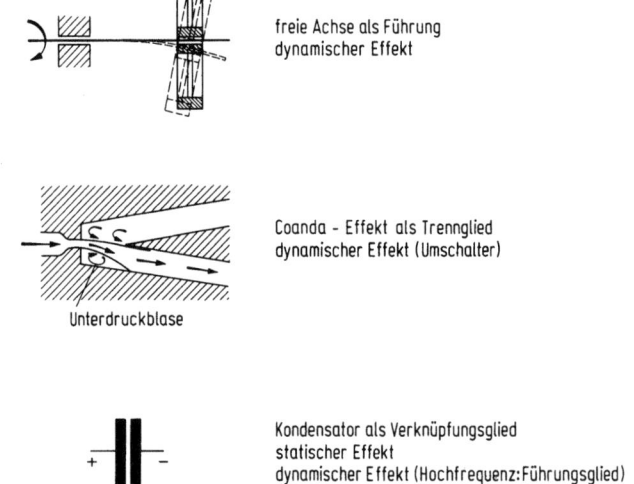

Abb.3/22. Doppelfunktionen, konstruktiver/physikalischer WZH

Weitere Beispiele sind Doppelfunktionsglieder, bei denen eine Funktion von einem konstruktiv festliegenden Funktionsglied, eine zweite durch einen physikalischen Effekt übernommen wird (Abb.3/22.). Die Lagerung einer Zwirnspindel kann man vor ihren unvermeidlichen Unwuchten schützen, wenn man es so einrichtet, daß sich die Spule in die freie Achse einstellen kann. Der Fluidik-

3.7 Lösungswahl

schalter nach dem Coanda-Effekt enthält kein bewegtes Umschaltglied, sondern er wird durch eine schaltbare Unterdruckblase betätigt. Der Kondensator ist statisch beaufschlagt ein Verknüpfungsglied, mit Hochfrequenzspannung beaufschlagt ein Leitungsglied. Bei diesen mechanischen, hydraulischen und elektrischen Beispielen wird die Funktion durch den physikalischen Effekt bestimmt.

Weitere Vereinfachungsmaßnahmen sind die Verringerung der Zahl der Lagerstellen, der Teilfugen, der Passungen und der Bauteile. Das Beispiel der Momentenfeder (Abb.3/23.) zeigt, wie man konstruktiv vorgehen kann. Die Ringfeder wird von innen über Wälzkörper verspannt, in die ein Drehmoment eingeleitet wird, das über eine Welle und Zahnräder auf die exzentrischen Wälzkörper übertragen wird. Der Austausch der Wälz- durch eine Lenkerkopplung ergibt eine erhebliche Vereinfachung (Abb.3/24.).

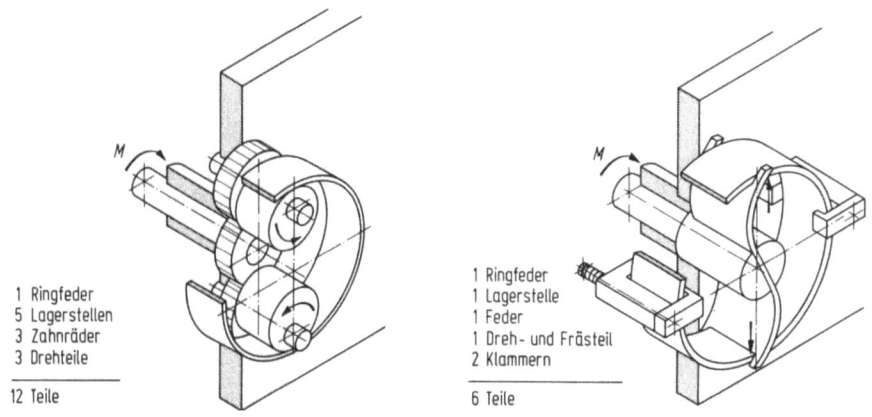

1 Ringfeder
5 Lagerstellen
3 Zahnräder
3 Drehteile

12 Teile

Abb.3/23. Momentenfeder

1 Ringfeder
1 Lagerstelle
1 Feder
1 Dreh- und Frästeil
2 Klammern

6 Teile

Abb.3/24. Momentenfeder

Zu den Maßnahmen zur Vereinfachung von Konstruktionen sind auch die benötigten Wirkbewegungen und die für ihre Realisierung vorgesehenen Getriebe darauf zu überprüfen, ob sich nicht durch Wechsel des sog. Standgliedes Vereinfachungen ergeben, wie das in Abb.3/25. für ein Viergelenkgetriebe gezeigt ist. Diese Maßnahme wird mit kinematischer Umkehrung in der Getriebelehre bezeichnet [63].

Eine ganz andere Maßnahme zur Vereinfachung von Konstruktionen stellt das Fortlassen von Strukturgliedern dar, auf deren Funktion entweder verzichtet werden kann oder deren Funktion von Doppelfunktionsgliedern übernommen wird

284   3. Auswahl der Lösung einer Konstruktionsaufgabe

[4, 128]. Eine solche schrittweise Vereinfachung einer Durchflußregelung zu einem Konstanthalter zeigen die Abb. 3/26. bis 3/28. Der Reihe nach wird die Soll-Wertverstellung, die Übersetzung und der Fühler weggelassen. Fühler und Antrieb werden konstruktiv zu einem Gummikörper zusammengefaßt, der von dem Differenzdruck im Umgehungsspalt verformt wird und den Abflußspalt verstellt.

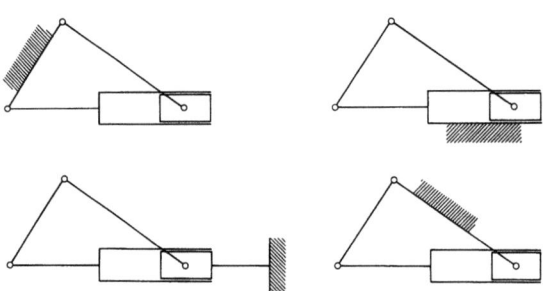

Abb. 3/25. Kinematische Umkehrung

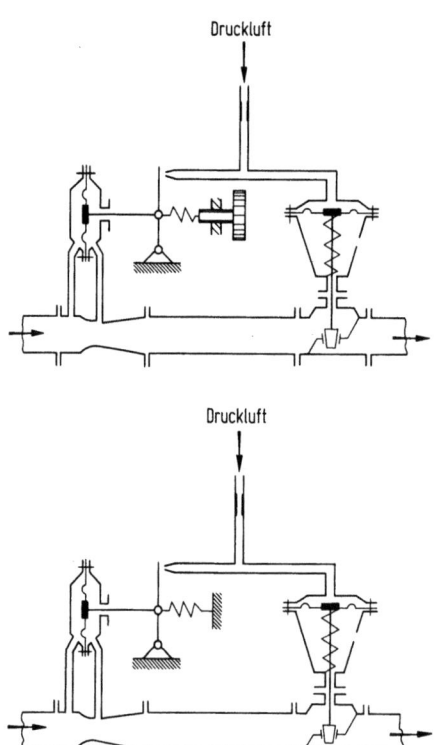

Abb. 3/26. Durchflußkonstanthaltung, strukturelle Reduktion

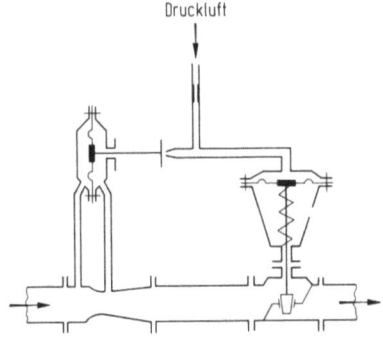

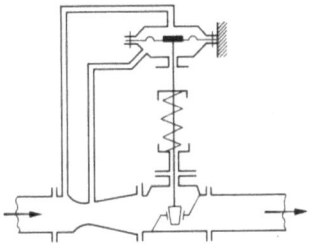

Abb. 3/27. Durchflußkonstanthaltung, strukturelle Reduktion

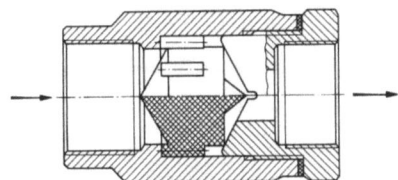

Abb. 3/28. Durchflußkonstanthalter Constaflo 51 - X

3.7.5 Konstruieren "Vom Einfachen zum Komplizierten"

Die Zahl der Gesichtspunkte, die bei der Berücksichtigung der Kriterien in Betracht zu ziehen sind, ist erheblich. Ein großer Teil der "geheimnisvollen" Tätigkeit des Konstrukteurs besteht in der laufenden Berücksichtigung der Kriterien beim Fortschreiten der Konstruktionsarbeit. Bei der methodischen Arbeitsweise geht es gerade darum, zielsicher zu technisch-wirtschaftlich brauchbaren Lösungen von Aufgaben zu kommen. Gerade deshalb ist die methodische Arbeitsweise nicht nur, wie es den Anschein hat, für Neukonstruktionen, sondern gerade auch für Weiterentwicklungen und für die Detailarbeit geeignet.

Die Vielzahl der Gesichtspunkte zur Berücksichtigung der Kriterien bei der Konstruktion und die dargestellten Methoden zur Bestimmung der Kriterien vom Entwurf bis zur fertigen Konstruktion wird man je nach der wirtschaftlichen Bedeutung des zu treffenden Entscheides anwenden. Andererseits kann man von vornherein die Kriterien in die Arbeit einfließen lassen, wenn man grundsätzlich vom Einfachen ausgeht und zum Komplizierten nur fortschreitet, wenn sich die Bedingungen der Aufgabe nicht anders erfüllen lassen. Das kann man natürlich erst beurteilen, wenn man die erläuterten Konstruktionsgesichtspunkte bezogen auf die Kriterien kennengelernt hat. Diese Vorgehensweise führt zu einer Einschränkung der Zahl der in Betracht zu ziehenden Lösungen. Es braucht nicht eine Systematik aller nur denkbaren Lösungen aufgestellt zu werden.

Für diese Vorgehensweise kann man als Ausgangspunkt für das Ziel, die einfachste Lösung einer Aufgabe zu finden, den folgenden Fragenkatalog zugrundelegen: Da jeder Forderung eine technische Maßnahme entspricht, ist zu prüfen, ob die Anforderungsliste die minimal mögliche Zahl von Forderungen enthält.

Logischer WZH
Genügen die Grundfunktionen zur Erfüllung der Forderung?

Lassen sich Grundfunktionen durch Doppelfunktionsglieder zusammenfassen? Beispiel: Ultrazentrifuge.

Weist die Verknüpfung der Elemente die einfachste Schaltung auf? Beispiel: Hintereinanderschaltung von Stationen von Fertigungsstraßen.

Physikalischer WZH
Welche physikalischen Effekte sind für die vorliegende Aufgabe die einfachsten? Beispiele: Energieumsatz (Antriebe): elektrische Einzelantriebe; Stoffumsatz: Flüssigkeitsförderung; Signalumsatz: elektrisches Meßsystem, pneumatische Stellglieder.

Welcher Effekt läßt sich am einfachsten für einen physikalischen WZH verwenden? Beispiel: Ein Effekt mit nur zwei Einflußgrößen wie der Reibungseffekt (keine konstantzuhaltenden Nebeneinflußgrößen).

Welcher physikalische WZH ist der einfachste? Beispiel: Wirkeffekte für Verknüpfungsglieder (mechanisch, hydraulisch, elektrisch erzeugte Kräfte); Hemmeffekte für Hemm- oder Trennglieder (mechanische, hydraulische, elektrische Widerstände).

3.7 Lösungswahl

Welche physikalischen Systeme und Wirkzusammenhänge sind die einfachsten? Beispiele: ruhende Systeme: Zeigeranschlag im Nullpunkt; bewegte Systeme: Schwingsysteme (elektrische Netzspannung), Antriebe, Dämpfer und Förderer.

Konstruktiver WZH
Welcher konstruktive WZH ist der einfachste (Herstellbarkeit und Verfügbarkeit)? Beispiele: Wirkfläche: Drehfläche; Wirkbewegung: Drehbewegung.

Gesamtkonstruktion
Welche Maßnahmen führen zur einfachsten Gesamtkonstruktion? Beispiel: Justierung statt Präzisionsfertigung.

In Tab.3/33. ist die Ordnung der Mittel zur Festlegung der einzelnen Merkmale nach dem Prinzip "vom Einfachen zum Komplizierten" noch einmal übersichtlich dargestellt.

Man kann mit dem Ziel, auch wirklich vom Einfachsten auszugehen, die grundsätzliche Frage stellen: Kann man die gestellte Forderung von Hand, eventuell mit Hilfe von Werkzeugen erfüllen? In den meisten Fällen kann man sagen:

Tabelle 3/33. Ordnung der Merkmale vom Einfachen zum Komplizierten (Beispiele)

Wirkzusammenhang	einfach ———————————————→ kompliziert			
Logisch	Elemente	Kombinationen		Strukturen
Physikalisch	Effekte	Effektketten	Systeme	gekoppelte Systeme
Konstruktiv				
Wirkfläche	Drehteile	Flächen		Formen
Wirkbewegung	Drehbewegung	Verschiebebewegung		Koppelbewegungen

Was sich nicht von Hand durchführen läßt, dafür läßt sich auch keine Maschine konstruieren. In ähnlicher Form kann man sich auch über die Qualität des umgesetzten Produktes Gedanken machen, die von den Störgrößen beeinflußt wird.

Die Störgrößen eines physikalischen Vorganges lassen sich ohne Kenntnis aller Einzeleinflüsse kleinhalten, wenn man das physikalische Geschehen möglichst "richtig" ablaufen läßt. Man muß verhindern, daß die Störgrößen Anteil an der Eigenschaftsänderung des Produktes haben.

In Tab. 3/34. sind auch die Mittel zur Festlegung der Wirkzusammenhänge angegeben, zu denen übergegangen werden muß, wenn die "einfachsten" Mittel nicht mehr ausreichen.

Tabelle 3/34. Mittel zur Festlegung der Wirkzusammenhänge

Bezogen auf den logischen WZH	wenn die Zahl der Bedingungen zwischen dem Ein- und Ausgang eines Gerätes größer und ihre Art komplizierter ist (Beispiel: Steuerung von zwei Fahrstühlen bei Einhaltung eines wirtschaftlichen Betriebes)
Bezogen auf den physikalischen WZH	wenn eine Kombination von Grundelementen realisiert werden soll (Beispiele: Stellglieder (Dampfventil mit Antrieb), Steuerglieder (Positioniereinheit für Werkzeugmaschinen))
	wenn statische Kräfte zum Erzeugen einer Verschiebe- oder Drehbewegung ausgenutzt werden sollen (Beispiel: selbststeuernder Unterbrecher für hydraulische Verschiebebewegung (Dampfmaschine), elektrische Drehbewegung (Gleichstrommotor) absatzweise Zufuhr von Bandmaterial für Biegemaschine)
	wenn ein bestimmtes Übergangsverhalten verlangt wird (Beispiel: radizierte Druckmessung)
	wenn ein bestimmtes Zeitverhalten verlangt wird (Beispiel: Uhr, Schwingerantrieb mit selbststeuerndem Unterbrecher)
Bezogen auf den konstruktiven WZH	wenn eine ebene Wirkfläche oder eine Wirkfläche mit bestimmter Form verlangt wird (Beispiel: Schaufelprofil)
	wenn eine bestimmte Wirkbewegung, z.B. eine Verschiebebewegung mit Stillständen verlangt wird (Beispiel: Filmprojektor)
Bezogen auf die Gesamtkonstruktion	wenn die Zahl der Anpassungskomponenten groß ist (Beispiel: Steuerungsautomatik im separaten Gehäuse neben der Maschine)

3.7 Lösungswahl

Komplizierter wird eine Maschine nicht nur von der Struktur und dem Aufbau her, sondern auch von der Forderung, eine bestimmte Streubreite oder Toleranz der Produktdaten einzuhalten. Der Einfluß der Störgrößen darf dann ein bestimmtes Maß nicht überschreiten. Die zu ergreifenden Maßnahmen zur Einengung der Toleranzen führen einerseits, wie bereits dargestellt, zur Verfahrensänderung z.B. durch prinzipielle Herabsetzung der Beanspruchung der Maschine, zum anderen lassen sich die Toleranzen mit den folgenden Mitteln einschränken, wie sie für das mechanische Beispiel "Einhaltung einer konstanten Drehzahl" in Tab.3/35. erläutert sind. Mit den in dieser Tabelle genannten Strukturen läßt sich genauso das Drehmoment einer Papieraufwicklung, der Drehzahlabgleich zwischen zwei Maschinengruppen und die Dosierung einer Granulat- oder Flüssigkeitsmenge bezüglich der einzuhaltenden Toleranzen verbessern. Die Kompensation ist ein in der Meßtechnik angewandtes Verfahren, um den Meßvorgang nicht durch Leistungsentnahme zu stören. Mit dieser Vorgehensweise "vom Einfachen zum Komplizierten" ergibt sich eine erhebliche Einschränkung des Arbeitsaufwandes. Sie liegt oft der unbewußten Arbeitsweise erfolgreicher Konstrukteure zugrunde.

Tabelle 3/35. Strukturen zur Einhaltung einer konstanten Drehzahl

Struktur	Ausführung	Folgen
Schlupflauf	Keilriemen	Schlupf
Schlupflauf	unterbelastete Reibräder	kleinster Schlupf
Zwanglauf	Zahnräder Präzisionsräder	Teilungsfehler
Konstantquelle	Synchronmotor	Netzfrequenzschwankungen
Regler	Motor mit Drehzahlregler	Fühler Regler Stellglied
Konstanthalter	Antriebsmotor mit fallender Charakteristik Luftwiderstand mit steigender Charakteristik	Betriebspunkt mit konstanter Drehzahl
Kompensation		

3.8 Übungsaufgaben (Lösungen auf S. 318)

Aufgabe 3/1

In der in Abb. 3/29. gezeigten Anordnung wird ein Kunststoffdraht aus der Schmelze gegossen (einfacher Strangguß). Das auf diese Weise hergestellte Produkt weist die angegebene Streuung der Menge bezogen auf die Längeneinheit auf. Skizziere eine Anordnung gleicher Art, bei der die Streuung wesentlich kleiner ist.
Einstieg: Text S. 257.
Zweck: Herbeiführen einer Streuungsverringerung in einer konstruktiven Anordnung allein dadurch, daß man sie "physikalisch richtiger" gestaltet.

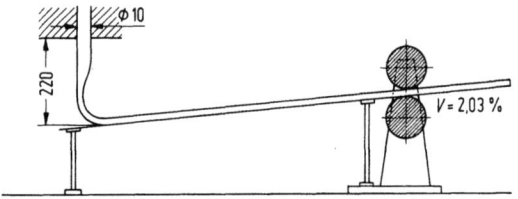

Abb. 3/29. Strangguß von Kunststoffdraht

Aufgabe 3/2

Skizziere die Möglichkeiten zur Unterdrückung der Austrittsmengenschwankungen eines Kunststoffextruders.
Einstieg: Text S. 264. Die Kunststoffgranulatmenge, die von einem Schneckengang des Extruders aufgenommen wird, weist jeweils ein unterschiedliches Gewicht auf je nach der Lage der Granulatteilchen, die das Eingangsvolumen ausfüllen. Damit ergeben sich Eingangsmengenschwankungen, die sich zusätzlich durch die Störeinflüsse der Maschine selbst als Austrittsmengenschwankungen fortpflanzen. Es gilt durch konstruktive Maßnahmen diese Streuung zu verringern.
Zweck: Anwenden der prinzipiellen Möglichkeiten zur Streuungsverringerung.

4. Nachweis der Anwendung der dargestellten Konstruktionsmethodik

Wenn der Leser bis hierher vorgedrungen ist, wird er fragen, wie die Methode auf seine praktische Arbeit konkret anzuwenden sei. Als erste einfache Maßnahme sei vorgeschlagen, eine der Checklisten, eventuell in abgekürzter oder dem Arbeitsbereich angepaßter Form, unter die Glasplatte einer Schreibunterlage zu legen, um damit zu erleben, um wieviel klarer, vollständiger und sicherer die Arbeitsgänge bis hin zu Angeboten und Bestellungen sich erledigen lassen. Ein weiterer Einstieg in die Praxis sind, so ist das jedenfalls gedacht, die Übungsaufgaben, von denen der Leser zuerst die leichteren wählen sollte.

Die Anregung, auch bei Konstruktionen methodisch vorzugehen, brachte für den Autor die vergleichende Schalt- und Getriebelehre von Franke, einem Elektrotechniker [35]. Es war ein Schlüsselerlebnis, zu dem altbekannten Galilei- und Grahamgang (Uhrenantrieben) ähnliche hydrostatische und hydrodynamische "Getriebe" aufzusuchen (106). Mit der dabei gewonnenen Einsicht in die Funktionsstrukturen konnten dann später einfache Fabrikationseinrichtungen bis zu ganzen Anlagen entwickelt werden.

Die Aufgaben ergaben sich aus der täglichen Arbeit. Verlangt wurden etwa eine neue Filmpackkassette für Filme ohne die bis dahin übliche Papierlasche, eine Wickelmaschine für Kinofilm, eine Bügelmaschine für faltigen PC-Film, eine Faserschneidemaschine, eine Spiegelmessung einer schaumigen Kunststoffschmelze, eine Streckmaschine für Drähte, eine genauere Temperaturhaltung für 92 Spinnköpfe (Abb.2.1.2./59), eine selbststeuernde Schmelzschecke (Abb.2.1.2./63), ein Polymerisationsrohr für große Leistungen. Derartige Arbeiten führten zu 30 erteilten Patenten, die als Beispiele für die Anwendung der Methodik dienen könnten. Die Mannigfaltigkeit der Aufgaben erklärt sich daraus, daß in Fertigungsbetrieben alle Einrichtungen dauernd weiterentwickelt werden.

4. Nachweis der Anwendung der dargest. Konstruktionsmethodik

Umfassendere methodische Untersuchungen lassen sich natürlich anstellen, wenn es sich um einzelne Maschinen oder Verfahren handelt. Das sollen weitere Beispiele zeigen. Die Aufgaben ergaben sich aus Kontakten mit der Industrie [123, 127]. Aus der Vielzahl der ausgeführten Arbeiten waren einige für die vollständige methodische Bearbeitung besonders geeignet. Das Ziel war es, die Methodik durch neuartige Verwendung der Grundfunktionen, der Strukturen, die einen Namen tragen, und zusammengesetzter Systeme in den Bereichen des Energie-, Stoff- und Signalumsatzes weiterzuentwickeln. So werden der folgenden kurzgefaßten Darstellung verschiedener Probleme der jeweilige methodische Gesichtspunkt vorangestellt. Dieser weitere Nachweis der Brauchbarkeit der vielleicht zuerst etwas abstrakt erscheinenden Begriffe dürfte für den Anwender besonders wichtig sein.

Verwendung physikalischer Effekte: Keilspalt des Gleitlagers [19]

Effekte lassen sich, das ist zu prüfen, für den Energie-, Stoff- und Signalumsatz und für die Grundfunktionen verwenden (Abb. 6/21). Ausgeführt wurde ein Einwalzenkalander für Kunststoffe zur Herstellung von Folie mit einer Wirkfläche, die aus einer Vielzahl von Keilspalten besteht.

Anwendung der Steuerlogik [138]

Als Rehabilitätsgerät für spastisch Behinderte wurde ein Leuchtfeld für Buchstaben und Zahlen ausgeführt, von denen jedes einzelne Feld mit zwei Steuerimpulsen von einem beliebigen an den Behinderten angepaßten Schaltgerät angesteuert werden kann. Der angewählte Buchstabe oder die angewählte Zahl konnte von einer Fernschreibmaschine ausgedruckt werden.

Entwicklung eines Gesamtsystems [148]

Es wurde ein Meßsystem bestehend aus einer Zahl Teilsysteme für die Folienprüfung gebaut. Ausgeführt wurde eine Rondenstanze zum Herstellen von Ronden quer und längs aus einer Folienbahn. Diese wurde in Streifen geschnitten, die der Stanze zugeführt wurden. Die Ronden wurden an eine Waage abgegeben. Die Meßwerte wurden zur Bestimmung der Gewichtsstreuung aufgearbeitet.

Vereinfachung einer Verfahrensstruktur [130]

Hier handelt es sich um die Umwandlung eines diskontinuierlichen zwölfstufigen in ein kontinuierliches Vierstufenverfahren zur Herstellung von "Atemkalk" als Filterfüllung. Nach einem Uraltprozeß (Löschen von Kalk) wird das Produkt mit den endgültigen Stufen, Reaktion, Plastifizierung, Formgebung und

4. Nachweis der Anwendung der dargest. Konstruktionsmethodik

Trocknen hergestellt. Die Arbeit bestand in der experimentellen Beschaffung der für die vorgesehenen Verfahrensstufen benötigten, aber nicht bekannten Informationen sowie der Ausbildung der Geräte, der Plastifizierschnecke und des Formgebungs- und Trockenbandes. Die Produktqualität und der Gesamtaufwand wurden erheblich verbessert.

Vereinfachung der Struktur von Konstanthaltern [4, 128]

Durch Integration von Funktionen und ihrer Reduzierung lassen sich die Voraussetzungen für physikalische Lösungen für Konstanthalter physikalischer Größen angeben. Geklärt wurde der Strukturübergang vom Regler zum "Überlauf", die der Einhaltung eines Flüssigkeitsniveaus dienen. Andere Beispiele für solche Vereinfachungen zeigen die Bilder 2.1.2./59, 60, 61.

Umwandlung eines komplizierten hydraulischen in ein mechanisches System [54, 129]

Gegeben war der hydraulische Antrieb eines elektrischen SF_6-Hochleistungsschalters (110 kV, 80 kA) für zwei Schaltspiele. Die methodisch überarbeitete Anforderungsliste für die Festlegung des mechanischen Antriebes umfaßte 150 Punkte, die eine intuitive Bearbeitung einer solchen Aufgabe ausschließen. Gewählt wurden zur Speicherung der Schaltenergie zwei Aus- und ein Ein-Federspeicher. Vorzusehen war ferner der Federaufzug und die benötigte Schaltlogik. Experimentell wurde die Einhaltung von zwei unmittelbar aufeinander folgenden Schaltzeiten von 40 ms überprüft.

Meßautomat

Gebaut wurde ein Meßautomat zur laufenden Messung der Schlagbruchfestigkeit textiler Fäden mittels eines Pendelschlagwerkes. Dazu gehörte das Einlegen des zu messenden Fadens in einer Schlaufe, das Befestigen der Fadenenden, das Aufziehen des Pendels bis zu einem Anschlag, das Auslösen und die Bestimmung der Aufstiegshöhe des Pendels nach dem Zerstören des Fadens sowie die Registrierung des Meßwertes.

Neue Verwendung der Struktur "selbststeuernder Unterbrecher" [132, 158]

Ausgeführt wurde ein Kunststoffextruder, bei dem die Förderung des Granulats nicht durch eine übliche Schnecke, sondern durch eine Feststoffpumpe mit der Struktur eines selbststeuernden Unterbrechers erfolgt. Die anschließende Wärmezufuhr erfolgt in einem Wärmeaustauscher. Für den Druck vor der Austrittsdüse ist ein Konstanthalter vorgesehen worden. Die Austrittsmengenstreuung betrug 4 %.

4. Nachweis der Anwendung der dargest. Konstruktionsmethodik

Methodische Checklisten
Die Checklisten 2.2/23 und 4/2 wurden zunächst bei der Herausgabe von Aufträgen und Bestellungen für Großanlagen für die Perlonfabrikation benutzt. Die gleichen Checklisten wurden später für die Planung der Entwicklung eines neuen NaS-Akkumulators verwendet. Es ging um die Aufstellung eines umfassenden Pflichtenheftes. Dazu gehörten Listen der physikalischen, konstruktiven und fertigungstechnischen Merkmale für die einzelne Akkumulatorzelle, das Zellensystem, die vorangehenden und folgenden Systeme wie Ladestation und Fahrzeug. Einzuschließen waren die Konstruktion einer Versuchsfertigungsanlage für das Füllen der Zellen und Meßverfahren für die Qualität der Produkte der einzelnen Fabrikationsstufen.

Methodik im Patentwesen
Ein Gutachten betraf eine Nichtigkeitsklage beim Bundesgericht. Gegenstand des Patentes war der Abstreifer der Glasfaser an der Trommel einer Glasfasermaschine. Das Gutachten bezog sich auf die Funktionsmerkmale der Bauteile, das physikalische Geschehen und die Ausführung der Bauelemente. Die Klage konnte abgewiesen werden. In ähnlicher Weise wurden Gutachten für eine Nichtigkeitsklage, ein Extruderpatent betreffend, eine Klage wegen unlauteren Wettbewerbs und eine Klage wegen Patentverletzung eines Verfahrens zur Bierherstellung erstellt. Bei zahlreichen Patentanmeldungen wurde mit Vorteil die methodische Denkweise auf die Abgrenzung von Erfindungen und die Abfassung von Ansprüchen angewendet.

5. Zusammenfassung

Konstruktion als Informationsumsatz

Man kann das Konstruieren als einen Informationsumsatz auffassen, der von der Aufgabe bis zu den Fertigungsunterlagen führt. Der Vorgang ist mit dem psychologischen Verhalten des Menschen und der Funktionsweise einer Rechenmaschine vergleichbar (Tab. 5/1.).

Informationseingabe: Die einzugebende Information kann zu einer Merkmalliste zusammengefaßt werden, in der einmal die Angaben über die Verkaufsbedingungen einer Maschine als einem Objekt der Wirtschaft enthalten sind. Die technischen Angaben dieser Merkmalliste lassen sich im Sinne der Ausführungen dieses Buches noch weiter detaillieren, wie das in den Tab. 4/2. und 4/3. geschehen ist.

Tabelle 5/1. Informationsumsatz, allgemein

Mensch	Rechenmaschine	Konstruktion
Wahrnehmen	Dateneingabe Speicher: Eingabe Verknüpfer: Eingabe - Maschine	Informationsgewinnung
Überlegen	Datenverarbeitung Speicher: Verarbeitungsprogramm Verknüpfer: Rechner	Informationsverarbeitung
Entscheiden/Tun	Datenausgabe Speicher: Ergebnis Verknüpfer: Maschine - Ausgabe	Informationsausgabe
Prüfen		(Prüfen = Informationsgewinnung)

Tabelle 5/2. Merkmale einer Anfrage oder Bestellung

Gegenstand	Beschaffenheit Menge Gewicht	Lieferung	Lieferzeit (Beginn, Ende, Fertigstellung Werk) Lieferumfang Zulieferungen (eigene, fremde) Lieferbedingungen Teillieferungen Liefervertrag mit Auftragsbestätigung Katalogangaben nur bei besonderer Vereinbarung gültig unvorhergesehene Ereignisse Rücktritt vom Liefervertrag Konventionalstrafen

Finanzen	Preisgundlage (ab Werk, frei Ort, frei an Bord)
	Verpackungskosten
	Versicherungskosten
	Zahlungsbedingungen (ab Werk Verladung ausschließlich Verpackung)
	  bei Auftragsbestätigung
	  bei Materialeingang
	  bei Inbetriebnahme
	verspätete Zahlung
	Zurückhaltung von Zahlungen bei Mängeln
	Nichteinhaltung der Zahlungsbedingungen
		Gewährleistungen	Leistungen - Verbräuche
			Produktqualität
			Öldichtigkeit
			Lärmfreiheit
			Erschütterungsfreiheit
			Haltbarkeit des Anstriches

Technische Angaben	Anforderungsliste
	Konstruktionsarbeiten
	Unterlagenaustausch (Eigentumsvorbehalt)
	Mitteilung von Betriebserfahrungen
	Bauseitige Leistungen
	Bauteilliste (Fremdlieferungen)
	Ersatzteilliste
	Betriebsmaterial
	E-Motorenliste
	Betriebsanleitung
	  Schmierplan
	  Schaltplan
	  Beschreibung
	Anstrich
	Wartungsdienst der Lieferfirma
		Vertragsrecht	Gefahrenübergang bei Liefermöglichkeit
			Zeitpunkt: Inbetriebnahme
			Rücktritt vom Kaufvertrag
			Mängelrüge
			Haftung bei Folgeschäden
			Patentlage
			Gerichtsstand
			Eigentumsvorbehalt
			Sicherungsübereignung

		Abnahme	Zwischenbesichtigung Herstellerabnahme Betriebsabnahme Prüfbedingungen Mängelrüge, Ersatzansprüche

Fortsetzung S. 297

5. Zusammenfassung

Tabelle 5/2. (Fortsetzung)

Montage	Leutegestellung Hilfskräfte Arbeitszeit Montagekosten Auslösung	Versandangaben	Vorankündigung Transportart, Versicherung Versandanzeige Abladestelle Verpackungsrückgabe

Informationsgewinnung: Einen Teil der benötigten Information kann man aus Datenspeichern (z.B. Handbüchern) entnehmen. Sehr häufig sind Experimente notwendig, die am Modell der physikalischen Effekte und Systeme durchgeführt werden, wie es das Leitbeispiel von der Schneidmaschine für Faser zeigte. Mit den Messungen werden Daten über die Einflußgrößen und Störgrößen des physikalischen Geschehens gewonnen, die für die qualitative und quantitative Auslegung benötigt werden.

Informationsverarbeitung: Die Informationsverarbeitung wurde als die Festlegung der wesentlichen Merkmale der Maschinen erläutert und für diese Festlegung auch jeweils eine Vorgehensweise angegeben, die durch Checklisten für die praktische Arbeit unterstützt wird, deren Einzelpunkte nacheinander abgefragt werden können.

Informationsausgabe: Für die Informationsausgabe steht eine ganze Reihe von Mitteln zur Verfügung, wie sie in den Tab.5/4. und 5/5. aufgelistet sind.

Merkmale der Maschinen

Die Konstruktion liefert Informationen, die in die anderen Informationsflüsse eines Unternehmens integriert werden müssen. Je nach Größe des Unternehmens, nach Art der Unternehmensziele und der Produkte variiert die organisatorische Einordnung. Bei den Produkten kann es sich um Maschinenelemente, Einzelmaschinen wie im Großmaschinenbau, Maschinen in großen Stückzahlen wie Verbrennungsmaschinen, oder um feinwerktechnische Geräte handeln. In der Investitionsgüterindustrie werden komplexe Anlagen für die mechanische oder verfahrenstechnische Fertigung hergestellt.

Die Merkmale der Maschinen gehören drei Abstraktionsebenen an, die ursächlich auseinander hervorgehen. Maschinen weisen konkrete Merkmale auf wie die Wirkflächen und Wirkbewegungen. Da in Maschinen, abgesehen von chemischen und biologischen, nur physikalische Vorgänge ablaufen kön-

Tabelle 5/3. Technische Angaben, Disposition einer Anforderungsliste

Forderungen	festzulegende Merkmale	Mittel zur Festlegung der Merkmale
Logische Forderungen	Verfahren Bedingungen allgemeine Begriffe	Grundfunktionen Variationen Kombinationen
Physikalische Forderungen	Energie-, Stoff-, Signalumsatz Eingangs-, Ausgangsgrößen Qualität, Quantität Übergangsverhalten Zeitverhalten	physikalische Effekte physikalische Systeme Prozeßsystem
Konstruktive Forderungen	Wirkfläche Art, Form, Zuordnung, Oberfläche Wirkbewegung Bahnen, Bewegung, Kräfte	bezogen auf die logische Funktion bezogen auf die physikalische Funktion Variationen Befestigung
Vervollständigkeit des Kernsystems	Vervollständigung durch Nebenumsätze	Antriebe Stoffzufuhr/-abfuhr Meß-/Regelgeräte
Einfügen in Gesamtsystem	Anpassung an vorangehende/folgende Systeme Anpassung an übergreifende Systeme	siehe Merkmallisten

5. Zusammenfassung

Tabelle 5.4. Informationsausgabe, Methoden

Funktionsschema, Blockschalt-Fließbilder		Planung
Zeichnungen und Modelle		Konstruktion
Listen für Teile, Baustoff und Fertigungshinweise	für	Fertigung
Stückliste, Ersatzteilliste		Vertrieb
Befehlsträger für Fertigungsautomaten		Kundschaft
Montage-, Betriebsanleitung, Schmierplan		

Tabelle 5/5. Zeichnerische Konkretisierung

Eigenschaftsänderung	"Schwarzer Kasten" (black box)
	Eingangsdaten
	Ausgangsdaten
Funktion	Blockschaltbild
	Blockstruktur
	Elemente und deren Schaltung
Physik	Schema physikalischer Effekte, Systeme
	Modellzeichnung
Konstruktion	Wirkstelle
	Schema: Wirkflächen und deren Kinematik
	Baugruppe
Gesamtkonstruktion	Entwurf
	Ausführungszeichnungen
	Detailzeichnungen
Baustoffe	Stückliste
Herstellverfahren	Herstell-, Bearbeitungsangaben
Mensch und Maschine	Blockschaltbilder
	Wahl Bedienungsseite z.B.
Gestell	Schaltung
	Anordnung
Form	zeichnerische Formgestaltung

nen, sind physikalische Wirkzusammenhänge zwischen Ein- und Ausgang der Maschine das nächstliegende abstrakte Merkmal. Eine Vielzahl von physikalischen Wirkzusammenhängen gestatten aber denselben Zweck oder dieselbe Funktion eines Maschinenelements oder einer Maschine zu erfüllen, so daß sich der Zweck losgelöst von den physikalischen und konstruktiven Merkmalen kennzeichnen läßt. Das ist die dritte Abstraktionsebene. Von konkreten Merkmalen einer Maschine ausgehend den Zweck zu abstrahieren, ist der Weg der Analyse. Vom abstrakt geforderten Zweck ausgehend eine konkrete Lösung für eine vorgegebene Aufgabe zu suchen, ist das Vorgehen der Synthese.

Das methodische Vorgehen aber läßt sich wie folgt zusammenfassen und begründen: Vorgegeben sind vier mehr oder minder ausgeprägte Anlagen des Menschen, die K. Lorenz die "angeborenen Lehrmeister" genannt und deren Einfluß auf die Natur- und Geisteswissenschaften R. Riedl nachgewiesen hat. Wie erläutert wurde, handelt es sich beim Konstruieren um das

1. Erkennen wesentlicher Merkmale oder die Fähigkeit zur Abstraktion des Zweckes aus den Forderungen einer Konstruktionsaufgabe bis zu den Funktionselementen als der Software der Maschinen;

2. Erkennen ähnlicher Merkmale oder die Fähigkeit zu Vergleichen an Hand eines Kriterienkatalogs zur Auswahl einer optimalen Lösung einer Konstruktionsaufgabe;

3. Erkennen ursächlicher Zusammenhänge in einer Abstraktionsstufe oder die Fähigkeit zum Zusammenschalten von Funktionselementen zu gewünschten Wechselwirkungen;

4. Erkennen ursächlicher Zusammenhänge zwischen Ober- und Unterschichten oder die Fähigkeit zur Berücksichtigung der Vernetzung der Entwicklungs- oder Fertigungsstufen eines Produktes.

Die gleichen Schritte sind auch in den Schriften des Aristoteles [1, 2] enthalten und in der Physik bekannt. Sie bedient sich abstrakter Begriffe wie etwa "Energie". Strömungs- und elektrische Felder werden miteinander verglichen. Wechselbezüge zwischen Einflußgrößen eines physikalischen Geschehens werden als Gesetze dargestellt. Ein vernetztes System ist etwa die Strömung um einen Tragflügel (laminare und turbulente Strömung, thermodynamische Wechselwirkungen). Auch mit Beispielen aus den Künsten, der Literatur, der Malerei, selbst der Musik lassen sich die gleichen Denkweisen nachweisen.

5. Zusammenfassung

Was bringt diese Arbeitsweise? Sie führt zur optimalen Lösung einer Aufgabe. Denn in der abstrakt formulierten Aufgabe sind alle Lösungsmöglichkeiten enthalten. Eine erste Einschränkung erfolgt durch die Wahl des physikalischen Prinzips, in dem noch alle diesem Prinzip entsprechenden konstruktiven Lösungen enthalten sind. Die Anwendung der Kriterien Menge, Qualität, Kosten bringt die konkrete konstruktive Lösung. Maschinen als Teilsystem eines Gesamtsystems wurden erläutert. Die methodische Durchführung einer Vielzahl von Arbeiten wurde vorgestellt. Auf den Gebrauch der Checklisten wurde hingewiesen, die natürlich leicht an spezielle Aufgabenbereiche angepaßt werden können.

Die dargestellte Konstruktionsmethodik hat ihre Grenzen. Es ist ein Anschluß an die Gebiete herzustellen, die in diesem Buch zu wenig Berücksichtigung finden konnten. Es handelt sich einmal um die Wahl der geeigneten Baustoffe. Dann ist bezogen auf den jeweiligen technischen Bereich, eine Ergänzung bezüglich der Berechnung des physikalischen Geschehens außerhalb der Baustoffe (z.B. Strömungen), an der Oberfläche der Baustoffe (z.B. Wechselbeanspruchung von Zähnen und Zahnrädern) und innerhalb der Baustoffe (z.B. Biegebeanspruchung von Bauteilen) erforderlich. Auch auf die hochentwickelten Teilgebiete wie die Steuertechnik (z.B. mit Mikroprozessoren) die Berechnung des Verhaltens physikalischer Systeme (z.B. der Regler) und die Festlegung komplizierter Getriebe (z.B. Stillstandsgetriebe) kann nur hingewiesen werden. Eine diesbezügliche Übersicht sowie Literaturhinweise findet man in [25]. Ungeahnte neue Möglichkeiten ergeben sich durch die Rechneranwendung. Auch für Aufgaben aus der Fertigungs- und Verfahrenstechnik werden eine Vielzahl von Angaben benötigt, die oft nicht vorhanden experimentell gewonnen werden müssen. Wird der Aufwand für den Konstrukteur so groß, so werden oft Grenzen erreicht, die nur noch Spezialisten überschreiten können.

Ausblick
Synchron mit den Veränderungen in der Konstruktionstechnik, die durch die Computereinführung bedingt werden, kommen auf die Technik insgesamt in Lehre und Anwendung große Umstellungen zu. Diese Umstellungen, von der Industrie durch die Weltmarktlage als notwendig akzeptiert, treffen auf mehr oder minder starre Institutionen. Von der schnellen Überwindung solcher Umstellungsschwierigkeiten kann die Position der Industrie auf dem technologischen Markt abhängen. Die Umstellungen im Sinne dieses Buches betreffen die Konstruktionsmethodik selbst, ihre Lehre, ihre Einführung in der Industrie und ihre Weiterentwicklung.

5. Zusammenfassung

Dieses Buch enthält Vorschläge, wie die divergierenden Auffassungen über die Konstruktionsmethodik ausgeglichen werden können. Denn sie sollte wie etwa die Lehre von dem Maschinenelemente trotz verschiedener Bearbeiter auf etwa gleicher Grundlage vertreten werden können. Dabei ist am besten von einem Gesamtbild der Technik mit den dargestellten drei Teilgebieten auszugehen, wie es die heutige Verklammerung der Stoff-, Energie- und Signaltechnik ständig neu beweist.

Die Lehre in der hier dargestellten Form enthält Zielvorstellungen für eine anzustrebende Neuordnung der Maschinenbaulehre insgesamt, die sich natürlich nicht kurzfristig durchführen läßt (Tab. 5/6). Eine Ordnung der Fächer nach den oben genannten Bereichen unter Betonung einerseits der Analyse für das "In-die-Tiefe-gehen", andererseits der Synthese zur Nutzung der Wahlmöglichkeiten bei der Lösung von Aufgaben wären solche Ziele. Sie böten Wege zur Förderung der Kreativität und zur Gewinnung von Innovationen. Die Lehre der Analyse könnte von den Objekten wie vorgeschlagen weg- und zu einer Physik außerhalb, innerhalb und an der Oberfläche der Baustoffe übergehen. Die Lehre der Synthese ist dem Studierenden am Labortisch durch Experimentieren mit Strukturen oder physikalischen Effekten und Systemen näherzubringen. Dazu fehlen heute meist die Voraussetzungen.

Die Industrie ist an der Einführung der Konstruktionsmethodik in der Praxis interessiert, wie manche Veröffentlichungen (z.B. [143]) zeigen. Dazu sollen auch Tagungen beitragen, die jedoch ein so vielseitiges Bild zeigen, daß der Praktiker davon keinen großen Nutzen hat.

Die Konstruktionsmethodik hat viele Möglichkeiten zur Weiterentwicklung. Die Forschung hat sich z.B. der Kriterien und zwar der Kostenfrüherkennung angenommen [97]. Die Qualitätsfestlegung in Verbindung mit einer Störgrößenunterdrückung wäre ein weiteres Gebiet. Das wäre für den Werkzeugmaschinenbau interessant. Es ist noch gänzlich unbeachtet in der Verfahrenstechnischen Produktion. Auch die Grenzmengen oder -leistungen von Maschinen nach oben oder unten wären in Verbindung mit der Produktqualität von Interesse. Die Untersuchung von Strukturen, wie sie von den Reglern bekannt sind, könnte auf andere Strukturen, wie die Unterbrecher oder Nachlaufsteuerungen, ausgedehnt werden. Die Rechneranwendung zur Unterstützung methodischer Arbeiten wäre eine weitere Entwicklungsrichtung.

Abschließend läßt sich sagen: Beschäftigt man sich ernstlich mit der Konstruktionsmethodik, so braucht man sicher einige Zeit, die dargestellte Arbeitsweise aufzunehmen. Doch dann kann man gewiß sein, daß durch Präzi-

5. Zusammenfassung

sierung des Informationsaustausches insgesamt, durch ein neues Verständnis für die Strukturen und den Aufbau der Maschinen auch ein neues Bild vom Beruf eines Konstrukteurs gewonnen werden kann. Ganz sicher wird das Schwierigste erleichtert: die Tat.

Tabelle 5/6. Vergleich der wesentlichen Ziele der Lehre des Maschinenbaus

Bisher gerichtet auf	Könnte analog zur Lehre der Chemie gerichtet sein auf
Objekte	Methoden
Berufshöhepunkt	Berufsanfang
Intuitive Arbeitsweise	experimentelle Arbeitsweise
Bilderdenken	logisches Denken
Kopieren von ausgezeichneten Beispielen	systematische Synthese
Memorieren von Daten	Programmierung einer Arbeitsweise

6. Anhang

6.1 Begriffsdefinitionen

Im Folgenden sind die wichtigsten Begriffsdefinitionen in Anlehnung an die angegebenen Literaturstellen zusammengefaßt.

Abstraktion: Denkvorgang, der von etwas Wahrgenommenem oder Vorgestelltem das Unwesentliche fortläßt, um die Betrachtung zu vereinfachen [139, 81].

Analyse: In der Logik: Die begriffliche Zerlegung eines Ganzen in seine Teile, eines Begriffs in seine Merkmale [139].

In der Physik: Die möglichst theoretisch begründete Festlegung der Einflußgrößen eines physikalischen Geschehens und deren Abhängigkeiten (Hypothesenbildung), sowie die experimentelle Bestätigung.

Apparate: Behälter für Stoffe aller Aggregatzustände ohne und mit Eigenschaftsänderung des Produktes, hier gleichgesetzt mit Maschinen und Geräten.

Aufgabe: Gedachtes Ziel unter gegebenen einschränkenden Bedingungen.

Begriff: Begriffe sind Abstraktionen (sprachliche Bezeichnungen), die Entsprechungen in der Wirklichkeit haben [121].

Black Box: Der "Schwarze Kasten" ist die Abgrenzung eines Systems gegen die Umgebung [121].

Boolesche Algebra: Algebra der Logik.

Checkliste: Prüfungs- oder Kontrolliste.

Deduktion: Wissenschaftliche Methode, welche vom Allgemeinen, Gesetzmäßigen auf das Besondere, Einzelne schließt [139].

Definition: Darstellung eines Begriffes durch Aufzählung seiner Merkmale, d.h. durch Angabe des Begriffsinhalts [139].

Didaktik: Wissenschaft des Lehrens, Lehre des Unterrichtens [139].

Disjunktives Urteil: Wechselseitig sich ausschließendes Urteil. Die sprachliche Formulierung lautet: A ist entweder B oder C [66].

Effekt: Der physikalische Effekt ist der Zusammenhang zwischen Einflußgrößen eines physikalischen Geschehens. Der Effekt kann gesetzmäßig oder empirisch bekannt sein [121].

6.1 Begriffsdefinitionen

Energie: Das Vermögen, Arbeit zu verrichten [121]. Potentielle Energie ist die Arbeitsfähigkeit eines potentiellen Speichers (gehobener oder elastisch deformierter Körper). Kinetische Energie ist die Arbeitsfähigkeit eines dynamischen Speichers (Masse in Bewegung).

Energieumsatz: Veränderung des Intensitätsanteils oder des Potentials oder die Umwandlung von einer Energieart in eine andere.

Erkenntnistheorie: Untersuchung der Erkenntnis gebunden an eine Reihe von Merkmalen [13] siehe auch Tab.1/12.

Folgegröße: Einflußgröße, die als Ausgangsgröße eines Effektes gewählt wird und die die Wirkung der Veränderung einer Stellgröße widerspiegelt [150].

Funktion: In der Technik (Konstruktion): Allgemeiner Wirkzusammenhang (WZH) oder die Abhängigkeiten zwischen den Eingangs-, Ausgangs- und Zustandsgrößen eines Systems. Logische, physikalische und konstruktive Funktionsstruktur wird durch die Verknüpfung oder Schaltung von Funktionselementen zur Erfüllung einer Gesamtfunktion bestimmt. In der Mathematik: Zusammenhang zwischen Größen oder Größengruppen.

Geräte: Vorwiegend Vorrichtungen des Signalumsatzes (Informationsübertragungs-, Meß-, Steuer-, Regelgeräte), hier gleichgesetzt mit Maschinen.

Hypothese: Theoretisch begründete Vorstellung von einem physikalischen Geschehen, die experimentell überprüft werden muß.

Hypothetisches Urteil: Bedingtes Urteil. Die sprachliche Formulierung lautet: Wenn A ist, dann ist B. Die Gültigkeit des Nachsatzes ist durch den Vorsatz bedingt [139].

Induktion: Wissenschaftliche Methode, welche vom Einzelnen, Besonderen auf etwas Allgemeines, Gesetzmäßiges schließt [139].

Information: Jede Kenntnis über Tatsachen, Ereignisse oder Abläufe, die durch Signale übermittelt werden kann [66].

Intuition: Nicht durch verstandesmäßige Überlegung (Reflexion) gewonnene Einsicht.

Kategorie: Allgemeinste und zugleich einfachste Aussage über Begriffe [139].

Kodierung: Zuordnung eines Zeichenvorrats, der zur Darstellung bestimmter Informationen dient, zu anderen Zeichenvorräten, mit denen dieselben Informationen dargestellt werden können [66].

Kompensation: Angleichung einer verstellbaren physikalischen Größe an eine andere (Meß-)Größe, die durch ein Meßsystem festgestellt wird. Die Angleichung kann auch selbsttätig durch einen Regler oder eine Nachlaufsteuerung erfolgen.

Komplexität: Eigenschaft von Systemen, die durch Art und Zahl der zwischen den Elementen bestehenden Relationen festgelegt ist [66].

Kompliziertheit: Eigenschaft von Systemen, die durch den Grad der Unterschiedlichkeit der Elemente bestimmt ist [66].

Konstruktiver Wirkzusammenhang: Ausbildung eines physikalischen Wirkzusammenhanges (WZH) zur Maschine.

Kriterium: Prüfungsmittel, Maßstab; in der Erkenntnislehre Kennzeichen für die Wahrheit oder Falschheit eines Satzes [139].

Logischer Wirkzusammenhang: Grundgedanke, der einer Konstruktion zugrundegelegt wird in rein logischer Formulierung, die noch alle Lösungsmöglichkeiten offen läßt.

Modell: Ein Objekt M ist Modell von einem Objekt O, wenn zwischen O und M Analogien bestehen, die Rückschlüsse auf O gestatten [66].

Nutzwert: Subjektiver, durch die Tauglichkeit zur Bedürfnisbefriedigung bestimmter Wert eines Gutes.

Operationen: Operationen im materiellen oder geistigen Bereich ergeben entsprechende Gebilde, die durch Anwendung von Operatoren auf Operanden entstehen [79].

Physikalischer Wirkzusammenhang: Physikalisches Lösungsprinzip eines logischen Wirkzusammenhanges (WZH).

Produkt: In technischen Systemen: Umgesetzte Energien, Stoffe oder Signale [150].

Prognose: Vorausschätzung der künftigen Entwicklung von Systemen und deren Zuständen, basierend auf den Beobachtungen gleicher oder ähnlicher Systeme und Zustände in der Vergangenheit.

Prozeß: Verlauf, Vorgang, Verfahren [139].

Qualität: Gesamtheit derjenigen Eigenschaften, die das Wesen, die Eigenständigkeit eines Dinges, eines Prozesses oder einer strukturellen Ordnung ausmachen und diese von anderen Dingen unterscheiden [66].

Quantität: Menge, Größe, zahlenmäßige Bestimmtheit, Anzahl. Quantitäten lassen sich stets zählen oder messen [66].

Quelle: Im technischen Bereich: Schnittstelle, von der ohne Betrachtung des Liefersystems Energie oder Stoffe entnommen werden können.

Regelung: Vorgang, bei dem eine Größe, die zu regelnde Größe (Regelgröße), fortlaufend erfaßt, mit einer anderen Größe, der Führungsgröße, verglichen und abhängig vom Ergebnis dieses Vergleichs im Sinne einer Angleichung an die Führungsgröße beeinflußt wird. Der sich dabei ergebende Wirkungsablauf findet in einem geschlossenen Kreis, dem Regelkreis, statt [22].

Relation: Logische Beziehung zwischen zwei oder mehreren Dingen, Strukturelementen, Prozessen usw. [66].

Schaffensmethodik: Entsprechend den Merkmalen der physikalischen Analyse oder Erkenntnistheorie, hier entwickelte Merkmale der konstruktiven Synthese, die sich besonders in Ziel, Weg und Kriterien unterscheiden.

Schaltung: Jede Verknüpfung von Funktionselementen [66].

6.1 Begriffsdefinitionen

Senke: Im technischen Bereich: eine Verbrauchsstelle für Energie (z.B. Umwandlung von Energie durch Reibung in Wärme) und für Stoffe (z.B. Umwandlung von Stoffen in Abfall) angesehen.

Signal: Dient der Darstellung von Informationen. Die Darstellung erfolgt durch den Wert oder Werteverlauf einer physikalischen Größe [22].

Signalumsatz: Gewinnung, Transport, Eigenschaftsänderung und Verarbeitung von Signalen in einem System.

Speicher: Ein Objekt, das Energien, Stoffe oder Signale in der Weise aufbewahren kann, daß sie zu einem späteren Zeitpunkt in gleicher Form wiedergewonnen werden können [29].

Stellgröße: Einflußgröße, die als Eingangsgröße eines Effektes gewählt wird und als verstellbare, einen Eingriff gestattende Größe einen physikalischen Vorgang beeinflußt [121].

Steuerung: Vorgang in einem System, bei dem eine oder mehrere Größen als Eingangs-Stellgrößen andere Größen als Ausgangs-Folgegrößen aufgrund der dem System eigentümlichen Gesetzmäßigkeit beeinflussen, Kennzeichen für das Steuern ist der offene Wirkungsablauf [22].

Stoff: Materie, die durch eine Anzahl definierter Eigenschaften gekennzeichnet ist [121].

Stoffumsatz: Transport, Eigenschaftsänderung und Verarbeitung von Stoffen in einem System.

Struktur: Art und Verbindung von Teilen eines nach einheitlichem Zweck (Funktion) gebildeten Systems [139].

Synthese: In der Technik: Realisierung von abstrakten Forderungen durch konkrete Maschinen auf methodischem Wege.

System: Gesamtheit geordneter Funktionselemente, die durch kausale oder statistische Abhängigkeiten miteinander verknüpft sind. Physikalische Systeme sind eigengesetzliche Anordnungen, die sich durch ihren Ruhezustand oder Bewegungszustand voneinander unterscheiden [121].

Systemanalyse: Darstellung realer Systeme durch physikalische Modelle, deren dynamische Analyse mathematisch durchgeführt wird.

Übersetzer: Übertragungselemente, deren Ausgangsleistung gleich oder kleiner als die Eingangsleistung ist und deren Ein- und Ausgangsgrößen der Art nach gleich sind, deren Beträge jedoch in einem bestimmten Verhältnis (Übersetzungsverhältnis) zueinander stehen.

Umformen: Ein (Signal-) Umformer ist ein Gerät, welches ein Eingangssignal - gegebenenfalls unter Verwendung von Hilfsenergie - möglichst eindeutig in ein Ausgangssignal umformt [22].

Umsetzen: (Signal-) Umsetzer sind (Signal-) Umformer, deren Eingangssignale und Ausgangssignale unterschiedliche Signalstruktur (analog/digital) aufweisen [22].

Umwandeln: Ein (Signal-) Wandler ist ein (Signal-) Umformer ohne Hilfsenergie, der das Eingangssignal in ein physikalisch gleichartiges Ausgangssignal mit anderem Wertebereich umformt [22].

Unterbrecher: Ein selbststeuernder Unterbrecher hat eine bestimmte Funktionsstruktur mit logischen und physikalischen Merkmalen. Diese sind ein physikalisches System, ein Antrieb des physikalischen Systems, ein Schaltelement zur Schaltung des Antriebes und eine Rückkopplung zur phasenverschobenen Bewegung zwischen Antrieb des Systems und des Schaltelementes.

Urteil: Im logischen Sinne eine Aussage in Form eines sprachlichen Satzes [139].

Verbraucher: Siehe Senke.

Verfahren: Ein technisches Verfahren ist eine geordnete Menge von Operationen [61].

Verstärker: Geräte zur Steuerung einer von außen zugeführten Leistung mittels einer kleinen Signalleistung entsprechend deren zeitlichen Verlauf [36].

Vorrichtung: Konstruktiv gestaltetes Mittel zur Durchführung einer Einzeloperation eines Verfahrens.

Wirkbewegung: Definierte Bewegung oder Relativbewegung einer oder mehrerer Wirkflächen, gekennzeichnet durch Kraft-, Bahn- und Geschwindigkeitsverlauf [121].

Wirkfläche: Grenzfläche zum Erzwingen eines physikalischen Geschehens [121].

Wirkkörper: Der von einer Grenzfläche umschlossene Körper [121].

Wirkprinzip: Der entsprechend der zu erfüllenden Funktion gestaltete physikalische Effekt, d.h. der physikalische Wirkzusammenhang (WZH).

Wirkraum: Der von einer Grenzfläche umschlossene Raum [121].

Wirkstoff: Stoff, der eine Wirkung auf das durchgesetzte Produkt ausübt [121].

Wirkung: Abhängigkeit zwischen den Verläufen zweier physikalischer Größen (Stell- und Folgegröße) eines physikalischen Effektes. Logisch stellt eine Wirkung eine Verknüpfung oder Trennung dar.

Wirkzusammenhang: Logischer, kausaler oder statistischer, physikalischer oder konstruktiver Zusammenhang zwischen den Ein- und Ausgangsgrößen eines Systems.

Zweck: Vorgestellter und gewollter Vorgang oder Zustand, der in einer Maschine realisiert werden soll oder realisiert wird.

6.2 Lösungen der Übungsaufgaben

Aufgaben von S. 35

Aufgabe 1/1. Festlegen der wesentlichen Merkmale der Maschinen, Apparate und Geräte: logischer, physikalischer und konstruktiver WZH verwirklicht als Energie-, Stoff- und Signalumsatz.

Aufgabe 1/2. Vorgehen:
von der abstrakten Forderung zur konkreten Maschine,
vom Kern der Maschine zur Gesamtkonstruktion,
vom Einfachen zum Komplizierten.

6.2 Lösungen der Übungsaufgaben

Aufgabe 1/3. Abb. 6/1.

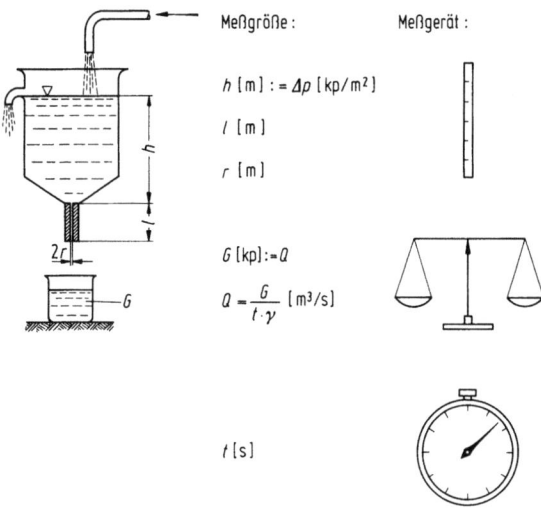

Abb. 6/1. Experiment: Bestimmung der Zähigkeit

Aufgabe 1/4. Messen.
Messen als Signalerzeugung:
    Signalbezug   mg
    Signalvergleich   Eichung mit Gewichten
    Signalgerät   Eingang: an Haken aufgehängter Fadenabschnitt
                                     System: Schwinglage
                                     Ausgang: Zeiger in Nullage (Kompensation), Drehmomentskala (Meßwert)
    Signalart   mechanisches Torsionsmoment
    Signalform   analog

Auswertung der Messung:
    statistische Auswertung   Mittelwertstreuung
    Fehlerkorrektur   Eichkurve
                                     Probenentnahme

Deutung der Messung:
    Mengenstreuung   Eingangsprodukt einer Maschine
                                     Ausgangsprodukt einer Maschine
                                     Maß der Störgrößen der Herstellmaschine

Aufgabe 1/5. Stoffumsatz als Hauptumsatz: Werkzeugschneide/Werkstück-Späne,
Energieumsatz als Nebenumsatz: Antriebe Werkzeug/Werkstück,
Signalumsatz als Nebenumsatz: Steuerungen: Bahn/Geschwindigkeit

Aufgabe 1/6. Abb.6.2.

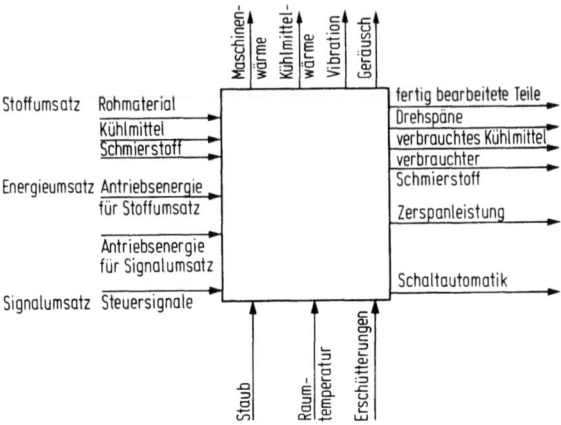

Abb.6/2. Darstellung einer Revolverdrehmaschine als "Schwarzer Kasten"

Aufgabe 1/7. Bezogen auf den Stoffumsatz: Abtrennen von Spänen,
bezogen auf den Energieumsatz: Verknüpfen des Elektromotorantriebes mit bestimmten mechanischen Bewegungen,
bezogen auf den Signalumsatz: Wenn/Dann-Beziehungen, z.B. bezogen auf den Bewegungsanfang und das Bewegungsende, die Geschwindigkeit im Vor- und Rücklauf.

Aufgaben von S. 74
Aufgabe 2.1.1/1. Tab.6/1.

Tabelle 6/1. Auflösen von Begriffsinhalten in Wirkzusammenhänge der Vorrichtungen

Verfahren	Konstruktiver WZH	Physikalischer WZH	Logischer WZH
Mitnehmen in einer Drehrichtung (Energieumsatz)	Freilauf	Klemmreibung	Verknüpfungsglied in einer Drehrichtung
Kalandrieren (Stoffumsatz)	Kalander	Keilspaltplastifizierung	Verknüpfen des plastifizierten Granulats Führen der Folie
Druckmessen (Signalumsatz)	Manometer	Bourdonrohr verspannt durch Innendruck	Verknüpfen

6.2 Lösungen der Übungsaufgaben

Aufgabe 2.1.2/2. Tab. 6/2., Abb. 6/3.

Tabelle 6/2. Abstraktion der Elemente einer Spulmaschine

Elemente	Logischer Wirkzusammenhang	Forderungen
Ablaufspule	Führungsglied (Speicher)	leichter Ablauf
Fadenführer	Führungsglied	leichter Ablauf, definierter Einlauf Bremse
Fadenbremse	Hemmglied (gesteuert)	Herabsetzen der Fadenspannung mit zunehmendem Spulendurchmesser
Knotenfänger	Trennglied	Entfernen von Knoten
Fühler (für Faden)	Verknüpfungsglied	Prüfung auf vorhandenen Faden
Fadenbruchschaltung	Schalter mit Verstärker	Stillsetzen bei Fadenbruch
Verlegefadenführer (Changierung)	Führungsglied (mit Antrieb = Verknüpfung)	Spulenwicklung, konische Kreuzspule
Aufwickelspule	Führungsglied konische Spule (Speicher)	schneller abziehbare Spule als Ablaufspule, höheres Gewicht

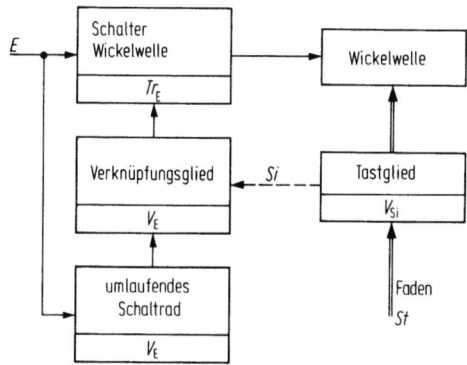

Abb. 6/3. Maschinenabschaltung bei Fadenbruch

Aufgabe 2.1.1/3. Ableiten der Gefahr, Öffnungen für die Ableitung des Explosionsdruckes;
Abtrennen der Gefahr, Aufstellen des Autoklaven in gesondertem Raum;
Beobachten, "Verknüpfen" mit der Gefahr, explosionssicheres Glasfenster in der Trennwand.

Aufgabe 2.1.1/4. Abb. 6/4.

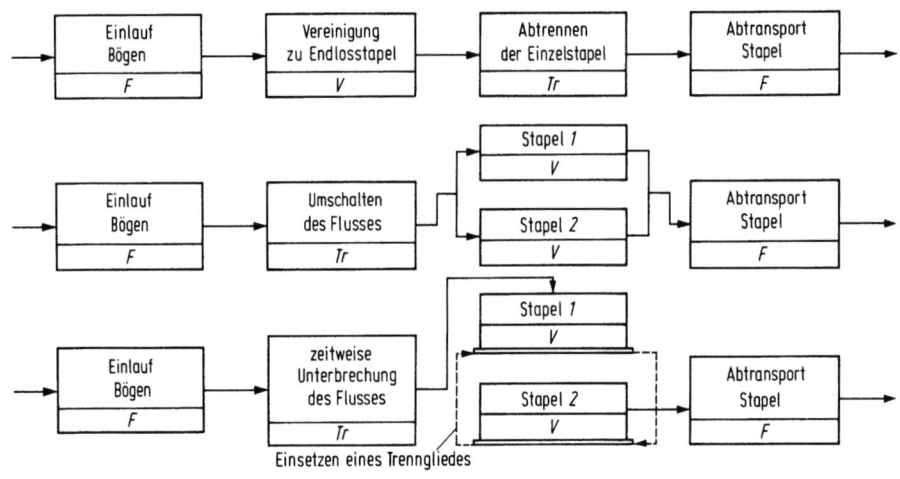

Abb. 6/4. Bogenstapler

Aufgabe 2.1.1/5. Abb. 6/5.

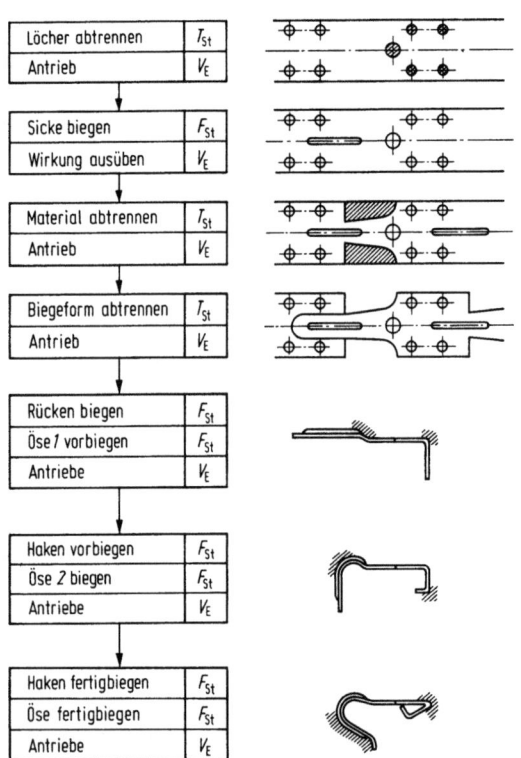

Abb. 6/5. Bilderhaken, logischer WZH: Ablaufplan

6.2 Lösungen der Übungsaufgaben

Aufgabe 2.1.1/6. Abb. 6/6. bis 6/8.

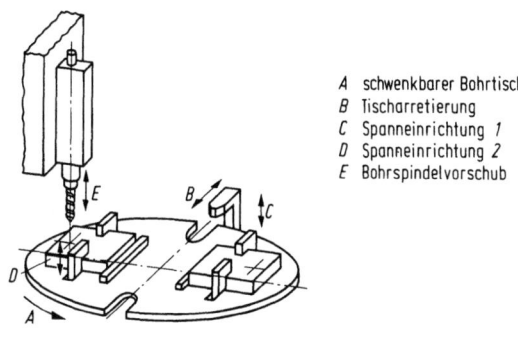

A schwenkbarer Bohrtisch
B Tischarretierung
C Spanneinrichtung 1
D Spanneinrichtung 2
E Bohrspindelvorschub

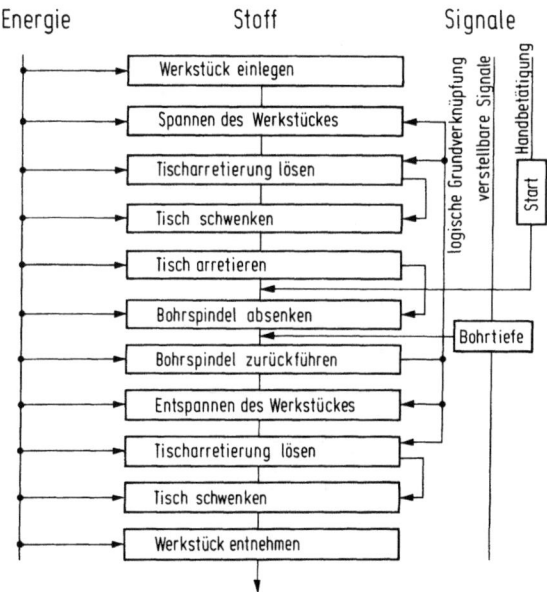

Abb. 6/6. Bohrvorrichtung, Funktionsplan

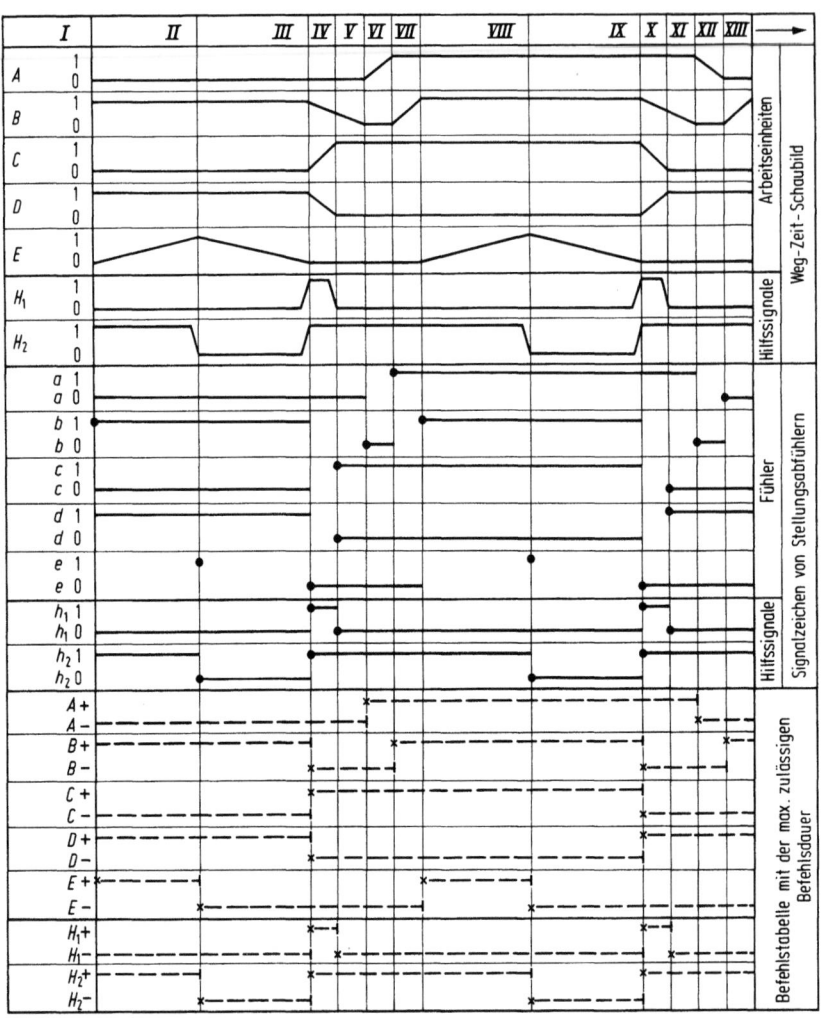

Abb. 6/7. Bohrvorrichtung, Folgeschaubild

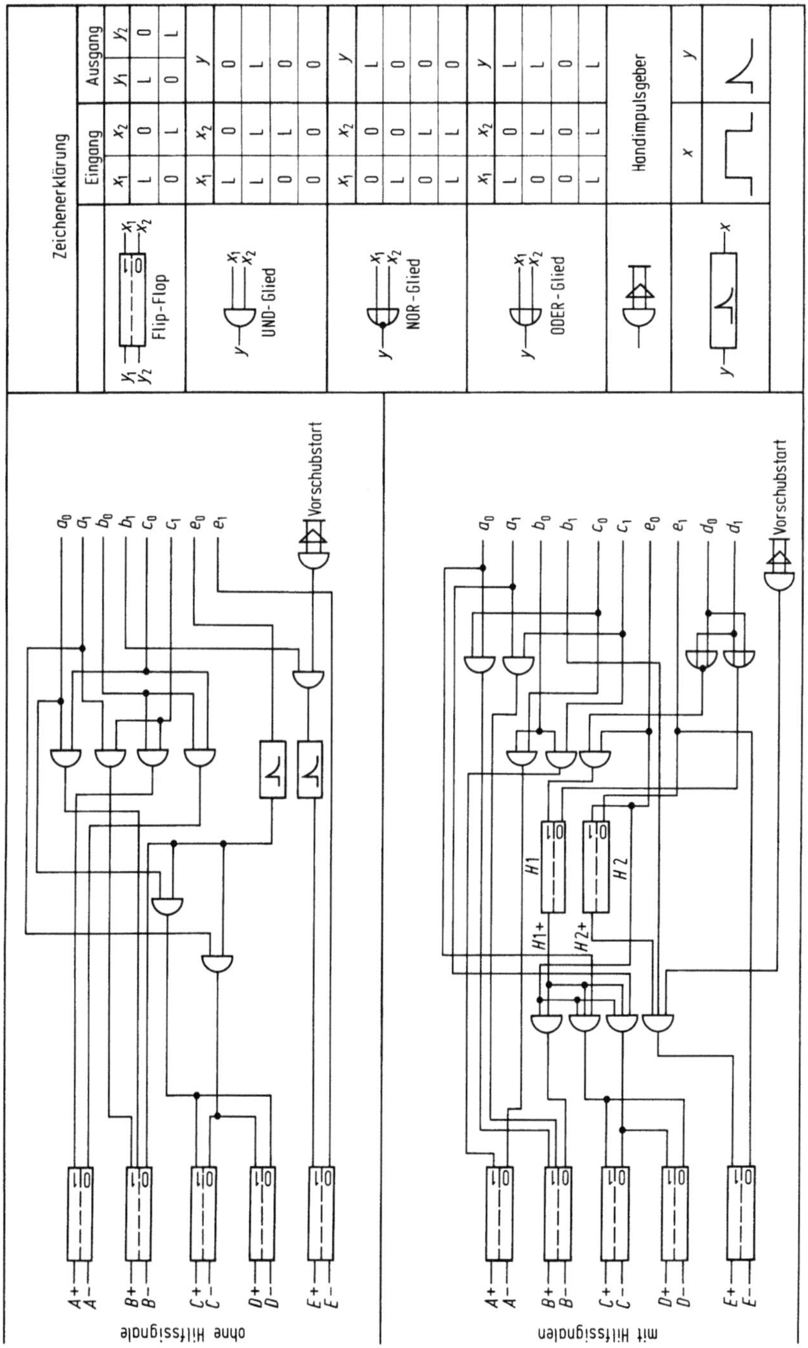

6.2 Lösungen der Übungsaufgaben 315

Abb. 6/8. Bohrvorrichtung, Logikplan

Aufgaben von S. 137

Aufgabe 2.1.2/1. $f = C \cdot \dfrac{l^3}{I} \cdot \dfrac{1}{E} \cdot F.$

  phys.   Rand-   geometr.   Einfluß-
  Größe   bedingung   Größe   Stoff   größe

Aufgabe 2.1.2/2. Abb. 6/9.

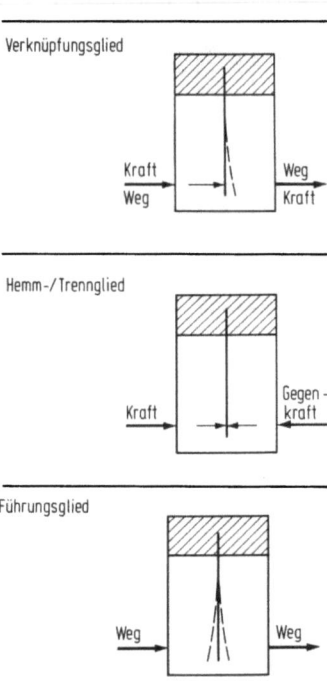

Abb. 6/9. Biegestab: Grundfunktionen

Aufgabe 2.1.2/3. Abb. 6/10.

Abb. 6/10. Ruhende Systeme

Aufgabe 2.1.2/4. Abb. 6/11.

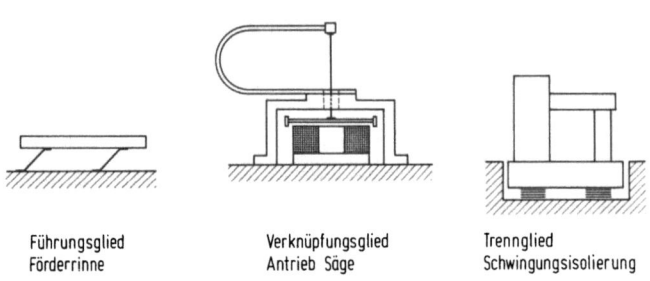

Abb. 6/11. Bewegtes System: Schwingsystem

6.2 Lösungen der Übungsaufgaben

Aufgabe 2.1.2/5. Abb. 6/12.

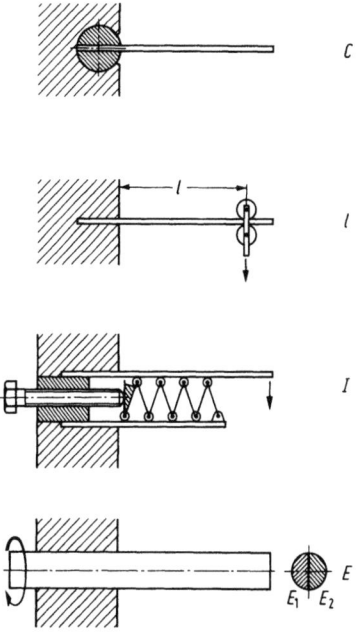

Abb. 6/12. Einflußgrößen als Stellgrößen

Aufgaben von S. 184
Aufgabe 2.1.3/1. Abb. 6/13. bis 6/17.

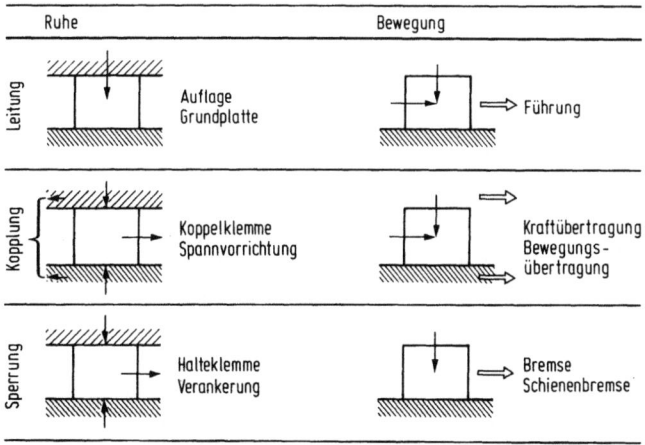

Abb. 6/13. Effekt "Reibung", Wirkfläche "eben"

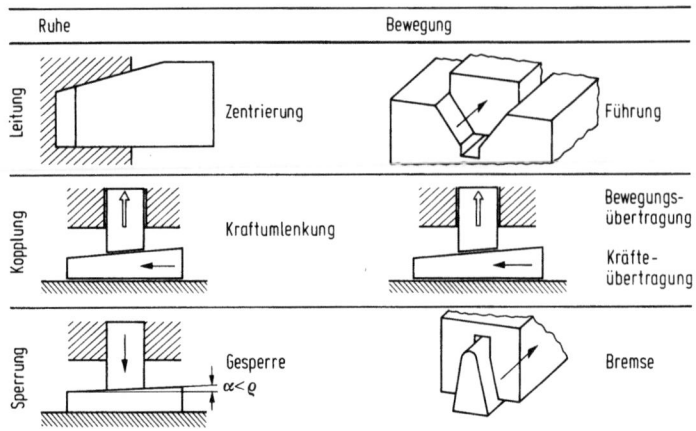

Abb. 6/14. Effekt "Reibung", Wirkfläche "geneigt"

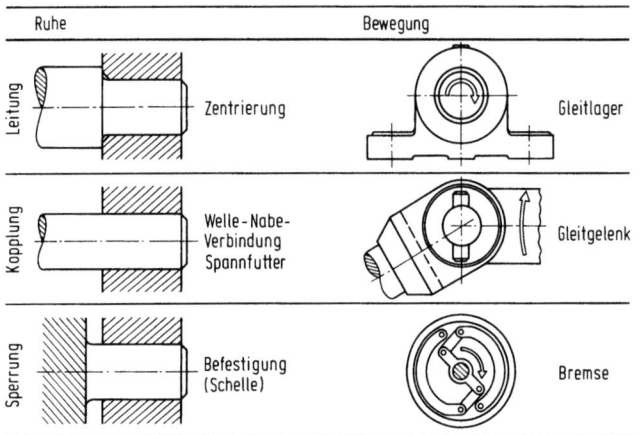

Abb. 6/15. Effekt "Reibung", Wirkfläche "zylindrisch"

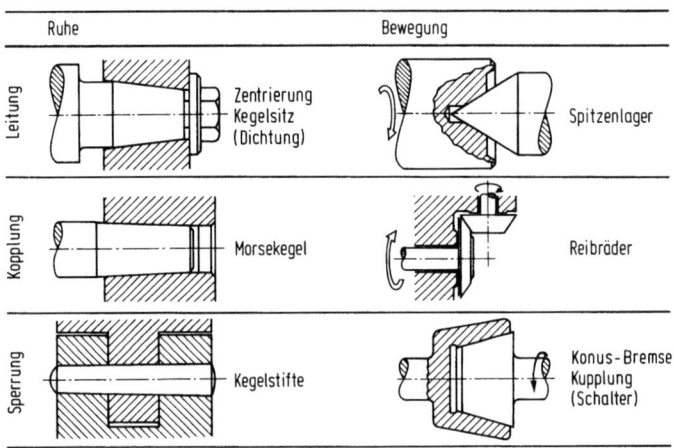

Abb. 6/16. Effekt "Reibung", Wirkfläche "Kegel"

6.2 Lösungen der Übungsaufgaben

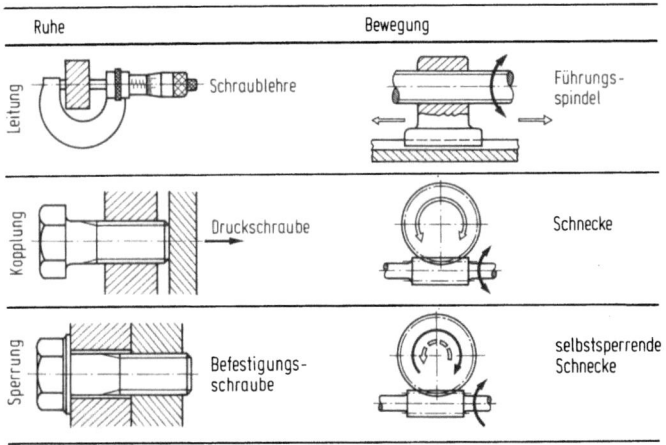

Abb. 6/17. Effekt "Reibung", Wirkfläche "Schraube"

Aufgabe 2.1.3/2. Abb. 6/18.

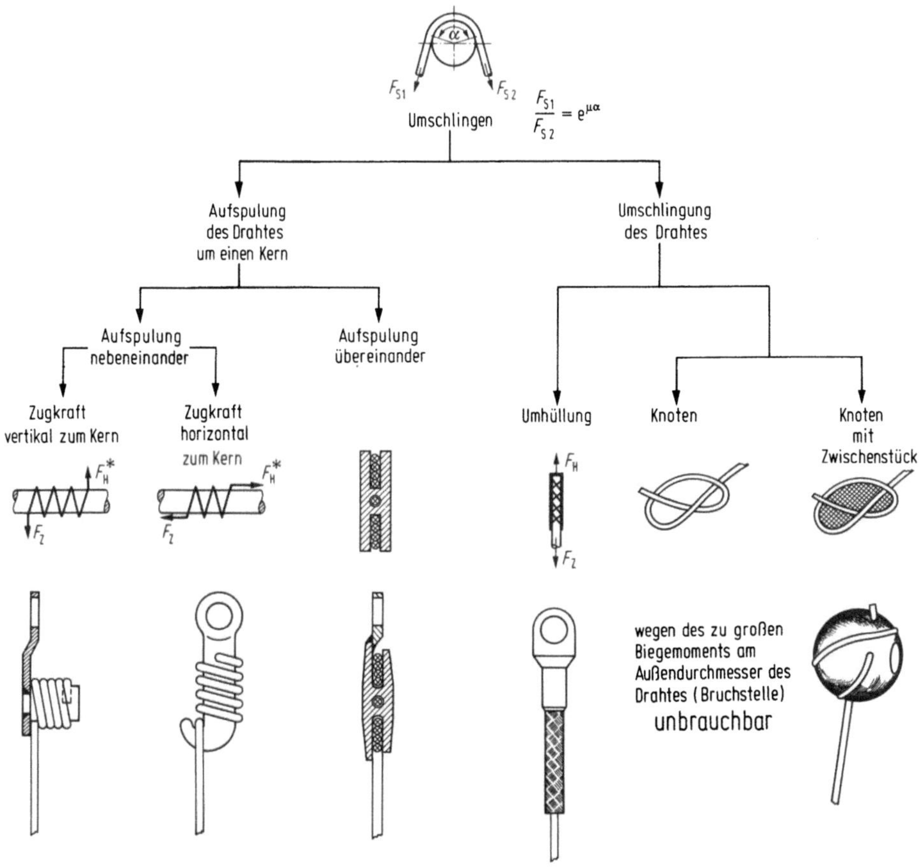

Abb. 6/18. Übersicht über Wickelklemmen

Aufgabe 2.1.3/3. Abb.6/19.

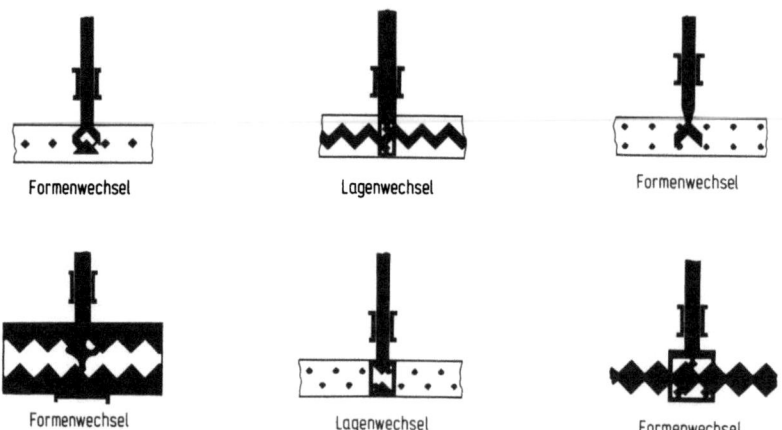

Abb.6/19. Variation der Wirkfläche, Formen- und Lagenwechsel, Beispiele (nach Franke)

Aufgabe 2.1.3/4. Abb.6/20.
Die Variationsmöglichkeiten sind: Schrauben: fest/beweglich, Mutter: fest/beweglich, Preßkolben: horizontal/vertikal sowie oben/unten, Gestell: offen/geschlossen.

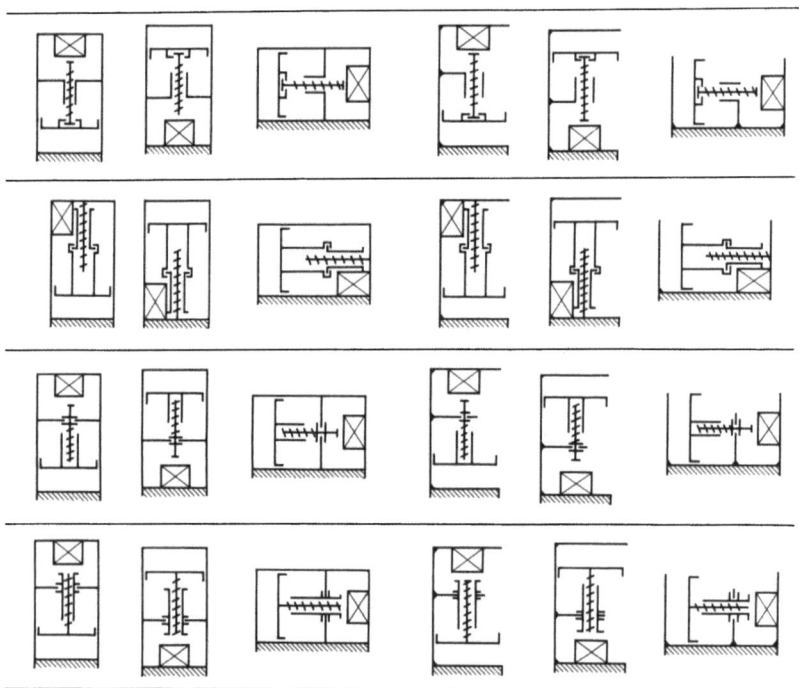

Abb.6/20. Wirkfläche und Wirkbewegung

Aufgabe 2.1.3/5. Abb.6/21.

6.2 Lösungen der Übungsaufgaben

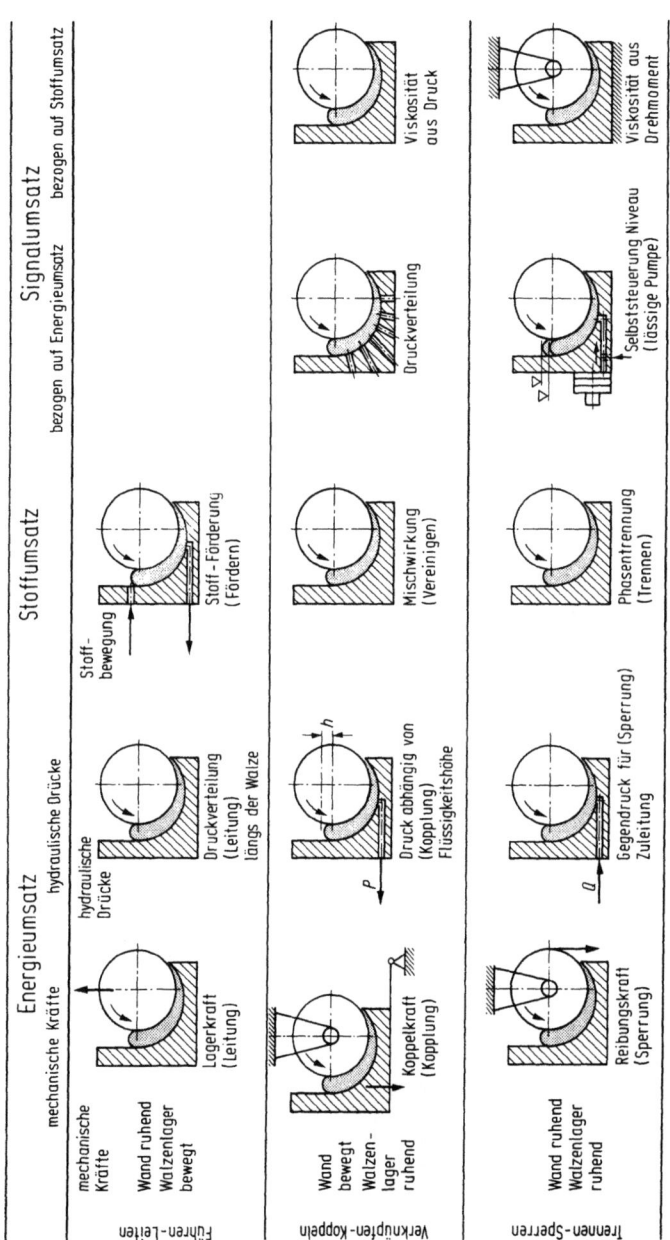

Abb. 6/21. Wirksammachen des Keilspaltes

Aufgabe 2.1.3/6. Abb. 6/22. bis 6/24.

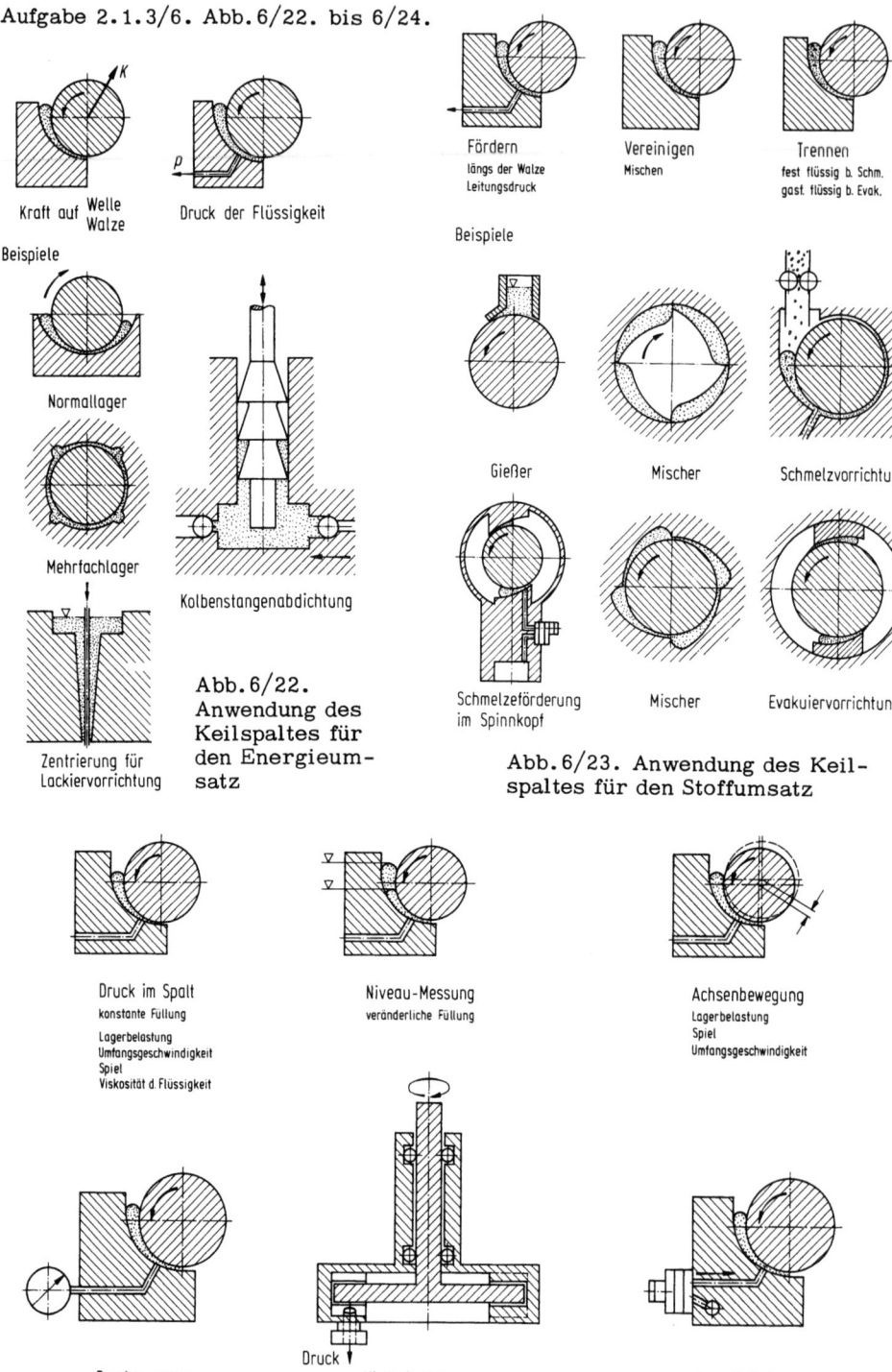

Abb. 6/22. Anwendung des Keilspaltes für den Energieumsatz

Abb. 6/23. Anwendung des Keilspaltes für den Stoffumsatz

Abb. 6/24. Anwendung des Keilspaltes für den Signalumsatz

6.2 Lösungen der Übungsaufgaben

Aufgabe 2.1.3/7. Abb. 6/25. bis 6.27.

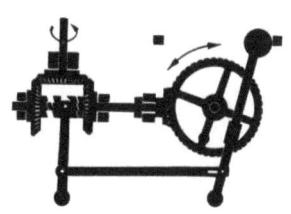

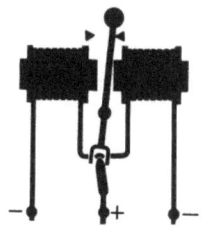

Abb. 6/25. Mechanischer Unterbrecher, Gegenkraftanordnung

Abb. 6/26. Elektrischer Unterbrecher, Gegenkraftanordnung

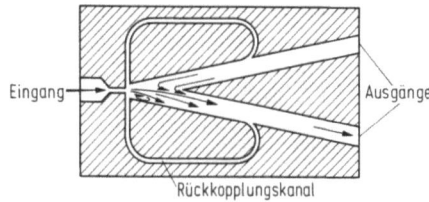

Abb. 6/27. Hydraulischer selbststeuernder Unterbrecher ohne bewegte Teile

Aufgabe 2.1.3/8. Anordnungsmöglichkeiten: Abb. 6/28. Ausführung: Abb. 6/29.

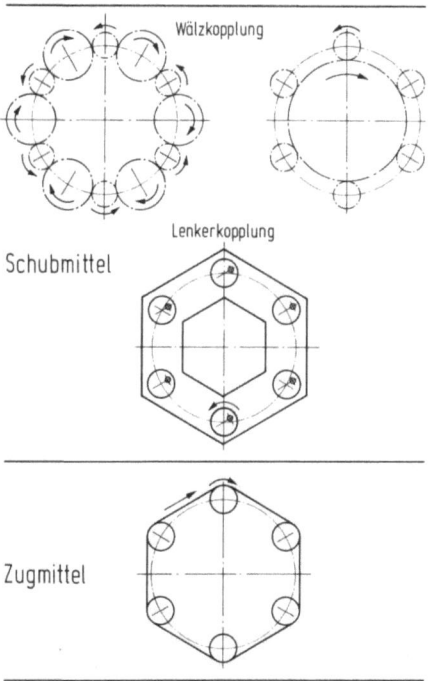

Abb. 6/28. Bilderhaken, konstruktiver WZH: Antrieb

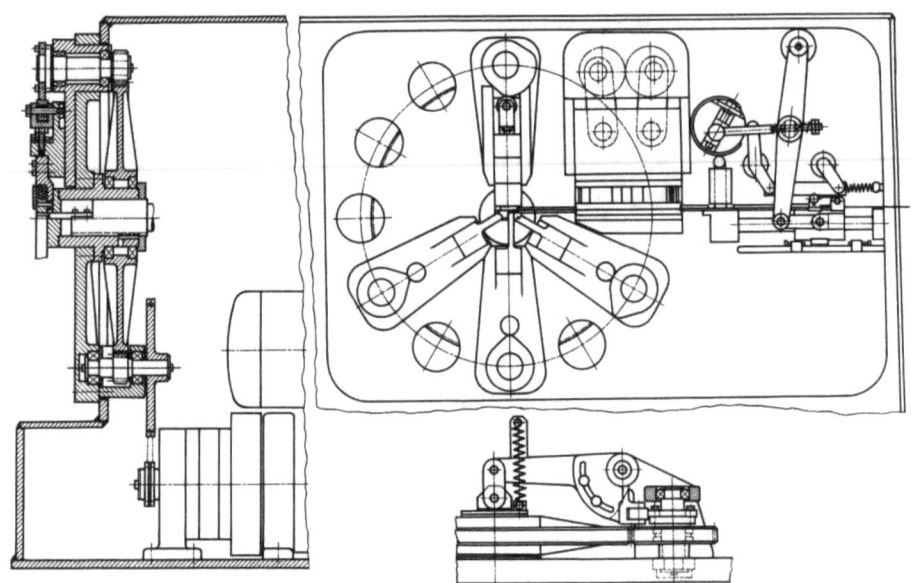

Abb.6/29. Bilderhakenstanz- und biegeautomat

Aufgaben von S. 284.
Aufgabe 3/1. Abb.6/30.
Vermeiden des Verzuges durch Erhöhen der Spritzgeschwindigkeit,
Vermeiden der Fallhöhe,
Abziehen mit dem Mittelwert des Drahtdurchmessers und nicht mit einer Durchmesserschwankung im Klemmpunkt der Abzugswalzen.

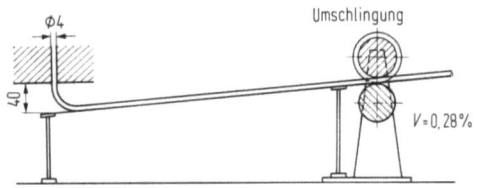

Abb.6/30. Strangguß von Kunststoffdraht

Aufgabe 3/2. Abb.6/31.
Unterdrücken der Störgrößen am Eingang der Maschine durch einfache Mengensteuerung:
  Regelung der Eingangsmenge auf konstanten Zulauf,
  Regelung der Eingangsmenge in Abhängigkeit einer Regelgröße einer Maschine;
Unterdrücken der Störgrößen am Ausgang der Maschine durch Aufprägen einer kleineren Fremdstreuung eines Förderorgans mit konstanter Förderung durch:
  Abgleich des Zulaufes mit der konstanten Abnahme,
  Steuerung,
  Regelung,
  Konstanthaltung.

6.2 Lösungen der Übungsaufgaben

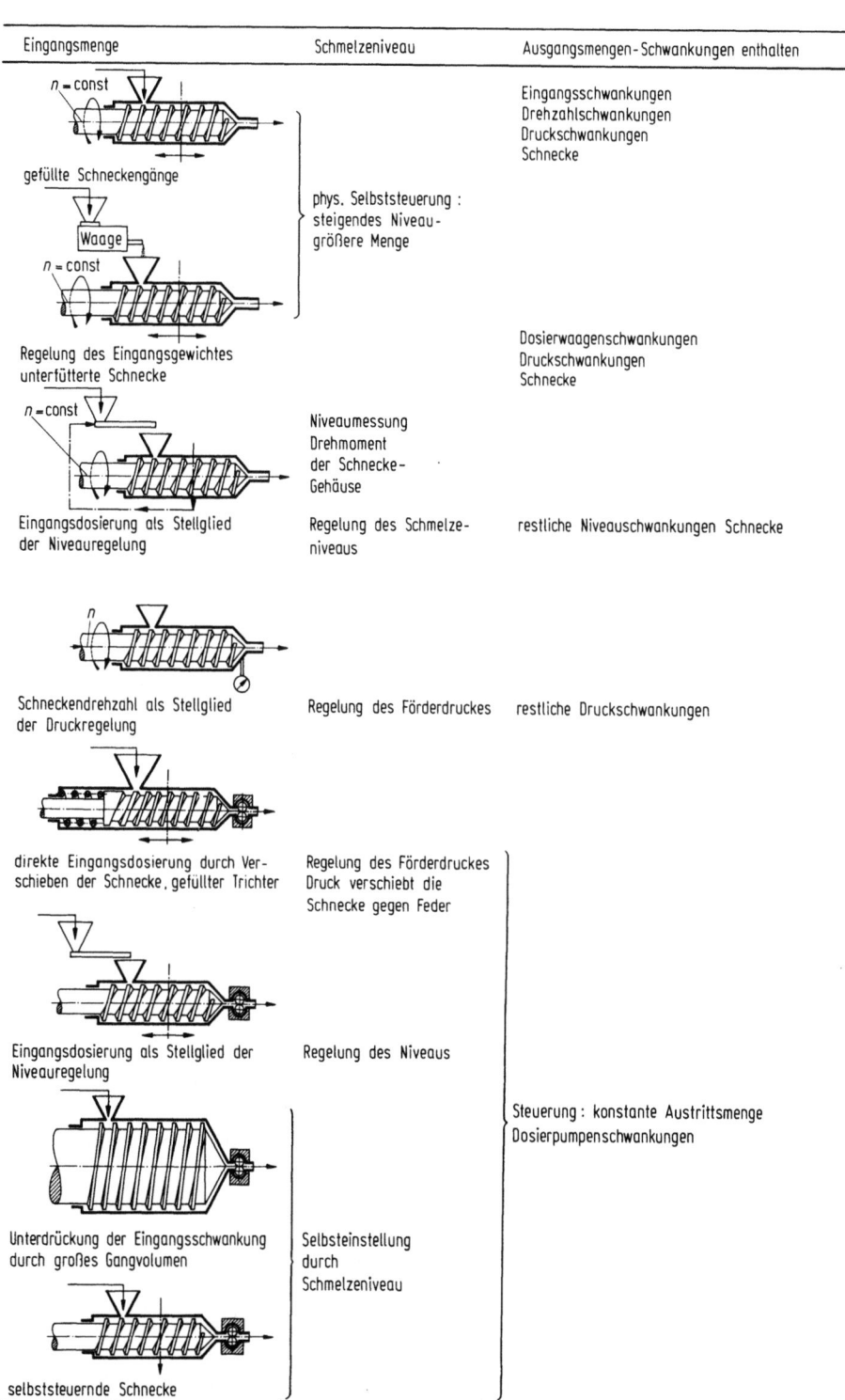

Abb. 6/31. Steuer- und Regelmöglichkeiten für Schmelzeextruder

Literaturverzeichnis

1. Aristoteles von Stageira: Kategorien, übersetzt von K. Oehler, Darmstadt: Wissenschaftliche Buchgesellschaft 1984.
2. Aristoteles von Stageira: Metaphysik, übersetzt von F. Schwarz, Stuttgart: Philipp Reclam jun. 1984.
3. Baumann, H.G.; Looscheiders, K.H.; v.Wyl, H.: Logische Funktionen im Rahmen der Festlegung logischer Wirkzusammenhänge. Arch. Eisenhüttenwesen 50 (1979) 117.
4. Baumgarth, R.: Die Vereinfachung von Geräten zur Konstanthaltung physikalischer Größen. Dissertation TU München 1976.
5. Beckenbauer, K.: Aktive Dämpfer - Möglichkeit zur Verbesserung des dynamischen Verhaltens von Werkzeugmaschinen. Industrie-Anzeiger 93 (1971) 1966.
6. Beitz, W.: Fertigungs- und montagegerecht. Konstruktion 25 (1973) 489-497.
7. Beitz, W.: Übersicht über Konstruktionsmethoden. Konstruktion 24 (1972) 68-72.
8. Beitz, W.: Die normgerechte Konstruktion. Konstruktion 25 (1973) 319-327.
9. Beitz, W.: Warum Konstruktionsforschung. VDI-Berichte Nr. 219 (1974) 5.
10. Beitz, W.: Konstruieren im bildschirmunterstützten Dialog mit dem Rechner. VDI-Berichte Nr. 219 (1974) 75.
11. Beyer, R.: Kinematische Getriebesynthese, Berlin, Göttingen, Heidelberg: Springer 1953.
12. Bischoff, W.; Hansen, F.: Rationelles Konstruieren. Berlin: VEB Verlag Technik 1953.
13. Bodack, K.D.: Ästhetisches Maß technischer Produkte. Konstruktion 20 (1968) 391ff.
14. Brader, C.: Elektromechanische Konstruktionen, Fortschrittsberichte VDI-Z. Reihe 10, Nr. 1.
15. Brankamp, K.: Planung und Entwicklung neuer Produkte. Berlin: de Gruyter 1971.
16. Bresler, H.: Das Vario-Schloß. Feinwerktechnik + Micronic 77 (1973) 238.
17. Carnap, R.: Einführung in die Philosophie der Naturwissenschaft, München, Nymphenburger Verlag 1969.

18. Churchman, C.W.; Ackoff, R.L.; Arnoff, E.L.: Operations Research. Eine Einführung in die Unternehmensforschung. München: Odenbourg 1966.
19. Collin, H.: Entwicklung des Einwalzenkalanders nach einer systematischen Konstruktionsmethode. Konstruktion 23 (1971) 98-110.
20. Czichos, H.: Festkörperreibung - Teilgebiet der Tribologie. Umschau 71 (1971) 116-120.
21. Daeves, K.; Beckel, A.: Großzahl-Methodik und Häufigkeitsanalyse. Weinheim/Bergstraße. Verlag Chemie 1958.
22. DIN 19226: Regelungstechnik.
23. Dingler, H.: Das Experiment. München: Reinhardt 1928.
24. Dizioglu, B.: Lehrbuch der Getriebelehre Bd. 1 u. 2 Braunschweig: Vieweg 1965/67.
25. Dubbel, Taschenbuch für den Maschinenbau, 15. Aufl. Herausgeber: Beitz, W.; Küttner, K.H. Berlin, Heidelberg, New York, Tokio: Springer 1983.
26. Eder, W.E.; Gosling, W.: The Design of Mechanical Systems. Oxford: Pergamon Press 1965.
27. von Eichborn, J.L.: Passungsrost, Reiboxidation - besondere Verschleißprobleme. Maschinenschaden 46 (1973) 10-12.
28. Ersoy, M.: Optimierung von Kraftleitungsstrukturen. Konstruktion 26 (1974) 325-330.
29. McFarlane, A.G.J.: Analyse technischer Systeme. Mannheim: Bibliographisches Institut 1967.
30. Feldtkeller, R.: Einführung in die Vierpoltheorie der elektrischen Nachrichtentechnik. Stuttgart: Hirzel 1963.
31. Fish, J.C.L.: The Engineering Method. Stanford/Cal.: Stanford University Press 1950.
32. Föllinger, O.; Weber, W.: Methoden der Schaltalgebra. München: Oldenbourg 1965.
33. Föttinger, H.: Hydrodynamische Arbeitsübertragung, insbesondere durch Transformatoren, ein Rückblick und Ausblick. Jahrbuch Schiffsbautechnische Gesellschaft 31 (1930) 31ff.
34. Frank, W.: Mathematische Grundlagen der Optimierung. München: Oldenbourg 1969.
35. Franke, R.: Eine vergleichende Schalt- und Getriebelehre. Berlin: Oldenbourg 1930.
36. Franke, R.: Vom Aufbau der Getriebe 2 Bde. VDI Verlag 1948/51.
37. French, M.J.: Engineering Design. London: Heinemann 1971.
38. von Freytag-Löringhoff, B.: Logik - Ihr System und ihr Verhältnis zur Logistik. 4. Aufl., Stuttgart: Kohlhammer 1966.
39. Gerhard, E.: Entwickeln und Konstruieren mit System. Grafenau: Eppert-Verlag 1979.
40. von Goethe, J.W.: Die Morphologie der Pflanzen. Goethes morphologische Schriften. Jena, Diederichs o.J.
41. Gosling, W.: The Design of Engineering Systems. London: Heywood 1962.

42. Grave, H.F.: Elektrische Messung nichtelektrischer Größen. Frankfurt: Akademische Verlags-Gesellschaft 1965.
43. Gregory, S.A.: The Design Method. London: Butterworths 1966.
44. Grübler, M.: Getriebelehre. Eine Theorie des Zwanglaufs und der ebenen Mechanismen. Berlin, Göttingen, Heidelberg: Springer 1917.
45. Günther, W.: Praktische Erfahrungen mit der Wertanalyse. Werkstattstechnik 57 (1967) 490 ff.
46. Guttropf, W.: Einführung von Redundanz zur Erhöhung der Zuverlässigkeit technischer Systeme. Oelhydraulik und Pneumatik 9 (1965) 125 ff.
47. Haeder, H.: Konstruieren und Rechnen. Braunschweig: Schmidt 1962.
48. Hain, K.: Angewandte Getriebelehre. Düsseldorf: VDI Verlag 1961.
49. Hansen, F.: Justierung. Berlin: VEB Verlag Technik 1965.
50. Hansen, F.: Konstruktionssystematik. Berlin: VEB Verlag Technik 1966.
51. Hansen, F.: Konstruktionswissenschaft - Grundlagen und Methoden. München, Wien: Hanser 1974.
52. Hartmann, M.: Die philosophischen Grundlagen der Naturwissenschaften. Stuttgart: Fischer 1959.
53. Heinzl, J.: Methodisches Konstruieren und Entwickeln decodierender Getriebe. VDI-Berichte Nr. 195 (1973) 215.
54. Herrnsdorf, H.: Verarbeitungsmaschinen, Aufgaben und Kennzeichen. Technik 28 (1973) 447.
55. Höhne, G.: Die Funktion technischer Gebilde. Feingerätetechnik 16 (1967) 399 ff.
56. Honoré, P.: Es begann mit der Technik. Hamburg: Rowohlt 1970.
57. Hütte, des Ingenieurs Taschenbuch. Berlin: Ernst 1948.
58. Ihme, W.: Zur Anwendung der Getriebelehre im Textilmaschinenbau, Teil I. Maschinenbautechnik 15 (1966) 597 ff.
59. Johnson, R.C.: Optimum Design of Mechanical Elements. New York: Wiley (1961).
60. Kehrmann, H.: Systematik zum Finden und Bewerten neuer Produkte. wt - Z. ind. Fertig. 63 (1973) 607-612.
61. Kellermann, F.Th.; van Wely, P.A.; Willems, P.J.: Mensch und Arbeit in der Industrie. Hamburg: Philips Technische Bibliothek Reihe C 1964.
62. Kesselring, F.: Morphologisch-analytische Konstruktionsmethode VDI-Z. 97 (1955) 327 ff.
63. Kiper, G.: Getriebetechnik, eine Grundwissenschaft des Konstruierens. Konstruktion 7 (1955) 247 ff.
64. Kiper, G.: Katalog einfachster Getriebeformen. Berlin, Heidelberg, New York: Springer 1982.
65. Kirsten, P.; Siegel, W.: Fehlerabschätzung. Feingerätetechnik 16 (1967) 156 ff.
66. Klaus, G.: Wörterbuch der Kybernetik. Frankfurt/Main: Fischer Bücherei 1969.
67. König, W.; Pfeifer, T.; Engels, R.: Optimierungsregelung bei der fünkenerosiven Bearbeitung. Elektro-Anzeiger 26 (1973) 348.

68. Koller, R.: Eine algorithmisch-physikalisch orientierte Konstruktionsmethodik. VDI-Z. 115 (1973) 147.
69. Koller, R.: Konstruktionsmethode für den Maschinen-, Geräte- und Apparatebau. Berlin, Heidelberg, New York: Springer 1985, 2. Aufl.
70. Kretschmer, E.: Medizinische Psychologie. Stuttgart: Thieme 1963.
71. Krick, E.V.: An Introduction to Engineering and Engineering Design. 2. Aufl., New York: Wiley (1969).
72. Kuhlenkamp, A.: Entwerfen und Konstruieren von Meßgeräten. Konstruktion 18 (1966) 173.
73. Kuhlenkamp, A.: Gestalten und Berechnen von Zeitgliedern. Konstruktion 18 (1966) 173.
74. Kuhlenkamp, A.: Konstruktionslehre der Feinwerktechnik. München: Hanser 1971.
75. Kuhnt, H.: Systematik der fördertechnischen Wirkprinzipe. Hebezeuge und Fördermittel 13 (1973) Nr. 6.
76. Kummer, W.: Das physikalische Verhalten der Maschinen im Betrieb. Aarau: Sauerländer 1937.
77. Kunkel, H.: Funktionsgerechte Lagerungen für Werkzeugmaschinen. wt-Z. ind. Fertig. 62 (1972) 709-715.
78. Kussl, V.: Datenverarbeitung und Feinwerktechnik. Feinwerktechnik 67 (1963) 37 ff.
79. Leyer, A.: Maschinenkonstruktonslehre, Hefte 1-3. Basel: Birkhäuser (1963-65).
80. Lichtenheldt, W.: Konstruktionslehre der Getriebe. Berlin: Akademie-Verlag 1961.
81. Lorenz, K.: Vom Weltbild des Verhaltensforschers. 4. Aufl. München: Deutscher Taschenbuch Verlag 1971.
82. Lubitzsch, W.: Die Entwicklung eines Maschinensystems zur Verarbeitung von chemischen Endlosfasern. Dissertation TU München 1974.
83. Martienssen, O.: Die Entwicklung des Kreiselkompasses. VDI-Z. 67 (1923) 182 ff.
84. Mauderer, E.: Konstruktion eines Getriebes für einen elektrischen Hochleistungsschalter. Dissertation TU München 1976.
85. Müller, J.: Operationen und Verfahren des problemlösenden Denkens in der technischen Entwicklungsarbeit - eine methodologische Studie. Wiss.-Z. Th.Karl-Marx-Stadt 9 (1967) 5ff.
86. von Neumann, J.; Morgenstern, O.: Spieltheorie und wirtschaftliches Verhalten. 2. Aufl. Würzburg: Physica Verlag 1967.
87. Niemann, G.; Winter, H.: Maschinenelemente, 2 Bd., 2. Aufl. Berlin, Heidelberg, New York: Springer 1981/83.
88. Opitz, H.: Teilebeschreibendes Werkstückklassifizierungssystem. Essen: Girardet 1969.
89. Opitz, H.: Moderne Produktionstechnik, 3. Aufl. Essen: Girardet 1971.
90. Ostwald, W.: Die Lehre vom Erfinden. Z.f. Feinmechanik 40/41 (1932) 165.
91. Ott, J.: Untersuchungen zu Verfahren und Vorrichtungen zum Offen-End-Spinnen von Baumwollgarnen. Dissertation TU München 1971.

92. Pahl, G.; Beitz, W.: Konstruktionslehre. Berlin, Heidelberg, New York: Springer 1977.
93. von Parreren. C.F.: Lernprozeß und Lernerfolg. Braunschweig: Westermann 1966.
94. Pohl, E.J.; Bark, R.: Wege zur Schadenverhütung im Maschinenbetrieb. München, Berlin: Allianz 1964.
95. Pohl, R.W.: Einführung in die Physik. 3 Bde. Berlin, Heidelberg, New York: Springer 1969-1975.
96. Proceedings of ICED 1981, Rom. Editor: Hubka, V. Konstruktionsmethoden, Schriftreihe WDK 5. Zürich: Edition Heurista.
97. Proceedings of ICED 1983, Kopenhagen. Editors: Hubka, V.; Andreasen, A.: Konstruktionsmethoden, 2 Bde. Schriftreihe WDK 10. Zürich: Edition Heurista.
98. Rauh, K.; Hagedorn, L.: Praktische Getriebelehre. 2 Bde. Berlin, Heidelberg, New York: Springer 1954/65.
99. Rauh, K.: Aufbaulehre der Verarbeitungsmaschinen. Essen: Girardet 1950.
100. Rauh, K.; Hagedorn, L.: Praktische Getriebelehre, 2 Bde. Berlin, Heidelberg, New York: Springer 1954/65.
101. Rechten, A.: Miniaturisierung uni- und bistabiler Fluidikelemente. Siemens Forsch.-u. Entwickl.-Ber. Bd. 2 (1973) Nr. 2.
102. Reuleaux, F.: Der Constructeur. Braunschweig: Vieweg 1861.
103. Reuleaux, F.: Theoretische Kinematik. Braunschweig: Vieweg 1875/1900.
104. Riedl, R.: Biologie der Erkenntnis. Berlin-Hamburg: Verlag Paul Parey, 1980.
105. Riedl, R.: Die Spaltung des Weltbildes. Berlin-Hamburg: Verlag Paul Parey, 1985.
106. Rodenacker, W.: Anwendung der vergleichenden Getriebelehre nach Franke auf hydraulische Meßapparate und Arbeitsmaschinen, Würzburg: Triltsch 1936.
107. Rodenacker, W.: Gemeinsamkeiten der Konstruktionsmethoden. Festschrift Prof. Pahl, T.H. Darmstadt Berlin. Springer Verlag 1990.
108. Rodenacker, W.: Rationelles Konstruieren verfahrenstechnischer Apparate. Chemie-Ingenieur-Technik 29 (1957) 573.
109. Rodenacker, W.: Konstruieren von den Stoffeigenschaften aus. VDI-Z. 100 (1958) 1605.
110. Rodenacker, W.: Getriebelehre und Meßtechnik. Feinwerkstechnik 65 (1961) 128.
111. Rodenacker, W.: Typenstufung in der Chemischen Industrie. Chemische Industrie 7 (1962) 366.
112. Rodenacker, W.: Toleranzen von Extrudererzeugnissen und ihr Einfluß auf die Extruderkonstruktion. Werkstattstechnik 52 (1962) 571.
113. Rodenacker, W.: Keilspaltmaschinen; Fördern und Evakuieren von nichtnewtonschen Stoffen. Chemie-Ingenieur-Technik 36 (1964) 898.
114. Rodenacker, W.: Die Streuung der Eigenschaften von Kunststofferzeugnissen. Kunststoffe 55 (1965) 506.
115. Rodenacker, W.: Physikalisch orientierte Konstruktionsweise. Konstruktion 18 (1966) 263.

116. Rodenacker, W.: Nominated Lecture - Designing without models. The Institution of Mechanical Engineers Proceedings 183 (1968-69), Teil I, Nr. 16.

117. Rodenacker, W.: Maschinenbau als Wissenschaft. VDI-Z. 112 (1970) Nr. 19.

118. Rodenacker, W.; Steinwachs, H.: Verbesserung der Maschinenkonstruktion durch Streuungsanalyse der Produkteigenschaften. Industrie-Anzeiger 93 (1971) Nr. 79.

119. Rodenacker, W.: Bedienungsfehler im System Mensch und Maschine. Der Maschinenschaden, Allianz-Forum 1972.

120. Rodenacker, W.: Festlegung der Funktionsstruktur von Maschinen, Apparaten und Geräten. Konstruktion 24 (1972).

121. Rodenacker, W.; Claussen, U.: Regeln des Methodischen Konstruierens. Mainz: Krausskopf Teil I 1973, Teil II 1975.

122. Rodenacker, W.: Wissenschaftstheoretische Überlegungen zur Konstruktionsmethodik. Feinwerktechnik + Micronic (1973) Nr. 1.

123. Rodenacker, W.: Ergebnisse des Methodischen Konstruierens. Antriebstechnik 12 (1973) Nr. 2.

124. Rodenacker, W.: Abfallminderung in Produktionsbetrieben durch technologische und konstruktive Maßnahmen. VDI-Berichte Nr. 207 (1973).

125. Rodenacker, W.: Methodisches Konstruieren auf verschiedenen Teilgebieten der Technik. Feinwerktechnik + Meßtechnik 82 (1974) Nr. 8.

126. Rodenacker, W.: Produktoptimierung durch Konstruktionsmethodik und Rechnereinsatz. VDI-Berichte Nr. 219 (1974).

127. Rodenacker, W.: Institut für Konstruktionstechnik an der TU München. Konstruktion 27 (1975) 355.

128. Rodenacker, W.; Baumgarth, R.: Die Vereinfachung der Geräte beginnt mit der Funktionsstruktur. Konstruktion 28 (1976) 479.

129. Rodenacker, W.; Mauderer, E.: Anwendung der Konstruktionsmethodik auf die Festlegung eines komplizierten mechanischen Antriebs. Konstruktion 29 (1977) 293.

130. Rodenacker, W.; Schäfer, J.: Methodisches Konstruieren einer Anlage zur Herstellung von Atemkalk. Chemie-Ingenieur-Technik 50 (1978) 669.

131. Rodenacker, W.: Methodisches Konstruieren von verfahrenstechnischen Maschinen und Anlagen. VDI-Berichte Nr. 347.

132. Rodenacker, W.; Weber, J.: Methodische Festlegung einer Innovation. VDI-Z. 122 (1980) 284.

133. Rodenacker, W.: Konstruktionsmethodik als Zusammenfassung lange bekannter Teilgebiete der Technik. ICED 1981, Rom.

134. Rodenacker, W.: Maschinenbau, heute und morgen. Grafenau: Expert-Verlag 1983.

135. Ropohl, G.: Systemtechnik - Grundlagen und Anwendung. München: Hanser 1975.

136. Roth, K.: Konstruieren mit Konstruktionskatalogen. Berlin, Heidelberg, New York: Springer 1982.

137. Scheitenberger, H.: Entwurf und Optimierung eines Getriebesystems für einen Rotationsquerschneider mit allgemeingültigen Methoden. Dissertation TU München (1974).

138. Schmettow, D.: Entwicklung eines Rehabilitationsgerätes für Schwerstkörperbehinderte. Dissertation TU München 1972.

139. Schmidt, H.: Philosophisches Wörterbuch. Stuttgart: Kröner 1955.
140. Schmidtke, H.: Ergonomie. München: Hanser 1973/74.
141. Seeger, H.: Technisches Design. Grafenau: Expert-Verlag. 1980.
142. Seifert, H.: Die graphische Datenverarbeitung im Bereich der Konstruktion. VDI-Berichte Nr. 219 (1974) 59.
143. Siemens AG Hauptabteilung Technische Bildung (Herausgeber: H. Schmidt) Konstruktionsausbildung an Fachhochschulen. Erlangen 1981.
144. Simonek, R.: Die konstruktive Funktion und ihre Formulierung für das rechnergestützte Konstruieren. Feinwerktechnik 75 (1971) 145.
145. Spähn, H.; Rubo, E.; Pahl, G.: Korrosionsgerechte Gestaltung. Konstruktion 25 (1973) 455-459.
146. Spur, G.: Optimierung des Fertigungssystems Werkzeugmaschine. München: Hanser 1972.
147. Stahl, K.: Industrielle Steuerungstechnik in schaltalgebraischer Behandlung. München: Oldenbourg 1965.
148. Steinwachs, H.: Informationsgewinnung an bandförmigen Produkten für die Konstruktion der Produktionsmaschine. Dissertation TU München 1971.
149. Stüper, J.: Automatische Autogetriebe mit hydrodynamischer Kraftübertragung. Berlin, Heidelberg, New York: Springer 1965.
150. Tränkner, G.: Um die Wissenschaftlichkeit der Konstruktionsarbeit. Maschinenbautechnik 15 (1966) 281.
151. Tränkner, G.: Taschenbuch Maschinenbau. Berlin: VEB Verlag Technik 1969.
152. Uhlig, A.: Stoff-, Energie- und Informationsfluß beim mechanisierten Umformen auf Pressen. wt-Z. ind. Fertig. 62 (1972) 732-735.
153. VDI/AWF-Handbuch Getriebetechnik (Ungleichmäßig übersetzende Getriebe). Süsseldorf: VDI-Verlag 1959.
154. VDI-Richtlinie 2224: Formgebung technischer Erzeugnisse. 1960.
155. VDI-Richtlinie 2225: Technisch-wirtschaftliches Konstruieren. 1964.
156. VDI-Richtlinie 2222: Konstruktionsmethodik, Konzipieren technischer Produkte. 1973.
157. VDI-Bericht 492: Datenverarbeitung in der Konstruktion 1983.
158. Weber, J.: Extruder mit Feststoffpumpe. Dissertation TU München 1978.
159. von Weizsäcker, C.F.: Die Einheit der Natur. München: Hanser 1971.
160. Weyh, U.: Elemente der Schaltalgebra 7. Aufl. München: Oldenbourg 1972.
161. Wilharm, H.: Aufstellung und Einsatz von mathematischen Modellen für mechanische Systeme. Siemens Forsch.-u. Entwickl. Ber. 3 (1974) Nr. 5.
162. Wittig, W.: Untersuchungen am Laufwerk eines Tonbandgerätes mittels Bandzugmessung, 1. Teil. Feinwerktechnik 67 (1963) 365.
163. Wögerbauer, H.: Die Technik des Konstruierens. München: Oldenbourg 1943.
164. Woschni, H.J.: Einige Betrachtungen zu gewissen Analogien zwischen elektrischen und pneumatischen Vorgängen. Feingerätetechnik 15 (1966) 453.
165. Yao Tzu Li: A fast-response True-Mass-Rate Flowmeter. Transact. of the ASME 75 (1953) 835.

166. Zangenmeister, Ch.: Nutzwertanalyse in der Systemtechnik. München: Wittemann 1970.
167. Zwicky, F.: Entdecken, Erfinden, Forschen im morphologischen Weltbild, München: Droemer/Knauer 1966.

Sachverzeichnis

Abfälle 220
Abstraktion 35, 49
Abwandlungen 59, 162, 320
Anfrage 296
Angetriebene Schalter (Sperrungen) 62
Angetriebene Systeme 119, 323
Anlaufende Systeme 125
Anpassung 192
Aufgabe 37, 46, 76, 139
Auslegen 227
Auswahlkriterien s. Kriterien 233
Automaten 72

Bedingungen 204
Bernoullische Gleichung 115
Berücksichtigung ergonomischer Gesichtspunkte 224
Bestellung 296
Betriebsverhalten 133
Bewegungen s. Kinematik 171
Biegevorrichtung 69

Definitionen 304
Denkebenen s. Abstraktion
Didaktik 9, 39
Dimensionierung s. Auslegen
Drehbewegung 169, 273

Effekte 93ff, 114, 312, 319
Eigenschaftsmerkmale 136

Einfach - kompliziert 285
Einflußgrößen 89, 249, 317
Energieumsatz 22
Erkenntnistheorie 22
Experiment 17ff

Fehler s. Störgrößen
Fertigung 205, 214
Fließbewegung 167
Forderungen 54, 85, 189, 203, 298
Form 199
Formschluß 140
Funktion 24, 51ff, 63, 277

Gefahren 201, 312
Gegenkraftanordnung 167
Gelenk 171
Gesamtkonstruktion 189, 220
Getriebe 171
Gleichförmige Bewegung 275
Gleitflächen 151

Herstellverfahren s. Fertigung
Hydraulische Effekte 112, 115

Information 4, 138, 244, 295
Innovationszeit 2
Intuition 38

Sachverzeichnis

Kapillare 91
Kennlinien 97, 130
Kinematik 175, 284
Kombinationsmöglichkeiten 61
Komplexität 2, 39
Komponenten 209
Konkretisierung 299
Konstanthalter 127, 285
Konstruktion 26, 280
Kopplungen 57
Kosten 236
Kraftanordnungen 59
Kriterien 233ff

Lage 163, 219
Lehre 300
Leitbeispiele 39ff, 41, 43, 79, 140, 232
Leitungen 58
Lenkergetriebe 172
Lernvorgang 10
Logische Schaltungen (Steuerungen) 14, 23, 313
Lösung 269

Markt 2, 202
Maschinen 15, 181, 297
Maschinenproduktion 2
Mechanische Effekte 110, 114
Menge 236
Mengenschwankungen 324
Mensch und Maschine 196
Merkmale 10, 40
Merkmalliste 73, 135, 183, 221, 272ff, 296
Messen 19, 20ff, 244
Meßsysteme 120, 124
Methode 10
Morphologischer Kasten 34

Normzahlen 254

Physikalische Effekte 93, 309
Physikalische Systeme 100
Physikalisches Geschehen 16
Planung 4, 205
Produkt (s. auch Stoffumsatz) 22, 309
Prognose 203

Qualität 25
Qualitätsschwankungen 261
Quantität 25

Regler 127, 325
Relation 25
Ruhende bzw. bewegte Systeme 100

Schadensanalyse 247
Schaffensmethodik 28
Schaltbare Kopplungen 61
Schaltlauf 171
Schaltung 26, 60, 118
Schiefe Ebene 27
Schlösser 68
Schlupflauf 171
Schmelzextruder 181
Schneckenbewegung 170
"Schwarzer Kasten" 30
Schwellkraftanordnung 167
Schwingsystem 121, 122, 316
Selbststeuernde Unterbrecher 123, 293, 323
Signalumsatz (s. auch Energieumsatz) 22
Speicher 126
Sperrungen 59
Steuerung 11, 73, 325
Stoffumsatz (s. auch Energieumsatz) 22

Störgrößen 249, 274
Streuung 260ff, 324
Stufung, Stufensprünge 252ff
Systeme 30ff, 100, 122, 196, 316

Thermische Effekte 96
Toleranzen 242
Trennglieder (s. auch Sperrungen) 26, 58, 104

Umweltschutz 211

Variationsmöglichkeiten (s. Abwandlungen)
Vereinfachungen 280
Verfahren 48, 51, 134
Vergleichende Betrachtungen 33
Verknüpfungsglieder (s. auch Kopplungen) 26, 57
Verschiebebewegung 168
Viskosimeter 91
Vorgehensweise 12, 74, 135, 183, 220

Vorwegnahme der Auswahlkriterien 272

Wahl des Baustoffes 227
Wahl des Gestells 218
Wahl des Herstellungsverfahrens (s. Fertigung)
Wälzflächen 151
Wendekraftanordnung 167
Wenn-Dann-Relation 63
Wenn-Dann-Sätze 54
Werkzeug 48
Wertanalyse 248
Wirkfläche-Wirkflächenpaare 151
Wirkraum 155
Wirkstoff 180
Wirkzusammenhang 40, 110, 286, 310

Zahlenwechsel 162
Ziel 2, 4, 9, 29, 303
Zwanglauf 171
Zweck s. Funktion

Konstruktionsbücher
Herausgeber: G. Pahl

5. Band
H. Wiegand, K.-H. Kloos, W. Thomala
Schraubenverbindungen
4., völlig neubearb. u. erw. Aufl. 1988.
XVII, 318 S. 198 Abb. Brosch. DM 118,-
ISBN 3-540-17254-8

7. Band
E. F. Göbel
Gummifedern
Berechnung und Gestaltung
3., neubearb. und erweiterte Aufl. 1969.
VIII, 147 S. 147 Abb. Brosch. DM 74,-
ISBN 3-540-04584-8

10. Band
F. Schmidt
Berechnung und Gestaltung von Wellen
2., neubearb. Aufl. 1967. IV, 107 S. 110 Abb. Brosch. DM 40,- ISBN 3-540-03890-6

11. Band
G. Oehler
Gestaltung gezogener Blechteile
2. Aufl. 1966. IV, 152 S. 204 Abb., 14 Tafeln. Brosch. 58,- ISBN 3-540-03586-9

13. Band
K. H. Sieker, K. Rabe
Fertigungs- und stoffgerechtes Gestalten in der Feinwerktechnik
2., überarb. Aufl. 1968. VIII, 174 S, 525 Abb. Brosch. DM 64,- ISBN 3-540-04212-1

17. Band
K. Trutnovsky
Berührungsdichtungen
An ruhenden und bewegten Maschinenteilen
2., neubearb. Aufl. 1975. XII, 306 S. 398 Abb. Brosch. DM 138,- ISBN 3-540-06689-6

19. Band
K. Stölzle, S. Hart
Freilaufkupplungen
Berechnung und Konstruktion
1961. IV, 169 S. 202 Abb. im Text und auf 1 Tafel. Geb. DM 62,-
ISBN 3-540-02710-6

22. Band
O. R. Lang
Triebwerke schnellaufender Verbrennungsmotoren
Grundlagen zur Berechnung und Konstruktion
1966. VIII, 155 S. 171 Abb. Brosch. DM 74,- ISBN 3-540-03587-7

23. Band
W. Hampp
Wälzlagerungen
Berechnung und Gestaltung
Bericht. Neudruck 1971. VI, 181 S. 228 Abb. Brosch. DM 58,-
ISBN 3-540-04214-8

26. Band
J. Looman
Zahnradgetriebe
2., völlig neubearb. u. erw. Aufl. 1988.
X, 425 S. 434 Abb. Geb. DM 148,-
ISBN 3-540-18307-8

Springer-Verlag
Berlin
Heidelberg
New York
London
Paris
Tokyo
Hong Kong
Barcelona
Budapest

Konstruktionsbücher

Herausgeber: G. Pahl

28. Band
H. W. Müller
Die Umlaufgetriebe
Berechnung, Anwendung, Auslegung
1971. XII, 242 S. 174 Abb. Brosch. DM 128,-
ISBN 3-540-05172-4

29. Band
U. Claussen
Konstruieren mit Rechnern
1971. VIII, 260 S. 143 Abb. Brosch. DM 54,-
ISBN 3-540-05173-2

30. Band
G. Oehler, A. Weber
Steife Blech- und Kunststoffkonstruktionen
1972. VII, 172 S. 195 Abb. Brosch. DM 84,-
ISBN 3-540-05635-1

31. Band
O. R. Lang, W. Steinhilper
Gleitlager
Berechnung und Konstruktion von Gleitlagern mit konstanter und zeitlich veränderlicher Belastung
1978. XI, 414 S. 252 Abb. 54 Tab. 6 Arbeitsblätter. Geb. DM 210,- ISBN 3-540-08678-1

32. Band
F. G. Kollmann
Welle-Nabe-Verbindungen
Gestaltung, Auslegung, Auswahl
1984. XV, 228 S. Brosch. DM 118,-
ISBN 3-540-12215-X

33. Band
H. Peeken, C. Troeder
Elastische Kupplungen
Ausführungen, Eigenschaften, Berechnungen
1986. XV, 211 S. 205 Abb. Brosch. DM 128,-
ISBN 3-540-13933-8

34. Band
S. Winkelmann, H. Harmuth
Schaltbare Reibkupplungen
Grundlagen, Eigenschaften, Konstruktionen
1985. XI, 196 S. 158 Abb. Brosch. DM 138,- ISBN 3-540-13755-6

35. Band
K. Ehrlenspiel
Kostengünstig Konstruieren
Kostenwissen, Kosteneinflüsse, Kostensenkung
1985. XIV, 249 S. 259 Abb., 44 Tab. Brosch. DM 178,- ISBN 3-540-13998-2

36. Band
F. Schmelz, H. Graf v. Seherr-Thoss, E. Aucktor
Gelenke und Gelenkwellen
Berechndung, Gestaltung, Anwendungen
1988. XV, 251 S. 179 Abb. 55 Tab. Brosch. DM 128,- ISBN 3-540-18322-1

MIX
Papier aus verantwortungsvollen Quellen
Paper from responsible sources
FSC® C105338

If you have any concerns about our products,
you can contact us on
ProductSafety@springernature.com

In case Publisher is established outside the EU,
the EU authorized representative is:
**Springer Nature Customer Service Center GmbH
Europaplatz 3, 69115 Heidelberg, Germany**

Printed by Libri Plureos GmbH
in Hamburg, Germany